工业网络安全

——智能电网，SCADA和其他工业控制系统等关键基础设施的网络安全

(第2版)

Industrial Network Security: Securing Critical Infrastructure Networks for Smart Grid, SCADA, and Other Industrial Control Systems

(Second Edition)

[美] 埃里克·D. 纳普 (Eric D. Knapp)
乔尔·托马斯·兰吉尔 (Joel Thomas Langill) 著

郭荣华　秦富童　王　鹏
郭　晋　索国伟　刘　喆　等译

国防工業出版社

·北京·

著作权合同登记 图字：01－2022－4582 号

Industrial Network Security：Securing Critical Infrastructure Networks for Smart Grid，SCADA，and Other Industrial Control Systems，second edition，Eric D. Knapp，Joel Thomas Langill，ISBN：9780124201149

图书在版编目（CIP）数据

工业网络安全：智能电网，SCADA 和其他工业控制系统等关键基础设施的网络安全：第 2 版/（美）埃里克·D. 纳普（Eric D. Knapp），（美）乔尔·托马斯·兰吉尔（Joel Thomas Langill）著；郭荣华等译. －－北京：国防工业出版社，2024. 10. －－ISBN 978－7－118－13481－0

Ⅰ. TP393. 08

中国国家版本馆 CIP 数据核字第 2024NM3861 号

※

国防工业出版社 出版发行
（北京市海淀区紫竹院南路 23 号 邮政编码 100048）
北京凌奇印刷有限责任公司印刷
新华书店经售

*

开本 710×1000 1/16 **插页** 2 **印张** 26¼ **字数** 488 千字
2024 年 10 月第 2 版第 1 次印刷 **印数** 1—1000 册 **定价** 188. 00 元

（本书如有印装错误，我社负责调换）

国防书店：（010）88540777 书店传真：（010）88540776
发行业务：（010）88540717 发行传真：（010）88540762

翻译组成员名单

郭荣华　秦富童　王　鹏　郭　晋　索国伟
刘　喆　许世平　袁学军　石鹏飞　王少磊
樊永文　王　震　苗泉强　周云彦　赵亚新

译者序

2021年是21世纪第三个10年的开端之年，全国人民团结一致，共克时艰，国内疫情得到了有效控制。经历了不平凡的2020年，历久弥珍，事实再一次证明了中华文明和华夏儿女的伟大。历数近些年安全领域发生的重大事件，病毒木马已在基础设施领域肆虐多年，类似于现实世界的新冠疫情，这也是一场长期的、无处不在的对抗。

随着工业信息化的快速发展以及工业4.0时代的到来，工业化与信息的融合趋势越来越明显。为了提高生产效率和经济效益，工业控制利用最新的计算机网络、人工智能等技术来提高系统间的集成、互联以及信息化管理水平，从而使工业网络越来越开放，不过由于工业网络薄弱的防护，也暴露了工业网络安全领域的诸多问题。

近年来，针对关键基础设施的网络攻击事件层出不穷。2014年，黑客集团Dragonfly制造了“超级电厂”病毒，能够阻断电力供应或破坏、劫持工业控制设备，全球上千座发电站遭到了攻击。2015年12月23日，乌克兰至少有3个区域的电力系统遭到具有高度破坏性的恶意软件攻击，导致大规模停电。2017年，WannaCry勒索病毒蔓延全球，感染了150个国家的30多万台计算机，中国石油天燃气集团有限公司超过2万座加油站也受到攻击。2018年2月，欧洲废水处理服务器被恶意软件入侵，导致服务器瘫痪。2018年4月，美国天然气输气管道公司遭到供应链攻击，导致与客户通信的系统关闭。2018年6月，三一重工股份有限公司泵车失踪案，黑客通过源代码找到远程监控系统的漏洞，解锁设备，造成10亿元的损失。2019年7月，纽约停电4h，据美方报道称，伊朗革命卫队信息战部队成功地突破了美国信息战部队的围堵，闯入了纽约市30多个变电站的控制中心，并对其进行破坏，导致纽约全城停电约4h。仅在2020年上半年，就发生了10多起针对工业网络的攻击事件。

很不幸，就在本书翻译过程中，也即2021年5月7日，美国最大的成品油管道运营商科洛尼尔（Colonial Pipeline）输油管系统遭遇俄罗斯黑客组织“黑暗面”（DarkSide）勒索攻击，导致美国东部沿海各州油气输送关键网络全线停运。紧随其后的是 JBS 公司在美国的业务遭受勒索软件的攻击，其在美国多个州的生产作业无法正常进行。接着又发生了大众汽车信息泄露事件，全球 330 多万客户信息被泄露。

尽管如此，根据信息系统审计和控制协会（ISACA）发布的《关于 2021 年网络安全状况：劳动力、资源和预算的全球近况更新》的报告中描述，网络安全预算每年都在减少，人力资本库存严重短缺。虽然许多企业、政府和组织都意识到世界各地都在发生网络犯罪，但许多人仍然认为他们非常安全。

在全球疫情大流行、远程工作环境大量部署、技术使用及转让更加便利且各类软件存在大量漏洞的今天，每个人都应该意识到勒索软件、网络钓鱼、数据泄露、黑客攻击和内部威胁等将一直存在。这些内容在本书中均有涉猎。

本书是《工业网络安全》的第 2 版，与第 1 版相比，第 2 版在内容上进行了大量更新，正如作者所言，第 2 版实际上是一本内容全新的书。作者 Eric D. Knapp 在信息技术领域有着 20 年的从业经历，特别是在工业自动化技术、基础设施安全、应用以太网协议，以及企业网络与工业网络两者中的入侵防御系统（IPS）和安全信息与事件管理（SIEM）系统设计与实现方面，具有很深的造诣。另一位作者 Joel Thomas Langill 在工业自动化和控制领域有十几年从业经历，对运行安全有着自己独特的见解。该书涉猎面广，内容可操作可实施性高，是工业控制网络安全领域难得的专业图书，译者在不偏离原著的原则下，尽量运用通顺、流畅的文句，使读者阅读时没有生硬、吃力的感觉，就像阅读出于国人手笔的作品。

在本书翻译之初，与我们一起工作过的周颖副主任（中山大学教授、博士生导师）为本书做了很多工作，在此表示感谢！同时，本书的翻译出版得到国防工业出版社的大力支持，在此一并表示衷心的感谢！

由于时间仓促，翻译人员水平有限，难免有疏漏和不妥之处，敬请读者批评指正。

译者

2024 年 5 月

关于本书作者

Eric D. Knapp 是工业控制系统（ICS）网络安全领域的知名专家，也是本书第一版的原著者和 *Applied Cyber Security and Smart Grids* 一书的合著者。Eric 在 NitroSecurity、McAfee、Wurldtech 和 Honeywell 等公司担任高级技术职务，为了使自动化基础设施变得更加安全可靠，他持续关注于端到端工业控制系统网络安全的进展情况。Eric 在信息技术领域有 20 多年的从业经历，特别是在网络安全分析、威胁与风险管理技术，以及将以太网协议应用于企业网络和工业网络方面。

除了信息安全方面的工作，Eric 也曾多次获奖。在新罕布什尔（Hampshire）大学和伦敦大学期间，他对英语语言和写作进行了深入学习与研究，并且获得了通信方面的学位。

Joel Thomas Langill 在工业自动化和控制领域有十几年从业经历，对运行安全有着自己独特的见解。他提出的工业控制系统解决方案遍及全球许多主要的工业部门，包括多代工业自动化控制系统，直接参与的解决方案涉及可行性、预算、前端工程设计、详细设计、系统集成、授权、支持和遗留系统迁移等。

目前，作为独立顾问，Joel 为全世界的工业控制系统供应商、终端用户、系统集成商和政府机构提供咨询服务。他创建了一个广受欢迎的工业控制系统安全网站 SCADAhacker. com，为访问者提供控制系统理解、评估与安全防护方面的资源，并且开发了专门的培训课程，重点关注工业系统应用网络安全与防护。其网站与社会网络的读者扩展至全球 100 多个国家。

Joel 供职于 SCADA fence 公司（以色列）顾问委员会，是一位全球公司和计算机安全应急响应组织（CERT）工业控制系统研究方面的焦点人物。同时，他也是 ISA99 委员会的票决成员，出版了许多工业控制系统相关活动的报告，包括“心脏滴血”（Heartbleed）、“蜻蜓”（Dragonfly）和“黑暗力量”（Black Energy）。Joel 毕业于伊利诺伊大学香槟分校，获得电气工程学士学位（大学荣誉/铜牌）。

关于本书作者

Eric D. Knapp是工业控制系统（ICS）网络安全领域的知名专家，也是本书第一版的原著者和Applied Cyber Security and Smart Grids一书的合著者。Eric在NitroSecurity、McAfee、Wurldtech和Honeywell等公司担任高级技术职务，为了使自动化基础设施变得更加安全可靠，他一直致力于端到端工业控制系统网络安全的发展和推进。Eric在信息技术领域有20多年的从业经验，特别是在网络安全分析、威胁检测与预防管理技术，以及将以太网协议应用于工业网络等方面。

除了信息安全领域的工作，Eric也曾涉足文学，在新罕布什尔（Hampshire）大学和伍斯特大学期间，他对文学作品和写作进行了深入学习与研究，并且获得了写作方面的学位。

Joel Thomas Langill在工业自动化和控制领域有十几年从业经验，对安全有着自己独特的见解。他曾供职于工业控制系统的方案提供商及全球许多主要的工业企业，包括多种工业过程自动化控制系统，直接参与一个完整方案的可行性、估算、前端工程设计、详细设计、系统集成、调试、支持和遗留系统迁移。

目前，作为独立顾问，Joel为全世界的工业控制系统供应商及终端用户提供其专业的知识和独特见解。他创建了一个广受欢迎的工业控制系统安全网站SCADAhacker.com，为访问者提供控制系统漏洞、评估与安全防护方面的资源，并且开发了专门的培训课程，重点关注工业系统应用网络安全与防护。其网站和社交网络的追随者遍及全球100多个国家。

Joel作为SCADA Fence公司（以色列）顾问委员会，是一位全球公认的计算机应急响应组织（CERT）工业控制系统研究方面的核心人物。同时，他也是ISA99委员会的积极成员，出版了许多工业控制系统相关攻击的报告，包括"心脏出血"（Heartbleed）、"蜻蜓"（Dragonfly）和"黑暗力量"（Black Energy）。Joel毕业于普渡大学西拉法叶分校，获得电气工程（工学）学士学位。

前　言

感谢您购买《工业网络安全》第2版，尤其还是第1版的支持者。

当第2版出版时，许多人问我“为什么要写第2版?”甚至接着问“为什么要有一个合著者?”这些问题颇难回答。

在写第1版时，我为自己设定了一个非常高的标准，并且在那时尽我所能要编写一本最好的书。第1版得到了大家的公认，自此以后，我也获得了许多经验和知识，并且工业也在发展进步。由于工业网络安全研究呈现不断增长的势头，现在对威胁有了更好的理解。不幸的是，新漏洞的开发利用正呈现上升趋势，且大规模工业事件发生的次数也在不断增加。简而言之，还有许多话题值得讨论。

不过，我不想第2版成为第1版的更新版本。

工业网络安全最大的问题之一是它跨越两个专业知识领域：信息技术(Information Technology，IT)和运营技术(Operational Technology，OT)。有些事情对于有经验的IT从业者而言非常自然，而对于OT从业者来说却变得难以理解。OT“大牛”想当然认为很奇怪的一些事情，而IT从业者却非常赞同。有两种截然不同的观点、两种截然不同的生活经历和两种截然不同的“技术话题”词汇。一门新的工业网络安全专业慢慢崛起，但即使在这个小专业派别中也存在界限明确的小派系，我们知道我们属于哪一类，我们对于事件公开、规约、专门方法或技术的观点鲜明，对于那些反对者我们坚定地坚持自己的立场。

不过，依我所见，当我们之间的分歧真正变成冲突时，就会成为良好网络安全实践的阻碍。当人们聚在一起协同工作时，这些不一致和误解很快就会消失，任何事情都变得容易起来，实现良好的网络安全几乎水到渠成。在第2版中，我希望能够解决这个基本挑战。

但是，这不太容易。

尽管我在工业网络安全领域已经工作了很长时间，但是我的研究背景还是信息技术，想改变我的核心观念是不可能的。将其他观念引入该书的唯一方法是要有所行动，即与另外一位合著者一起合作编写第2版。

谈到Joel Thomas Langill，也即SCADAhacker，在第2版中提出了许多极其有价值的观点。我的研究背景是信息技术，他的研究背景是运营技术；我的研究方向聚焦于不断出现的技术和对策方面，Joel更多的是贴近现实世界，多年来在该领域已经精炼出很多方向，如网络安全计划、评估和缓解技术。我们有一个共同的目标，以及许多共同的信念，不过也有许多不同的观点。

Joel和我坦诚相待，即使对于一些非常普通的问题，我们也相互分享自己的新看法。这对原始稿件的提炼非常有益，并且形成了超过40000字的新材料，包括几个新章节（对那些不熟悉本书的人而言，足以形成一本新书）。

问题并不总是很容易解决，就像工业领域中的信息技术与运营技术的不协调一样，我们的观点有时也会由讨论变成争吵。不过，我们几乎总能得出结论，实际上大家说的是同一回事。我们只是使用不同的专业术语，通过不同视角，说着确定的问题。虽然我们都没有错，但是与我们“正确的”观点并不总是百分之百地相符。不过，我们就这样工作着。

经过相互妥协与合作，留在本书上的文字应该对大多数人更有用，无论是IT从业者还是OT从业者，无论是技术专家还是政策制定者，无论是安全研究人员还是IT安全主管（CISO）。我们希望《工业网络安全》第2版能够提供通用参考框架，有助于工业界相互之间靠得更近一点。同时，如果阅读到有您不认同的地方，真诚欢迎将您的真知灼见反馈给我们。Joel Thomas Langill、Eric D. Knapp和Raj Samani的推特分别是@SCADAHacker、@EricDKnapp和@Raj_Samani，我们希望与您继续在线进行交流。

Eric D. Knapp

致　　谢

非常感谢技术编辑 Raj Samani 和 Syngress 的好伙伴 Chris Katsaropoulos、Ben Rearick，以及所有一直给予我们意见反馈与指导帮助的人。

也要感谢工业界和政府部门创立标准、指南与参考资料等的人，以及按照自己的方式帮助提高工业网络安全的人，包括安全研究人员、分析师、技术人员、学者、供应商、操作人员、集成商、宣传人员、顾问、幽灵和黑客等一系列人员，而人员范围还在不断增加。如果没有他们的智慧和无私，我们将写不出多少内容。

感谢关注@ CyberGridBook、@ EricDKnapp、@ SCADAHacker 和@ Raj_Samani 的在线支持者们。

当然，还需要对以下人员亲自表示感谢。

Joel 要感谢他的生活伙伴与精神伴侣 Terri Luckett，她从未离开他的身边，使他为帮助用户保护其制造资产免受网络安全威胁而保持激情和奉献精神。Joel 也要感谢他的首位指导老师兼顾问 Keatron Evans，正是 Keatron Evans 看到了他的激情，并帮助他步入运营安全领域。Eric Byres 不仅是一位朋友，而且是一位可以信赖的同事和导师。Joel 也要感谢所有对他的努力给予支持及帮助他实现“能够对那么多人产生积极影响”梦想的人。

Eric 要感谢他的妻子 Maureen，以及农庄里的狗、猫、马、猴子、绵羊等动物，正是它们让 Eric 脚踏实地并保持心情舒畅，更不用说在自我坚持而挑灯夜战之时了。在与恶意企图紧密相连的工业领域，Eric 发现拥有一个充满爱、理解和忍耐力的家庭无疑是最好的良药。他也要感谢他的挚友 Ayman Al-Issa、Raj Samani、Jennifer Byrne、Mohan Ramanathan，以及许多一直帮助他的人。

最后，我们要感谢所有读者。如果没有第 1 版的成功，就不可能有第 2 版的出版。

致谢

非常感谢技术编辑 Raj Samani 和 Syngress 的编辑 Chris Katsaropoulos、Ben Rearick，以及所有一直给予我们意见反馈与指导帮助的人。

感谢安全工业界和政府机构的安全从业者们为本书所付出的努力，以及根据自己的方式帮助改善工业网络安全的人，包括安全研究人员、分析师、技术人员、学者、独立专家、软件人员、架构师、运营人员、顾问、系统和流程管理等一系列人员。有人自己创造出了不同寻常的努力。如果没有他们的智慧和支持，我们将写不出这些内容。

感谢大家在@CyberControlBook、@EricDKnapp、@SCADAHacker 和@Raj_Samani 的在线支持与帮助。

当然，还要感谢以下人员对自身的奉献：

Joel 要感谢他的生活伙伴与精神伴侣 Terri Luckett，她从未离开他的身边，使他专注于用户体验并时刻关注网络安全的原始框架和事业追求。Joel 也要感谢他的家庭成员及他信任的律师事务所 Keaton Evans，尤其 Keaton Evans 看到了他的热情，并帮助他进入这个安全领域。Eric Byres 不仅是一位朋友，而且是一位可以信赖的同事和导师。Joel 也要感谢所有对他给予关心和支持及帮助过他实现"能够对一些人产生积极影响"梦想的人。

Eric 要感谢他的妻子 Maureen，没有她的支持，就、书、继（写）。写作期间，她总是在 Eric 陷入困境时给予他关怀与鼓励。她不用说在自身坚持着她的人生目标了。Eric 也要感谢他的家人和朋友们的支持。Eric 要说确有一个伦理道德，理解和包容他的家人是他坚持的力量。他也要感谢他的朋友 Ayman Al-Issa、Raj Samani、Jennifer Byrne、Mohan Ramanathan，以及许多一贯帮助他的人。

最后，我们要感谢所有读者。如果没有第1版的成功，就不可能有第2版的出版。

目　录

第1章　绪　　论

1.1　全书概述和学习重点

本书力图探求一种实现工业网络安全的方法，使之既考虑到工业控制系统（Industrial Control System，ICS）中网络、协议和应用的特点，同时也兼顾多种常见的合规性约束。在本书中，为了方便读者的阅读和学习，使用工业控制系统的通用定义替代更专业化的监视控制与数据采集（Supervisory Control and Data Acquisition，SCADA）系统或分布式控制系统（Distributed Control System，DCS）术语。需要注意的是，全书广泛使用了这些术语及许多其他的专业术语。我们尽可能地定义所有术语，并纳入正文后扩充的术语表，以便在需要时提供快速参考。

尽管本书描述的许多技术（以及标准化监管组织提供的一般性指导）都建立于常见的企业安全方法基础之上，或参考了现有的信息安全手段，但介绍如何实现这些方法的可用信息却寥寥无几。本书尝试通过以下几种措施来改变这种现状：在可能的情况下提供部署和配置指导，解释安全控制为何需要实现、需要在哪些场合部署、怎样实现以及如何使用。

1.2　本书读者

为了充分讨论工业网络安全，首先需要理解两套迥异系统的基本知识：企业中普遍使用的以太网和 IP（Internet Protocol）网络通信协议，以及用于管理或操作自动化系统的控制和现场总线协议。

因此，本书面向两类读者：对于具有高级电气工程师学位以及 10 年 Modbus 控制器逻辑编程经验的设备操作员而言，第 6 章在网络安全中讨论的工业网络协议基础，不仅可以为其提供所需的帮助，同时也可以使其对网络安全的本质产生思考；对于拥有注册信息系统安全专家（Certified Information System Security Professional，CISSP）认证的安全分析人员，本书提供了有关工业控制系统在新背景下的基本信息安全实践方法。

上述两类读者之间存在着一种有趣的分歧，也为本书提出了又一个挑战。企业安全致力于在保护网络用户和主机的同时最大限度地保证现代企业所需的开放式通信服务，然而工业控制系统则追求单一的、精密调试过的系统的效率和可靠性，只有当这两方面都得到必要的考虑后才能达到真正的目标：一个安全的工业网络在对运行提供可靠支持的同时也能够为大型企业提供商业价值。后者的概念可以参考“运行完整性”。

更加复杂的是，实际上存在第三类读者，即安全监管人员，他们获得某些合规标准的授权，从而（使企业）平安度过安全审查并受到最少的处罚或罚款。合规性仍然左右着信息安全预算，因此其他领域的工业网络应当像能源企业，如电能、核能、石油以及天然气（至少在美国）一样严格管控。本书在网络安全控制实现部分对合规性约束进行了讨论，推荐的方法旨在提供安全性，故而不应理解为成功合规性管理的指导性建议。

1.3 图表

在足以充分表示工业网络的情况下，对于范围广泛的工业系统，本书刻意简化了使用的网络图，图标设计也尽可能通俗化。因此，所得的图表无疑与真实的工业网络设计存在差异，并可能缺失某些特定类型工业适用的细节。此类图表的目的是从较高层次理解本书讨论的工业网络安全控制。

1.4 智能电网

尽管智能电网是本书主要的关注点和兴趣点之一，但除了在必要情况下对其加以特殊考虑（如涉及可用的攻击向量时），本书的大部分章节将其与其他类型的工业网络同等看待。由于智能电网安全理论尚未成熟以及从这些系统本身的特殊性和复杂性的考虑，本书将讨论重点放在更为常见的工业控制系统（ICS）安全需求上，许多针对智能电网的特殊安全考虑，在本书中未加讨论。尽管这意味着没有提供某些保护同步移相器、电表等仪表的特定方法，但本书提供的指导和总体方法同样适用于保护智能电网的网络安全。如果读者希望深入了解智能电网的网络安全问题，则可参阅 Eric D. Knapp 和 Raj Samani 所著的 *Applied Cyber Security and the Smart Grid* 一书（ISBN：978－1－59749－998－9，Syngress 出版社），或者参阅该书的中文版本《应用网络安全与智能电网——现代电力基础设施的安全控制》。

1.5　本书章节组织

本书共 13 章正文和 4 个附录。附录部分用于帮助读者获得关于工业协议、标准与规范的更多信息和资料，并给出相关的安全指南及其最佳实践（如国家标准与技术研究所（NIST）、ChemITC 和 ISA）。

本书首先介绍工业网络的基本概念，以及针对工业控制系统的网络攻击可能带来的潜在风险和后果；然后介绍为了实现最大限度的安全性而对工业网络进行评估、保护和监控的详细方法；最后对大量的合规性约束进行详细讨论，并介绍如何将这些特定的规则用于网络安全实践中。

读者无须从头至尾地按顺序阅读本书。本书旨在为那些寻求某一特定安全目标或关注整个安全过程的读者提供参考和建议。如果读者正面临对某一工业网络实施安全性评估，请从第 8 章开始阅读；作者已经尽最大努力在难以理解之处指引读者到相关章节中参考必需的额外知识。

1.5.1　第 2 章：工业网络概述

本章首先概要介绍工业控制系统、工业网络、关键基础设施、通用网络安全指南及工业网络安全的其他专业术语。本章目标是提供全书的一些基本信息，在随后的章节中会详细描述（也包括工业控制网络中使用到的大量缩略语与术语的词汇表）。本章也将讨论工业网络安全中存在的一些误解，并在随后章节详细讨论之前首先矫正这些误解。

1.5.2　第 3 章：工业网络安全发展历史与趋势

本章是工业网络安全的基础，通过解析“一般”网络、工业网络与潜在关键基础设施之间的相互关系，从其历史和演进角度介绍工业网络安全。同时，强调保障工业网络安全的重要性，阐述成功实施工业网络攻击所带来的影响，提供此类事故的真实案例，并讨论高级持续性威胁和网络战争的本质。

1.5.3　第 4 章：工业控制系统及其运行机制

如果没有首先了解工业控制系统及其运行机制，是不可能理解如何去充分保护工业控制环境的。这些系统与企业网络相比，具有不同的需求、操作优先级和安全考虑，因此，为了实现系统功能，需要使用专门的设备、应用程序与协议。本章讨论了控制系统资产、操作、协议基础、控制进程的管理，并且对智能电网运行的通用系统与应用程序进行专门强调。

1.5.4　第 5 章：工业网络设计与架构

工业网络是以太网与 IP 网络（连接一般计算系统与服务器）相结合的产物，并且至少有一种是实时网络或现场总线（连接设备与处理系统）。这些网络在企业架构内部深处具有典型的聚焦性，为应对外部网络威胁提供一些隐含的保护层。近年来，工业系统中远程访问与无线网络的应用，提供了进入这些内部网络新的接入点。本章概要描述了一些更为通用的工业网络设计与架构，它们表现出的潜在风险，以及可用于选择合适技术与加固这些关键工业系统的方法。

1.5.5　第 6 章：工业网络协议

本章的主要关注点是工业网络协议，包括 Modbus、DNP3、OPC、ICCP（控制中心面通信协议）、CIP（关键基础设施保护）、基金会现场总线高速以太网（High Speed Ethernet，HSE）协议、Wireless HART、Profinet 和 Profibus 及其他协议。此外，本章还介绍了供应商专有工业协议及其在保护工业网络时具有的意义，并且提供每一种协议的运行机制、框架格式和安全考虑，以及适用场合的安全建议。这里利用发现的可用漏洞，提供案例来说明保护工业网络通信的重要性。

1.5.6　第 7 章：工业控制系统攻击

在理解有效网络安全之前，需要对存在的威胁有一个基本了解。本章从较高层次概括了常见攻击方法，以及工业网络在许多关键区域的特有攻击面及通用攻击向量。

1.5.7　第 8 章：风险与脆弱性评估

通常情况下，工业控制系统对网络攻击更敏感，然而，由于操作系统具有严格的运行时间和可靠性要求，对它们进行打补丁非常困难。为了更好地理解并减轻实时系统中面临的脆弱性与威胁，本章关注风险与脆弱性评估策略，专门应对工业网络中评估风险的挑战。

1.5.8　第 9 章：建立安全区域与通道

有效的网络安全策略应当将设备划分到不同的安全群组。本章关注于利用普渡研究基金会于 1989 年开发、后来被 ISA 99（即著名的 ISA/IEC 62443 标准）采纳的安全区域与通道模型，对功能组进行划分的方法以及如何设定安全区域边界。

1.5.9　第10章：实现工业网络安全与访问控制

一旦将工业网络架构划分为定义好的安全区域，并建立起区域间的协作通信通道，就需要采用合适的安全控制来增强网络安全。本章讨论网络分段的重要步骤及基于网络与主机安全控制的实现方法。

1.5.10　第11章：异常与威胁检测

根据态势感知的一般定义，感知是行动的前提，因此，感知要求能够监管与检测威胁。本章讨论有助于获取对环境感知的一些因素，包括异常检测、错误报告以及旨在检测威胁和管理风险的信息关联。

1.5.11　第12章：工业控制系统安全监控

实现状态感知整个过程要求进一步了解与分析第11章中学到的威胁检测方法。本章讨论获取与分析能够帮助人们更好地理解正在发生事情的大量信息，并且帮助人们做出更好的决策，包括监管什么、为什么监管以及怎么监管。讨论出一套完整的信息管理策略，包含日志和事件采集、直接监管、安全信息与事件管理（Security Information and Event Management，SIEM），涵盖数据的收集、保存和管理等方面。

1.5.12　第13章：标准规约

工业网络安全涉及很多适用的合规性标准，其中大部分由一系列无法以信息技术术语简单解释的程序控制组成。在此之上，许多通常意义上的IT标准为了适应工业控制系统架构进行了修改，从而出现了大量的工业标准。一般的网络安全性约束（通常具有精细而重要的变化）强化了本书提出的建议。本章尝试将上述网络安全相关的约束从包括NERC CIP（关键基础设施保护）、CFATS（化工设施反恐标准）、NIST 800-53、ISO/IEC 27002：2005、ISA 62443、NRC（核监管委员会）RG 5.71和NIST 800-82等在内的常见协议映射到本书提出的安全性建议上，从而使安全分析人员更容易理解监管者的动机，同时监管者也可以理解每条规则出于怎样的安全性考虑。

1.5.13　第2版的一些变化

对于《工业网络安全》第1版的读者而言，在第2版中有一部分新的及更新过的内容。不过，最大的变化包括以下几个方面。

（1）对图表进行了修正，使之能够更准备地表示工业系统，且本书中提供的一些案例更易于应用到现实生活中。

（2）对讨论的主题进行了优化组织，包括章节介绍的主要修正，使之提供更有效的主题介绍。

（3）将“黑客方法”和“风险与脆弱性评估”分为两章，并且对每一部分进行了扩展丰富，使每一个重要主题的内容更为翔实。

（4）无线网络技术及其在工业网络中的应用，包括一般意义上的 IT 与专门工业控制系统技术需求之间存在的重要差异。

（5）对工业防火墙实现和工业协议过滤这一主题进行更深入讨论，这些重要技术在第 1 版中还不成熟，但目前已经在商业上得到了应用。

（6）全书中涉及的真实漏洞、漏洞利用及防御技术，为每一个主题提供了更为真实的背景，同时也提供针对关键基础设施威胁的真实性。

1.6 结论

本书的写作过程对于作者来说既是一次学习，又是一次体验，同时还是一次挑战。在研究和写作的过程中，工业控制系统安全领域经历了一系列历史性的事件，这其中就包括第一种以 ICS 为目标的网络武器——Stuxnet 病毒，它是目前最精细的网络攻击。自此之后，其复杂性与尖端性已经超越以往任何一种网络攻击，并且新威胁出现的频率呈持续上升趋势。不断增长的攻击数量，更多的相关网络安全研究（同时来自“黑帽”与“白帽”），以及高级持续性威胁、网络间谍活动、国家网络秘密泄露及其他日常社会政治信息泄露的新证据，足以说明当前工业控制系统面临的安全形势多么严峻。正是由于这个原因，Eric D. Knapp（原创作者）与 Joel Langill（“SCADAhacker”）在第 2 版的编写过程中通力合作。

希望本书内容足够丰富生动，从而满足工业网络和 SCADA 系统安全保障的迫切需求。即使面对不断进化的攻击，本书提供的方法仍然有助于应对那些不可避免的工业网络安全威胁。

Eric D. Knapp 提醒：熟悉我们工作的读者需要明白，我们与本书的技术编辑 Raj Samani 一直有一个协定，即如果本书中提及某个著名的网络攻击，我们就需要支付 5 美元作为补偿。虽然这是我努力遵守的一条规则，但本书早于该协定，如果剔除事件的所有提醒，是不公平的也是不合适的。因此，本书中的内容是可以豁免的。事实上，在本章中就提到了两次不应提及的事件，但是很遗憾，没有人会得到 10 美元。

第2章　工业网络概述

在讨论工业网络和工业控制系统时理解使用的一些术语，以及在试图保护工业网络及其互联系统之前充分了解工业网络架构和运行的基本知识，是很重要的。此外，了解部署在业务网络中的一些常见安全建议，以及它们可能或并不能真正对工业网络安全合适有效的原因，也同样非常重要。

什么是工业网络？由于快速发展的社会政治格局，关于工业网络的术语已经变得模糊。人们经常随意使用“关键基础设施”“高级持续性威胁（APT）”“SCADA”和“智能电网”等术语，这样使用是不准确的。笼统地讨论它们可能会令人困惑，不仅是因为工业网络本身的多样性，而且它们所服务的市场也是其中的原因之一。为此，成立了许多管理机构和委员会，以便帮助不同的行业部门有效地保护各自的工业网络，每一个部门都采用自己的特定用语和术语。

本章试图为工业网络安全提供一个基线，包括将在本书其余部分讨论的一些通用术语、话题和安全建议。

2.1　本书中术语的用法

作者目睹了许多关于工业网络安全的讨论往往由于术语上的分歧而闹得不欢而散。本书中有许多专门涉及网络安全和工业控制系统的术语。有些读者可能是对工业控制系统不熟悉的网络安全专家，而另一些读者可能是对网络安全不熟悉的工业系统专业人士。为此，作者将认真努力地传授这两类学科的基本知识，希望能够同时为这两种类型的读者所接纳。

本书中将广泛使用以下一些术语：

（1）资产（包括物理资产或逻辑资产，以及网络资产、关键资产和关键网络资产）。

（2）飞地、区域和通道。

（3）企业或业务网络。

（4）工业控制系统：DCS、PCS（过程控制系统）、SIS（安全仪表系统）、SCADA。

（5）工业网络。

（6）工业协议。

（7）网络边界或电子安全边界（Electronie Security Perimeter，ESP）。

（8）关键基础设施。

一些需要解释的网络安全术语如下：

（1）攻击。

（2）违反。

（3）事件与漏洞利用。

（4）漏洞或脆弱点。

（5）风险。

（6）安全措施、安全控制或对策。

在此，我们只是粗略地了解一下这些术语，作为阅读和学习后续章节的基础。本书还使用了许多更专业的术语，因此在本书正文后提供了一个比较全面的词汇表。

注意：

之所以选择《工业网络安全——智能电网，SCADA 和其他工业控制系统等关键基础设施的网络安全》作为书名，是因为本书在一定程度上讨论了所有这些术语。“工业网络安全”是一个与许多行业相关的话题，每个行业在设计、架构和操作方面都有很大的不同。因此，如果希望有效讨论网络安全，就必须承认这些差异；然而，我们也知道想涵盖 DCS、SCADA、智能电网、关键制造等的每一个细微差别是不可能的。本书将聚焦这些行业的共同点，为读者提供对工业自动化及所使用的组成系统、子系统和设备的一个基本理解，还将尽一切努力讨论称为简单工业控制系统（ICS）的所有工业自动化和控制系统（DCS、PCS、SCADA 等）。同样重要的是要理解工业网络是一个更大链中的一个环节，这个链包括现场总线网络、过程控制网络、监控网络、业务网络、远程访问网络，以及一定数量的专用应用程序、服务和通信基础设施，这些应用程序、服务和通信基础设施都可能相互连接，因此必须在网络安全的背景下进行评估和保护。一个智能电网、一家炼油厂和一座城市摩天大楼都可能使用了 ICS，但在规模、复杂性和风险等方面，它们中的每一个都可能呈现各自独特变化。不过，所有使用的 ICS 都是采用了相同技术和原理构建的，这就使得每个人的网络安全关注点都是相似的，而且工业网络安全的基本原理对大家同样适用。

由于智能电网系统的复杂性，本书没有详细介绍智能电网的体系结构。如果需要有关智能电网架构及其相关网络安全的更多详细信息，请参阅《应用网络安全与智能电网》[1]一书。

2.1.1　攻击、违反与事件：恶意软件、漏洞利用与高级持续性威胁

读者之所以想阅读本书，可能是因为对这些内容感兴趣：未经授权访问工业网络，以及连接到工业网络的设备可能存在的潜在危险或恶意使用这些设备等。这些可能是个人或组织的蓄意行为、政府支持的网络战争行为、计算机病毒刚刚从业务网络传播到ICS服务器的副作用、网卡故障的意外后果，或者说可能是太阳、行星和恒星（又名“太阳耀斑”）等星象排列的结果。虽然“事件”和“攻击”这两个术语有细微区别（主要与意图、动机和归因有关），但本书并没有详述这些微妙之处。该书的重点是关注攻击（破坏/利用/事件）将如何发生，以及如何为工业网络及其连接的ICS组件提供更好的保护，避免攻击行为造成不良后果。该行动是否产生了必须根据某些监管法规向联邦机构报告的结果（如操作、健康、安全或环境）？是起源于另一个国家的吗？是一个简单的病毒还是一个持久的rootkit？这是可以通过互联网上的免费工具实现的，还是需要国家支持的网络间谍组织的资源？这样的组织真的存在吗？本书作者认为，这些都是很好的问题，但其他一些书籍能够提供比较好的指导。因此，这些术语在本书中可以互换使用。

2.1.2　资产、关键资产、网络资产与关键网络资产

资产只是一个术语，是指在工业控制系统中使用的组件。资产通常是“物理的”，如工作站、服务器、网络交换机或可编程逻辑控制器（Programmable Logic Controller，PLC）。物理资产还包括用于控制工业过程或工厂的大量传感器和执行器。还有一些“逻辑”资产，用于表示物理资产中所包含的内容，如流程图形、数据库、逻辑程序、防火墙规则集或固件。仔细想想，网络安全通常侧重于保护“逻辑”资产，而不是包含这些资产的“物理”资产，物理安全更关注物理资产的保护。因此，一般来讲，安全可以是指“逻辑”资产保护、“物理”资产保护或者是两者都保护。当我们在本书后面讨论安全控制或安全对策的概念时，这将会变得更加明显。

在北美电力可靠性公司（North American Electric Reliability Corporation，NERC）第4版《关键基础设施保护标准》中，将“关键网络资产”或“CCA”定义为任何使用可路由协议在电子安全边界（ESP）外进行通信的设备、在控

制中心内使用可路由协议的设备或可拨号访问的设备[2]。而这一点在标准第 5 版中发生了变化，从单个资产方法转变为处理称为大容量电气系统（Bulk Electric System，BES）网络“系统”的关键网络资产分组方法[3]。这种方法代表了从组件或资产级别解决安全问题向更全面或基于系统的安全问题的根本转变。

本书中，“资产”使用了广义和更通用的定义，其中任何物理或逻辑的、关键的或其他的组件都简单地称为“资产”。这是因为当今的大多数 ICS 组件，甚至那些为极其基本的功能而设计的组件，都可能包含一个带有嵌入式和用户可编程代码的商用微处理器，这些代码很可能包含一些固有的通信能力。历史证明，即使是单一用途、固定功能的设备也可能成为网络攻击的目标，甚至是攻击源，具体做法是利用设备内单个组件的弱点（参见第 3 章“工业网络安全发展历史与趋势”）。从 ICS 服务器到 PLC 再到电机驱动器，许多设备都受到了复杂网络攻击的影响，就像 2010 年 Stuxnet 爆发时一样（参见 7.4 节“武器级工业网络威胁案例”）。将设备归类为“资产”，无论是否出于监管目的方面的考虑，它们都应该放到网络安全背景下进行讨论。

2.1.3 安全控制与安全对策

人们经常会使用“安全控制”与“安全对策”两个术语，尤其是在讨论合规控制、指导方针或建议时。它们仅指一种实施网络安全措施（如使用特定产品或技术、安全计划或政策，以及其他安全机制）来降低风险的方法。

2.1.4 防火墙与入侵防御系统

虽然还有许多其他可用的安全产品（其中一些与工业网络高度相关），但是还没有一种能够广泛地用于描述具有如此不同功能集的产品。最基本的“防火墙”必须能够根据至少一条规则（如 IP 地址或通信服务端口），在至少一个方向上过滤网络流量。防火墙可能会（也可能不会）跟踪一个特定通信会话的“状态”，这种情况理解是一种新的“请求”抑或是先前请求的“响应”。

“深度数据包检测”（Deep Packet Inspeetion，DPI）系统是一种能够对网络流量进行解码并查看该流量的内容或有效负载的设备。深度数据包检测通常用于入侵检测系统（Intrusion Detection System，IDS）、入侵防御系统（Intrusion Prevention System，IPS）、高级防火墙及许多其他专用网络安全产品，以便检测攻击迹象。入侵检测系统可以检测和报警，但不会阻止或拒绝不良流量。入侵防御系统虽然可以阻止通信，但是工业网络需要支持高可用性，因此在关键网络上并不经常使用通用的IPS设备；IPS更多地应用于对高可用性（通常>99.99%）要求不是特别高的上层网络。最后的结果是，仅仅通过在提出建议时使用过度使用的术语，好的建议可能导致不充分的结果。

注意：

大多数现代入侵防御系统都可以作为入侵检测系统来使用，方法是将IPS配置为在威胁检测时发出警报，而不是丢弃流量。因此，术语“IPS”现在通常用来指代IDS和IPS。在考虑是使用IDS还是IPS时，一种方法是通过丢弃可疑数据包，在线部署的IPS设备（串联模式或线路插件）更能“防止”入侵，而带外部署的IPS（如在镜像端口上）可以认为是IDS，因为它监视镜像网络流量，并且可以检测威胁，但是不能阻止它们。虽然是同一品牌和型号的网络安全设备，但是可以根据其配置与部署方式来确认该设备是“被动”IDS还是“主动”IPS。

他们认为，先前给出的防火墙最基本的定义，未能提供NIST和其他组织推荐的基本功能，后者建议双向过滤源IP地址和目标IP地址以及相关服务端口的流量。同时，通过过滤应用程序内容，然后强制执行有时非常复杂的过滤规则，大多数现代防火墙能够做得更多，如查看整个应用程序会话而不是孤立的网络数据包。在保护工业和业务网络免受当今高级威胁方面，这些统一威胁管理（Unified Threat Management，UTM）设备越来越常见。根据“防火墙”的特定功能及其设计用来保护底层系统免受的特定威胁，“防火墙”对于某些安装来说可能是不够的，而对于其他安装来说则是非常强大的。在第10章“实现工业网络安全与访问控制”和第11章“异常与威胁检测”中详细介绍了各种基于网络的安全控制，这些控制可用且与工业网络相关。

2.1.5 工业控制系统

工业控制系统是一类广泛使用的自动化系统，在制造和工业设施中能够提供控制和监控功能。ICS实际上是各种系统类型的集合，包括过程控制系统（Process Control System，PCS）、分布式控制系统、监视控制与数据采集系统、安全仪表系统（Safety Instrumented System，SIS）和许多其他系统。在第4章“工业控制系统及其运行机制”中将提供更为详细的定义。

图2.1是一个ICS的简化表示，它由两个控制器和一系列连接到燃烧器、阀门、仪表、电机等的输入与输出组成，所有这些器件都以紧密集成的方式工作，以便能够执行自动化任务。该任务由控制器内部运行的应用程序或逻辑来控制，本地面板或人机界面（Human-Machine Interface，HMI）提供了控制器的一个“视图”，允许操作员查看控制器的运行状态，并可更改控制器的操作

方式。ICS 通常包括用于创建定义任务的过程逻辑的工具箱，以及用于构建在 HMI 上实现的自定义操作员界面或图形用户界面（Graphical User Interface，GUI）的工具箱。当任务执行时，结果记录在一个数据记录系统中（有关此类系统如何运行的更多信息和细节，请参阅第 4 章“工业控制系统及其运行机制”）。

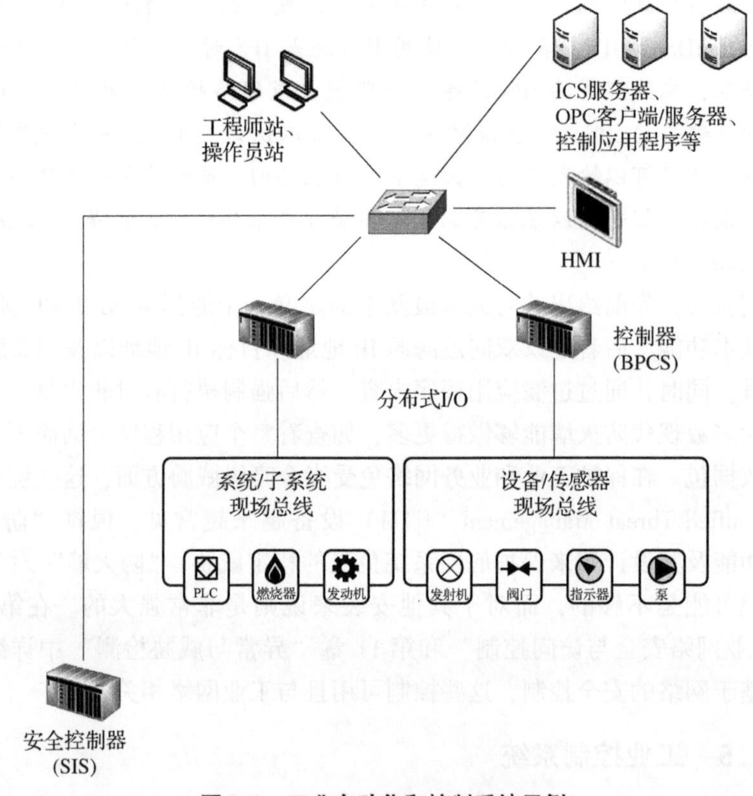

图 2.1　工业自动化和控制系统示例

2.1.6　DCS 或 SCADA

最初，DCS 与 SCADA 系统的体系结构之间存在明显的差异。随着技术的发展，这些差异已经缩小。实际上，对一个特定的 ICS 而言，是归类为 DCS 还是 SCADA 已经开始模糊。这两个系统都设计用于监视（读取数据并将其呈现给操作员，也可能呈现给其他应用程序，如数据记录系统和高级控制应用程序）和控制（定义参数与执行指令）制造或工业设备。它们的系统架构因供应商而异，但通常都包含生成、测试、部署、监视与控制自动化流程所需的应用程序和工具。这些系统是多方面的工具，这意味着质量检查人员可以将工作站用于纯粹的监督（只读）目的，而另一个可能用于优化过程逻辑并为控制器编写新的程序，而第三个可能用作集中的用户界面来控制需要更多人工干预的过程，有效地赋予工作站 HMI 的角色。

需要注意的是，在媒体的表述中，ICS 通常简单地称为“SCADA”，这种表达既不准确，又具有误导性。从另一个角度来看，SCADA 系统实际上是一个 ICS，但不是所有 ICS 都是 SCADA。作者希望能在第 4 章“工业控制系统及其运行机制”中帮助读者解答这一困惑。

2.1.7　工业网络

构成 ICS 的各种资产通过工业网络互联。虽然图 2.1 所示的 ICS 是准确的，但在实际部署中，ICS 的管理与监督将控制与自动化系统本身分开。图 2.2 显示的 ICS 实际上是一个更大体系结构中的一部分，该体系结构由包含公共和共享应用程序、区域特定控制设备及相关现场设备的厂区组成，通过各种网络设备和服务器，所有这些设备都互联在一起。在大型或分布式架构中，需要一定程度的本地和远程监控（即在工厂内），以及集中监控（即在控制室内）。这在第 5 章“工业网络设计与架构”中进行详细介绍。目前，理解构成 ICS 的专用系统是相互连接的就足够了，这种连接就是我们所说的工业网络。

2.1.8　工业协议

大多数 ICS 体系结构使用一个或多个专用协议，其中可能包括特定供应商采用的专有协议（如霍尼韦尔的 CDA、通用电气的 SRTP 或西门子的 S7 等），或包括 OPC、Modbus、分布式网络协议（DNP3）、ICCP、CIP、PROFIBUS 及其他协议在内的非专有协议/许可协议。其中，许多协议最初是为串行通信设计的，不过，为了能够使用 UDP 和 TCP 传输的 Internet 协议在标准以太网链路层上运行，对协议进行了适应性调整，现在已广泛部署在各种通用网络基础设施上。这些协议大多都在应用层运行，因此通常称它们为应用程序是比较准确的。本书中称它们为协议，并将其与使用它们的软件应用程序（如分布式控制系统（DCS）、SCADA、能源管理系统（EMS）、数据记录系统和其他系统）区别开来。

OSI 模型：

OSI 模型定义并标准化了计算系统如何与网络进行交互的功能。OSI 7 层中的每一层都依赖于其相邻的上层和下层，因此，来自应用程序（在最顶层或应用层定义）的信息，可以通过各种物理网络（由最底层或物理层定义）进行统一封装与传递。当一台计算机想在网络上与另一台计算机进行通信时，

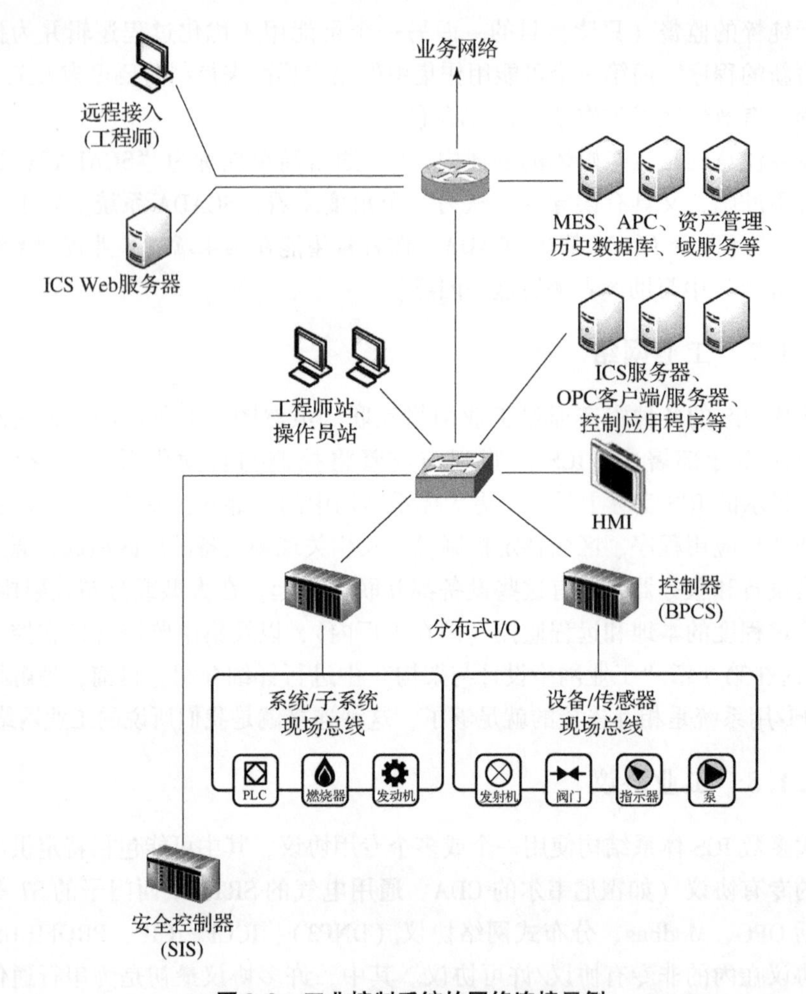

图 2.2　工业控制系统的网络连接示例

它必须遍历每一层：使用已建立的传输方法（第 4 层），将从应用程序（第 7 层）获得的数据呈现给网络（第 6 层）中定义的会话（第 5 层），依次使用网络协议，采用物理传输机制（第 1 层）在已建立的链路（第 2 层）上寻址和路由数据（第 3 层）。在目的地，该过程将反转，以便将数据传递给应用程序接收。随着 Internet 协议的广泛应用，通常使用一种类似的 TCP/IP 模型来简化这些层。在 TCP/IP 模型中，将第 5～7 层（所有层都涉及应用程序数据的表示和管理）合并为应用层，将第 1 层和第 2 层（定义与物理网络的接口）合并为网络接口层。在本书中，我们将参考 OSI 模型，以便更具体地说明我们所指的是网络通信过程的哪一步（图 2.3）。

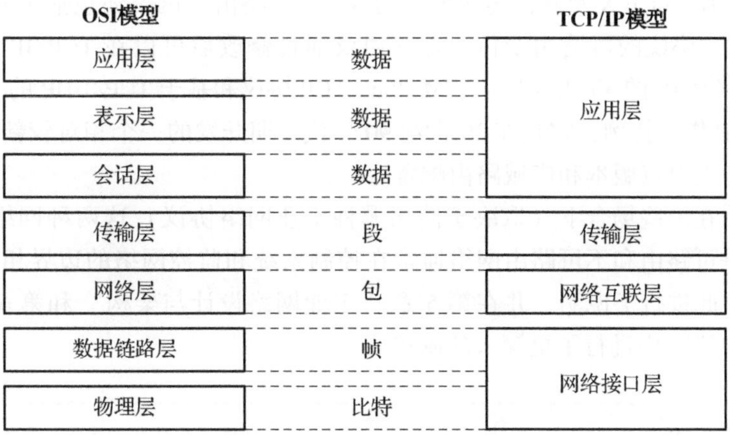

OSI模型		TCP/IP模型
应用层	数据	应用层
表示层	数据	
会话层	数据	
传输层	段	传输层
网络层	包	网络互联层
数据链路层	帧	网络接口层
物理层	比特	

图 2.3　OSI 和 TCP/IP 模型

由于这些协议并非为广泛可访问的或公共网络所设计，网络安全是一种补偿控制，而不是固有要求。现在，多年后，这就意味着协议缺乏健壮性，使得协议很容易被访问，相反，它们也可以很容易被破坏、操纵或利用。由于有些是专有协议（或具有许多专有扩展的开放协议，如 Modbus PEMEX），因此也存在一段时间内协议得益于“透过隐匿来实现安全”的现象。显然，随着行业网络安全研究日益增多的趋势，以及万维网上信息具有更广泛的可用性，已不可能再出现上述情况。许多对工业系统和关键基础设施的关注，就源于这些协议中披露的漏洞越来越多。一个令人不安的情况是，在 Stuxnet 攻击事件之后的几年里，研究人员发现了许多漏洞，这些漏洞广泛存在于开放协议标准和使用它们的系统中。很少有人关注专有产品中的漏洞这一潜在问题，传统的研究人员往往无法获取和分析这些产品，因为这些产品的成本太高。这些专有系统和协议是最关键行业的核心，如果它们受到损害，则有可能出现巨大的安全风险。有关这些协议的更多详细信息，以及它们如何工作和受到危害，请参阅第 6 章“工业网络协议”和第 7 章“工业控制系统攻击”。

2.1.9　网络、可路由网络与不可路由网络

随着工业通信越来越普遍地部署在 IP 上，可路由和不可路由网络之间的区别越来越小。“不可路由”网络是指利用 Modbus/RTU（远程终端单元）、DNP3、现场总线和其他网络的串行、总线和点对点通信链路。这些仍然是网络，它们将设备互联，并在数字设备之间提供通信路径，在许多情况下是为用于远程命令和控制而设计的。“可路由”网络通常是指利用因特网协议（TCP/IP 或 UDP/IP）的网络，当然也可以使用其他可路由协议，如 AppleTalk、

DECnet、Novell IPX 及其他传统网络协议。“可路由”网络还包括早期“不可路由”ICS 协议的可路由变体，这些协议通过修改后可以在 TCP/IP 上使用，如基于 TCP/IP 的 Modbus 协议、Modbus/TCP 协议和基于 TCP/UDP 的 DNP3 协议。ICCP 作为特例，它是在 20 世纪 90 年代早期开发的一个相对较新的协议，同时包含点对点版本和广域路由配置。

虽然在一些场合下（取决于使用哪种工业网络协议）这两种网络也有重叠，但是可路由和不可路由网络通常在控制系统和监控网络的边界相互连接。图 2.4 对此进行了说明，并在第 5 章“工业网络设计与架构”和第 6 章“工业网络协议”中进行了更深入的阐述。

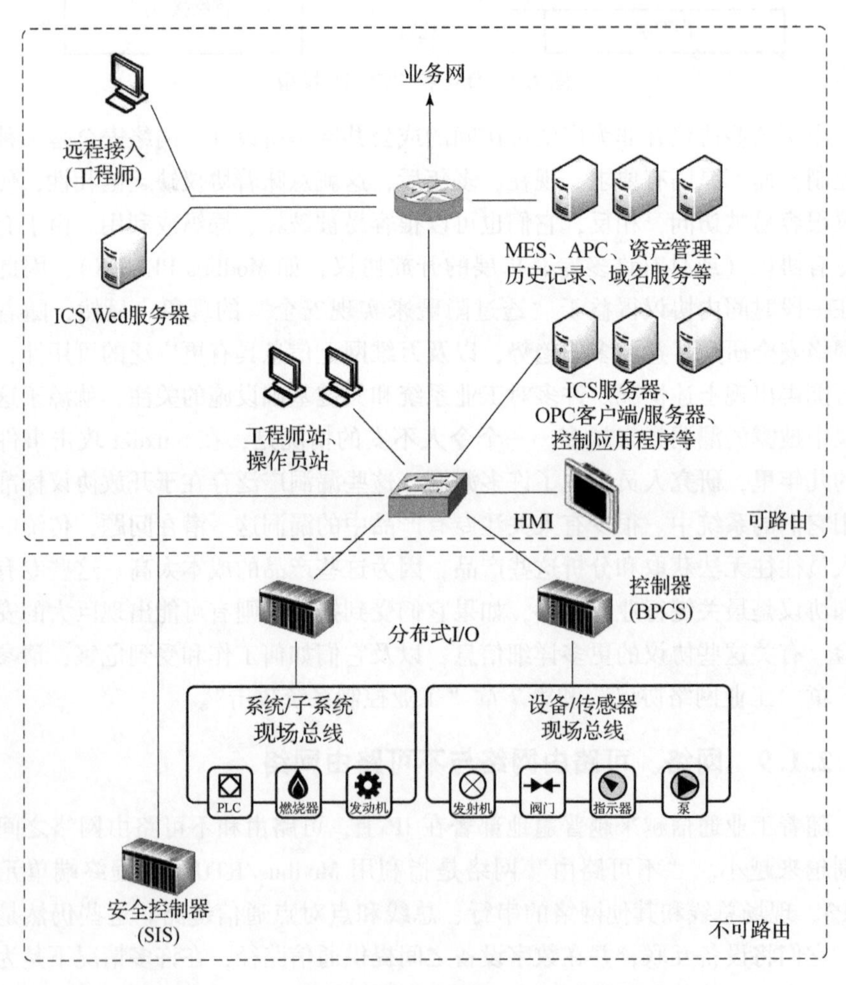

图 2.4　工业控制系统内的可路由和不可路由区域

这些术语是通过 NERC CIP 标准推广的，这意味着可路由接口很容易通过网络进行本地或远程（通过相邻或公共网络）访问，因此在网络安全方面需要特殊考虑；相反，不可路由网络在基于网络的攻击中“更安全”。这是一种误导，可能会阻碍发展强大的网络安全态势。如今，应该假设所有工业系统都直接或间接地连接到一个“可路由”网络，不管它们是否通过可路由协议连接。尽管工业网络的区域仍然可以使用串行或总线网络进行连接，这些网络通过特定的专有协议进行操作，但是这些区域可以通过驻留在更大的 IP 网络上的其他互联系统进行访问。例如，PLC 可通过传统现场总线连接到离散 I/O。如果单独考虑，这还是一个不可路由的网络。但是，如果 PLC 还包含一个以太网上行链路，用于连接集中式 ICS 系统，则可通过该网络访问 PLC，然后对其进行操作，以改变“不可路由”连接上的通信。更为复杂的是，许多设备都具有远程访问功能，如调制解调器、红外接收器、无线电或其他连接选项，这些选项可能不是“可路由”的，但具备能力的攻击者同样容易对这些设备进行访问。因此，可路由和不可路由的区别虽然仍在广泛使用，但作者认为这不再是一个有意义的区别。为了实现强大而一致的网络安全实践，所有网络和设备都应视为具有潜在的可访问性和易攻击性。有关确定可访问性和识别潜在攻击剖面的更多详细信息，请参见第 8 章“风险与脆弱性评估”。

2.1.10 企业网络或业务网络

ICS 很少是一个孤立的系统（在多年的 ICS 设计中，我们发现只有少数控制系统没有连接到任何网络的例子）。对于每个工厂、发电机、炼油厂或管道，都有一个拥有这些设施并运营它们的公司或组织、一组提供原材料的供应商和一组接收制造产品的客户。与任何其他公司或组织一样，它们也需要销售、市场营销、工程、产品管理、客户服务、装运和接收、财务、合作伙伴联系、供应商走访等日常业务职能。为企业提供信息基础设施的系统网络称为企业网络。

有许多合法的业务原因需要在企业系统和工业系统之间进行通信，包括生产计划和调度应用程序、库存管理系统、维护管理系统和制造执行系统等。业务网络和工业网络相互连接，构成单一的端到端网络。

图 2.5 说明了这种由工厂、监管和功能单元组成的端到端功能性网络，以及业务网络与工业网络的分离。在这个例子中，所有区域都有高度的冗余，这意味着工业网络基础设施可以利用与业务网络中相同的“企业”交换机和路由器来设计。在工业网络的某些区域，可以使用“工业”交换机和路由器，

它们能够支持更恶劣的环境，以提供更高的可用性，删去了诸如风扇之类的移动部件，除此之外，还为在“工业”和有时“危险”环境中使用进行了专门设计。在本书中，工业网络是由其功能定义的，而不是由产品供应商提供的营销名称定义的，因此图2.5中的监控网络是工业网络，即便它使用了企业级网络设备。

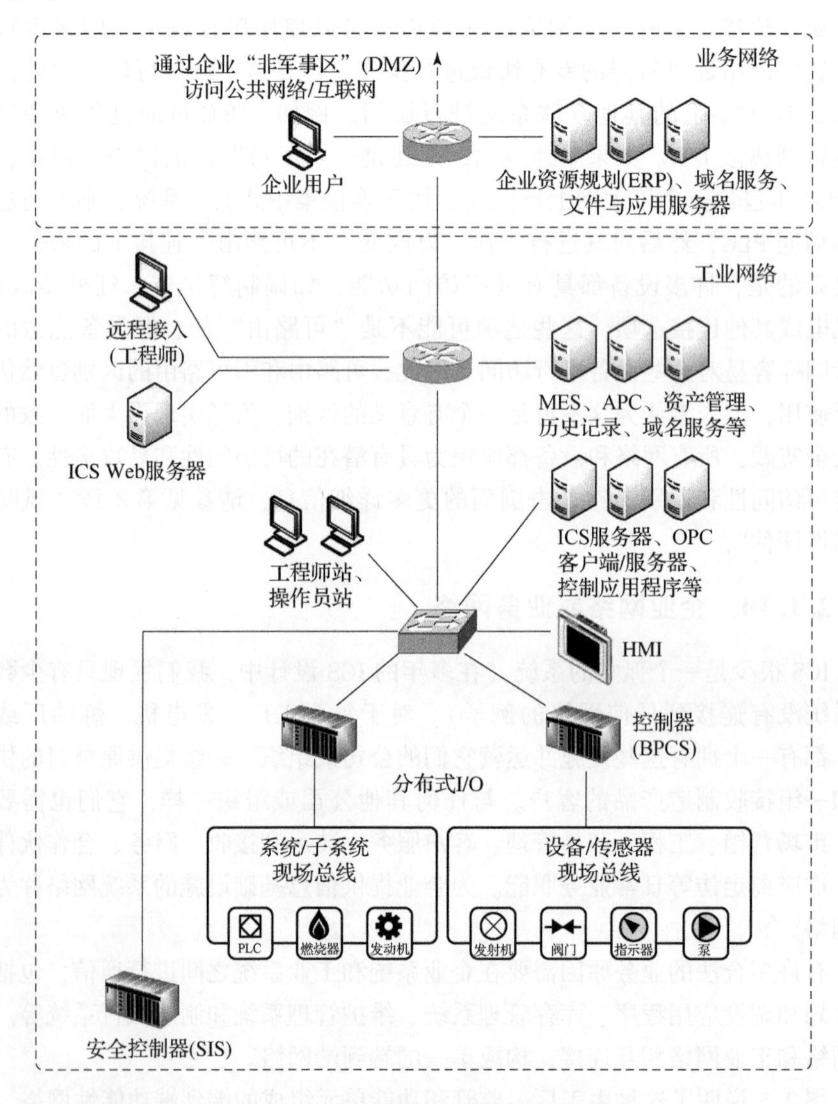

图2.5 业务网络与工业网络的分离

还应注意的是，在业务和工业网络中都存在一些系统和服务，如目录服务、文件服务器和数据库。这些公共系统不应在商业和工业网络之间共享，而应在这两种环境中进行复制，以最大限度地减少互联性，并减少 ICS 和企业基础设施的潜在攻击面。

本书不关注业务网络及其系统，除非它们可以用作攻击向量攻击到 ICS 中。如果需要更多关于企业网络安全的信息，则有很多关于企业网络安全的书籍可以参考。本书也不会关注如何使用源自工业网络的内部攻击来获得对业务网络的未授权访问（虽然这是一个有意义的问题，但不在本书的考虑范围之内）。

2.1.11　区域与飞地

术语“飞地”和“区域”便于定义封闭的资产组，或者定义由设备、服务和应用程序组成的更大系统的功能组。“飞地”一词通常用于军事系统，“区域”一词在广泛采用的行业标准 ISA－62443（以前的 ISA－99）中被大量引用，因此现在越来越得到认可。最初由普渡大学计算机集成制造参考模型[4]发展而来的区域和通道的概念现在已被广泛采用。

在该模型中，通信仅限于那些为了执行一组特定的功能而应该合法地相互交互的设备、应用程序和用户。图 2.6 显示了 IEC－62443 中所示的区域，而图 2.7 则说明了本书中应用于示例网络架构的相同模型。

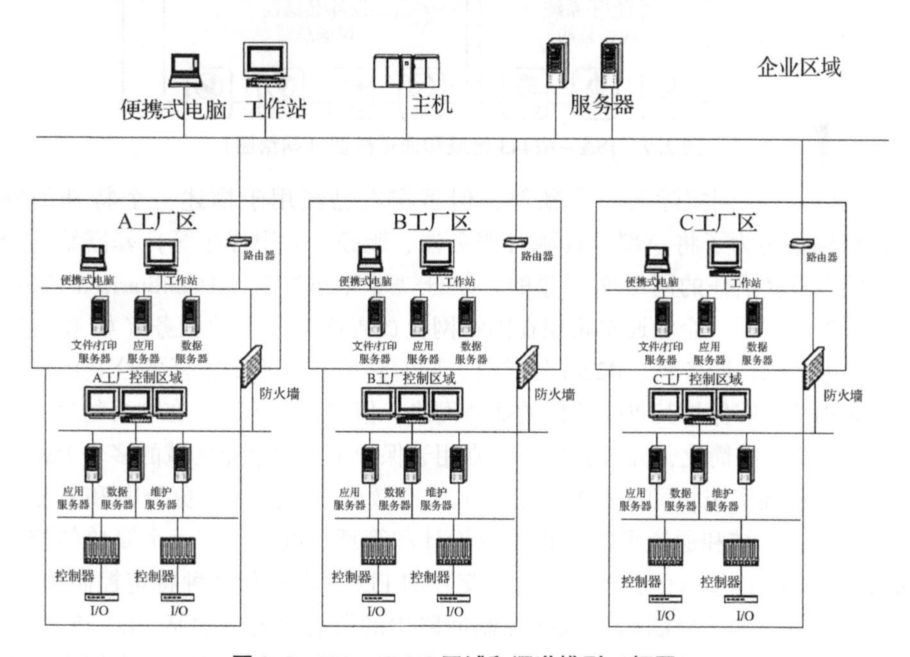

图 2.6　ISA－62443 区域和通道模型（框图）

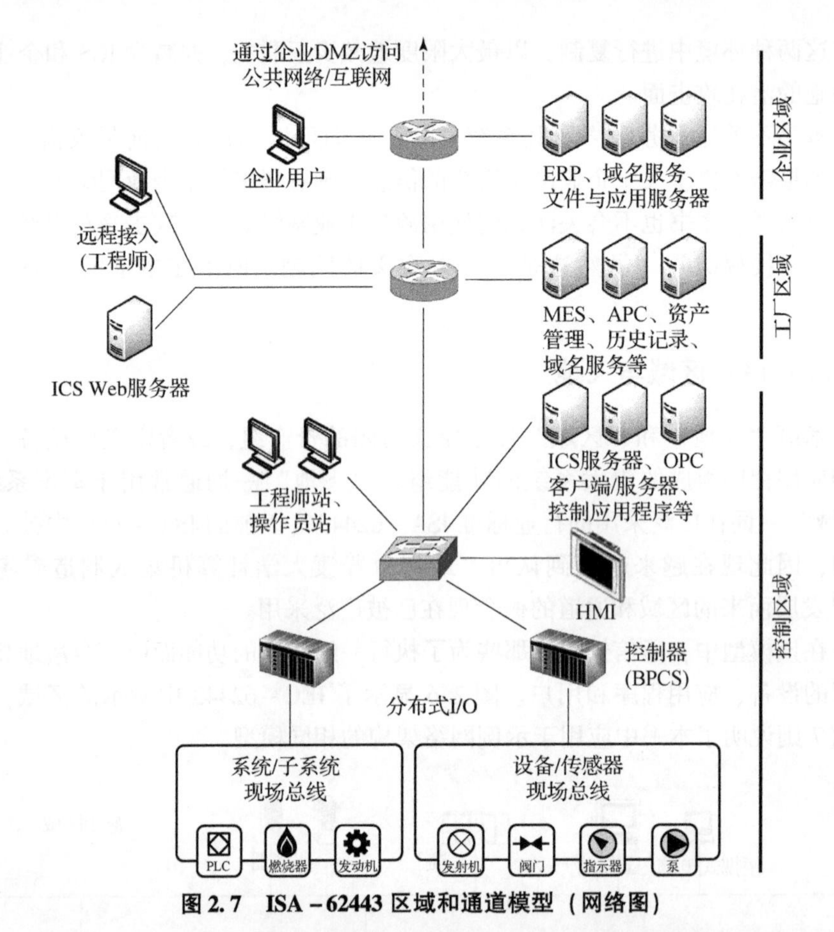

图 2.7　ISA－62443 区域和通道模型（网络图）

“区域”一词实际上并不新鲜，但事实上已经用于描述一个特殊的网络，该网络是为了将一部分资源（服务器、服务、应用程序等）暴露给一个更大的、不受信任的网络而创建的。划分“非军事区”（Demilitarized Zone，DMZ）的目的是，企业通常希望在因特网上放置面向外部的服务（如 Web 服务器、电子邮件服务器、B2B 门户等），同时希望在与不受信任的公共因特网交互时仍然能够保护其更受信任的业务网络。值得注意的是，在本书的这一点上，图 2.7 已经简化，并且省略了通常用于保护工厂和企业区域的多个 DMZ。

如果正确实施，则区域和通道是非常有效的。不过，在更分散和更复杂的系统中，区域和通道可能变得难以设计和管理。例如，在一个简单的控制回路中，HMI 连接与传感器和执行器交互的 PLC，以执行某种特定控制功能。图 2.6 中的“工厂控制区”包括控制回路中的所有设备，包括 PLC 和 HMI。允许操作 HMI 的授权用户可能不在这些设备附近，因此“通道”在用户和资源之间需要恰当的身份验证与授权（以及潜在的监控或核算）。当系统的规模和复杂度都在增长时，划分区域可能会让人比较厌烦，如在智能电网架构中。如图2.8所示，智能电网高度复杂且高度互联，很难将系统充分划分为安全区域。有关区域、通道模型及如何将其应用于实际工业控制环境的更多信息，请参见第9章“建立安全区域与通道”。

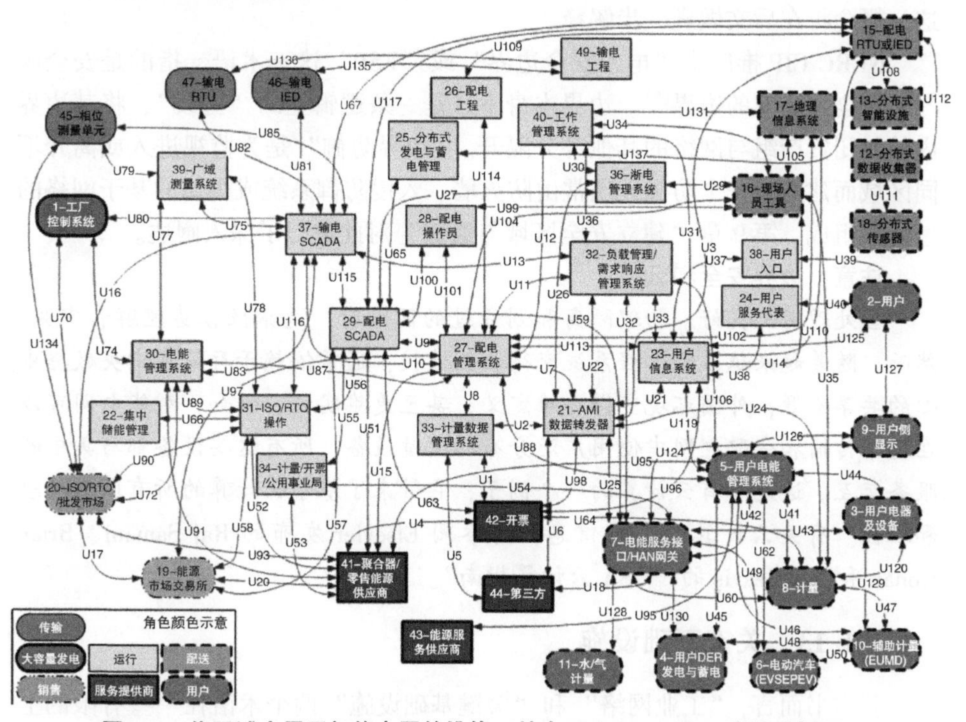

图2.8　将区域应用于智能电网的挑战（摘自NISTIR 7628，彩图见插页）

注意：

区域和通道是一种网络隔离的方法，或者说是为了实施和维护访问控制而对网络和资产进行隔离的方法。区域不一定需要物理边界，但需要系统的逻辑描述（即资产与它们之间存在的通信通道相结合）。区域是网络安全的一个重要方面，因为它们定义了对各种系统和子系统的可接受和不可接受的访问，这些系统和子系统构成了放置在特定区域内的ICS。尽管许多标准可能没有特别提到区域，但大多数标准都将区域的概念描述为基本的网络安全控制之一。区域和通道通常是这种网络分段活动的结果。区域的映射和管理可能会变得混乱，因为单个资产可能存在于多个逻辑区域中。分区的概念在第9章“建立安全区域与通道”中做了进一步扩展，但现在理解这个术语以及知道如何使用它就足够了。

2.1.12 网络边界或“电子安全边界”

任何封闭资产组（即“区域”）的最外部分都称为边界。边界是一个区域外和区域内的分界点，是实施网络安全控制的逻辑点。这里隐含的意思是，创建边界提供了一种在可能不支持直接实现特定控制的设备上实现控制的方法。这一概念将在后文做进一步解释。

NERC CIP推广了“电子安全边界”或“ESP”这一术语，指的是安全区与非安全区之间的边界[5]。边界本身不过是一条逻辑上的“虚线”，将其边界内的封闭资产组与网络的其他部分隔开。“边界防御”是为监视进入或离开不同区域而建立的安全防御，通常由防火墙、入侵防御系统或类似的基于网络的过滤器组成。第9章“建立安全区域与通道”对此进行了深入阐述。

注意：边界安全和云。

当处理定义良好、物理隔离和划分过的网络时，边界很容易理解和实施。然而，随着越来越多的远程系统变得相互连接，通常依赖于存储在中央数据中心的共享资源，外围环境变得更难定义，甚至更难实施。例如，智能电网可以在整个传输和分配电网中使用广泛分布的测量设备，所有这些设备都与集中的服务交互。这是私有云计算的一个例子，它带来了基于云计算的所有固有风险和担忧。有关云计算的更多信息，请参阅Elsevier发布的Raj Samani、Brian Honan和Jim Reavis的“CSA云计算指南”。

2.1.13 关键基础设施

就本书而言，“工业网络”和“关键基础设施”两个术语在一些有限的上下文中使用。这里，“工业网络”是指任何运行自动化控制系统的网络，控制系统通过网络进行数字通信；“关键基础设施”是指网络计算基础架构中使用的关键系统和资产。这也许是许多关键基础设施当今仍然面临安全风险的主要原因之一；在关于网络安全实践的讨论中，许多ICS安全研讨会已经深入讨论了这些语义的含义。

幸运的是，这两个术语密切相关，这主要表现在所谓的关键基础设施，特指那些在美国国土安全第7号总统令（Homeland Security Presidential Directive Seven，HSPD-7）中列举出的系统，通常都使用某些类型的工业控制系统。引用该总统令的表述：“HSPD-7建立了美国联邦政府和机构所需的国家政策，用于定义和优先处理美国的关键基础设施和关键资源，并保护它们免受恐怖袭击。”HSPD-7包含公众安全、大容量电力系统、核能、化工制造、农业和药剂制造与配给，甚至包括银行和金融，任何可能影响国家经济、安全或健康的事物[6]。虽然金融服务、应急服务和医疗保健被视为国家基础设施的重要部分，但它们通常不直接使用工业控制网络，因此本书不对其进行讨论（尽管许多安全建议仍将适用，至少在较高水平上适用）。

1. 公共事业

公共事业（水、废水、天然气、石油、电力和通信）是严重依赖工业网络和自动控制系统的关键基础设施。它们中任何一个的失效都会对社会造成严重影响，并威胁我们的安全，因此 HSPD－7 中将它们列为关键级。这些设施使用自动化和分布式过程控制系统，属于工业网络的典型实例。相比普通的公共事业，电力设施通常由于需要更高的安全等级而被单独考虑。在美国和加拿大，有专门针对电力设施制定的可靠性和网络安全标准。石油和天然气的提炼和输送系统既应当按化工材料和危险品来对待，同时也是基础设施中的关键部分，但在本书出版时，联邦当局并未以类似于 NERC CIP 的方式直接监管网络安全合规性。

2. 核设施

提到核设施，就意味着独一无二的安全性和保密性挑战，这主要由它们在供料和操作上具有固有的危险性，以及核原料对国家安全方面的影响所决定的。这些电厂为国家电网提供了基础负荷贡献，从而使得核设施成为网络攻击的首选目标，也使得成功实施攻击的后果更加不堪设想。在向电网供电方面，美国核监管委员会（Nuclear Regulatory Commission，NRC）、北美电力可靠性公司（NERC）和联邦能源监管委员会（Federal Energy Regulatory Commission，FERC）对核能进行了严格监管。NRC 是在 1974 年国会上以保证核设施安全运行和保护人类与环境安全为目的设立的独立机构，该机构的职责涉及规范核材料的使用，包括核能及其副产品、原料和其他的特殊核材料[7]。

3. 大容量电力系统

生产和传输大容量电能的能力是受到严格监管的。HSPD－7 中将发电和输电系统确定为关键的基础设施，同样在北美也有能源部（Department of Energy，DoE）授权的 NERC CIP 可靠性标准，对北美进行严格管理。能源部还最终负责石油、天然气和非核电力的生产、制造、提炼、配送及存储等过程中的安全防护[8]。

值得注意的是，电能的生产与传输是两个独立的工业环节，各有其独有的特点和特殊的安全需求。电能生产主要关心产品（电能）的制造，而电能传输则关心产品的安全与稳定输送，同时二者显然又是紧密联系的：发电设施直接向电网输送能量以供传输；大容量的电能必须谨慎测量并合理调度。也正因如此，电力公司之间的电能交易和传送也是电力系统运行的重要方面。

智能电网相对于传统的电力传输和配送系统，在数字化测量和电能智能配给等方面进行了升级，它作为工业网络面向电力行业的特殊实例，带来了很多新的安全要求和考虑。

尽管电能生产和输送系统并非唯一需要防御的工业系统，但它们会在本书中多次作为例子出现。这是由于 NERC 制定了 CIP 可靠性标准，并强制在美国与加拿大实施。同样，NRC 也针对核设施的网络安全性拟定了要求并强制实施。归根结底，其他工业系统的运行都依赖于电力系统，因此电力基础设施（以及智能电网的发展）影响着其他系统，从而脱离电力系统来讨论工业网络安全实际上是不现实的。

那么是否可以说大容量电力系统的重要性大过其他的工业系统呢？这是一个值得商榷的问题。在本书的讨论范围内，我们假设所有控制系统都很重要，不管是发电系统还是输电系统，也不管这些系统是否在 HSPD-7 或其他法令中被确定。2010 年黑帽会议上一名演讲者认为 ICS 安全重要性被过分夸大了，与其说这些系统的瘫痪会影响国家的基础设施，倒不如说会影响饼干的生产[9]。然而，即便是零食的生产也会影响很多人：如通过影响制造零食的材料，或者通过影响经济，从而影响零食制造商和工人的生活。而且要充分认识到，同一工业系统都可用于“关键”或“非关键”国家基础设施，如用于制造零食或制造电能。

4. 智能电网

智能电网是电力传输、配送和消费系统的现代化。智能电网提升了传统电力系统，增加了监视、测量和自动化控制功能，从而为电力生产部门（在电力生产方面对电力需求的掌握更准确，响应能力更快）、电力供给部门（对传输和配送管理、故障隔离和恢复、计量和计费等方面有更好的改善）和电力消费用户（通过家庭内电力监测和管理，支持替代能源，如家用发电或为电动汽车充电等）带来许多好处。智能电网的优势和好处太多且太广泛，无法全部列出。在本书中，智能电网被广泛地用作一个例子，说明工业系统（在本例中是一个“系统中的系统”）如何变得复杂，并因此成为网络攻击者的一个大型且容易攻击的靶标。

部分原因是，由于变得“智能”，构成电网基础设施的传输、配送、计量及其他功能单元的设备和组件成为数字信息源（代表隐私风险），已被赋予分布式数字通信能力（代表网络安全风险），并已高度自动化（表示一旦发生网络攻击，则可靠性和运营将面临风险）。在 *Applied Cyber Security and the Smart Grid*（《应用网络安全与智能电网》）一书中，用了人类生物学的类比来描述智能电网：不断增加的监测和测量系统代表眼睛、耳朵、鼻子和大脑的感觉受体；交流系统代表嘴、声带、眼睛和耳朵，以及大脑的交流中心；自动化系统代表手臂、手掌和手指，以及大脑的运动功能。这个类比非常形象，它强调了大脑的共同参与：如果智能电网的"大脑"受到损害，则所有"感官"的感知、沟通和反应都是可以被操纵的。

在本书中，可以认为智能电网是一个更复杂的"系统中的系统"，它由多个相互连接的工业网络组成，提供端到端的监控、分析和自动化功能。尽管可用更简单的形式表示，此处讨论的主题仍适用于智能电网。在第5章"工业网络设计与架构"中介绍了智能电网架构和运营的一些差异，在《应用网络安全与智能电网》一书中有详细的介绍。

5. 化工设施

化工制造和配给系统为工业制造网络安全防护提出了特殊的挑战。不同于其他的"设施"网络（如电力、核能、水、天然气），在防护化工设施控制系统和制造运行的同时，还需要保护其知识产权，这是由产品本身兼具经济上的和作为武器的实际价值决定的。例如，某种新药的配方可以在黑市上换一大笔钱，如果破坏该种药剂的生产，如影响疫苗或抗生素生产，将可以作为针对国家或民族的一种社会化攻击手段。同样，盗窃得到的危险化工品也可以直接用作武器或用于进行非法化学武器的研究和制造。正因如此，化工设施还需要关注产品的存储和运输过程的安全保障。

2.2　常见工业网络安全建议

上述组织要求或建议的网络安全实践中，有许多（即使不是所有）是一致的。虽然应该考虑所有建议，但是这些通用的"最佳网络安全实践"特别重要，也是本书中讨论的许多方法和技术的基础。这些实践包括以下步骤。

（1）确定需要保护的系统。

（2）从逻辑上将系统划分为若干功能组。

（3）围绕每个系统或功能组实施纵深防御战略。

（4）控制每个组之间的访问。

（5）监测组内和组间发生的活动。

（6）限制可以在组内和组之间执行的操作。

2.2.1　关键系统识别

保护任何系统的第一步是确定需要保护的内容，这一点在 NERC CIP、NRC 10 CFR 73.54 以及 ISA－62443 中都得到了体现。识别哪些是需要保护的资产，以及它们在全过程控制系统的可信赖操作中的独特重要性是非常必要的，这主要基于以下几点原因：告诉我们应该监管什么，以及监管的密切程度；可以告知我们如何将网络逻辑划分为高安全等级的区域；继而指出我们的终端安全设备（如防火墙以及入侵检测与防御系统）应当部署在什么位置。在北美的电力公司中，也需要满足 NERC CIP 的直接要求，这些要求有助于使违规罚款的风险降至最低。

然而识别关键系统并不总是简单的。识别的第一步是创建一份包含所有已连接装置的完整清单，清单上的每个系统都应当进行独立评估。功能重要的设备应识别为关键设备，而对于功能并不那么重要的设备，其关键与否则取决于它是否影响其他关键设备或操作、是否能独立影响网络并避免其他设备与关键设备交互而造成的错误，以及它是否能以任何方式保护关键系统。

NRC 提供了用于如何判定关键资产的逻辑图，与图 2.9 所示的更具普遍性的资产识别方法一致，该流程有助于将设备区分为关键资产和非关键资产两类。

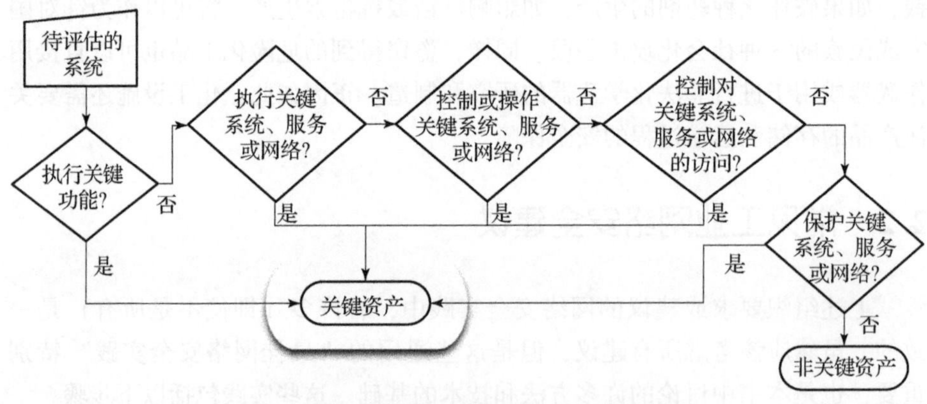

图 2.9　识别关键网络资产的 NRC 流程[10]

不过由于可能存在不同等级的“关键性”，因此在许多大型运行网络中这个过程可能就过于简单了。在对关键和非关键资产完成基本区分后，应当遵循的基本准则是：是否存在与其他关键资产功能无关的关键资产？如果存在，那么与其他功能相比，该功能重要程度如何？最后，如果其中既有功能区分，又存在系统重要性的区别，就需要考虑在你的网络中增加新的逻辑“级别”。同时，应当谨记的是，一个设备可能既有潜在重要性又直接影响一个或多个关键资产，需要在划分设备关键级别时考虑它们的所有影响。划分的每个层级都可作为分界的一个点，用于在不同功能组间提供额外的防御层。

2.2.2　网络划分/系统隔离

将关键资产划分为功能组，从而允许紧紧锁定和控制特定服务，这同时也是减少暴露攻击面给攻击者的最简单方法之一。仅通过简单禁止所有不必要的端口和服务，就可以消除所有潜在的、攻击者可以利用的漏洞（已知的或未知的）。

例如，如果几个关键服务被划分到同一个功能组里，并通过一个独立防火墙与网络的其他部分相隔离，就可能需要允许多种不同类型的流量通过防火墙（图 2.10）。如果某种攻击利用了 80/TCP 端口的 Web 服务，那么攻击将威胁到包括电子邮件、文件传输和补丁修补/更新在内的一系列服务。

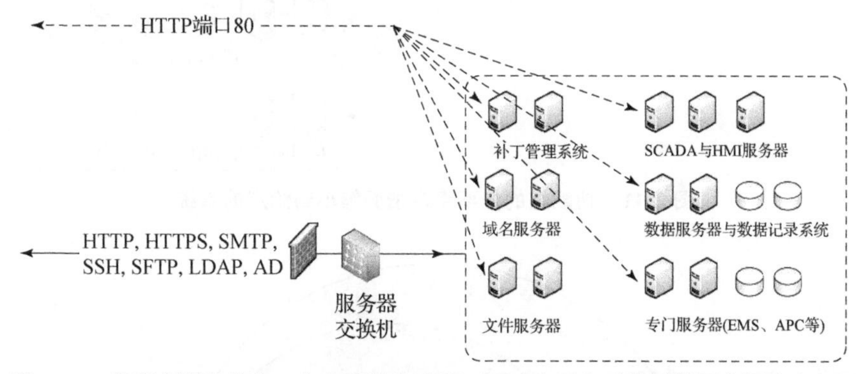

图 2.10　将所有服务放在一个共同防御后面，可以为所有系统提供更广阔的攻击面

然而，如果每个特定服务都被功能分组并区分于其他服务，如图 2.11 所示，即所有补丁服务都分在一个组中，所有数据库服务都分在另一个组中，以此类推，那么防火墙就可以配置为不允许除了特定服务外的所有服务，防止使用 HTTPS 的更新服务器遭到利用数据库服务器上 SQL 弱点带来的安全威胁。将这种服务分组思想应用到安全设计中，很容易看出，额外的服务分组可以防止网络攻击在中心服务之间的转移。这也是“功能性 DMZ”设计概念的基础。

在工业控制系统环境下，由于工业网络中的许多独立功能组不应当在参数已设置好的区域之外进行通信，这种服务分割的方法能够大量使用。例如，Modbus 或 DNP3（在第 6 章“工业网络协议”中将详细讨论）一类的协议专门针对 ICS 系统，绝不能应用于业务局域网中，而类似 HTTP、IMAP/POP、FTP 及其他因特网服务则不应当用于监管网络区域。从图 2.12 中可见这种功能分层和拓扑隔离的方法对网络防御状况的改善。

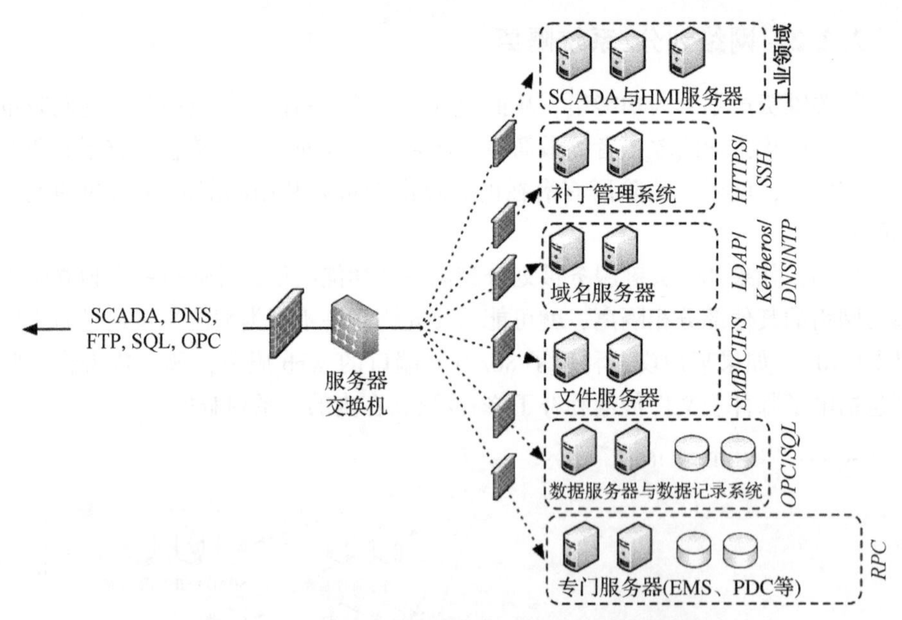

图 2.11　功能组的分离将攻击面缩小到给定的系统

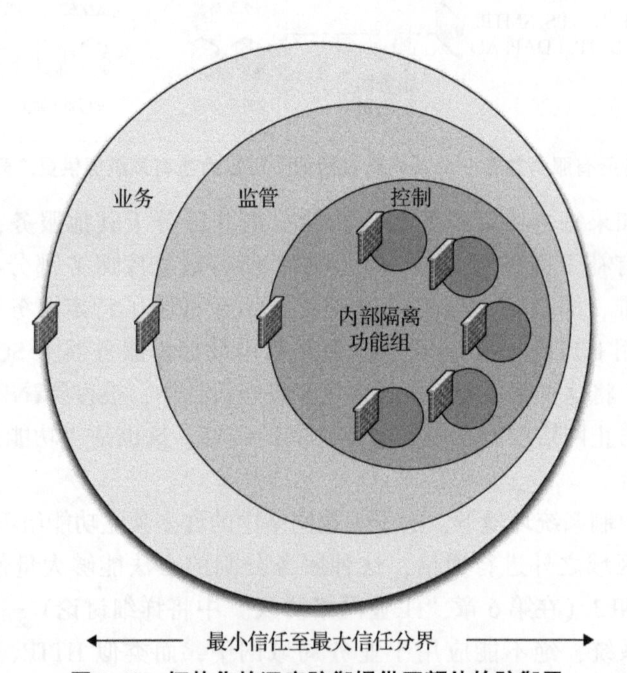

图 2.12　拓扑化的深度防御提供了额外的防御层

应当注意的是，在本书中，这些隔离的功能组或者区域通常认为是由防火墙相互隔离的。尽管在许多场合下每个区域可能都需要一个单独的防火墙，但用于保护区域的具体方法有多种形式，可能包括专用防火墙、入侵检测与防御设备、应用程序内容过滤器、访问控制列表以及其他一系列手段。在某些情况下，通过对策略的精心配置和管理，用以说明哪些服务器可以通过特定端口或协议连接。单个防火墙也可以对多个区域进行隔离，第 9 章“建立安全区域与通道”详细介绍了这一点。

注意：

不要忘记对从两个方向通过防火墙的通信都要进行控制，因为并非所有的威胁都来自外部。公开开放的流量策略可以为内部攻击者提供机会，允许恶意软件在内部扩散，为对外指挥和控制埋下伏笔，并可能导致数据泄露或信息窃取。

2.2.3　深度防御

所有标准组织、规范以及建议都指出，应当实施深度防御策略。尽管它们在“深度防御”的定义上有些出入，分层或分级防御策略的思想被认为是最佳的做法。图 2.13 给出了常见的深度防御模型，将逻辑防御等级与常见安全攻击和技术进行了映射。

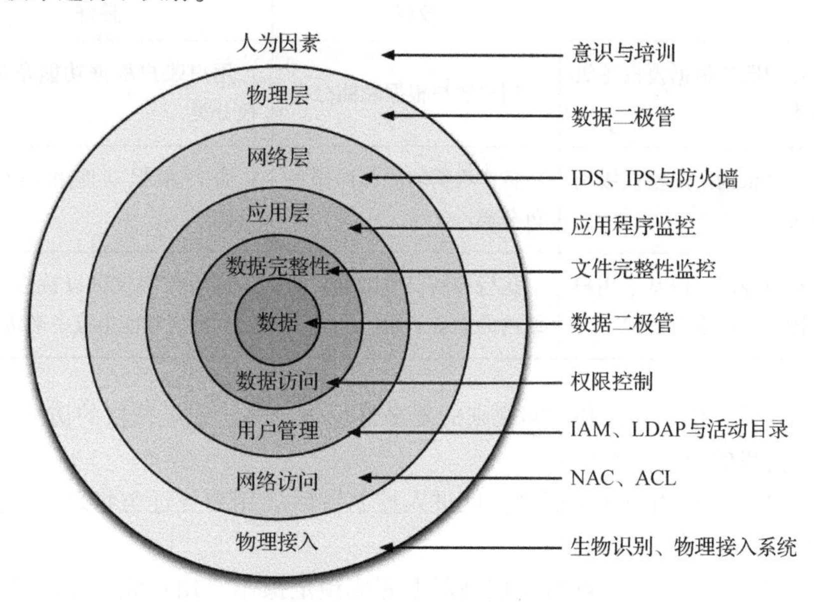

图 2.13　深度防御，并采取相应的防护措施

有趣的是，由于大多数工业系统的可分割性，术语“深度防御”可以并且应当应用到更多场合，主要如下：

(1) 开放系统互联（Open System Znterconnection，OSI）模型的各层，从

物理层（第 1 层）到应用层（第 7 层）。

（2）包含子网和/或功能组在内的物理或拓扑层级。

（3）策略层，由用户、角色和权限组成。

（4）给定边界点上的多层防御设备（如提供防火墙、IDS 或 IPS）。

2.2.4 访问控制

访问控制是网络安全最困难也最重要的问题之一，它考虑了用户与资源（如本地应用和远程服务器）如何进行交互的三个非常重要的问题，即身份识别、验证和授权。通过对特定用户或用户组实施锁定服务，攻击者想要识别和利用系统将变得非常困难。锁定的服务越深入，攻击就越困难。尽管存在许多已被验证的用于加强访问控制的技术，但是要成功实现访问控制仍然是很困难的。这是由于管理用户和角色，以及将它们映射到雇员职责范围内的特定设备和服务上是很复杂的。如表 2.1 所示，访问控制的强度随着用户身份与其在特定功能组中的角色和职责共同考虑时得到加强。

表 2.1 为用户认证增加上下文来增强访问控制

好	较好	最好
用户账户根据授权等级分类	用户账户根据功能分类	用户账户根据功能角色和授权分类
资产根据用户授权级别分类	资产根据功能和操作角色分类	资产根据功能和用户授权分类
运行控制可以基于用户权限被任何设备访问	运行控制仅可以被功能组内的设备访问	运行控制仅可以被授权用户使用特定功能组设备来访问

同样，用户认证和访问规则的复杂性层级越多，未经授权的访问就越少。一些高级的访问控制如下：

（1）仅在用户成功通过验证进入控制室后（用户凭证与物理访问控制绑定），才允许其登录 HMI。

（2）仅允许用户在特定控制器上完成预定操作（用户凭证被限制在安全区域内）。

（3）仅允许用户在其当值期内可以授权（用户凭证与人事管理绑定）。

提示：

基于一组多个互不相干的鉴别器进行授权可以提供强访问控制。例如，同时使用数字和物理密钥，如密码和生物识别。另一个例子是，使用专用主机执行特定功能。在评估中，必须充分考虑每个ICS组件的具体用途及其独特操作要求。例如，我们可以在工程师工作站上采用强大的多重身份认证，但是对于依赖共享操作员账户的操作员工作站上的HMI来说，这是无法忍受的。

2.3　高级工业网络安全建议

网络安全行业发展日新月异，每天都会推出新的安全产品和技术，而标准及其他行业组织所能提供的安全建议可能永远也赶不上产品与技术的发展速度。不过，一些好的安全建议可以借鉴：使用安全信息与事件管理（SIEM）系统进行实时活动和事件监视，基于网络的异常检测工具，使用工业防火墙或工业协议过滤器的策略白名单，使用应用程序白名单的终端系统恶意软件保护，以及其他安全措施。毫无疑问，在写本书时已经有很多新的安全产品可供使用，因此，建议大家在设计、采购或实施新的网络安全措施时，必须及时跟踪研究新出现的安全技术。

2.3.1　安全监控

对信息技术系统实施监控，是向网络安全团队提供态势感知的公认方法，因此，企业IT部门大量使用了监控工具（如SIEM和日志管理系统）。虽然在监控对象确定、监控手段选择以及在网络安全背景下收集信息意味着什么时需要特别小心，但是，态势感知能力的提升对工业网络的好处还是非常大的，有关如何有效监控工业网络的更多详细信息，请参阅第12章“工业控制系统安全监控”。

2.3.2　策略白名单

“黑名单”规定了哪些是“坏的”或未经允许的，如恶意软件、未经授权的用户等；“白名单”列出了哪些是“好的”或经过允许的，如授权用户、允许的资源、允许的网络流量、安全文件等。在策略白名单中，明确规定了所有可以接受的行为。工业协议通常会表现出特定的行为，如发出命令、收集数据或关闭系统等，因此白名单策略对在ICS架构中是非常重要的。策略白名单（也称为协议白名单）知道哪些工业协议的功能是经过允许的，从而可以有效阻止未经授权行为的发生。对于较新的或更先进的工业防火墙，可以考虑采用策略白名单功能，我们将在第11章“异常与威胁检测”中进行详细阐述。

2.3.3 应用程序白名单

应用程序白名单对给定设备上“好的”应用程序（及文件）进行了规定，从而阻止未经允许的其他应用程序的执行（或访问未经授权的任何其他文件）。只有针对终端系统驻留内存的高级攻击，才有能力通过正确实现的应用程序白名单去感染系统，因此对恶意软件来说，应用程序白名单是极其有效的威慑手段。对那些由于运营问题或供应商规范而没有及时修补的系统，白名单也可以提升其安全弹性，我们将在第11章“异常与威胁检测”中进行详细阐述。

2.4 工业网络安全的常见误解

在一些关于工业网络安全的讨论中，经常会有人基于误解而提出反对意见。最常见的如下：

（1）工业网络安全是不必要的。还有人仍然迷信认为“物理隔离”可以将ICS同任何可能的数字攻击或感染源隔离开来。这种想法是不现实的！虽然网络分段是建立安全区域和提高安全性的一种有用方法，但是物理隔离所承诺的网络绝对分离实际上是不可能的。对于那些支持无线诊断接口的系统、可随身携带的可移动媒体等，“物理隔离”不再是一种充分的防御手段。他们还臆想工业网络的安全威胁都来自外部，从而不去处理来自内部人员的安全风险及授权用户导致的ICS网络安全事件。对某些人来说，这可能只是一场宗教辩论。而对本书作者而言，如果要让人们正确认识工业网络安全，就必须破除“物理隔离”是绝对安全的迷信。

（2）工业安全是不可能的。有些人也同意安全需要修补的观点，如需要经常给设备打补丁以防已知漏洞的利用，以及防病毒系统也需要定期更新。不过，他们认为在工业控制环境下并不能支持足够的补丁周期，从而使得任何网络安全措施都毫无意义。诚然，这些都是ICS面临的挑战，但这并不意味着无法通过其他补偿控制来增强ICS的安全性。如果要正确实施工业安全，则需要具备风险管理的基础，并充分理解安全生命周期。

（3）网络安全是其他人的责任。工厂运营经理通常这样说，他们希望IT经理承担起所有网络安全责任（包括安全方面的预算）。承担起网络安全责任往往对公司运营是有利的，因此对于一个结构合理的组织机构来说，应该给网络安全赋予最高管理层的所有权限，并根据需要将部分职责下放到IT部门和运营部门，以便他们能够协同工作。正如本书（以及本章中已经提到的）所述，网络安全是一个端到端的问题，需要端到端的解决方案。

(4) 工业安全与“常规”网络安全是一样的。这是另一种常见的误解，有时会将同一组织的 IT 部门和工厂运营部门分开。“您有一个以太网，因此，我的 UltraBrand Turbo - charged 防火墙和最先进的统一威胁管理系统在 ICS 中的工作与在企业中的工作一样好！毕竟，供应商支持 SCADA 协议，并且所有的 SCADA 协议都是一样的！”当您阅读本书时，有一点会变得非常清楚，那就是工业网络和业务网络是不同的，需要采用不同的安全措施来充分保护它们。

2.5 本书中的一些假设

本书推荐的安全做法旨在实现很高的安全标准，实际上超过了许多政府和监管组织的建议。那么，哪些做法是真正必需的，哪些是额外的呢？这取决于所保护的工业系统的性质和所需的风险缓解水平。网络攻击的后果是什么？现代社会中能源生产的重要性要远高于玩具飞盘的制造（除非你碰巧是专业的终极飞盘冠军！）。电能的正常生产和输送将直接影响我们的安全，如冬季取暖、干旱时为灌溉水泵提供能量。化工产品能否正常生产和配给将直接影响流感疫苗和药品能否正常获取，从而直接关系到人体健康是否有风险。然而，若不考虑级别划分，大多数工业控制系统就其本质而言是重要的，任何关系到其可靠性的风险都可能会带来工业级的后果。不过，虽然不是所有制造系统的问题都会带来生死攸关的后果，但无法保证它们不会成为网络攻击的潜在目标。一次极为精妙的定向打击真正出现的概率会有多大？图 2.14 显示事故出现的概率会随着攻击复杂程度及其后果严重程度的增加而变小。通过安全实践来应对这些不平常和未必出现的攻击，在很大程度上可以避免其带来的严重后果。

尽管本书的目标是保护所有工业网络的安全，但还是以关键基础设施为主要关注点，并在恰当时引入大量的标准、建议和法令。不管需要被保护的控制系统性质如何，理解这些法令都是十分重要的，特别是 NERC CIP、化工设施反恐怖标准（Chemical Facility Anti - Terrorism Standard，CFATS）、联邦信息安全管理条例（Federal Information Security Management Act，FISMA）、ISA 以及美国国家标准与技术研究所（National Institute of Standards and Technology，NIST）的控制系统安全建议。这些规范每个都有其强项和弱点，不过都为工业网络安全的最佳实践提供了一个良好的基准。本书在讨论具体标准、最佳做法和指南时都提供了相应的参考文献，不过，由于文件状态经常更新变化，因此本书难以用大量笔墨来介绍这些文件。控制关键基础设施的工业网络需要最

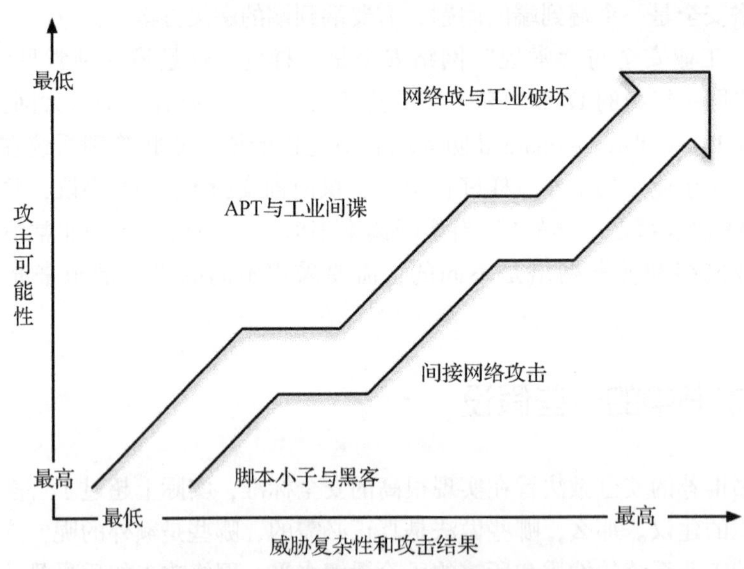

图 2.14　目标网络攻击的可能性与后果

强的控制以及关于安全和可靠性的规范，从而顺理成章地出现了大量组织机构来完成这一目标。2001 年颁布的关键基础设施保护条例和 HSPD－7 定义了它们是什么，而包括 NERC CIP、CFATS 和 NIST 的众多出版物在内的其他规范则解释了它们应该做什么。

2.6 本章小结

理解工业网络安全首先需要对所用术语、工业网络架构和操作的基本知识、一些相关的网络安全实践、工业网络和业务网络之间的差异，以及工业网络安全的重要性有基本的了解。通过评估一个工业网络，将其系统识别并分离为功能组或“安全区域”，并应用深度防御和强大的访问控制方法，将极大提高这些独特和专业网络的安全性。本书的其余部分将进一步详细介绍工业控制系统如何运行、如何利用及如何保护它们。

参考文献

[1] Eric D. Knapp and Raj Samani, “Applied Cyber Security and the Smart Grid,” Elsevier, 2013.

[2] North American Electric Corporation, Standard CIP－002－4, Cyber Security, Critical Cyber Asset Identification, North American Electric Corporation (NERC), Princeton, NJ, approved January 24, 2011.

[3] North American Electric Corporation, Standard CIP－002－5.1, Cyber Security, Critical Cyber Asset Identifi-

cation, North American Electric Corporation (NERC), Princeton, NJ, approved January 24, 2011.

[4] Purdue Research Foundation (Theodore J. Williams, Editor); A Reference Model For Computer Integrated Manufacturing (CIM), A Description from the Viewpoint of Industrial Automation; Instrument Society of America, North Carolina, 1989.

[5] North American Electric Corporation, Standard CIP - 002 - 4, Cyber Security, Critical Cyber Asset Identification, North American Electric Corporation (NERC), Princeton, NJ, approved January 24, 2011.

[6] Department of Homeland Security, Homeland security presidential directive 7: critical infrastructure identification, prioritization, and protection. < http://www.dhs.gov/xabout/laws/gc_1214597989952.shtm >, September, 2008 (cited: November 1, 2010).

[7] U. S. Nuclear Regulatory Commission, The NRC: who we are and what we do. <http://www.nrc.gov/about-nrc.html> (cited: November 1, 2010).

[8] Department of Homeland Security, Homeland security presidential directive/HSPD - 7. Roles and responsibilities of sector - specific federal agencies (18) (d). < http://www.dhs.gov/xabout/laws/gc_1214597989952.shtm >, September 2008 (cited: November 1, 2010).

[9] J. Arlen, SCADA and ICS for security experts: how to avoid cyberdouchery. in: Proc. 2010 BlackHat Technical Conference, July 2010.

[10] U. S. Nuclear Regulatory Commission, Regulatory Guide 5.71 (New Regulatory Guide) Cyber Security Programs for Nuclear Facilities, U. S. Nuclear Regulatory Commission, Washington, DC, January 2010.

第3章 工业网络安全发展历史与趋势

保护工业网络及其连接的资产，尽管在许多方面与标准企业信息系统安全相似，但也提出了几个独特的挑战。尽管工业控制系统中应用的系统和网络具有较高的专业性，但越来越多的系统是由基于商业操作系统的普通计算平台开发的。与此同时，这些系统设计得更加安全可靠、性能卓越和持久耐用。典型且完整的ICS系统需要连续几个月甚至几年不停地连续运行，其总体预期寿命是以10年为单位来计算的。与之相对的是，攻击者能很容易地获取新型攻击方式，并随时发起这些攻击。在一个典型的企业网络中，系统通过不断地更新，以此试图在这种快速变化的威胁中保持领先地位，但这些方法往往与工业网络的可靠性和可用性的核心要求相冲突。

什么都不做并不是一种合理选择。考虑到工业网络的重要性和网络攻击带来的潜在毁灭性后果，系统需要采用新的安全防护手段。正如现实世界中看到的，工业网络正被作为网络攻击的目标遭受蓄意破坏（工业网络攻击事件的详细情况将在第7章“工业控制系统攻击”中进行介绍）。针对工业网络的攻击将比以往任何时候都更加复杂，更具有针对性。另外，一个同样令人不安的趋势是，当授权系统用户在正常和日常操作期间，可能会无意识地向网络中引入威胁，这类意外事件的增加将导致严重的后果。那些正常的操作，可以是常规的本地系统管理行为，或者是通过远程系统进行的操作。

3.1 保护工业网络安全的重要性

提高工业网络安全的必要性不能过分夸大。大多数关键生产装置都提供了合理的物理安全防护，用于阻止对组件未经授权的本地访问。物理防护的设备机房、上锁的工程研究中心或受限访问的操作控制中心等措施，构成了制造环境的安全基础。ICS遭受到外界网络威胁的唯一路径是通过工业网络与周围其他业务网络和企业资源之间的连接。

许多工业系统是基于传统设备构建的，并且某些情况下会运行由传统协议演化而来的、可运行于路由网络上的网络协议。自动化系统是以可靠性为目标设计的，且在互联网连接、基于网络的应用程序和实时业务信息系统激增之前已建设完成。物理安全总是一件让人关心的事情，由于控制系统是物理隔离的，所以信息安全基本上并不是需要优先考虑的事情。如图3.1所示，没有任何公共系统（电子的或其他的）来跨越这种物理隔离。

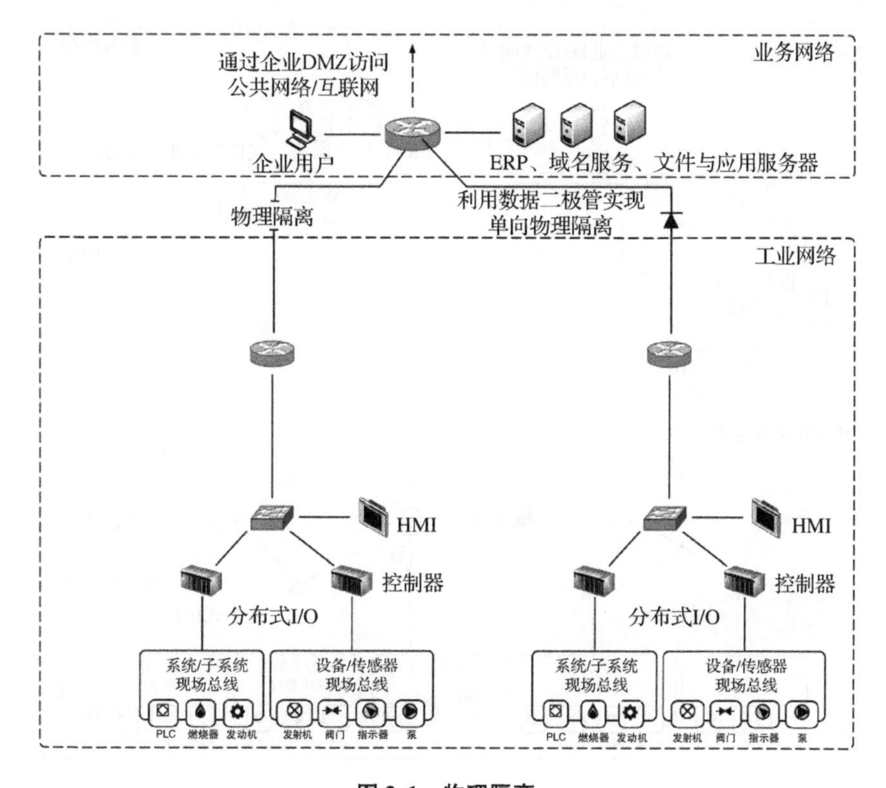

图3.1 物理隔离

理想情况下，将会一直使用物理隔离，并且物理隔离也适用于数字通信，不过实际上基本没有使用。许多组织在20世纪90年代开始重新设计其业务流程和运营集成需求。同时，组织不仅开始在常见的ICS应用程序之间进行更多的集成，而且还开始将典型的业务应用程序（如生产规划系统）与ICS的监控组件进行集成。对实时信息共享的需求，以及这些工业网络的业务运营都在不断发展中，为了访问物理隔离系统内部的信息，需要研究一种绕过隔离的方法。在这种集成“浪潮”的早期，安全并不是优先事项，而且很少提供网络隔离。如果当时考虑隔离问题，那么最初会使用标准的路由技术。当组织开始意识到业务和工业网络之间的基本操作存在差异时，有时会部署防火墙，防火墙会阻塞除为提高业务运营效率而绝对必要的流量以外的所有流量。

无论该行动的合理性或意图如何，问题是物理隔离已不复存在了，如图 3.2 所示，现在有一条进入关键系统的路径，并且只要有路径存在，就能找到并加以利用。

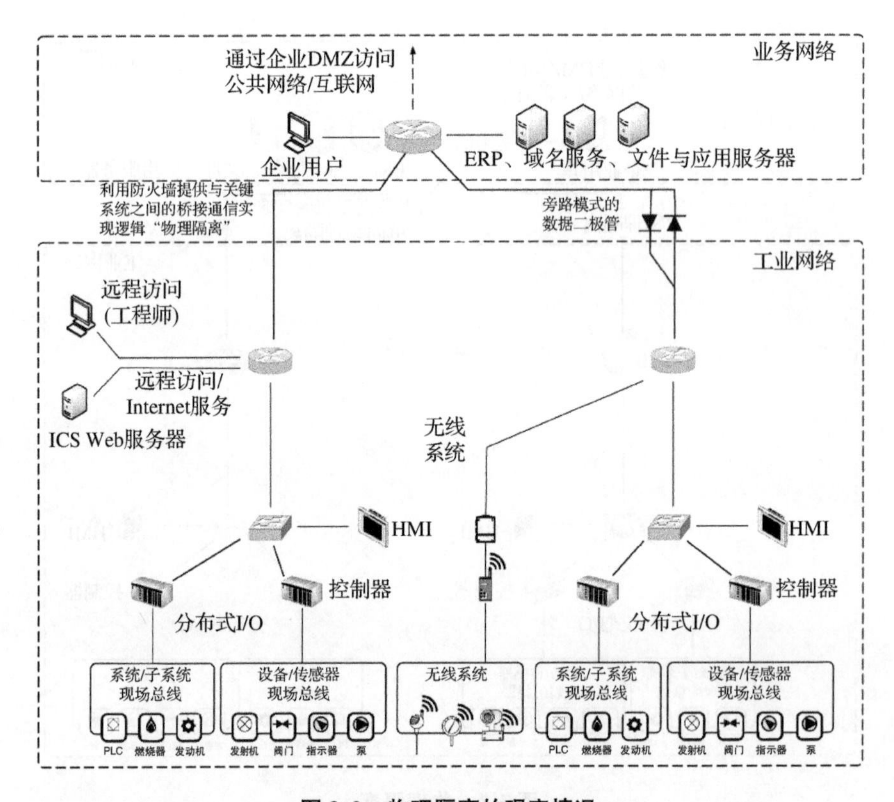

图 3.2　物理隔离的现实情况

红虎安全（Red Tiger Security）公司的安全顾问在 2010 年发布了关于工业网络安全现状的研究报告。该公司对大约 100 个北美发电设施进行了渗透测试，结果发现了超过 38000 个安全警告和相关漏洞[1]。红虎安全公司随后与美国国土安全部（Department of Homeland Security，DHS）签订了合同，负责分析这些数据，以寻找可用于帮助识别常见攻击向量的趋势，最终可以帮助提高这些关键系统抵御网络攻击的能力。

研究结果于 2010 年美国黑帽会议上公布，指出了工业系统安全环境远远落后于其他行业。从一个漏洞被公开披露到在控制系统中发现该漏洞的平均天数为331天，几乎是整整一年。更糟糕的是，有些漏洞已经超过1100天，超过漏洞发布“零日”已近3年时间[2]。

这意味着有一些已知的漏洞可以允许黑客和网络罪犯进入控制网络。开源渗透测试工具（如Metasploit和Kali Linux）将许多漏洞转换为可重用的模块，使得利用这些漏洞相当容易，并且可供用户广泛使用。这意味着，并非只有其他需要免费获取的测试工具才具有针对零日漏洞的利用能力。更详细的ICS开发工具和实用工具，将在第7章“工业控制系统攻击”中进行介绍。

由于控制系统从设计上很难进行修补，其中存在众所周知的漏洞也就不足为奇了。控制系统被有意限制（甚至禁止）访问外部网络和互联网，从而使其获得补丁异常困难。实际上，即使获得补丁后进行升级也很困难，由于可靠性是最重要的，升级操作将被限制在计划的维护时间窗口内。其结果是，几乎总是会有未修补的漏洞存在。将维护时间窗口从平均331天减少到每周甚至每月，将是对系统安全性的一个极大提升。第10章“实施工业网络安全与访问控制”将介绍修复ICS漏洞的平衡视图。

3.2 网络威胁的演进

探究“网络安全”的具体定义是一件很有趣的事情。目前有多种定义，其都有一个共同的深层意义：①未经授权的系统访问；②丧失系统、数据或应用程序的机密性、完整性或可用性。1902年的记录显示，针对马可尼无线电报的攻击非常容易实现[3]。第一个蠕虫病毒在25年前发布，从那以后，网络威胁一直在演变：从Morris蠕虫病毒（莫里斯蠕虫病毒，1988），到Code Red（红色代码病毒，2001），到Slammer（蓝宝石病毒，2003），到Conficker（一种蠕虫病毒，2008），再到Stuxnet（震网病毒，2010）。当考虑对工业系统的威胁时，这种演变主要关注三个方面的原因。第一个原因，初始攻击向量仍然起始于公共计算平台，通常在3级或4级系统内。这意味着，随着工业系统的演进，以及越来越复杂和设计精巧的恶意软件的发展与利用，对工业系统进行渗透变得越来越容易。第二个原因，2级、1级和0级的工业网络正在逐渐成为攻击目标。第三个原因，威胁在不断持续发展，它利用了过去恶意软件的成功技术，同时引入了新的功能和复杂性。对Stuxnet的简单分析表明，其使用的一种传播方法利用了Conficker蠕虫所使用的相同漏洞，该漏洞已在2008年被发现并进行了修补。这些系统极易受攻击，就网络安全成熟度而言，可以认为它们比典型的企业系统落后10年甚至更长时间。这意味着，一旦工业网络被破坏，结果很可能是“既成事实”。目前的工业系统在现代化的攻击面前根本不堪一击，它们的主要防线仍然是围绕工业网络的业务网络以及网络的不同安全等级之间的基于网络的防御。根据2013年Verizon数据调查报告，现在20%的攻击事件针对能源、运输和关键制造组织[4]。

注意：

理解本书中使用的“层”和“级别”的概念非常重要。“层”用在OSI的7层模型，协议和技术如何在每一层实现的上下文环境中[5]。例如，MAC地址运行在第2层（数据链路层），并且依赖于网络交换；IP地址运行在第3层（网络层），并且依赖于网络路由来管理流量。TCP和UDP协议运行在第4层（传输层），依赖于防火墙来处理通信流。

“级别”在企业和生产控制系统集成标准ISA－95[6]中也有定义，对其在计算机集成制造的普渡参考模型[7]中的原始定义进行了扩展，该标准中一般是指“普渡参考模型”。这里术语“0级”适用于现场设备及其网络；“1级”表示基本的控制元素，如PLC；“2级”表示监视和监督功能，如SCADA服务器和HMI；“3级”表示制造操作管理功能；“4级”表示业务规划和保障。

从工业网络中获得的各种事件数据都已经分析过。根据ICS－CERT收集的信息、工业安全事件库（Repository for Industrial Security Incident，RISI）以及Verizon、Symantec、McAfee等公司的研究表明，存在以下发展趋势，并且开始影响更广阔的全球市场。

（1）大多数攻击似乎都是随机的。不过，并非所有攻击都是随机发生的（请参见3.4节“黑客行动主义、网络犯罪、网络恐怖主义与网络战争”）。

（2）最初的攻击倾向于使用更简单的攻击方式，一旦攻击失败或被发现后会使用更复杂的方法。

（3）大多数网络攻击都是出于经济目的，也有可能是间谍活动和破坏活动。

（4）在被归类为“间谍活动”的事件中，恶意软件、黑客和社会工程学是主要的攻击方法。物理攻击、滥用和环境方法在出于经济目的的攻击中很常见，而在间谍攻击中几乎没有使用过[8]。

（5）新的恶意软件样本正以惊人的速度增长。2013年底，虽然新样本的速度有所放缓，但每个季度仍发现超过2000万个新样本[9]。

（6）大多数攻击源自外部，并且利用了薄弱的或被盗的凭据[10]。一旦入侵成功，想要再跟踪是很难的，因为从那时起，攻击者就会伪装成“内部人员”。这进一步证实了发生社会工程攻击的可能性很高，并强调了在组织的各个级别进行网络安全培训的必要性。

（7）影响工业系统的大多数事件本质上都是无意的，控制和软件错误占无意事件的大多数[11]。

(8) 随着 rootkit 和数字签名恶意软件的增加，新的恶意软件代码样本变得越来越复杂。

(9) 报告的工业网络事件占比很高（28%），不过一直在稳步下降（过去 5 年为 65%）[12]。

(10) AutoRun 恶意软件（通常通过 USB 闪存驱动器或类似媒体进行传播）攻击事件稳步上升。AutoRun 恶意软件对于绕过网络安全措施很有用，并且已在几种已知的工业网络安全事件中得到成功应用。

(11) 恶意软件和“黑客即服务”越来越多，并且变得越来越普遍。这包括日益增加的零日市场和其他“待售”漏洞。

(12) 在过去几年中，由于允许远程访问其工业网络的设施数量不断增加，通过远程访问方式发生的事件数量一直在稳定增长[13]。

攻击本身往往仍然很直接。用于工业系统的最常见初始攻击包括网络钓鱼、水坑和数据库注入等方法[14]。当使用开源网络情报（Open Source Intelligence，OSINT）来做社会工程学攻击时，针对性极高的鱼叉式网络钓鱼（旨在欺骗读者点击链接、打开附件或触发恶意软件的定制电子邮件）非常有效。例如，网络钓鱼可以利用目标公司的组织结构（如冒充来自公司内部高管的合法电子邮件的电子邮件发件人）或员工的本地习惯（如当地餐馆的打折午餐券）[15]。网络钓鱼电子邮件通常包含恶意附件，或将其目标定向到恶意网站。被网络钓鱼的用户因此受到感染，并成为发起进一步渗透攻击的初始感染源[16]。

有效攻击载荷（恶意病毒本身）包含从免费获取的工具包（如网络攻击器和种子），到商业恶意程序（如 Zeus（ZBOT）、Ghostnet（Ghostrat）、Mumba（Zeus v3）和 Mariposa 等）。攻击者通过混淆类恶意软件来防止防病毒软件和其他检测机制的检测[17]。这就解释了新发现的大量恶意软件样本的原因。许多新的样本都是现有恶意软件的代码变体，这些变化是为了规避常见的检测机制，如反病毒和网络入侵防护系统等。这是 Conficker 病毒能够长期保持威胁之首的原因之一，该蠕虫首次发现于 2008 年，直到 2011 年上半年才开始减少，期间感染了不少于 1200 万台计算机[18-19]。

一旦网络被渗透或系统被感染，恶意软件就会尝试传播到其他系统。在攻击工业网络时，这种传播将转向授权级别越来越高的新系统，直到发现一台能够获得较低集成“级别”的访问系统，即在级别 4 中的系统将尝试寻找能够到级别 3 的活动连接，以及从级别 3 到级别 2 等。一旦发现跨级的连接，攻击者将使用第一个受感染的系统来攻击并渗透到第二个系统，深入网络中的工业控制区域，即所谓的“跳板”。这就是为什么强大的纵深防御很重要。防火墙只能允许从系统 A 到系统 B 的通信，且系统之间可能用到加密通信。尽管如此，如果系统 A 受控，攻击者将能够在已建立和授权的数据流中自由通信。这种方法可以认为是“利用信任”攻击，因此需要额外的安全措施来防止这种攻击向量。

3.2.1 APT 与武器级恶意软件

对工业系统的复杂网络攻击，为了达到预期目标，一般会隐藏其攻击行为以便深度传播。恶意软件会尝试秘密地运行，并试图停用或绕过反恶意软件，安装持久的 rootkit，删除攻击过程文件，以及在建立远程访问的后门通道、打开防火墙上的漏洞或在目标网络内传播之前使用其他隐蔽的方法，以免被检测到[20]。以 Stuxnet 为例，Stuxnet 通过绕过主机入侵检测来避免被发现（使用传统 IDS/IPS 无法检测到的尚未公布的零日漏洞，以及各种自动运行和基于网络的攻击向量），将自己伪装成合法的软件（通过使用盗取的数字证书）。然后，如果不再需要跟踪文件或它们已驻留在与其有效载荷不兼容的系统上，则通过从系统中删除跟踪文件来隐藏其踪迹[21]。作为一种额外预防措施，且为了进一步避免被检测到，如果 Stuxnet 已经感染了其他目标，并且当前感染主机也不是其预期目标，则它会自动从当前主机上删除相关痕迹[22]。

根据定义，Stuxnet 和许多其他现代恶意软件样本被认为是“高级持续性威胁”（Advanced Persistent Threat，APT）。APT 的一个特点是，其使用的恶意软件通常很难被检测到，并且具备保持持久性攻击的措施，即使被检测到和删除或重新启动系统，它也可以继续运行。APT 一词还描述了攻击者主动渗透系统并从一个或多个目标窃取数据的网络活动。攻击者可以使用持久性的恶意软件或其他持久性的攻击方法，如重新感染系统及使用多个并行的渗透向量和方法，以确保攻击成功。其他针对工业基础设施的 APT 攻击包括 Duqu[23-24]、Night Dragon[25]、Flame[26]及其他针对石油和天然气管道的攻击活动[27-28]。

当恶意软件具备一定的复杂度，并显示明确的动机和意图时，即可认为其是“武器级的”。APT 和武器级恶意软件的特征不同，其目标也不同，如表 3.1 和表 3.2 所示。虽然许多 APT 会使用简单的方法，但武器级的恶意软件（也称为军事级恶意软件）倾向于更复杂的交付机制和有效载荷[29]。当然，Stuxnet 仍然是一个武器级恶意软件的有效例证。它具有非常强的针对性，且高度复杂，是当时最复杂的恶意软件，它的目的是发现、渗透和破坏一个特定的目标系统。Stuxnet 使用多个零日漏洞进行感染。开发一个零日漏洞利用程序，需要相当多的资源，包括购买商业恶意软件的经费资源或开发新恶意软件的知识资源等。Stuxnet 引发了对其来源和意图的诸多猜测与高度关注，至少部分原因是其通过使用如此多的零日漏洞来实现蠕虫传播所需要的资源水平。Stuxnet 还使用“内部情报”来关注其目标控制系统，这再次意味着 Stuxnet 的创建者拥有大量资源，他们要么可以使用工业控制系统来开发和测试恶意软件，要么具备足够了解这种控制系统的知识，使他们能够在模拟环境中也开发该恶意软件。

表 3.1　常见的 APT 与武器级恶意软件之间的区别

APT 的特点	武器级恶意软件的特点
使用简单攻击开始感染	使用更复杂的方式开始感染
可以长时间避免被发现	可以长时间避免被发现
可以使用隐蔽指挥与控制（C^2）信道向攻击者传送信息	可以在隔离环境中运行，不依赖远程指挥与控制（C^2）信道
即使被发现依然可以运行的机制	即使被发现依然可以运行或具备重新感染的机制
没有影响或扰乱网络操作的意图	包含扰乱网络操作等恶意意图

表 3.2　APT 和网络战争的信息目标

APT 的目标	武器级工业恶意软件的目标
知识产权	
应用程序代码	证书认证和授权
应用程序设计	控制协议
协议	功能图
专利	PCS 命令代码
工业设计	
产品示意图	控制系统的设计及示意图
工程设计和图纸	安全控制系统
研究成果	PCS 的弱点

续表

APT的目标	武器级工业恶意软件的目标
化学品和配方	
药品配方	药品配方
化学公式	药品安全和过敏症信息
化学合成物	化学危害和控制措施

Stuxnet的开发者可能已经利用了所窃取的知识情报（这是APT的主要目标）来开发一种更具武器化的恶意软件。换句话说，最初归类为“信息盗窃”的网络攻击看起来似乎相对善良一点，不过它可能是武器级恶意软件的逻辑先驱。最近其他一些武器级恶意软件的例子有Shamoon病毒，以及之前提到的Duqu和Flame等病毒。

关于Duqu和管道入侵事件的细节目前仍然受到限制，不适合本书。我们可以从Night Dragon和Stuxnet中学到很多知识，它们包含的一些组件是专门针对工业系统的。

1. Night Dragon

2011年2月，McAfee宣布发现了一系列针对石油、能源与石油化工公司的协作攻击。攻击主要源自某国，并认为最初开始于2009年，为了窃取信息而连续且隐蔽地运行[30]，这便具有了APT的特征。

Night Dragon进一步证明了外部攻击者可以（并且会）渗入关键系统。尽管这个攻击没有导致像Stuxnet那样的破坏后果，但它确实窃取了敏感信息，信息的用途还无从得知。利用窃取的信息（根据动机不同）几乎可以做任何事情。攻击一开始是对公司用来访问内网服务器的Web服务器进行SQL注入的。通过使用标准化的攻击工具，黑客获取了额外用户名与密码，并以此进一步渗入内部桌面PC与服务器。Night Dragon建立了指挥与控制（Command and Control，C^2）服务器，以及远程管理工具箱（Remote Administration Toolkit，RAT），主要用于从执行账户中获取电子邮件[31]。虽然这次攻击没有产生破坏结果，但与Stuxnet一样，它确实盗窃了包括运营油气田生产系统（包括工业控制系统）及与实地勘探和天然气资产投标有关的财务文件等敏感信息[32]。这些信息的预期用途目前尚无法知晓，不过被窃取的信息几乎可以用于任何方面，也可以出于各种动机。目标公司的工业控制系统均未受到影响；然而，某些情况涉及从操作控制系统[33]收集的数据的过滤，所有这些都可用于以后更有针对性的攻击。像任何APT一样，Night

Dragon也充满未知与猜测。毕竟，APT是一种网络间谍活动，没有人知道会不会发展成为更具针对性的网络战。

2. Stuxnet

Stuxnet在很大程度上被认为是该行业中的“游戏改变者”，因为它是第一次针对工业控制系统的、有针对性的、武器化的网络攻击。在Stuxnet出现之前，人们仍然普遍认为，工业系统既不会受到网络攻击（由于系统复杂和物理隔离），也不会成为黑客或其他网络威胁的目标。概念证明性的网络攻击，如极光项目，在研究之前就遭到了质疑。Stuxnet之前的“威胁”主要被认为仅限于计算机系统的意外感染，或内部威胁的结果。那么，为什么Stuxnet得到如此广泛的宣传，以及为什么人们至今还在谈论，这是可以理解的。Stuxnet证明了许多关于工业网络威胁的假设是错误的，并且使用了比以前任何攻击都更复杂的恶意软件。

目前，恶意行为者对工业控制系统是感兴趣的，并且这些系统既可访问又易受攻击。也许Stuxnet教给我们的最重要的教训是，网络攻击并不局限于个人计算机和服务器。虽然Stuxnet使用了许多方法来开发和渗透基于Windows的系统，但它也证明了恶意软件可以通过感染ICS中的系统，覆盖控制器内部的过程逻辑，并对监控系统隐藏其活动来改变自动化过程。Stuxnet将在第7章“工业控制系统攻击”中详细阐述。

3. APT和网络战

在比较APT和网络战时，我们可以做出两个重要的推论。首先，网络战的复杂程度更高，主要是因为攻击者的可用资源及破坏与利润比的最终目标。其次，在许多工业网络中，网络攻击者获取的利润比攻击其他网络要少，因此他可能出于不同的攻击动机（如社会政治方面的）。如果你所保护的工业网络对商业制造负有主要责任，那么APT攻击的主要痕迹很可能是企图盗窃情报行为留下的一些证据。如果你所捍卫的工业网络至关重要，并可能影响人的生命，那么APT攻击留下的痕迹可能有着更大意义，在调查和减轻这些攻击时应格外谨慎。

3.2.2　即将面临的网络攻击

感染机制、攻击向量以及恶意数据载荷正不断进化。我们可以预测到更复杂的个体攻击与自动程序，以及这些组件的更复杂组合。由于高级恶意软件的开发（或获取）成本高昂，我们有理由相信短期内会出现已知威胁的新型变体或进化型，而非“Stuxnet级别”的革命性创造。了解如何模糊或增强现有漏洞利用以避免被检测到的机制，可以帮助我们制定更严格的防御策略。认识到从开源社区中获取情报信息的价值是非常重要的，像 Rapid7 公司提供的 Metasploit 框架之类的工具能够改变漏洞利用和载荷来避免恶意程序被检测到，以及在不同的机制间（DLL、VBS、OCX 等）改变其代码。

可以推测，威胁会在规模、精巧程度以及复杂性上持续增长，我们也不难推测新的零日漏洞会在攻击的一个或更多阶段使用（感染、传播与执行）[34]。另外，还可以假设攻击将变得更加集中，并企图通过最小化的暴露来避免被发现。Stuxnet 在许多系统中能够轻易扩散，不过只有在特定环境下才会完全激活；如果一个类似的攻击不那么随意出现，并且更加巧妙地嵌入目标系统中，那么它将更难被检测出来。

2011 年初，专门针对 SCADA 系统的附加漏洞与攻击程序被开发并公布出去，包括广为流传的由两个在意大利与俄罗斯的研究者分别独立开发的攻击程序。“Luigi 漏洞”是由意大利研究者 Luigi Auriemma 命名的漏洞，共包括 34 个针对西门子（FactoryLink，一款上位监控软件）、Iconics（Iconics 是一家专门从事可视化和自动化软件开发的公司，Genesis 是一套组态软件）、7 - Technologies（IGSS，用于监控工业流程的 SCADA 系统）和 DATAC（RealWin，一款 SCADA 服务器产品，可通过 TCP/IP 网络操作单个或多个 PC）的漏洞[35]。俄罗斯公司 Gleg 发布了包括 9 个零日漏洞的其他漏洞与攻击代码，将其作为 CANVAS 攻击箱中 Agora + 攻击包的一部分[36]。现在，谷歌公司持续提供针对 SCADA + 漏洞包的更新，其中就包含特定于 ICS 的零日漏洞[37]。CANVAS 和 Metasploit 等工具将会在第 7 章“工业控制系统攻击”中进一步介绍。

值得庆幸的是，现在已可以使用许多工具来防御这些复杂的攻击，如果恰当地使用基于“高级持续性措施”（Advanced Persistent Diligence，APD）的混合型精巧防御系统，结果还是非常乐观的[38]。

3.2.3 现代网络威胁的防御

如第 2 章“工业网络概述”所述，在此建议的安全实践目标很高，除了直接的网络战，工业网络的威胁环境已经转移至面向 APT 类型的攻击。这些建议之所以建立在比常规态势感知更高级别的“高级持续性措施”概念之上，是因为 APT 正在时刻进化以避免被已知安全措施发现[39]。

高级持续性措施要求使用严格的深度防御方法，既为了减少暴露给攻击者的攻击面，又为了提供对于威胁行为更为广泛的视角，以便进行事故分析、调查与响应。APT 正通过不断进化以避免被检测到，即使通过先进的事件分析系统也难以发现它们，因此很有必要从更多网络环境中检查更多关于网络活动的数据与行为[40]。

主动式网络防御系统（如防火墙、UTM以及IPS）已不能重复阻拦带有严重后果的威胁，而只有传统的安全建议并不够。APT威胁可以轻易规避传统的网络防御，因此可以部署像下一代防火墙（Next-Generation Firewall，NGFW）、统一威胁管理系统以及ICS协议感知入侵防御系统（IPS）来对真实的网络通信内容进行更深层次的检查。

拥有态势感知能力，以明确什么正在试图连接系统以及系统内将发生什么，是重新获取系统控制的唯一方法，包括系统与资产信息、网络通信流与行为模式、组织群、用户角色以及策略。理想情况下，可以自动进行层次分析，并且提供主动反馈回路，以允许信息技术（IT）与运营技术（OT）安全专家成功消除检测到的APT。

3.3 内部威胁

制造组织中最常见的陷阱之一是，在没有经过全面风险评估过程的情况下实施网络安全程序。这通常导致采取的安全控制措施不能充分代表特定组织面临的独特风险，包括它们最可能的威胁来源——内部人员。首先需要对“内部人员”进行明确界定。内部人员通常是指“对信息系统、信息服务和任务具有许可访问、特权或知识”的人[41]。这个定义可以扩展到范围广泛的ICS专门操作人员[42]。

（1）可直接访问ICS组件并进行操作的员工。

（2）具有高级管理和配置访问权限的员工。

（3）可间接访问ICS数据的员工。

（4）可访问使用特定ICS组件或子系统的分包商。

（5）可访问特定ICS组件或子系统以获得支持的服务提供商。

很容易认识到，有许多可行的途径可以通过“可信连接”或信任关系进入安全的工业网络，这些关系通常不会在系统架构和网络拓扑图上标识。这些受信任的内部人员可以将未经授权的内容引入ICS，同时伪装成合法、经过授权的特权用户。在这些情况下部署的安全控制措施通常不是为了检测和防止这些内部攻击，而是更侧重于防止预期来自外部不信任网络的传统攻击。这样部署的一个常见例子是在业务和工业网络之间部署的防火墙，其制定的规则只会积极地阻止和记录来自业务网络的“出站”流量，而很少或不监控来自工业网络的“出站”流量。

工业安全事件库（RISI）是一个跟踪和更新ICS网络事件的数据库，通常会发布年度报告，其中包括年度总结和累积调查结果。2013年的报告显示，在所分析的事件中，只有35%来自外部[43]。如果采取的防御措施主要是基于保护系统免受外部威胁，那么预计它只能减轻ICS面临的1/3潜在威胁。

许多组织发现很难接受这样一个事实，即他们的工业安全计划需要包括控制功能来保护系统免受实际用户和管理员的影响。原因并不是他们不了解风险，而是他们不了解或接受员工可能会故意对他们控制的系统或工厂造成伤害。在大多数情况下，该事件是“无意”或“意外”操作的结果，该操作不再针对任何特定员工，而是针对体系结构中部署的总体安全策略。根据RISI的说法，所分析的ICS架构中80%的网络事件可以归类为“无意的”[44]。

在任何情况下，都不应降低与有权进入工业网络的可信人士保持密切联系的重要性，这些人实际上可能会发起蓄意攻击。即使是经过全面审查的内部人员，也可能会通过贿赂或勒索来发起攻击。远程访问技术的广泛部署增加了对提高认识和适当控制的需求，这是由于更多的个人允许从潜在不安全的地点和资产访问工业网络。远程访问是网络事件的主要切入点，大约有1/3的事件通过远程连接发起[45]。这样的一个例子发生在2003年，当时承包商的被感染计算机通过虚拟专用网络（Virtual Private Network，VPN）连接到其公司的网络，该网络与核电站的业务网络有相应的安全连接。该蠕虫能够遍历这两个VPN，并最终穿透了保护工业网络的防火墙和一个被该蠕虫禁用的安全监控系统。而负责该目标系统的工程师可能还不知道，6个月前该漏洞的补丁就已经发布了[46]。

3.4 黑客行动主义、网络犯罪、网络恐怖主义与网络战争

工业网络面临的风险，特别是那些支持关键基础设施（地方、区域或国家）的网络，在过去几年中稳步增加。这在一定程度上是由于随着Stuxnet的披露，全球对ICS安全的认识导致了针对ICS系统安全研究的增加，以及如开源和商业渗透测试工具（如Metasploit和CANVAS）中的ICS特定开发包较容易获取。图3.3描述了开源漏洞数据库（Open Source Vulnerability Database，OSVDB）[47]中记录的同比披露数量，并显示从2010年开始，漏洞披露数量显著增加。要远程破坏工业网络并执行有针对性的网络攻击，攻击者仍然需要一定程度的可能不容易获取的专业知识背景。不幸的是，这种逻辑虽然有效，但经常用来淡化有针对性的网络攻击的风险。在OSVDB中列出的700多个SCADA漏洞中，大多数涉及设备的漏洞，通常不用于高度关键的系统。另外，超过40%漏洞的常见漏洞评分系统（Common Vulnerability Scoring System，CVSS）得分为9.0或更高。这些辩论将继续进行。

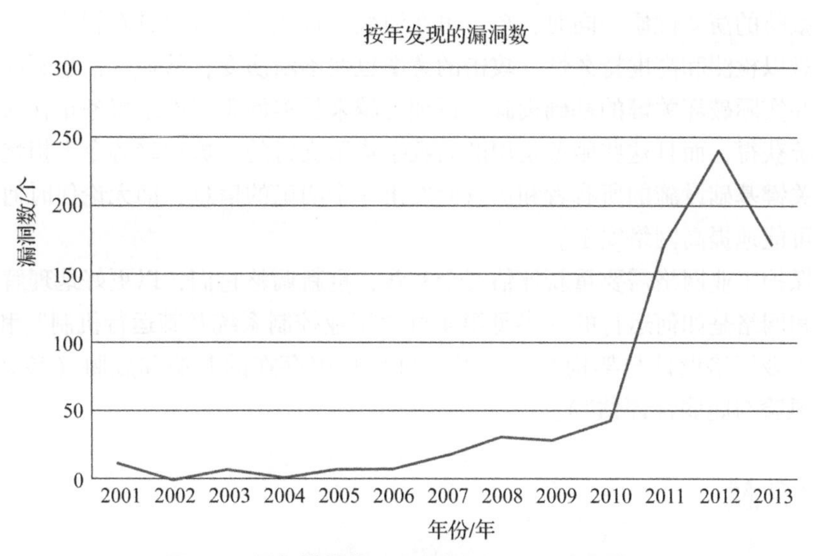

图 3.3　逐年披露的 ICS 漏洞（2011—2013 年）

其结果很简单：有大量脆弱的工业系统，这些系统是存在漏洞的，任何人进行一些研究、下载一些免费的工具并付出一些努力都可以发动攻击。只要有少量的系统和行业专门培训，成功攻击的可能性就会显著增加。真正的问题是动机和资源的问题。虽然普通人可能没有足够的动力来计划和执行对关键基础设施的攻击，但也有一些黑客主义团体有很高的动力。尽管普通人可能没有资源来设计目标有效载荷、开发零日漏洞利用程序来渗透网络防御、窃取数字证书或执行有针对性的鱼叉式钓鱼活动，但所有这些服务都可以匿名雇佣。在 McAfee 实验室的一份报告中，使用数字货币匿名买卖非法产品和服务正变得越来越普遍，并形成了一个巨大的数字黑市。网络犯罪和网络恐怖主义不再局限于有组织的犯罪集团和恐怖组织，现在已经有雇佣黑客的服务项目。对任何级别的关键基础设施的全面武器化攻击都不再需要军事化，它可以是雇佣兵（作为一种服务），能够在线购买。

考虑来自潜在大型且有能力的匿名实体“黑客即服务”的可能性，已知的漏洞数据（它本身就令人信服）成为一个几乎没有意义的争论。真正的攻击更有可能涉及未知的攻击，使用零日漏洞和高度复杂的技术。

3.5　本章小结

工业网络既重要又脆弱。如果成功发生网络事件，则可能会造成潜在的毁灭性后果。随着时间的推移，真实的网络事件的例子越来越严重，突显了工业系统威胁的演变性质。同时，攻击也在演变，现代网络威胁具有智能、适应性强、难以检测和高度持久性。攻击的意图也在不断演变，从窃取信息到破坏工业，并实际破坏关键的基础设施。再加上越来越多的犯罪网络服务正在通过匿名系统获得，而且这些服务是用匿名数字货币支付的，这种趋势令人担忧，应该向关键基础设施的所有者和运营商发出一个明确的信息，即无论何时何地都要尽可能地提高网络安全。

保护工业网络需要重新评估安全实践，重新调整它们，以更好地理解工业协议和网络是如何运行的（参见第 4 章“工业控制系统及其运行机制”和第 5 章“工业网络设计与架构”），以及更好地理解存在的漏洞和威胁（参见第 8 章“风险与脆弱性评估”）。

参考文献

[1] J. Pollet, Red Tiger, Electricity for free? The dirty underbelly of SCADA and smart meters, in: Proc. 2010 BlackHat Technical Conference, Las Vegas, NV, July 2010.

[2] 同[1].

[3] The Open - Source Vulnerability Database (OSVDB) Project, ID Nos. 79399/79400. < http://osvdb. org > (cited: December 20, 2013).

[4] 2013 Data Breach Investigations Report. Verizon.

[5] Microsoft. KB 103884 “The OSI Model’s Seven Layers Defined and Functions Explained,” < http://support. microsoft. com/kb/103884 > (cited: December 21, 2013).

[6] International Society of Automation (ISA). Standards & Practices 95. < http://www. isa - 95. com/subpages/technology/isa - 95. php > (cited: December 21, 2013).

[7] Purdue Enterprise Reference Architecture (PERA), “Purdue Reference Model for CIM.” < http://www. pera. net/Pera/PurdueReferenceModel/ReferenceModel. html > (cited: December 21, 2013).

[8] Verizon report.

[9] McAfee Labs. McAfee Labs Threat Report: Third Quarter 2013. McAfee. 2013.

[10] Verizon Report.

[11] Repository of Industrial Security Incidents (RISI). 2013 Report on Cyber Security Incidents and Trends Affecting Industrial Control Systems, June 15, 2013.

[12] 同[11].

[13] 同[11].

[14] 同[11].

[15] J. Pollet, Red Tiger, Understanding the advanced persistent threat, in: Proc. 2010 SANS European SCADA and Process Control Security Summit, Stockholm, Sweden, October 2010.

[16] 同[15].

[17] 同[15].

[18] Microsoft. Microsoft Security Intelligence Report, Volume 12, July - December 2011.

[19] Threat Post. Move Over Conficker, Web Threats are Top Enterprise Risk. < http://threatpost. com/move - over - conficker - web - threats - are - top - enterprise - risk/99762 > (cited: December 20, 2013).

[20] J. Pollet.

[21] N. Falliere, L. O. Murchu, E. Chien, Symantec. W32. Stuxnet Dossier, Version 1. 1, October 2010.

[22] 同[21].

[23] Budapest Univ. of Technology and Economic. Duqu: A Stuxnet - like malware found in the wild, v0. 93. October 14, 2011.

[24] Symantec. W32. Duqu: The precursor to the next Stuxnet, v1. 4. November 23, 2011.

[25] McAfee. Global Energy Cyberattacks: "Night Dragon." February 10, 2011.

[26] Symantec. Flamer: Highly Sophisticated and Discreet Threat Targets the Middle East, May 28, 2012. http:// www. symantec. com/connect/blogs/flamer - highly - sophisticatedand - discreet - threat - targets - middle - east > (cited: December 20, 2013).

[27] ICS - CERT, U. S. Dept. of Homeland Security. Monthly Monitor, June/July 2012.

[28] ICS - CERT, U. S. Dept. of Homeland Security. ICSA - 12 - 136 - 01P, Gas Pipeline Intrusion Campaign Indicators and Mitigations, May 15, 2012.

[29] N. Falliere, et al.

[30] McAfee.

[31] 同[30].

[32] 同[30].

[33] 同[30].

[34] 同[30].

[35] D. Peterson, Italian researcher publishes 34 ICS vulnerabilities. Digital Bond. < http://www. digitalbond. com/ 2011/03/21/italian - researcher - publishes - 34 - ics - vulnerabilities/ >, March 21, 2011 (cited: April 4, 2011).

[36] J. Langill, SCADAhacker. com. Agora + SCADA Exploit Pack for CANVAS < http:// scadahacker. blogspot. com/ 2011/03/agora - scada - exploit - pack - for - canvas. html >, March 17, 2011 (cited: December 20, 2013).

[37] J. Langill, SCADAhacker. com. Gleg releases Ver 1. 28 of the SCADA + Exploit Pack for Immunity Canvas, October 8, 2013 (cited: October 8, 2013).

[38] D. Peterson, Friday News and Notes. < http://www. digitalbond. com/2011/03/25/ fridaynews - and - notes - 127 >, March 25, 2011 (cited: April 4, 2011).

[39] 同[38].

[40] US Department of Homeland Security, US - CERT, Recommended Practice: Improving Industrial Control Systems Cybersecurity with Defense - In - Depth Strategies, Washington, DC, October 2009.

[41] M. Maybury, "How to Protect Digital Assets from Malicious Insiders," Institute for Information Infrastructure Protection.

[42] M. Luallen, "Managing Insiders in Utility Control Systems," SANS SCADA Summit 2011, March 2011.

[43] Repository of Industrial Security Incidents (RISI), "2013 Report on Cyber Security Incidents and Trends Affecting Industrial Control Systems," June 15, 2013.

[44] 同[43].

[45] 同[43].

[46] Security Focus, "Slammer worm crashed Ohio nuke plant network," August 19, 2003, < http://www. securityfocus. com/news/6767 >, (cited: January 6, 2014).

[47] Open – Source Vulnerability Database (OSVDB) Project. <http://osvdb. org/search? search [vuln_title] = scada >. (cited: January 1, 2013).

第 4 章　工业控制系统及其运行机制

除了了解工业网络协议是如何运行的，还有必要对工业网络中常用的 ICS 组件是如何交互的有基本了解。这些信息对于工业控制系统的操作员来说可能显得过于基础。同样重要的是要记住，“控制系统是如何连接的”和“它们应该是如何连接的”并不总是相同的。人们可以通过回顾基础知识，快速评估工业网络设计中是否存在基本的安全缺陷。这就需要了解典型工业网络的特定资产、体系结构和运行机制。

4.1　系统资产

首先要了解工业网络中使用的组件以及它们所扮演的角色。本章中讨论的这些设备包括现场部件（如传感器、执行器、电机驱动器、仪表、指示器等）和控制系统部件（如可编程逻辑控制器（PLC）、远程终端单元（Remote Terminal Unit，RTU）、智能电子设备（Intelligent Electronic Device，IED）、人机界面（HMI）、工程师工作站、应用服务器、数据历史记录及其他业务信息控制台或仪表盘）。

4.1.1　可编程逻辑控制器

可编程逻辑控制器是一种在制造设施内用于自动化功能的专用工业计算机。不同于桌面计算机，PLC 通常经过物理加固（使其适合于在生产环境中部署），并且可能具有多个特定的输入和输出。通常，PLC 不使用商用操作系统（Operating System，OS）。相反，它们依赖于特定的应用程序，允许 PLC 自动生成输出操作，使用尽可能少的开销响应特定的输入。PLC 最初设计的目的是用于替代机电继电器。非常简单的 PLC 可称为可编程逻辑继电器（Programmable Logic Relay，PLR）。图 4.1 所示为 PLC 的典型结构。

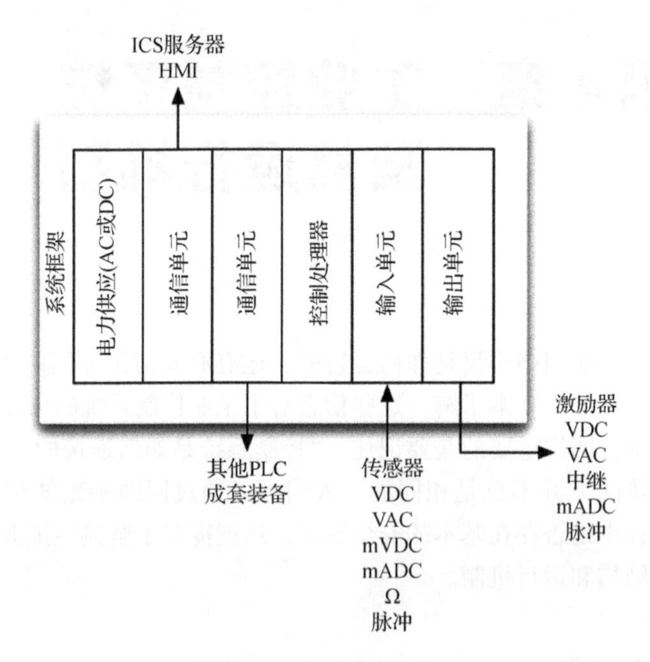

图 4.1　PLC 的典型结构

可编程逻辑控制器通常用于控制实时过程，其设计要求简单高效。例如，在塑料制造中，当温度达到特定值时，控制催化剂注入缸中。如果处理开销或其他延迟导致 PLC 逻辑的执行延迟，则很难精确地调整注入的时间，从而可能导致出现质量问题。因此，PLC 中使用的逻辑通常非常简单，并按照 IEC - 61131 - 3 所定义的国际标准语言集进行编程。

1. 梯形图

可编程逻辑控制器可以使用"梯形逻辑"或"梯形图"（Ladder Diagram, LD），这是 IEC - 61131 - 3 标准中包含的一种简单的非常适合工业应用的编程语言。梯形逻辑得名于通过机电继电器实现离散逻辑的传统方法，最初称为"继电器梯形逻辑"。梯形逻辑可以看作输入（继电器触点）和输出（继电器线圈）之间的一组连接。梯形逻辑遵循一个继电器功能图，如图 4.2 所示。在左侧跟踪一条路径，该路径由穿过的各种输入组成的"运行器"构成。如果输入中继为"真"，则路径继续；如果为"假"，则不继续。如果右侧路径完成（阶梯有完整的"真"路径），则阶梯完整，输出线圈将设置为"真"或"通电"。如果没有可跟踪的路径，则输出继续为"假"，继电器保持"断电"[1]。这是在 PLC 之前实现的，左侧有一个（+）总线，右侧有一个（-）总线。刚才描述的"路径"表示通过逻辑的电流。

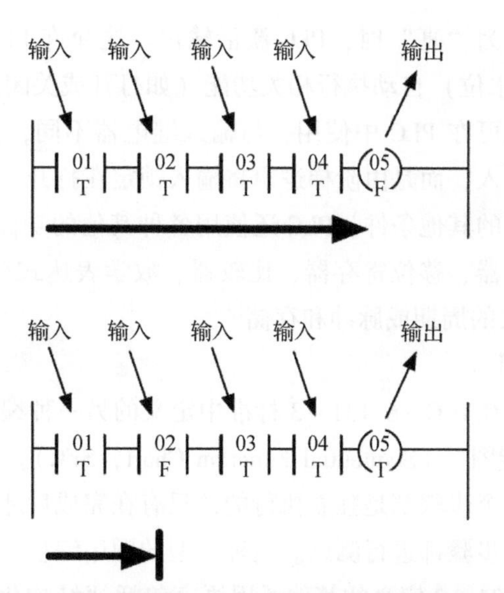

图 4.2　具有完整和不完整条件的简单梯形逻辑示例

PLC 通过查看来自连接到制造设备的离散设备的输入，并基于这些输入的“状态”执行所需的输出功能来实现此梯形逻辑。这些输出还连接到制造设备，如执行器、电机驱动器或其他机械设备。PLC 可以使用各种数字和模拟通信方法，不过通常使用现场总线协议，如 Modbus、ControlNet、Ethernet/IP、PROFIBUS、PROFINET 或其他类似的协议（参见第 6 章“工业网络协议”）。转换器用于通过比较输入值与设定值，将模拟或“连续”值从传感器转换为“离散”的开启或关闭值。如果满足一个设定值，则输入视为“真”；如果不是，则视为“假”。由梯形逻辑定义的过程可以很简单，也可以非常复杂。例如，一个“或”条件可以允许基于另一个输入条件完成梯形逻辑，如图 4.3 所示。

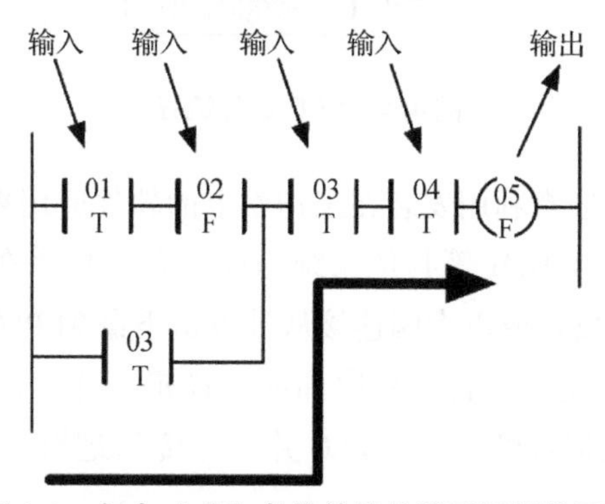

图 4.3　包含“或”条件的简单梯形逻辑的示例

当输出线圈变为“真”时，PLC激活输出。这允许PLC根据设定值参数（如水箱内的高低水位）自动执行相关功能（如打开或关闭泵）[2]。

内部继电器也可在PLC中使用，与输入继电器不同，这些继电器不使用来自物理设备的输入，而是由阶梯逻辑将输入锁定在打开（真）或关闭（假）上，这取决于程序的其他条件。PLC还使用各种其他的功能“块”，包括计数器、计时器、触发器、移位寄存器、比较器、数学表达式/函数，以及许多其他允许PLC自定义的周期或脉冲和存储[3]。

2. 顺序功能图

PLC使用的并在IEC-61131-3标准中定义的另一种编程语言是“顺序逻辑”或“顺序功能图”（Sequential Function Chart，SFC）。顺序逻辑与梯形逻辑的区别在于，每个步骤都是独立执行的，只有在完成后才能进入下一步，而梯形逻辑则对每个步骤都进行测试。这种类型的顺序编程在面向批的操作中非常常见。IEC-61131-3定义的其他通用语言包括“结构化文本”（Structured Text，ST）、“功能框图”（Function Block Diagram，FBD）和“指令列表”（Instruction List，IL）方法。无论特定的PLC使用何种编程语言，最终目标都是通过检查输入、应用逻辑（程序）和适当调整输出，使工业系统中常见的传统机电功能自动化[4]，如图4.4所示。

图4.4 PLC运行流程

PLC使用的逻辑通常利用安装在工作站上的软件应用来创建，该软件可结合类似的工具，或可与HMI等其他系统功能组合。程序在本地编译，然后直接通过串行（RS-232）或以太网连接从计算机下载到PLC，将逻辑代码加载到PLC上。PLC可以支持托管源程序和编译逻辑程序，这意味着任何具有适当工程软件知识的人都有可能访问PLC并“上传”逻辑。

4.1.2　远程终端单元

远程终端单元通常位于变电站、管道沿线或其他远程位置。RTU 监控现场监测参数并将数据传输回中央监测站，通常是主终端单元（Master Terminal Unit，MTU)，可以是 ICS 服务器、中央 PLC，或者直接传输到 HMI。RTU 通常包括由调制解调器、蜂窝数据连接、无线或其他广域通信技术组成的远程通信能力。它们通常安装在供电不方便的地方，并且由当地的太阳能发电和储存设施提供电力供应。通常将 RTU 放置在户外，这意味着它们会受到极端环境条件（温度、湿度、闪电、动物等）的影响。由于通信带宽通常非常有限，为了最大限度地传输信息，因此 RTU 支持“异常报告”的协议或其他“发布/订阅”机制，以减少第 6 章“工业网络协议”所阐述数据不必要的重复或传输。

RTU 和 PLC 在功能上相互覆盖，许多 RTU 集成了可编程逻辑和控制功能，使 RTU 可以视为集成了通信设备的远程 PLC。

4.1.3　智能电子设备

每个行业都有特殊的物理和逻辑要求，因此，ICS 设备在一定程度上有所不同。管道系统通常沿管道分布，有泵（液体）或压缩机（气体）站。如前所述，RTU 非常适合在这种应用中安装使用。电力事业部门也有类似的要求，除了他们的输电线路不包含泵站，整个电网中包含了大量的变电站，以管理电力负荷，并在需要时提供本地隔离。智能电子设备是为这些类型的设备而开发的，它们不仅需要本地直接控制功能和集成电信支持，还可以安装在具有高压电和相关电气“噪声”的区域中。

与所有的技术一样，IED 也会随着时间的推移而变得越来越复杂，而 IED 可能会执行其他任务，并模糊了设备类型之间的界限。为了简化本书的描述，在所有的控制系统中，可以认为 IED 支持一个特定功能的设备（如变电站自动化系统)。而 RTU 和 PLC 则是为一般用途而设计的（它们可以通过编程实现控制电机的速度、开关锁、打开泵或轨道交叉门)。

随着技术的发展，PLC、RTU 和 IED 之间的界限变得模糊，详见艾默生过程管理公司的 ROC800L 液态烃遥控器，如图 4.5 所示。该单个设备既能支持几种可编程语言，又能执行测量、诊断、远程控制和电信等功能。

图 4.5 艾默生过程管理公司 ROC800L 液态烃遥控器

4.1.4 人机界面

人机界面是操作员与 PLC、RTU 和 IED 之间进行交互的手段。HMI 将手动激活的开关、刻度盘和其他电气控制替换为用于感知和影响该过程的数字表盘的图形。HMI 允许操作员启动和停止循环，调整设定值，并执行调节和与控制过程交互所需的其他功能。因为 HMI 是基于软件的，所以它们用软件参数替换物理导线和控件，允许它们非常容易地进行调整和修改。图 4.6 给出 HMI 是如何与完整的 ICS 架构进行集成的。

人机界面是一种现代软件应用，有两种主要的形式。一种运行在像 Windows 7 这样的现代操作系统上，并且能够执行各种功能。另一种结合了工业硬件计算机，本地触摸面板，并被封装以支持门或直接面板的安装。这些设备通常使用嵌入式操作系统，如 Windows Emdeld（CE、XP、7、8、Compact），并使用一台单独的计算机和相关的工程软件进行编程。它们充当了人类操作员和一个或多个 PLC 复杂逻辑之间的桥梁，允许操作员关注过程如何执行，而不是在一个集中的位置来管理大量复杂进程或者分布式的多重功能间的底层逻辑。为了实现这一点，用户界面将以图形方式表示控制过程，包括传感器值和其他计量值，以及可见的输出状态指示（哪些电机打开、哪些泵激活等）。

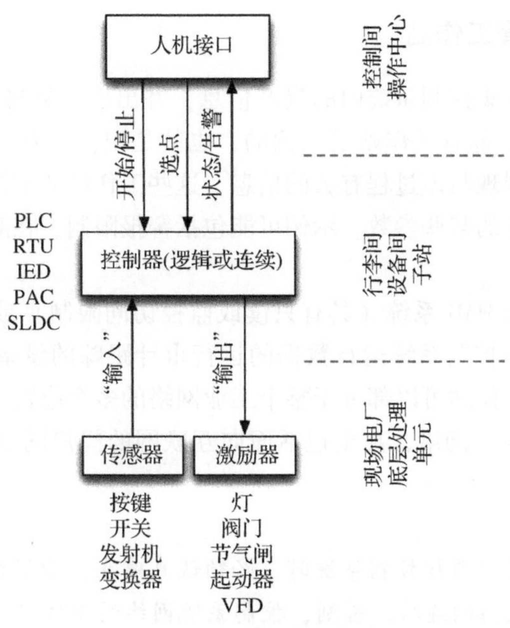

图4.6　人机界面功能

人类通过计算机控制台与HMI交互，不过通常不通过密码来授权使用工作站，因为在异常事件中，密码锁定或任何其他机制将阻止对HMI的访问，这是不安全的，并且违反了保证可用性的基本原则。起初，这似乎不安全，但考虑这些设备通常安装在物理安全性很高的区域，只由受训过的和授权的人员操作，由此产生的风险是可以容忍的。因为HMI提供监测数据（控制过程的当前状态和数据的可视化表示）以及控制信息（即设置点的变化），用户访问控制通常是ICS的一部分，该功能将限定特定用户对特定功能的使用。HMI直接或间接通过ICS服务器与一个或多个控制器进行交互，这些控制器使用的工业协议包括OLE过程控制（OLE for Process Control，OPC）或现场总线协议(如以太网/IP或Modbus，参见第6章“工业网络协议”)。

还有其他更合适的方法来保护HMI免受预期用户的未授权访问，以及由网络事件导致的未授权访问。许多供应商意识到最低权限的重要性，现正在提供基于本地和域的组策略，以限制在本地工作站上授予的权限。微软操作系统提供了通过计算机或用户来执行这些策略的能力，这种策略对放置于公共区域的工作站非常适用，不仅可以限制本地应用程序的执行和Windows GUI的功能，而且还可以防止未经授权地访问可移动媒体和USB端口访问。因此，工业过程的安全性在很大程度上依赖于HMI和底层控制系统的访问控制和主机安全性。

4.1.5 监管工作站

监管工作站收集控制系统内的资产信息，并出于监管目的显示这些信息。与 HMI 不同的是，监管工作站是只读的，也就是说，没有控制元件直接与控制过程交互，只展现与该过程有关的信息。这些工作站通常被授权能够更改操作员通常不能操作的某些参数。示例可能包括警报限制，在某些情况下，还包括过程设定值。

监管工作站由 HMI 系统（具有只读或监控访问限制）或来自数据记录系统（专门用来收集控制系统运行数据的运行审计跟踪的设备）的仪表板或工作簿组成。监管工作站可以部署于整个工业网络的多个位置，以及 ICS 的非军事区（DMZ）或业务网络，甚至包括面向互联网的门户网站和内部网（参见 4.3 节“控制过程管理”）。

注意：

当监控系统远程监控控制系统时，必须认真建立、控制和监控工作站与底层 ICS 监控组件之间的连接。否则，控制系统网络的整体安全性可能会被削弱（因为监控系统将成为 ICS 的开放攻击向量）。例如，通过在业务网络中设置一个监控控制台，攻击者可以更容易地访问该控制台，然后用控制台与 ICS 进行通信。如果可以通过只读数据提供远程监控，则应使用单向通信路径或某种形式的安全数据复制来防止这种入站攻击。这将在第 9 章“建立安全区域与通道”中详细阐述。

4.1.6 数据记录系统

数据记录系统（也称历史数据库）是一个专门的软件系统，从工业设备采集点值和其他信息，并将采集的信息存储在专用的数据库中。大多数工业设备厂商，如 ABB（Asea Brown Boveri Ltd.）、Arreva、Emerson（艾默生）、GE（General Electric Company，通用电气公司）、Invensys（英维思）、Rockwell（罗克韦尔）、Siemens（西门子）及其他公司，都提供自有的数据记录系统产品。此外，也有第三方的工业数据记录系统厂商，如 Canary（金丝雀）实验室（www.canarylabs.com）、Modiüs（www.modius.com）和 OSIsoft（www.osisoft.com），它们可与第三方设备进行交互操作，甚至可与第三方数据记录系统集成，为历史数据的存储及分析提供一个共同的、集中的平台。

被日志化并存储在数据记录系统中的数据点称为“标签”，标签几乎可以代表任何东西，如电机或汽轮机的电流频率，通过加热、通风、空调（Heating，Ventilation and Air－Conditioning，HVAC）系统的气流速度，搅拌槽的总容量，在水箱中注入化学催化剂的具体容量等。标签甚至可以代表人工生成的值，如生产目标和可接受的损失下限。

由于存储在数据记录系统中的信息既要用于企业运行又要用于业务管理，数据记录系统往往在工业网络中能够进行复制。这就带来一个安全隐患，在安全性较低区域（如业务网络）的历史数据可以作为进入更高安全等级区域（如监控DMZ）的载体。因此，历史数据应该隔离限定在自己的区域内，并定期进行维护，以减少其脆弱性。

注意：

数据记录系统收集的信息集中存储在数据库中，取决于使用的数据记录系统，这可能是一个商业关系数据库管理系统（Relational Database Management System，RDBMS），经过专门索引或时间序列的数据库系统，或其他一些专有数据存储系统。使用这些类型的数据库有几个很重要的原因。首先，数据记录系统通常负责从几十万甚至数百万的设备中收集信息，尤其是在较大的网络中，数据库进行数据收集的性能可以影响数据记录系统实时收集业务信息的能力。其次，也更为重要的是，商业RDBMS中存在可能被利用的特有漏洞。最后，数据记录系统和辅助系统（数据库服务器、网络存储等）应进行脆弱性评估，并在这些系统和数据记录服务器上采取隔离和保护措施。

撰写本书时，OSIsoft公司在数据记录系统市场占有主导地位，在全球工业自动化系统中有65%的市场占有率[5]。OSIsoft公司的PI系统与包括其他数据记录系统在内的许多IT和OT系统进行了集成，因此成为网络攻击的重要目标。尽管在PI系统自己的区域内进行适当的隔离和保护可以最大限度地限制访问，但应用最新的更新和补丁程序仍是最大限度地减少漏洞的有效方法。更多关于数据记录系统在内部控制系统中所扮演角色的相关信息，参见4.2.1节“控制回路”和4.2.5节“业务信息管理”。

4.1.7 业务信息控制台和仪表板

业务信息控制台作为监管工作站的扩展，旨在向高层管理人员提供业务情报信息，通常包括从HMI或数据记录系统中获得的只读数据。在某些情况下，业务信息控制台是一个实体控制台：计算机显示器连接到工业控制系统DMZ区中的HMI或数据记录系统，而设备放置在其他地方（如行政办公室或交易大厅）。在这些情况下，显示系统通常使用远程显示器或安全的远程键盘视频鼠标（Keyboard Video Mouse，KVM）交换系统来进行远程连接。业务信息的获取，也可以通过复制业务网络中的HMI或数据记录系统，或通过使用中介系统发布的这些系统的输出信息，如导出数据记录信息到电子表格并发布到企业信息门户或内联网上。根据数据记录的复杂程度，可以流水线式和自动化地发布信息。许多供应商已经开发了专门的平台，允许通过使用具备 Web 服务的只读服务器来部署和接收实时的和历史数据，并向业务网络用户展示数据信息。任何发布的数据都应该受到访问控制，从 ICS 到更公开访问的工作站或门户的任何开放通信路径都应受到仔细控制、隔离和监控。

4.1.8 其他资产

除了 PLC、RTU、HMI、数据记录系统以及各种工作站，还有其他资产可能连接到工业网络。打印机和打印服务器等可以连接到企业网络设备中，也可以直接连接到控制回路。名片扫描仪和生物识别器等物理访问控制系统，可以与闭路电视（Closed - Circuit Television，CCTV）系统一起联网（可能通过 TCP/IP）使用。还有一些通用的基础设施组件会部署在工业网络中，如活动目录和时间服务器。

虽然本书并没有试图涵盖工业网络内存在的每一个设备的各个方面，但认识到每个设备都存在潜在的安全风险是非常重要的，在以下情况下应接受评估。

（1）连接到任何形式的网络（包括设备本身与某些打印机组成的无线网络）。

（2）具有传输数据或文件能力，如可移动介质（移动设备）。

即使是看似最无害的设备，也应该评估其潜在的安全弱点，要么是设备本身固有的，要么是设备配置引起的。检查设备文档以确保它们不具有无线功能，反之，则须保护或禁用这些功能。许多商业化生产设备包含多功能微处理器，即使不是用于无线通信的，其中也可能包含无线电或 Wi - Fi 的接收机或发射机。当今的许多 Wi - Fi 组件都包括无线局域网（Wireless LAN，WLAN）和蓝牙功能。这是因为，对于供应商来说，使用具有这些不必要功能的商用现货（Commercial Off - the - Shelf，COTS）微处理器有时更方便。尽管制造商可能永远不会启用这些功能，但如果具有相应的硬件，它就可以成为黑客攻击的一个向量[6]。

4.2 控制系统的运行

前面讨论过的所有工业网络协议、设备、拓扑结构都会创建和自动化某些工业化操作，包括炼制石油、生产消费类产品、过滤水、发电、合成和组合化工品等。典型的产业化经营由几层 PLC 来操纵机械控制以实现自动化运行。

每一个功能都通过控制回路来完成自动化，而多个控制回路则会合并或叠加在一起作用于更大的工业过程。

4.2.1 控制回路

工业网络是由许多特定的自动化过程组成的，称为控制回路。“回路”一词源于在这些系统中广泛使用的梯形逻辑：控制设备如PLC，使用特定逻辑进行编程；为了完成某一功能，PLC回路不断地接收大量输入，并利用逻辑设定调整输出，然后重新开始扫描输入。这个重复的控制操作是实现特定功能所必需的操作，从而这个“回路”就实现了自动化功能。

在闭环控制中，系统输出会影响输入，并使整个过程完全自动化。例如，通过程序控制一台热水器将水加热到90℃。电加热线圈对水加热、水温计测量水温并反馈回去；当达到90℃时，加热器关闭，并持续监控温度直至到达一个设定值。而在开环过程中，系统输出不会影响输入，如热水器由人工设定，而与当前水温无关。换言之，闭环提供自动化控制，开环提供人工控制。

控制回路可以很简单，只有单一的输入，如图4.7和图4.8所示。一个简单的自动照明闭环中可能会检查单一的输入（如用一个光传感器来测量环境光）并调整单一的输出（如一盏灯的调光开关）。非常复杂的循环也可能使用

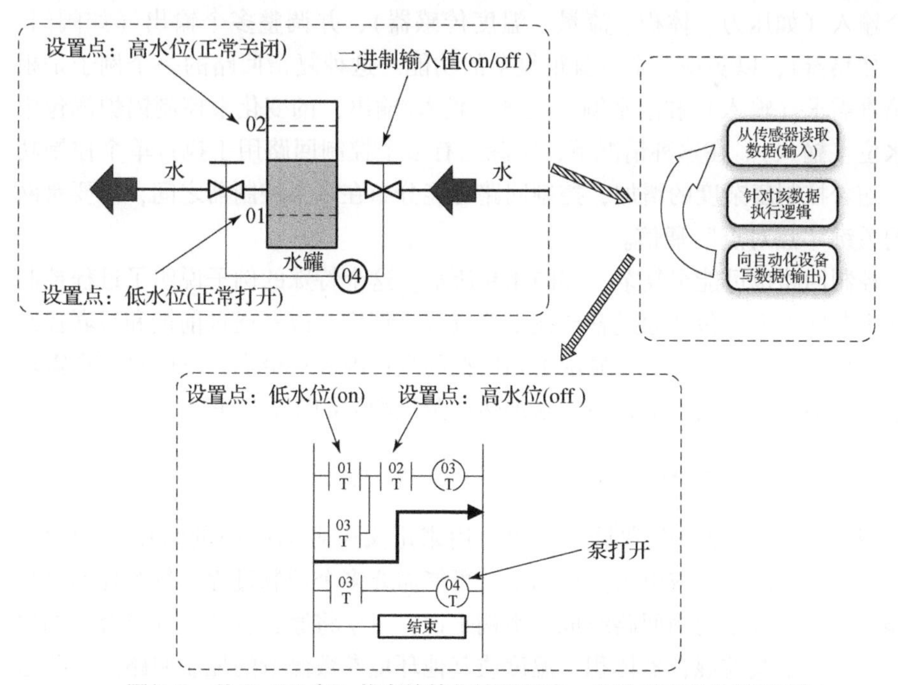

图4.7 处于“开启”状态的简化控制回路，显示所应用的梯形逻辑

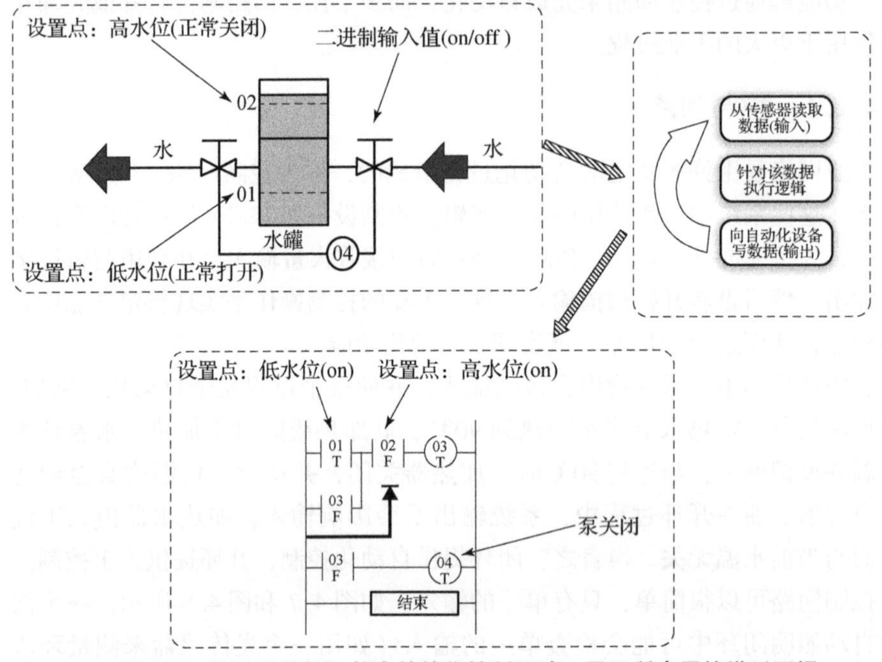

图 4.8　处于“关闭”状态的简化控制回路，显示所应用的梯形逻辑

多个输入（如压力、体积、流量、温度传感器），并调整多个输出（如阀门、泵、加热器），以实现一个本身很复杂的功能。这种复杂回路的一个例子是根据蒸汽需求（输入）和给水输入流量（输入/输出）的变化来控制锅炉汽包中的水位（输入）。在这种情况下，实际上有多个控制回路用于执行单个控制功能。随着控制复杂度的增加，控制回路可能分布在多个控制器之间，需要跨网络的关键“点对点”通信。

控制回路也可能很复杂，如图 4.9 所示。这个特殊的例子说明了过程控制的几个共同方面，包括通过补偿技术改进可变精度，以及通过前馈和级联控制策略实现稳定性能。图 4.9 显示了如何控制汽包内的补给水，以应对蒸汽需求的波动。前馈技术用于解释与将水加热成蒸汽相关的滞后时间。

4.2.2　控制过程

“控制过程”是一个常见的术语，用来定义工业运行中的大型自动化流程。对于产品的制造或电力生产而言，可能需要多个控制过程，每个控制过程可能由一个或多个控制回路组成。举例来说，一个将原材料注入到混合器的过程会用到一个监控混合器体积、温度或其他环境参数测量的控制回路。一些这样的过程或“步骤”可以自动完成几种配料的正确时间和组合，反过来就能

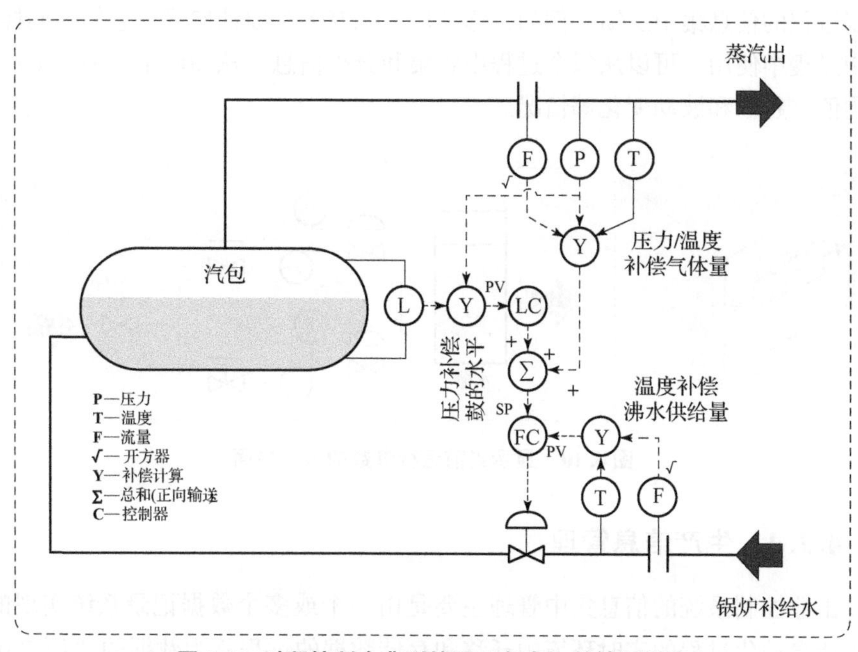

图 4.9 过程控制中典型的更“复杂”的控制回路

完成一个更大的过程（制作面糊），即称为“阶段”。混合好的面糊可能被运输到其他完全独立的控制过程，进行烘焙、包装和打标签，而所有额外的每个“阶段”都包含各自独特的“步骤”和控制回路。

每个过程通常使用一个 HMI 进行管理，用于与过程进行交互。HMI 以图形化的方式提供来自一个或多个控制回路的相关读数，需要与所有下级系统进行通信，包括 PLC 和 RTU 等控制器。HMI 上显示了传感器和其他反馈机制或警报的相关读数，用来提醒操作员对某些过程条件应做出相应动作。HMI 也用来处理直接控制操作，并提供持续控制参数的调整机制。

HMI 通常控制一个由许多控制回路组成的过程。这意味着 HMI 的网络连接通常是异构的，通过使用可路由协议（TCP/IP）连接到网络，该协议包括专用的 ICS 和现场总线协议，以及其他连接到构成 ICS 的各种组件的工业网络协议。HMI 是业务和可路由 ICS 网络之间的常见攻击向量。

4.2.3 反馈回路

每个自动化过程都会依靠某些反馈，无论是在控制回路中，还是在控制回路与人工操作之间。反馈是由用于控制特定过程的 HMI 直接提供的，如图 4.10 所示。也可以通过对多个系统中信息的收集、分析以及显示，将不同控制过程的信息集中反馈。例如，炼油厂可能有多个原油储罐，它们在同样的控制过程中使用。可以从每个过程中收集和分析信息，从而确定炼油厂生产的平均值、超额和波动变化等情况。

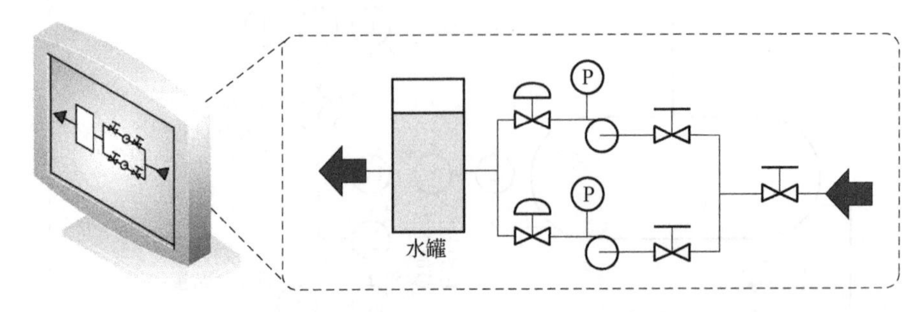

图 4.10　显示当前运行参数的人机界面

4.2.4　生产信息管理

工业控制系统的信息集中管理主要是由一个或多个数据记录系统实现的。从工业自动化过程的实时环境中迁移和存储数据的过程称为数据的“历史化”（数据记录）。信息经过历史化后可以直接利用统计过程控制（Statistical Process Control，SPC）/统计质量控制（Statistical Quality Control，SQC）等工具对数据记录系统进行分析或者电子表格等外部分析工具进行深度分析。

特定的控制系统可以使用其专有的数据记录系统记录数据。例如，ABB 800xA 控制系统可使用 800xA 数据记录系统，而艾默生的 Ovation 管理系统则可使用 Ovation 的过程记录系统。工业操作的性质往往是异构的，需要从多个系统中收集和记录数据。这些操作涉及不同的过程，可能使用不同供应商制造的设备，不过所有过程都需要进行整体评估，以便管理和微调整个生产操作过程。从工业网络中的其他设备和系统收集信息也可能有价值，如从 HVAC 系统、CCTV（闭路电视）和访问控制系统收集信息。此外，从 IT 系统、空调系统、物理安全和访问控制系统等工业网络中的其他设备与系统收集信息也是有价值的。从特定过程的数据存储到操作范围业务智能的转变，已经促进了数据记录系统专门特性和功能的发展。

4.2.5　业务信息管理

运行监测和分析能够提供有价值的信息，可供业务主管用于调整操作、提高工作效率，从而降低运营成本并提高利润，因而需要把运行过程数据复制到业务网络中。

监管数据可以通过 HMI 或数据记录系统访问，不过两种方式均面临着安全挑战。HMI 提供监督和控制能力，这意味着具有权限的 HMI 用户可以调整控制过程参数（参见 4.3 节“控制过程管理”）。如果将 HMI 放置在 ICS DMZ 之外，则运行中的所有防火墙、IDS/IPS 及其他安全监控设备就都需要进行配置，以允许 HMI 进出 ICS DMZ 的通信。这样将工业网络和业务网络之间的边界安全防护强度降至仅使用用户身份认证。如果没有正确部署，则 HMI 系统中的用户账户可以直接操作控制过程，而无须外围安全设备的进一步验证。通过限制特定 HMI 在系统上使用的 ICS“授权”功能，可以将这种风险限定在一定范围内，而无须考虑之前发生的任何用户身份验证。这可用于限制业务网络 HMI 用户进行影响过程的任何“写入”或“更改”操作。

业务情报管理对数据记录系统的使用也有类似的安全问题：安全边界必须配置为允许业务网络内的数据记录系统与 ICS DMZ 内应监控的诸多系统之间进行通信。在这种情况下的最好建议是，DMZ 中与业务网络上的数据记录系统有联系的唯一组成部分是 DMZ 的数据记录系统。这允许通过使用定义的一对一端口从 DMZ 中复制历史数据，同时在 DMZ 中的 ICS 组件和监督的数据记录系统间保持严格的访问控制。与 HMI 不同，数据记录系统通常不明确允许对这个过程进行控制（然而，一些数据记录系统确实支持 ICS 的读写能力）。相反，数据记录系统提供了一个仿照 HMI 进行信息和图形化展示的可视化仪表盘，使过程的相关信息能够以熟悉的形式进行展现。

提示：

复制数据记录系统到业务网络的目的是信息共享，因而这些系统可以使用单向网关或数据二极管连接到 ICS DMZ 区（参见第 9 章“建立安全区域与通道”）。由于只允许向外的数据通信，业务和监管网络之间的安全边界就可以得到保护。如果可能，向外的数据（从 DMZ 到业务网络）也应该由防火墙、IDS/IPS 或应用程序监控器等一个或多个安全设备提供保护。

数据记录系统通过各种方法进行数据收集，包括：使用 Modbus、Profibus、DNP3 和 OPC 等（参见第 6 章“工业网络协议”）工业网络协议直接通信；面向历史的工业协议，如 OPC 历史数据访问（OPC Historical Data Access，OPC - HDA）；使用 OLEDB、ODBC、JDBC（Java 数据库连接）等直接写入数据记录系统。大多数数据记录系统可以使用多种数据收集方法来支持多种工业应用。一旦收集到信息，它将与相关元数据一起存储在数据库中，这些元数据有助于对数据应用其他上下文信息，如批号、位移等，这取决于数据记录系统的可用特性、功能和许可等。

数据记录系统还使用前面提到的许多相同方法提供对长期数据的访问。利用微软SharePoint（一种托管解决方案）等技术的仪表板正变得越来越普遍，该仪表板允许通过Web服务检索和呈现历史信息，以便使用标准的互联网浏览器功能（HTTP/HTTPS）在客户端上显示。可以创建自定义应用程序以通过直接的SQL查询来访问历史数据，并且可以以几乎任何格式呈现，包括二进制文件、XML、CSV等。

历史数据也可以通过数据记录系统的操作控制台直接访问，并能不同程度地集成到业务信息管理系统（Business Information Management System，BIMS）中。在某些情况下，数据记录系统也可能被集成到安全信息与事件管理（SIEM）系统、网络管理系统（Network Management System，NMS）以及其他网络或安全监控系统中[7]。

提示：

与在其他工业网络中一样，非必要的端口和服务也是数据记录系统中值得关注的安全问题。联系数据记录系统供应商，以确定如何禁用未使用的数据接口以减小数据记录系统的攻击面。

“Bandolier”工程由美国能源部资助，由DigitalBond公司实施，该工程能为ICS所有者提供优化某些应用程序安全配置的能力。“Bandolier”由一组Nessus漏洞扫描程序支持的合规性文件组成，这些文件可以在特定系统上运行，包括OSISoft公司的PIServer，以将应用程序的当前配置与供应商推荐的最佳配置进行对比[8]。

4.3 控制过程管理

最初可以通过控制器的编程和建立控制回路来建立一个控制过程。在一个完全自动化的循环中，这个过程完全是通过对设定值与大量输入的比对来控制的。例如，在一台热水器中，温度设定值可能是90℃，而输入则是热水器水箱内传感器的实测温度。控制器通过比较输入值和设定值来确定条件是否已经满足，从而决定输出或者加热元件是否通电。

操作员在管理控制过程时需要从HMI获取过程状态的实时信息，以判断是否需要通过调整输出（开环）或调整设定值（闭环）等人工干预来管理过程。HMI设备会提供软件控制以调节控制回路中的设定值，同时也提供手动控制调整循环的输出。

在设定值调整的例子中，HMI软件用来在循环控制器的可编程逻辑中写入一个新的设定值。这在Modbus系统中可能转变为功能代码6（“写单个寄存器”），尽管特定协议的功能通常对操作员是隐藏的，并作为HMI功能的一部分来执行，不过HMI会把这些功能翻译为图形用户界面（GUI）中一个易读的控制，如图4.11所示。

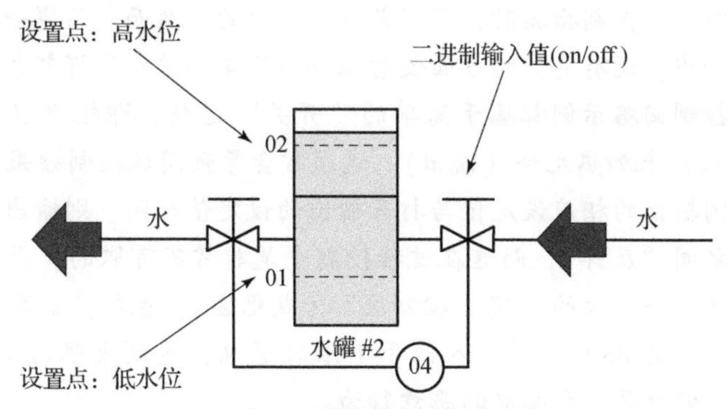

图4.11　控制回路的HMI图形用户界面

相反，HMI也可用于覆盖一个特定的过程并进行强制输出，如使用功能代码5（“写单线圈”）把输出置为开（“真”）或关（“假”）状态[9]。这些用于写入输出状态的特定功能的代码通常对操作员是不可见的。

注意：

工业网络协议之间的特定功能代码是有差异的，许多协议支持供应厂商的专有代码。虽然这些协议将在第6章“工业网络协议”中进行阐述，但是本书没有列出这些协议的功能代码。附录A中列出了许多常用工业协议的相关资源[10]。

如果攻击者能够成功地破坏HMI，完全自动化的系统就可以通过操纵设定值进行永久性的改变，这是一个重大的安全问题。例如，通过改变温度设定为100℃，热水器水箱的水会沸腾，压力会逐渐增加，从而使水箱破裂。攻击者还可以强制地直接修改过程循环的输出。在本例中，热水器的加热线圈可以被攻击者手动打开。在Stuxnet案例中，注入PLC的恶意软件会监听Profibus的通信，以寻找特定厂家生产的变频器和工作在特定频率范围的变频器。如果发现符合条件者，多条指令会发送至控制器来改变变频器的工作频率，从而在本质上破坏整个过程[11]。需要理解的是，在刚才描述的热水器和Stuxnet例子中，攻击者必须了解特定过程和操作过程的关键知识，才能将HMI漏洞转换为对制造过程的攻击。换句话说，攻击者必须知道要修改的确切寄存器，以便将热水器的设定值从90℃改变为100℃。这使得这种“随意”网络攻击的可能性大大降低，但这也不应被视为针对特定目标网络攻击的一种防御措施。事实证明，复杂的威胁行为者能够获得发动这类特定目标攻击所必需的知识，而“模糊安全”不能被视为一种有效的防御策略。

注意：

本书没有必要讨论控制理论的所有方面，因为在理解 ICS 基本原理以及部署适当的网络安全控制措施时，并不是真正必要的。然而，值得一提的是，在加热器的例子中，还有更多的方面使看似相当简单的过程显得复杂化。到目前为止，所有控制回路示例都基于简单的“开关”逻辑，即根据温度状态开启或关闭（输入）来加热元件（输出）。这通常会导致闭环控制效果不佳，原因在于如果关闭输出的相应设定值与打开输出的设定值相同，则输出基本上会在打开和关闭之间“反弹”，而这在过程控制中是非常不可取的。设定控制的上下限便建立了一个有效的“完全控制区”（或死区），也即，如果上限设定为 92℃，下限设定为 88℃，则输入低于下限时通电，达到上限时断电。因此，改变限制很可能就是一种明显的恶意行为。

为了消除测量变量（温度）的这种波动，控制回路实现了“比例 + 积分 + 微分”（“Proportional + Integral + Derivative，P – I – D”）的回路，简单地求解一阶微分方程，使输出可以保持在非常接近期望设定值的位置。需要调节输出，如燃气加热器上的燃烧器调节，可以通过调节以控制施加到罐上的热量。一个新的攻击向量可以是改变与 P – I – D 组件相关联的常数，使控制回路不稳定，甚至可能不安全。

如果输出需要断电以停止供热怎么办？这称为“控制动作”，表示“真”输入是否应生成“真”输出。许多工业过程使用间接操作，表示“真”输入会产生“假”输出。控制动作中的一个简单参数变化就会明显导致过程的不稳定。

如果水箱的温度是 90℃，有人开始使用热水，降低了水箱的水位，导致冷水加入水箱以保持水位，并且水箱温度下降，怎么办？前面的所有示例都使用了“反馈”控制。在这种情况下，当水位下降和加入冷水时，加热元件就会通电，预计水温也会下降。这称为“前馈”控制。有一个与前馈控制相关的“增益”，攻击人员可能会修改该值，从而导致不良的过程反应。

这些话题不仅对理解漏洞开发与利用的范围很重要，而且对理解第 7 章“工业控制系统攻击”中的能力也很重要。

4.4 安全仪表系统

安全仪表系统（SIS）是全面风险管理战略的一部分，系统利用层层保护来防止生产环境变成不安全的操作状态。基本过程控制系统（Basic Process Control System，BPCS）负责在正常操作边界内对操作过程进行离散和连续的控制。如果发生异常情况，过程控制将超出正常限制，SIS 可以检测和响应处理这些事件并将其维护或迁移到"安全"状态，通常会导致设备和工厂关闭。作为最后一层保护，制造设施使用重要的物理保护装置，包括安全阀、破裂盘、火炬系统、调速器等，作为工厂进入危险操作极限之前的最安全等级。这些事件和相应的操作如图 4.12 所示。

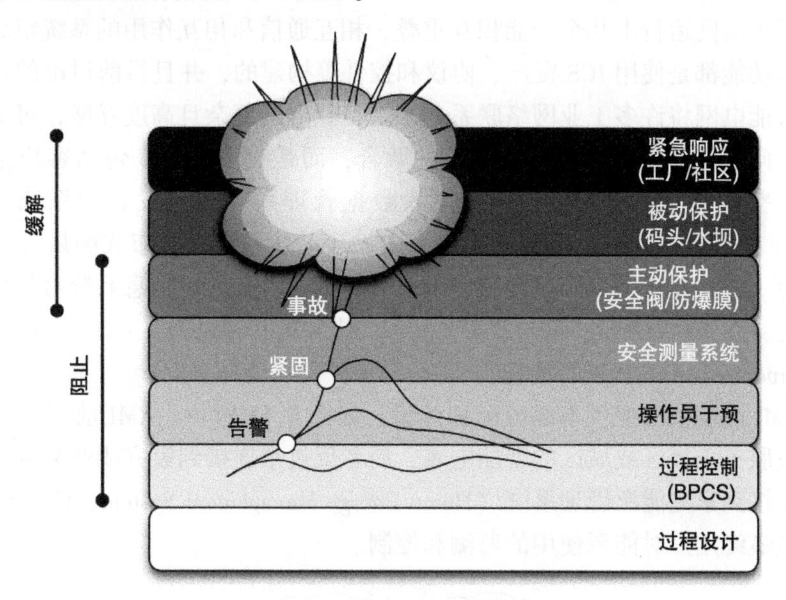

图 4.12　工厂安全设计中的多层保护

SIS 内部与网络事件相关的风险有两方面。一方面，一旦确定设备超出正常运行范围，系统负责将设备带回安全状态，如果阻止 SIS 正常运行其控制功能，就可能致使设备进入危险状态，最终导致操作中断、环境受到影响、业务出现安全问题和机械损坏等。换句话说，简单的拒绝服务（Denial of Service，DoS）攻击可能会转化为重大的安全风险。

另一方面，SIS 在操作上覆盖了 BPCS 及其控制工厂的功能，因此 SIS 也可以恶意地用于看似无意的设备关机或工厂停工，这也可能导致与拒绝服务攻击类似的后果。换句话说，获得 SIS 控制权的攻击者可以有效地控制设施的最终操作。

在这两种情况下，都需要最大限度地将 SIS 与其他基本控制资产隔离，并尽可能消除潜在的攻击向量，这是提高网络安全弹性的合理方法。SIS 编程，虽然与前面讨论的控制器编程的执行方式类似，但在操作模式下通常是不允许的。这意味着高度授权的应用程序，如 SIS 编程工具和 SIS 工程师工作站，在不需要时可以从 ICS 网络中删除。SIS 系统必须进行定期的测试，以保证其运行。同时，可以对网络进行基本的安全评估，包括补丁检查和访问控制审查，以确保网络安全以及 SIS 保持在其最初的设计水平。

4.5 智能电网

智能电网运行由几个功能相互重叠、相互通信和相互作用的系统组成。其中很多功能都是使用 ICS 资产、协议和控件等构建的，并且目前讨论的这些控制使智能电网将许多工业网络联系起来。智能电网复杂且高度互联，可能会带来安全问题。它不仅仅是少量系统的融合，而是很多系统，包括客户信息系统、计费系统、需求响应系统、电表数据管理系统和分发管理系统、配电 SCADA 和传输 SCADA、保护系统、变电站自动化系统、分布式测量（同步相器）等。这些系统大多与其他系统互联和互通信，如客户信息系统可与分发管理系统、负载管理系统、客户服务系统和先进计量基础设施（Advanced Metering Infrastructure，AMI）进行通信。

AMI 前端依次提供本地分配和计量，如图 4.13 所示。AMI 前端通常连接至大量服务于社区或城区的智能电表，后者反过来连接到家庭或业务网络，并通常连接到家庭能源管理系统（Home Energy Management System，HEMS），后者提供最终用户对能源使用的监测和控制。

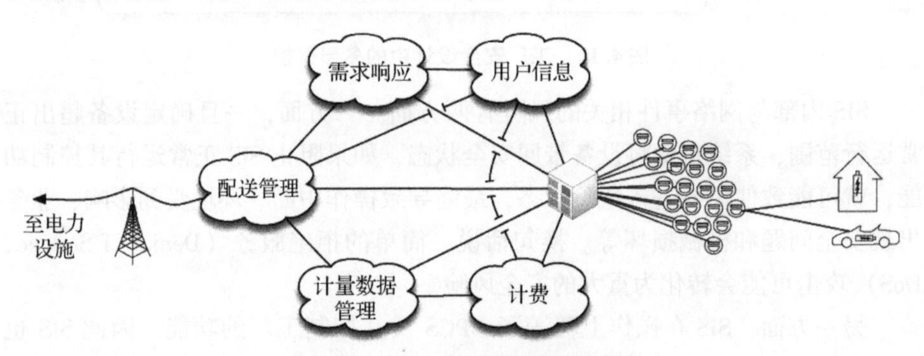

图 4.13　典型智能电网部署的组件

智能电网中的每个系统提供的功能都会映射到不同利益相关者，包括大容量电力系统、服务提供商、运营、客户、传输和分配。例如，客户信息系统是支持实用工具和客户之间的业务关系的操作系统，并且可以连接到客户前端（通过客户服务门户）以及实用程序后端系统（如公司的客户关系管理系统）。电表数据管理系统存储各类数据，包括使用统计数据、返回电网的能源生成、智能仪表设备日志及其他电表信息。需求响应系统连接到分销管理系统、客户信息系统以及AMI前端，以根据消费者需求和其他因素来管理系统负载[12]。

智能电网部署范围广泛，且是分布式的，直到终端用户，包括远程发电设施和微电网、多个传输变电站等设备。当单独计量时，可部署多个AMI前端，每个前端都可通过网状网络（所有前端之间互联）或分层网络（多个前端聚集回公共前端）互联，并可支持数十万甚至数百万米的范围。所有这些构成了一个非常大的智能终端（智能电表）分布式网络，各终端最终连接到电力传输和分配网络[13]，以及使用自动化和SCADA系统进行传输和分配。这样做的好处是可以智能地指挥和控制能源使用、分配和计费等[14]。其缺点是，可以利用相同的端到端指挥和控制路径来攻击任何一个或所有已连接的系统。

在智能电网中有许多威胁向量和威胁目标，事实上，连接到网上的任何系统都有可能成为攻击目标。由于智能电网的相互连接，几乎任何目标都可以视为指向附加目标的向量。例如，对于先进的计量基础设施，一些特定的威胁如下：

（1）账单操作/能源盗窃：由能源消费者发起的攻击，目的是操纵账单信息以获得免费能源[15]。

（2）来自客户终端的未经授权访问：使用智能AMI终端节点（智能电表或其他连接的设备）以获得对AMI通信网络的未经授权访问[16]。

（3）干扰公用电信网络：使用未授权访问攻击AMI系统，以批量渗透发电、传输和配电等系统[17]。

（4）大负载操控：利用大规模的指令和控制来操纵大容量电力系统，目标是对电网产生不利影响[18]。

（5）拒绝服务：利用智能节点组织通信，引起通信风暴，目的是使信道饱和以及破坏AMI的功能。

AMI是一个可能会受到攻击的很好的例子：它具备很好的可访问性，在家中既可以对其进行直接访问，也可以通过无线或红外等接口对其进行秘密访问。许多智能电网系统会使用AMI系统。几乎所有的终端节点、业务系统、操作系统和分布式控制系统都连接到（或通过）前端，或使用前端提供的信息。因此，AMI前端的脆弱性将为许多系统提供一个攻击向量。如果任何其他连接的系统被破坏，下一跳很可能是到前端。因此，前端的所有进出通信都应经过仔细监控（参见第9章“建立安全区域与通道”）。

这是对智能电网的一个非常概括的表述。如果需要更多详细信息，请参见《应用网络安全和智能电网》一书。

4.6 网络架构

目前讨论的 ICS 和操作通常局限于大型网络设计的特定领域，这些大型网络一般由业务网络、生产网络和控制网络等组成，如图 4.14 所示。

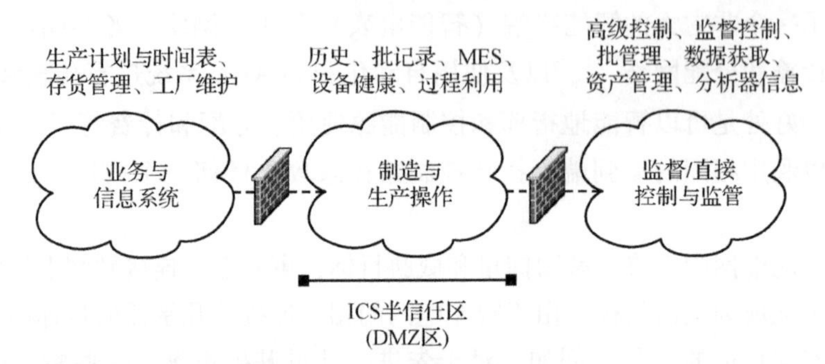

图 4.14 工业网络的功能划分

没有什么是简单的，实际上，工业网络由多个网络组成，而且它们很少像图 4.14 那样简单和整齐地组织起来。这一点将在第 5 章“工业网络设计与架构”中进行详细的阐述。现在清楚的是，正在讨论的是一个特有的、具有独特设计需求和功能的特殊网络。

4.7 本章小结

工业网络运行方式与业务网络不同，它使用 PLC、RTU、IDE、HMI、控制系统资产、监管工作站、数据记录系统，以及业务信息控制台或仪表板等设备。这些器件采用专门协议以提供自动化控制回路，并反过来构成了更大规模的工业控制过程。操作员和主管通过 ICS 和业务网络对区域中的自动化控制过程进行管理和监督，这需要上述两个截然不同的系统在充分考虑各自安全需求的前提下进行信息共享。

上述在智能电网中得到了充分体现：智能电网在多个不同的系统间进行共享信息，并且跨越不同的网络，每个都有其特殊的安全要求。不同于传统工业网络系统，智能电网由数以万计的智能节点组成，这些节点反过来与能源提供者以及家庭、企业或工业设施等用电者进行通信。

通过理解资产、体系结构、拓扑、过程及工业系统和智能电网的运行，可以实现安全审查，并通过安全评估确定存在的攻击向量或可被攻击者用以攻击工业网络的路径。

参考文献

[1] Ladder logic. <http://www.plctutor.com/relay-ladder-logic.html>, October 19, 2000 (cited: November 29, 2010).

[2] P. Melore, PLC operations. <http://www.plcs.net/chapters/howworks4.htm>, (cited: November 29, 2010).

[3] P. Melore, The guts inside. <http://www.plcs.net/chapters/parts3.htm>, (cited: November 29, 2010).

[4] PLCTutor.com, PLC operations. <http://www.plctutor.com/plc-operations.html>, October, 19, 2000 (cited: November 29, 2010).

[5] OSIsoft, OSIsoft company overview. <http://www.osisoft.com/company/company_overview.aspx>, 2010 (cited: November 29, 2010).

[6] J. Larson, Idaho National Laboratories, Control systems at risk: sophisticated penetration testers show how to get through the defenses, in: Proc. 2009 SANS European SCADA and Process Control Security Summit, October, 2009.

[7] DigitalBond, "Portaledge," <http://www.digitalbond.com/tools/portaledge>, (cited: January 6, 2014).

[8] DigitalBond, "Bandolier," <http://www.digitalbond.com/tools/bandolier>, (cited: January 6, 2014).

[9] The Modbus Organization, Modbus application protocol specification V1.1b, Modbus Organization, Inc. Hopkinton, MA, December 2006.

[10] "List of Automation Protocols," Wikipedia, <http://en.wikipedia.org/wiki/List_of_automation_protocols> (cited: January 6, 2014).

[11] E. Chien, Symantec. Stuxnet: a breakthrough. <http://www.symantec.com/connect/blogs/stuxnet-breakthrough>, November, 2010 (cited: November 16, 2010).

[12] G. Locke, US Department of Commerce and Patrick D. Gallagher, National Institute of Standards and Technology, Smart Grid Cyber Security Strategy and Recommendations, Draft NISTIR 7628, NIST Computer Security Resource Center, Gaithersburg, MD, February 2010.

[13] UCA ® International Users Group, AMI-SEC Task Force, AMI system security requirements, UCA, Raleigh, NC, Dec 17, 2008.

[14] 同[13].

[15] Raymond C. Parks, SANDIA Report SAND2007-7327, Advanced Metering Infra-structure Security Considerations, Sandia National Laboratories, Albuquerque, New Mexico and Livermore, California, November 2007.

[16] 同[15].

[17] 同[15].

[18] 同[15].

第 5 章　工业网络设计与架构

在深入探讨工业网络安全之前，非常有必要了解工业网络与典型企业或业务网络之间的相同点和不同点。正如第 4 章“工业控制系统及其运行机制”中所阐述的，工业网络的很多部分都是紧紧围绕工业控制系统的运行方式进行设计的，因此，这就需要读者首先了解工业控制系统是如何工作的。在工业网络中，不仅包括利用熟悉的 IT 技术（如远程过程调用（Remote Proceduce Call，RPC））进行主机到主机的网络通信，而且还支持传统的现场总线协议和与业务网络不同供应商使用的专门协议。第 6 章“工业网络协议”详细介绍了工业网络特有的现场总线技术，这些现场总线技术中有很多经过多年发展，已经从原始基于串行的点对点通信发展到今天的高速交换和路由网络通信方式。这些经过多年发展的工业现场总线协议，除了服务于控制系统，还能应用于工业网络，而且能够连接许多异构的网络区域。例如，工业系统中的每一个控制器、每一个处理器，以及从属于它的各个模块，本身就是一个由控制设备、人机交互系统以及所有 I/O 设备组成的网络。监管基本控制系统的监控组件也是由特殊的嵌入式设备、工作站以及各种各样的服务器通过网络互联构成的，许多监管网络可构成更大的工业网络。此外，业务网络在这里也应该得到足够的重视。虽然其本身不是一种工业网络，但是其所包含的很多系统会间接影响工业系统。

每一块工业网络区域，根据其功能、容量、系统供应商、所有者或操作者，都会具有自己相应的拓扑结构、性能方面的考虑、远程访问的需求和网络服务。网络安全性设计中最优先考虑的就是网络分段。网络分段是一种既简单又高效的网络防御武器，可以让每个网络区域更易于管理，也更安全。

注意：

本书在使用工业网络中一些来源于 IT 网络的术语或词汇时，可能术语的含义与其在 IT 网络中的含义并不完全一致。术语“Segmentation”就是一个例子，它的含义会随着其所在的上下文环境不同而略有变化。如果不能准确理解同一术语的不同含义，那么设计一个现代化的、强大的、可靠的，同时也是安全的工业网络将是非常困难的。

从IT网络基础架构设计的角度来看，分段经常使用，且一般都以网络分段这个术语出现，指的是通过在OSI的某一层施加相应的网络控制，将一个较大的网络划分为更小的网络。

从工业控制系统（ICS）的角度来看，术语“Segmentation”最常用在“区域分割”这个术语中。“区域分割”是指将工业系统划分为分组子系统，用于减少给定系统的受攻击面，以及最小化经过该系统的攻击向量。这主要是通过限制不同区域间的不必要的数据流来实现的[1]，并将在第9章“建立安全区域与通道”中详细介绍。第9章还将基于ICS的系统级安全设计引入“安全区域”这一概念。在本书中，较早地理解IT网络中“网络分段”与工业网络中的安全区域的不同点是非常重要的，安全区域主要是基于资产的安全需求来对其进行分组。例如，对于特定供应商无法打补丁的资产可能需要放置在一个独立的安全区域内，但是它可能与来自其他安全区域的资产位于同一个网络段内。

虽然“网络分段”与“安全区域”这两个术语的相似性经常引起混淆，但都使用“Segmentation”这个词汇却是合理的。此外，虽然网络分段主要关注的是提高网络正常运行时间，而区域分割主要关注的是提高网络安全性，但在同一基础设施内，它们可以很容易映射到彼此。这是因为，网络分段的行为，实际上就分离了两个网络段间开放通信的网络资产。如果每个区都有一个专用的和受保护的网段，那么区域分割和网络分段将非常一致，几乎相同。然而，也并非总是如此。在某些情况下，区域分割可能需要在单一的网络段内进行；而在另一个区域则可以由多个网络段组成。

最后，当然也很重要，ICS的区域可能需要区域分割，这些分割的区域根本不会使用以太网和IP网络。正如本章开始时提到的，每一个控制器、每一个处理器及其从属设备，本身就是一个由控制设备、HMI以及IO模块通过传统的串行连接或者点对点的连接而组成的网络。在这种情况下，网络区域分割将变得更加必要，而网络分段将不再适用。

在本书中，很难避免通用术语“Segmentation”的词义转换，因此尽可能通过使用“网络分段”与“区域分割”来避免混淆。网络分段以及区域分割都是强大的安全控制手段，通过限制网络或系统的范围，最大限度地减少网络攻击及突发事件对系统的影响。

5.1 工业网络简介

本书中，“工业网络”是一个能够将构成或支持ICS系统的设备互联并进行通信的网络。这种类型的工业网络可能是类似于分布式控制系统（DCS）架构这样的一个局域交换网络，也可能是典型的监视控制与数据采集（SCADA）系统架构的一个广域路由网络。读者应当具备一些网络设计方面的知识（如果读者不熟悉网络，最好先阅读几本网络技术和设计方面的书籍，然后再阅读本书）。这些书籍的主要知识是关于业务网络的，主要是以太网以及使用 TCP 传输协议的 IP 网络（使用部门分离和访问控制），这些网络主要围绕信息共享以及业务协作来展开设计。业务网络高度互联，具有无处不在的无线连接选项，并且由于有大量基于主机、服务器和云的应用程序与服务，从而具有极强的动态性，所有这些应用程序与服务支持多样化的业务功能，大量员工都在使用。每一个独立的网络区域都存在一个典型的网络接口（或接入无线基础设施），常常通过虚拟专用网络（VPN）高度集成化的远程访问，使得内部与外部组织间可以相互协作，以及面向 Internet 的 Web、电子邮件和企业对企业（Business - to - Business，B2B）的服务。从业务网络到互联网的连接是必要的，为的是将业务服务信息传递到互联网。就网络安全而言，业务网络关注信息从产生、传输、存储、分发及使用过程中的机密性、完整性和可用性的安全保护。

工业网络没有太多不同的网络技术，大多数都是基于以太网和 IP 的，包括有线和无线连接（当然也有传统的使用 RS - 232/422/485 的串行连接）。相似之处主要就是这些。工业网络中，数据的可用性通常优先于数据的完整性和保密性。因此，工业网络中大量使用实时协议、UDP 传输、具有容错能力的网络连接端点和服务器。工业网络的带宽和延迟是非常重要的，因为其工业网络应用及协议的实时操作需要具有精确时间延迟的通信。不幸的是，随着越来越多的工业系统迁移到以太网和 IP 网上，如果网络设计考虑得不够周全，那么无处不在的连接将会给系统带来极大的安全隐患。

表 5.1 列出了典型的业务网络与工业网络之间的不同之处。

表 5.1　业务网络与工业网络体系结构的功能差异

功能	工业网络（控制和处理区域）	工业网络（监管领域）	业务网络
实时操作	关键	高	尽力而为
可靠性/灵活性	关键	高	尽力而为
带宽	低	中	高
会话	很少，明确定义	很少	很多

续表

功能	工业网络（控制和处理区域）	工业网络（监管领域）	业务网络
延迟	低，一致	低，一致	不适用，可以重新传输
网络	串口，以太网	以太网	以太网
协议	实时，专有	准实时，开放	非实时，开放

需要注意的是，这些差异在许多情况下决定了网络设计。高可靠性和灵活性决定了使用环形或网状网络拓扑结构，然而实时操作和低延迟需要最大限度地减少交换和路由跳数，或可能要求使用专用网络设备。如果同时满足上述两个要求，可能需要供应商使用专门的网络设备，以支持必要的配置和定制来实现所需的功能。专门协议也会给设计带来影响，其中依赖专门协议的系统必须支持该协议（如串行网络总线）。

图 5.1 所示的网络，展示了控制系统需求是如何影响网络设计的（为了保证图纸的简单和清晰度，不显示冗余部分）。虽然表面上的连接看起来非常简单（许多设备以星形拓扑结构的方式连接到第 2 层和第 3 层以太网设备），考虑所需要的 5 个主通信流，表示为 TCP 会话 1 ~5，图 5.1 所示也展示了逻辑信息流是如何映射到物理设计的。图 5.2 显示了这 5 个会话完成信息传输所必需的 20 个信息通道。因此，有必要尽量减少延迟来保持实时和稳定可靠的

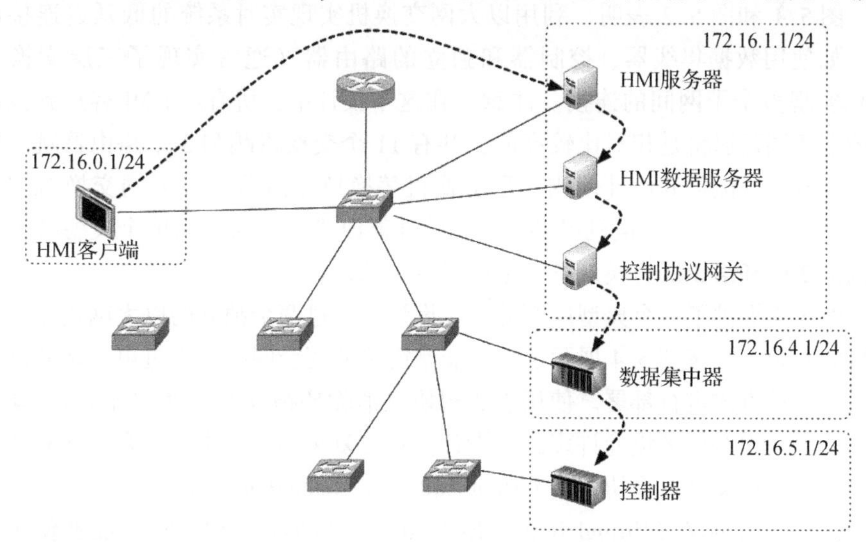

图 5.1　以会话表示的通信流

通信。这意味着应尽可能使用以太网“交换”，在通信必须经过功能边界的情况下，保留以太网“路由”。当考虑网络分段，并建立安全区域（参见第 9 章“建立安全区域与通道”）时，图 5.1 和图 5.2 展示的子网概念是非常重要的。当以太网“防火墙”部署在较低网络层次时，为了不影响网络性能，网络设计中它会变得更加明显。实现这一点的常用方法是通过使用“透明”或“桥接”模式配置，这使得数据穿越防火墙时，不会产生 IP 路由。

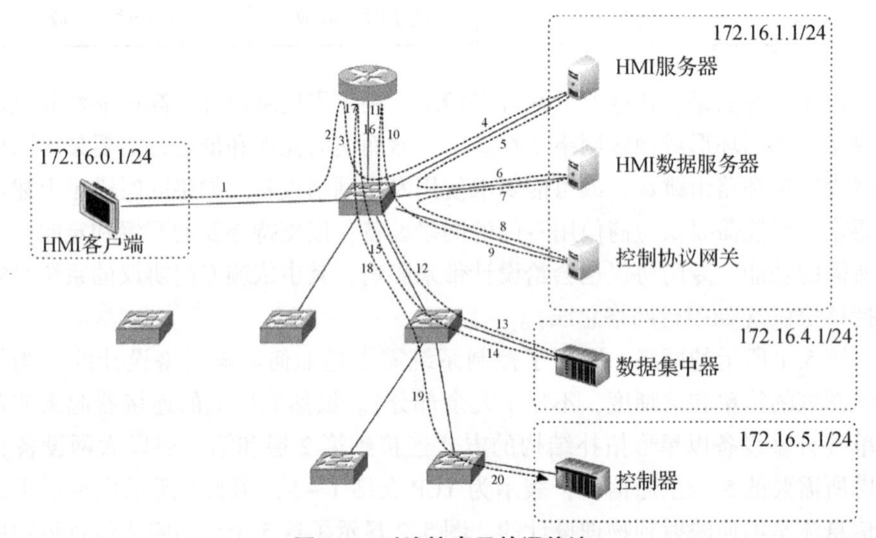

图 5.2　以连接表示的通信流

图 5.1 和图 5.2 表明，利用以太网交换机实现实时系统的低延迟连接设计，如使用数据集线器、控制器和独立的路由器（通常实现了三层交换功能）实现多个子网间的连接。注意，在这个设计中，所有从 HMI 客户到控制器的端至端延迟将是相对比较高的，共有 11 个交换机跳和 3 个路由器跳。如图 5.3 所示，优化的设计使用三层交换机替换掉路由器（以太网交换机实现路由功能[2]），三层交换机提供了显著的性能改进，并通过用单个设备替换独立的第 2 层和第 3 层交换设备，又可以减少几跳。

图 5.4 提供了一个典型厂商的系统设计。通过两个独立的以太网连接实现系统的冗余。虽然图 5.4 展示了一个非常简单的冗余网络，不过更复杂的网络也可以这种方式进行部署。使用生成树协议消除环路（在交换的环境），动态路由协议使得路由环境允许多路径设计。在更复杂的设计中，冗余交换和路由协议，如虚拟交换冗余协议（Virtual Switching Redundancy Protocol，VSRP）和虚拟路由冗余协议（Virtual Router Redundancy Protocol，VRRP），能够使用多个交换机实现高可用性、高冗余度配置。

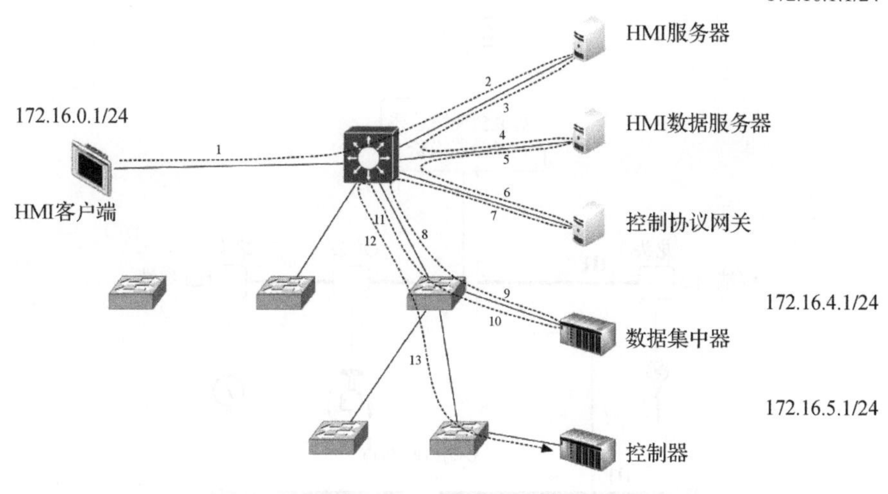

图 5.3　优化的以太网设计

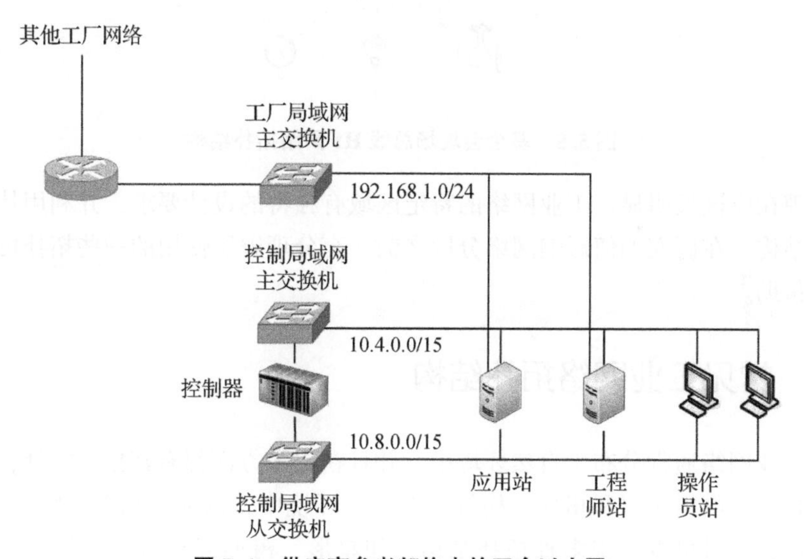

图 5.4　供应商参考架构中的冗余以太网

当我们进入更底层控制环境，功能模块变得更加专业化，利用各种开放协议和专有协议，以它们原始的形式使用或者通过适配器使得可以在以太网上进行操作。图 5.5 说明了一个基于基金会现场总线（FOUNDATION Fieldbus）的通用现场总线网络，使用串行双线连接，并依赖于接头（称为耦合器）和总线终端。许多现场总线网络都是相似的，包括 PROFIBUS – PA、ControlNet 和 DeviceNet。

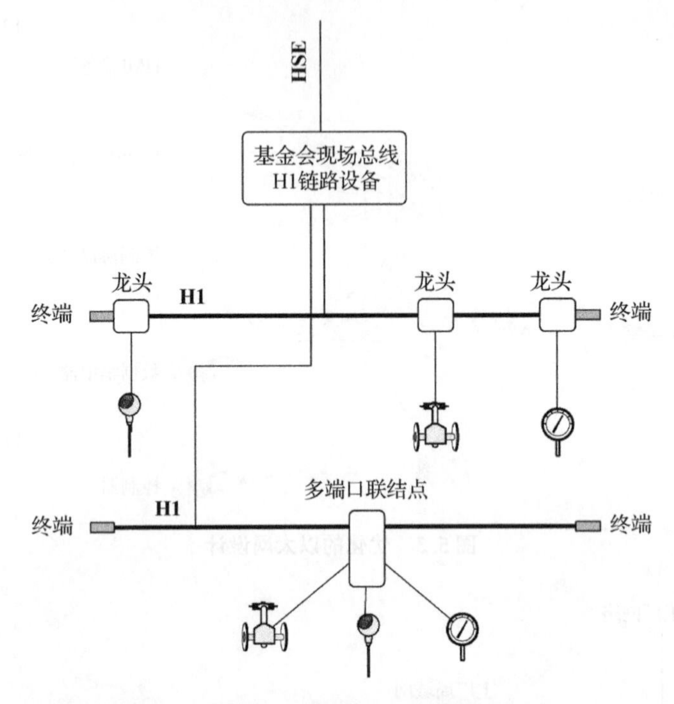

图5.5　基金会现场总线H1网络拓扑结构

现在应该很明显，工业网络的特定区域有独特的设计要求，并利用特定的拓扑结构。在研究如何影响网络分段之前，充分理解所使用的一些拓扑可能会有所帮助。

5.2　常见工业网络拓扑结构

工业网络通常分布于自然环境中，并且在很多方面都有其独特之处，如链路层特征、网络协议和拓扑结构等。在业务环境中，以太网和IP网络是普遍存在的，并且可以是很多种拓扑结构，如星形、树形甚至是全网状拓扑结构（虽然网格技术往往只适用于网络设备之间的上行链路，而不是端点与其网络访问设备之间的上行链路）。就像在业务中一样，ICS网络也可以利用各种拓扑。与业务网络拓扑不同，除了使用星形、树形和网状拓扑结构，工业网络更倾向于使用总线和环形拓扑。尽管在业务网络中，总线以及环形拓扑结构已经很少使用（由于成本、性能和其他方面的考虑），但它们在ICS中仍然是必需的。

环形拓扑结构很容易支持工业网络通常需要的冗余。总线拓扑结构代表共享消息传递域，这里多个节点竞争共享有限的带宽，并依托传输协同或同步通信来提供一个较好连接。许多 ICS 架构是基于底层技术的，如发布－订阅和封装在 UDP 包中的令牌环非常适合总线拓扑。然而，在现代业务网络中是不适合的，交换以太网借助关联“第一跳”带宽到每个节点，提供了一个专用的以太网段，它已经变成一种非常成熟的商品，使得星形拓扑极为常见。全网状拓扑相对便宜和高效（基本上，赋予每个节点两个专用以太网连接到彼此节点，通常应用在核心网络基础设施设备或关键业务服务器间），因此环形拓扑结构（它提供了冗余路径来实现更高的可靠性）已经逐渐失去人们的青睐。在工业网络中，接入交换机通常以一个环形结构连接，而星形拓扑用于连接到终端设备。

如图 5.6 所示，因为运行特定类型的控制过程以及特定协议的使用，总线和环形拓扑结构在工业网络中依然有强烈的需求。在工业环境中，为了保证可靠的有线通信，相比传统的总线和环形拓扑，网状网络成本十分昂贵。网状网络已经成为无线工业网络事实上的标准。例如，一个净化水的自动化控制过程可使用 PROFIBUS－PA 协议来实现总线拓扑，而另一个控制过程中可以在环形拓扑中使用 Modbus/TCP 来控制泵或过滤系统。随着我们越来越远离工业处理过程（“升级架构”），将会导致越来越靠近业务网络，“典型” IT 设计变得更加普遍。工厂网络也与企业数据中心非常相似，用网状核心交换机和路由器来支持交换接入更小的工作组交换机。

（1）总线状拓扑结构是线性的，并且经常用于支持任何串联连接的设备，或多个设备通过连接器连接到公共总线。总线状拓扑结构通常要求总线网络在任一端节点都可以终止，通过一个终端用来防止信号反射。在总线状拓扑中，网络资源由所有连接的节点共享，从而使得总线网络价格便宜，但性能和可靠性受到一定限制。连接到单个总线的设备数量相对较少也是这个原因。

（2）网状拓扑常见于连接具有较高性能和较长运行时间的关键设备，如类似交换机和路由器之类的核心以太网网络设备。由于有多个路径存在，一个连接的断开或一个关键网络节点设备的损坏并不能严重降低网络性能。

（3）无线网状拓扑结构在逻辑上类似于有线网状拓扑结构，只能使用无线信号来连接所有兼容设备。不同于有线网的物理布线决定了可用的网络路径，无线网络依靠配置来控制信息流。

（4）星形（或星状）拓扑是一点对多点网络，一个中心网络资源支持多个节点或设备。使用标准以太网交换机举例说明最容易，以太网交换机可提供到每个端点的连接，或连接到其他交换机，其他交换机本身也连接了另外一些端点设备。

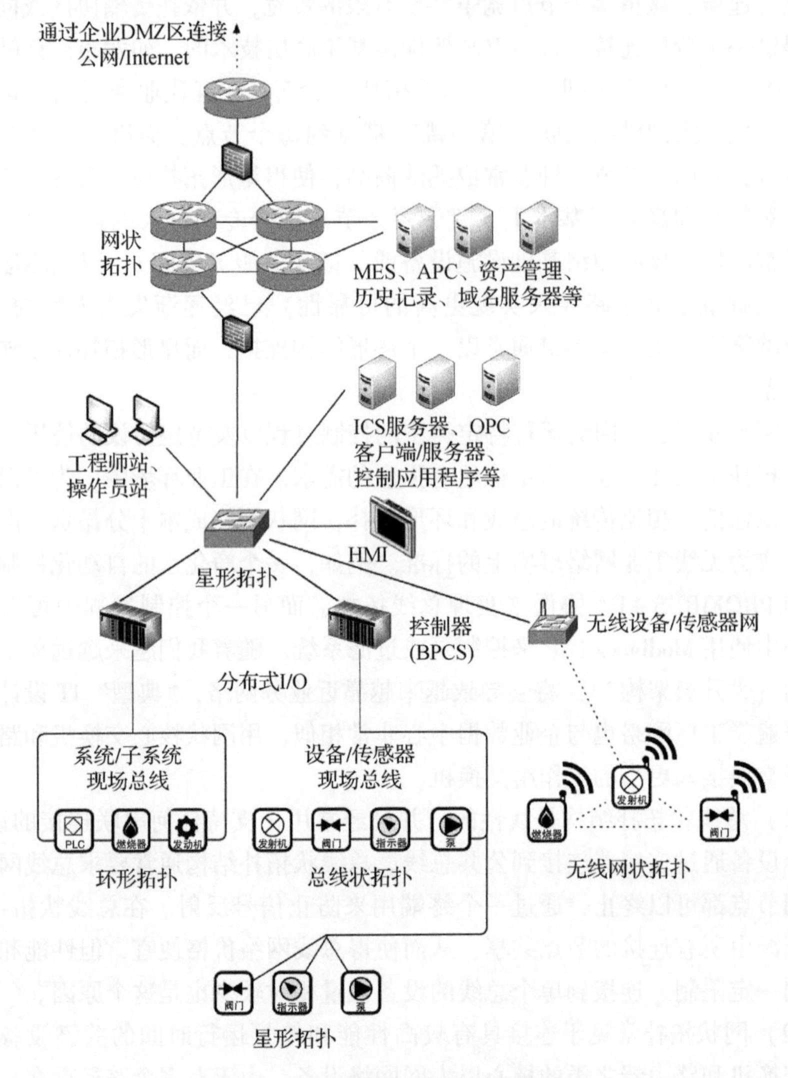

图 5.6　工业网络中常用的网络拓扑

（5）分支或树形拓扑结构是分层连接拓扑，其中一个拓扑结构（通常是总线，代表“树干”）支持其他拓扑结构（通常为总线或星形拓扑结构，代表着“树枝”）。这方面的一个实际例子是在基金会现场总线H1的“鸡脚”拓扑，部署方式为一个总线用于互联几个接线盒或“耦合器”，然后接线盒使用星形拓扑方式连接到多个现场设备。

（6）环形拓扑，顾名思义，圆形，串联连接各个节点，但最后一个节点连接到第一个节点，而不是网络终止在末端节点。这种拓扑结构可以覆盖端点，不过更常用在互联接入交换机。

(7) 多宿主（多链路）或双宿描述了单个节点到两个或多个网络的连接。双宿结构可以用于冗余（图 5.4），以使得单个设备可以使用两个网络进行通信。双宿结构也用于标记可以访问多个区域资源的方法（图 5.7），但不推荐这样做。在工厂区和商务区之间双宿连接的情况下，被成功入侵的双宿主服务器，将提供这两个区域之间的桥梁，使得工厂区充分暴露给外面的世界。

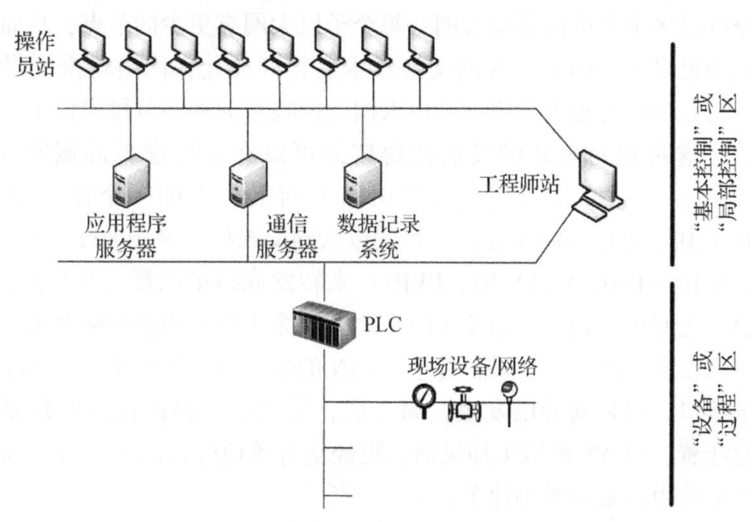

图 5.7　在供应商参考架构中使用的双宿结构

提示：

如果目前正在使用双宿系统，某个设备需要从两个网络获取资源，可以考虑具有较少负面安全影响的替代方法。共享资源可以放置在一个半信任的隔离区内，或者使用只读机制，数据可以从一个高安全等级的网络中转出到安全性较低的网络中，如使用数据二极管或单向网关。

特定的拓扑结构和网络设计，可以对特定网络的安全性和可靠性产生重大影响。网络拓扑结构也将影响有效地分割网络的能力，并控制网络流量，最终影响定义安全区域以及通过通道（参见第 9 章“建立安全区域与通道”）增强通信渠道安全性的能力。实现路由访问控制列表（Access Control List，ACL）、入侵防御系统，以及两个区域之间应用防火墙可以显著提高系统的安全性。如果这两个区域之间有双宿设备，则有可能为攻击者提供绕过这些安全控制的机会，从而抵消它们的价值。因此，从网络分段的角度来看，非常有必要了解网络拓扑和网络设计。

5.3 网络分段

网络分段有很多原因，包括网络性能方面的考虑和网络安全等。网络分段概念一开始提出来时，其主要目的是限制以太网广播范围，那时的以太网速率为10MB，接入介质为一个集线器（10BaseT）或者一个共享的同轴电缆（10Base2）。借助某些功能，路由器可以阻断广播，实现将一个大的扁平以太网网络分解成多个离散的子以太网；每个子以太网有更少的节点，从而广播和冲突的范围也更小。随着以太网交换技术变得商品化，网络规模变得越来越大，网络的处理能力也大大增加；以太网交换技术为网络分段提供了一种非常好的方法。这种相对较新的发展使得广播可以在使用虚拟局域网（Virtual LAN，VLAN）的第2层进行，它利用以太网报头中的一个标签建立一个 VLAN ID（802.1Q）。VLAN 使用兼容的以太网交换机，基于802.1Q 标记或端口的 VLAN ID（Port's VLAN ID，PVID）来转发或拒绝流量（包括广播）。若要在 VLAN 之间进行通信，需要 VLAN 之间在第3层有明确的路由关系，并需要使用路由设备。从本质上讲，每个 VLAN 的表现就好像它是连接到路由器上的专用子接口，只是其分段发生在第2层，从主物理路由器接口分离了此功能。这意味着，VLAN 可以更加灵活、更经济有效地进行网络分段，因为它将所需部署的路由器数量最小化了。

注意：

要注意的是，VLAN 是在 OSI 的第2层实现的。这就意味着，如果两个设备连接到同一交换机，共享相同的 IP 地址空间（如两者都是在子网192.168.1.0/24），但有不同的 VLAN ID，它们在逻辑上是分开的，彼此之间不能通信。这样的结构，虽然是允许的，但违背了最佳划分规则，建议每个子网内的主机分配给同一个 VLAN ID。VLAN 也可以支持非 IP 的业务，有时也用在工业网络进行分段。

现在，三层交换机通过增加三层路由控制而兼具了 VLAN 交换的优点，使得 VLAN 更容易实现和维护。本书不会再讲解 VLAN 设计的细节，如果进一步探讨其细节可能会占用大量篇幅。在本书中，对 VLAN 有一个基本的了解，知道它是如何为工业网络设计与安全服务就够了。VLAN 是一个重要工具，强烈建议读者了解这方面更多的知识，成为熟练掌握 VLAN 运行机理、设计和运用方面的专家。

怎样的网络分段是适用于工业网络和工业网络安全的呢？相比其他网络，工业网络有很多不同之处。前面已经讨论了许多明显和清晰的功能模块，如

“业务系统”和“工厂系统”，以及特定的网络拓扑结构、系统功能、所使用的协议和其他一些考虑，这些因素决定了一个网络必须是可分割或可分段的。

注意：

术语“Segmentation”与“Segregation”的使用造成了进一步的混淆。

“Segmentation”主要是指网络（网络分段）或区域（区域分割）划分成更小的单元。分段后网络仍然通过一个共用的基础设施互联通信，尽管这些互通可能会受到一些额外机制的限制，但它本质仍然是允许的。术语“Segregation”是指网络/区域的内部或之间禁止通信/数据流，完全是隔离系统。例如，缺乏任何物理连接的两个网络是物理隔离的。这方面的例子还有“空气间隙”，其通常只存在于神话传说，还有全模拟系统，以及太空堡垒卡拉狄加（迷你影集）。为清楚起见，隔离表示以黑色和白色方式的绝对分开。分段/分割表示更严格、更细粒度的控制，它允许授权通信，就实现方式而言，更像是一个“灰色地带”。

隔离与分段/分割一样，可以发生在OSI模型中的任何层，前提是隔离环境不共享硬件或协议实现。隔离方法可以是物理的、网络的和应用的。

同一台交换机的两个VLAN不是隔离的，是因为其基础硬件（交换机）是共享的。如果一个网络攻击影响交换机的运作，这两个VLAN都会受到影响，原因在于其环境是没有完全分开的。相反，如果独立、不互联的两个VLAN连接在两个不同的交换上，且这些交换机向上连接到一个3层设备，这两个VLAN可以认为在第2层是完全隔离的，但需要注意的是，连接两个不同交换机上的同一VLAN不符合这种情况。上述就是物理层和网络第2层隔离的一个例子。

如果是同样的环境，但是路由器配置为不允许内部VLAN通信，那么这两个VLAN在网路第3层也被彻底隔离了，不过需要再次强调的是，这两个VLAN连接在不同的交换机上。这是一个第3层网络隔离的例子。因此，隔离可能是分段/分割的一个副产品，但不是所有分段/分割就一定需要隔离。如果所有网段同其他网段是完全隔离的，那么基础设施内部全范围、跨网络通信将是不可能的，因为缺乏直接的或间接的通信路径。

在安全环境内，安全区域之间的（逻辑）隔离，主要通过对区域之间存在的通信信道和通道实施安全控制实现。这将在第9章“建立安全区域与通道”中详细阐述。

分段/分割和隔离是非常有用的安全控制措施，一旦发生网络入侵事件，它们对缓解攻击的传播或横向移动（即“跳板”）是至关重要的。这也将在第9章“建立安全区域与通道”中进一步阐述。

网络分段允许将较大的网络划分为更小、更易于管理的网络，它们之间采用额外的安全控制措施防止这些网络间未经授权的通信。另一种方法是按照横跨不同网络的端点进行网络划分。例如，属于工业网络的ICS服务器、控制器和过程连接设备，位于业务网络的企业网络服务器和企业资源规划（Enterprise Resource Planning，ERP）系统。因此，分段在每个网络分界点上提供了一种固有的访问控制。

只要有可能，就应该用网络分段对区域进行划分（参见本章开始处的注意“网络和区域划分”）。一些用来支持安全区域分割的常用网络区域如下：

（1）公共网络，如因特网。

（2）业务网络。

（3）运营网络。

（4）工厂控制网络。

（5）监视控制网络（ICS服务器、工程工作站、人机界面）。

（6）基本或局部控制网络（控制器、可编程逻辑控制器（PLC）、远程终端单元（RTU）、现场设备、智能电子装置（IED）和子系统）。

（7）过程网络（设备网络、网络分析仪、设备监控网络和自动化系统）。

（8）安全网络（安全仪表系统（SIS）和设备）。

网络分段会带来层次化的网络，两个网络之间的通信可能需要跨越几个网络。以图5.8为例，数据为了能够从处理网络B1a到达处理网络B2a，需要通过控制网络B1、监督控制网络B和控制网络B2。这仅仅是为了说明两个过程网络之间不太可能会有业务数据流（以点对点通信的形式），这也是它们被分段的原因。请注意，我们特意忽略了网络间的设备，它们是网路分段的基础，

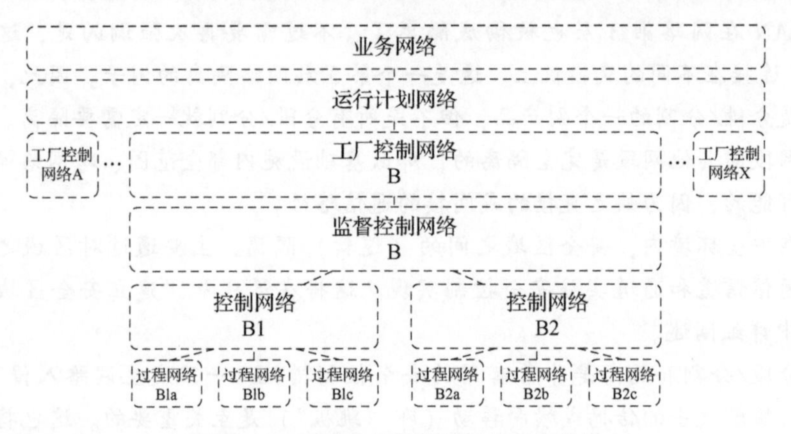

图5.8　工业系统中网络分段的概念表示

这些设备将在后面详细介绍。另外，请注意，分段的网络结构支持不同网络段之间的通信，但这并不意味着允许不同网络段间的通信。在前面的例子中，过程网络间的数据流通信是禁止的。

根据网络基础设施的配置方式，不同网络间通信可以是绝对禁止的、有条件的、双向或单向的，如表5.2所示。

表5.2 通信流控制类型

绝对的	不允许通信（即双向所有通信都被阻塞）
有条件的	只允许显式定义的流量（如通过访问控制列表、过滤器等）
双向的	双向通行，条件可以双向执行
单向的	只允许单向通信（如通过数据二极管或单向网关）

5.3.1 高层网络分段

虽然网络分段通常在第2层（VLAN）或第3层（子网）上实现，网络分段的概念（网络分段实际是对某些网络活动进行限制）其实可以在OSI模型的任何一层上实现，且常常会带来很大的影响。例如，通过限制位于OSI模型4～7层的会话和应用，而不是2～3层，就可以隔离一个设备组与其他设备组之间的通信，同时允许其他通信更自由地通行，这在表5.3中进行了定义。

表5.3 分段的类型

方法	描述	安全考虑
物理层分段	指的是两个网络在物理层分离，这意味着为了防止数据从一个网络传输到另一个网络，这两个网络间存在着物理传输介质的改变或破坏。一个简单例子可以是断开的电话线到调制解调器的连接或数据二极管阻断有线传输，一个法拉第笼或干扰器来隔离无线信号。神秘的“空气间隙”是一种物理层隔离方法。需要注意的是，术语“物理层分段”不应该与“物理分段”相混淆，参见5.3.2节“物理与逻辑网络分段”	“摆渡攻击”可以突破物理层隔离的网络。在许多情况下，过分严格的控制措施促使最终用户使用U盘或其他便携式移动介质，导致旁路掉了物理层隔离的安全措施，最终在某些不受控的地方引入新的攻击向量

续表

方法	描述	安全考虑
数据链路层分段	发生在第2层，并且如前面所讨论的，它通常是使用虚拟局域网（VLAN）。网络交换机用于分离系统，VLAN用于限制其广播域。如果没有三层路由，或物理联通VLAN接入端口（当未标记该接入端口被使用）时，两个VLAN间将不能通信。使用VLAN可提供方便、高效的分段。如果VLAN间只能通过三层设备进行通信，那么借助于中间路由器访问控制列表实现分段来强化其安全性。较新的两层交换机可以实现端口级的访问控制，当数据进入交换机时，访问控制功能可指定那些端口上的VLAN能接收数据，这有助于进一步提高VLAN的安全性	由于VLAN很容易实现，它们经常用于网络分段，这反过来将最大限度地减少许多以太网出现问题和被攻击时所造成的影响，如洪泛和蠕虫攻击。但是VLAN也是网络分段中最不安全的方法。不正确地配置网络将很容易受到VLAN跳跃攻击，很容易让攻击者在VLAN之间移动。请参见本章中的注释“VLAN的脆弱性”
网络层分段	发生在第3层，由网络路由器、三层交换机或防火墙来执行。对于任何使用了IP协议的协议都适用，包括封装在TCP/IP或UDP/IP之上的工业协议，借助于路由器的访问控制列表（ACL）、IGMP组播控制等措施，路由可以提供良好的网络层分段以及强大的安全性。但是，IP路由需要精确的IP寻址。网络必须适当地划分成多个子网段，每个设备与网关接口必须正确配置。网路防火墙也可以过滤网络层流量，从而实现真正的网络隔离	大多数三层交换机和路由器都支持访问控制列表（ACL），可以进一步加强网络之间的访问控制。第3层网络分段将有助于网络层的受攻击面最小化。为了防止更高层的攻击，如会话劫持、应用攻击等。必须部署“扩展”的ACL，可以限制特定IP地址及端口的通信。这可以减少按照“最低权限”理念配置的应用攻击面

续表

方法	描述	安全考虑
4～7层分段	发生在第4～7层，以及包括控制IP层之上（即网络层以上）的网络流量控制手段。这一点很重要，因为大多数工业协议已经发展为能在IP上运行，尽管它们仍然能够独立运行，当运行在IP之上时，意味着设备识别以及会话功能是被封装在IP载荷之内的。例如，两个设备的IP地址分别为10.1.1.10/24和10.1.1.20/24，它们的IP地址在同一网络中，根据TCP/IP协议，它们在网络内是应该能够进行通信的。然而，如果两者都是同一个ICS的从属设备或客户端设备，它们彼此之间不应该互相通信。通过应用层的通信信息，而不是仅仅根据IP报头来“隔离”网络，这两个设备就可以被阻止通信。这可以使用可变长度子网掩码（Variable Length Subnet Masking，VLSM）或“无分类”寻址技术	这是有效的分段方法，因为它提供了网络流量的精细控制。在工业网络安全中，应用层的“内容过滤”能够基于特定工业协议来执行网络隔离。应用层隔离常常是由“下一代防火墙”或“应用程序感知IPS”来实现的，这两者都是对数据包的应用载荷进行全内容检查和过滤来实现深度数据包检测（DPI）的。过滤可以是非常宽泛的，如限制从一个IP地址及端口到另一个给定IP及端口的基于某些协议的数据交换，也可以非常精细，限制某些特定设备间的一些协议，如只允许特定的控制器将特定范围内的值写入特定的、显式定义的输出

注意：

这个概念通常称为“协议过滤”或“网络白名单”，因为它定义所允许的网络行为，并过滤掉剩下的，基本上限制了网络运行特定的协议、会话和应用程序。这个约束可以一般性地执行（仅PROFINET是允许的），也可以非常精细地执行（PROFINET是允许的，只有这些特定的设备之间，使用某些特定的命令）。这种级别的控制通常需要使用基于网络的IPS或“下一代防火墙”（NGFW），能够检测和过滤一直到应用层的流量。

值得一提的是，部署在OSI模型各个层次的安全措施越多，系统架构面对攻击时越有弹性。当将通信栈向下移动时，它的受攻击面通常也会减小。由于数据二极管、单向网关能够在物理层实现隔离，可提供最高水平的隔离控制手段。另一个例子是，通过在第2层交换机内实现静态MAC地址表，可以限制设备之间的通信，而不考虑任何可能危害网络的IP寻址（第3层）或应用程序（第4～7层）漏洞。MAC地址和IP地址都可以被发现并欺骗，应用层流量可以被捕获、篡改和重放。那么安全应该在哪一层实现呢？风险与脆弱性评估应有助于解决这一困境。首先专注于保护代表最大风险的区域，这通常是由影响最大的区域确定的，而不一定是包含最多漏洞的区域。随后的评估将表明，是否需要额外的安全层来提供额外的保护，并为其他网络弱点提供更大的安全弹性。

在IT网络中，经常使用VLAN分段的原因在于它保证了较小的性能开销，这一点至关重要，同时使得网络相对容易管理。应当指出的是，VLAN并不是一种安全控制措施。可以绕过VLAN，使得攻击者能够在不同网络段（见本章中的注释“VLAN的脆弱性”）间移动。在这里，需要考虑更复杂的控制措施，总之一句话，安全比网络性能更为重要。

各种网络分段方法的特征对比如表5.4所示。

表5.4　各种网络分段方法的特征对比

分段/隔离	提供方	管理	性能	网络安全	ICS协议支持	OT适用性
物理层	空气间隙 数据二极管	无	好	绝对	不适用	高
数据链路层	VLAN	中	好	非常广泛	高	高
网络层	两层交换机 （仅由VLAN接口） 三层路由器	低	中	广泛	高	高
会话层	防火墙 IP地址 协议异常 检测	中	低	具体	中	中
应用层	应用程序代理/IPS “下一代防火墙”/IPS 内容过滤器	高	差	非常具体	低	低

VLAN的脆弱性：

VLAN易受多种第2层网络的攻击，包括洪泛攻击（通过填满MAC地址表，以削弱以太网交换机的功能）、生成树攻击、ARP中毒等。

有些攻击是针对VLAN的，如VLAN跳跃，它从不同的VLAN发送和接收流量。如果VLAN交换机中继到第3层路由器或其他设备以建立VLAN间的访问控制，这种攻击将变得非常危险，因为它使得VLAN的优势荡然无存。VLAN的跳跃可以通过假冒一个交换机或者操纵802.1Q头来实现。

攻击者通过配置系统模仿802.1Q的某些方面来模仿交换机，即为交换机欺骗。VLAN中继允许所有的VLAN流量通过，因此攻击者利用动态中继协议（Dynamic Frunking Protocol，DTP）可以访问所有的VLAN。

对VLAN报头的操作提供了一种更直接的方法来实现VLAN之间的通信。对于VLAN中继来说，剥离一个数据包中的原始VLAN，属于正常行为。通过对以太网帧标记上目标网络VLAN号，以及中继网络的原始VLAN号，这种行为是可以利用的。其结果是，中继接受帧并剥离第一个报头（中继的本地VLAN ID），而留下标记为该目标网络的VLAN帧。

通过严格限制被允许中继的VLAN，且尽可能限禁止某些链路上的VLAN，VLAN跳跃是可以禁止的。VLAN中继允许多个VLAN聚合到同一个物理通信接口（如交换机端口），以便通过上行链路延伸到另一个交换机或路由器。如果没有VLAN中继，驻留在同一个交换机的每个VLAN都将需要单独的上行链路来延伸到其他交换机或路由器。

应用层防火墙：

经过多年的发展，防火墙可以运行在许多层。因为防火墙能够在OSI模型的较高层来检测数据，所以它们也能以更高的精度进行过滤和转发决策。例如，会话感知防火墙能够判断一个会话的有效性，从而可以防止更复杂的攻击。应用层防火墙是应用感知的，这意味着它们可以检查到应用层（OSI层5~7）的通信，根据应用的内容来进行检查和决策。例如，防火墙可以允许从PLC“读”值的数据流，但是阻断想要往PLC“写”值的数据流。

为了实现表5.4所示的应用层解决方案的优点，必须能识别和支持ICS架构中使用的应用和协议。在本书出版时，仍然只有较少的安全设备能够提供这种支持，大部分安全设备所包含的应用和协议中，只有很少能够用于工业系统。因为存在许多第三方以及不合格软件，所以对于ICS供应商提供的ICS组件，必须采取严格限制和控制。ICS组件出厂前须经过严格的稳定性测试和回归测试，以确保高水平的性能和可用性，基于这个原因，ICS供应商的建议和指导原则应始终给予适当考虑。

类似地，一个网络的分段程度应该适当，既不能过高，也不能过低。一个分段程度合适的网络（一个划分较好的网络，每个网络都有适当数量的节点），将在网络性能和可管理性方面都会获益。

提示：

实现IP地址的变化，以适应路由和地址转换，可能在许多现有工业控制环境中非常困难，甚至是不可能的。虽然很多防火墙都提供了路由或网络地址转换功能，但工作在“透明模式”或“桥接模式”的防火墙往往更容易部署。

5.3.2 物理与逻辑网络分段

理解物理和逻辑分段之间的区别是很重要的，本章将会在很多地方使用这两个词汇。在网络设计的词库中，物理分段是指使用两个单独的物理网络设备(包括无源和有源组件)，以执行网络间的隔离。例如，交换机 1 支持网络 1，交接机 2 支持网络 2，两者之间的通信由一个路由器管理。与此相反，逻辑分段是指在单一的网络设备中使用逻辑功能，以实现基本相同的结果。在本例子中，使用同一个交换机及中继链路的两个不同 VLAN，通过连接到同一个三层交换机或路由器，来实现网络之间的访问控制。

分层分段：

如图 5.8 所示，网络分段经常导致分级或分层设计。正因为如此，到达某些网络（如过程网络）比其他网络（如工厂网络）将需要更多的跳数。好的网络设计有利于使用更加严格的访问控制。同样，网络架构设计好了，纵深防御策略也可以（也应该）很容易地增加一个额外的安全控制层。

当谈及基本过程控制及监督该过程的安全系统时，在工业网络中将会经常使用系统物理隔离（“空气间隙”隔离）一词。通过使用数据二极管和单向网关，物理层控制在高度关键的领域（如在核电站的安全和非安全相关层级之间）仍然很流行。这往往会导致术语物理分段（多个物理网络设备）与物理层隔离（在物理层上的隔离）概念之间的一些混淆。

适当的网络分段对于进程和控制网络来说都很重要，这些网络经常利用用户数据报协议（UDP）多播在进程设备之间以最小的延迟进行通信。在一个通用的过程网络内进行两层网络分段或许是不可能的，原因在于它会破坏所需的组播域。在不相关的过程间缺乏分段也会导致问题，如组播使得两个不同过程之间会有信息传输，从而造成不必要的信道争用以及潜在的安全风险。当需要分段时，过程网络通常使用 VLAN 来划分广播域，从而使得一个以太网交换机可以支持多个过程网络。除非需要过程间的开放式通信，每个过程应该使用一个独立的 VLAN，服务器之间的通信也应当通过交换机来进行限制或禁止。控制网络和过程网络之间的通信，应当使用三层交换机或路由器在体系结构的较高层级来处理。

正如上面所阐述的，在一个过程网络内实现额外的安全控制措施是比较困难的。因为 VLAN 分段可以被旁路，所以会引来一些关注。在较大的过程网络中，或一个分布广泛的过程网络中（如地理上分布的网络设备使得物理网络接入更难防止)，可能会引入无法接受的风险。在 ISA 62443 - 3 - 3 中介绍了每个分段或区域的安全等级概念。逻辑分段只允许在那些对网络威胁要求最低安全的分段/区域之间进行。

为了解决这个风险，要做到以下两点。

(1) 在网络分段的分界点上实施纵深防御安全控制。例如，在过程网络内，采取基于网络的安全控制措施，如透明防火墙或 IPS，它们可以在不阻塞组播和干扰其他过程的控制数据流的情况下监控数据流。在过程网络 VLAN 交换机的汇聚端实施网络安全控制是不可能的。

(2) 监控过程网络的活动。如果部署了网络控制设备，这些控制设备可以生成安全事件日志和警报，提供安全分析人员所需的对过程网络的可见性。如果网络控制设备没有（或不能）进行部署，则可以考虑镜像方式或跨接方式连接到交换机接口来部署 IDS 设备，使得可以在带外进行同等程度的监控。

在工业网络内进行安全控制部署时，必须充分考虑工业生产环境内的物理及环境条件。设备通常要求能够工作在较宽的温度范围内，甚至是危险的环境中，而不仅仅是业务网络中标准的安全技术。在为工业网络或者系统进行安全保护时，以降低可用性和生产效率为代价来增加安全性是不可接受的。

5.4 网络服务

需要使用身份识别和访问管理（Identity and Access Management，IAM）、目录服务、域服务等网络服务来确保所有工业区域都有一个访问控制基线。尽管这些系统很可能已经存在于业务网络，但工业网络中使用它们可能会引入风险。

域名服务器及其他身份和访问控制系统应与工业网络分开。这与那些将网络服务作为网络核心服务的 IT 安全人员的直觉完全是相反的。然而，业务网络中的域名控制器受到攻击的风险要远大于隔离在工厂网络内的域名控制器。OT 管理者的用户凭据不应该由部署在业务区域内的 IAM 系统管理。相反，它们应完全在工厂区域内进行管理。需要注意的是，身份信息（如人力资源系统）的授权资源对工业系统来说也是非常重要的，这些授权资源需要保存在系统内。从集中 IT 服务器进入工厂区域内的任何信息，都应该非常小心地实施控制，不建议认证和授权系统同时服务于这两个区域。这样一来，如果在业务区中的服务器被突破，OT 用户的有效凭证是不会被破坏的，因为它们仅保存在内部工业系统中。

作为一般规则，当在工业系统中提供网络服务时，应遵循最少路由原则，该原则主要是指在构建工业系统网络时，一个节点只应赋予其执行功能所必需的连接[3]。任何所需的连接应尽可能直接到达指定系统（参见本章中的注释“最小路由原则”）。如果一个关键系统需要特定的网络服务，要尽可能在本地实现，不要与其他不相关网络中的系统共享资源（参见第9章“建立安全区域与通道”）。

最小路由原则[20]：

最小路由原则与最小权限相似，最小权限原则指的是用户或者服务只能拥有满足其工作职能的最小特权，最小路由是与其相似的一个概念。最小路由原则是指一个节点只具备完成其自身功能所需的最少网络接入。在过去，人们认为最小路由“本质上是最小特权或最少使用”，只不过是网络形式的。虽然从表面上最基本的观点出发，这种认识是正确的，但这种认识好像在说，雪佛兰的Silverado2500皮卡和菲亚特500都是汽车。

为了充分了解最少路由原则的实际应用，就必须了解“定制网络”这一概念。定制网络是指为实现一个单一的、既定目的而构建的网络。现代生活中有许多定制网络的例子，包括广播网络、面向Internet及一般用途的DMZ网络、存储区域网络、语音和视频网络及工业网络。有了这些特殊应用环境考虑，在网络创建时，就需要根据其用途对网络架构设计保持应有的谨慎和关注。在20世纪90年代，基于以太网的TCP/IP网络开始爆炸性增长，这时通用的网络理念包含了将网络视为一个公益事业的基本思想。换言之，网络是普遍存在且高度可靠的，就像家里墙壁上的电灯开关一样。这样的目的就是将网络作为一种普遍存在且无缝接入的媒介，为网络上的所有节点提供可靠的端到端通信。

遵循最小路由原则的专用网络，正好与目前要求的现代、开放、通用网络相反。

在如今的ICS环境中，一个经过适当设计和安全保护的IP网络环境，在创建时需要根据其具体使用要求进行特殊考虑。子网和VLAN元素（作为组织结构而不是安全控制实现）就是一个基本的例子，这些元素可以部署在ICS环境中，以进一步减少特定应用程序的变量。在基本的生产线安排中，这可能意味着“1号线”到“2号线”的通信被ACL阻塞或路由为空，前提是“1号线”到“2号线”的通信不存在控制、功能或业务原因。

5.5 无线网络

工业网络的很多地方都需要无线网络，包括工厂网络、监控网络、过程控制网络、现场设备网络等。无线网络设计原则与有线网络类似；不过，无线网络以无线电波传播范围为边界，而不是物理电缆和网络接口，因此从物理包含方面设计时就变得更加困难。这意味着在无线接入点的范围内，配有一个适当的接收器，就可以接收无线信号。同样地，在接入点的范围内，配备一个合适的发射器设备，就可以发射无线信号。

没有一种方法能完全防止这种物理（无线）接入，无线网络的有效范围可以很容易地扩展。虽然可以通过使用干扰或信号吸收材料（如法拉第壳）来阻断无线信号传输，但这些措施却非常昂贵且极少使用。出于这个原因，实施户外无线网络的工业网络通常会进行彻底的无线电频率调查，不仅是为了考虑位置独特的物理障碍物，将天线放置在最佳位置，而且还可以防止不必要的信号传输到不可信和不受限制的区域。

有些人可能认为，缺乏内在物理防护使得无线网络不适用于工业网络，因为它提供了非常广泛的攻击面。然而，正因为如此，合理使用无线网络将使得工业系统中的过程控制更加方便。这种情况刺激了无线工业网络的快速增长，最终产生了 WirelessHART 和 OneWireless 两个工业无线网络标准。WirelessHART 是在节点间使用了 IEEE 802.15.4 无线协议和 TDMA 通信方式的 HART 协议的无线实现，然而，OneWireless 是基于 IEEE 802.11 的 a/b/g/n 标准的 ISA 100.11a 无线网状网络方案，并可用于输送常见工业协议，如 Modbus、HART、OPC、通用客户端接口（General Client Interface，GCI）及其他一些供应商的专门协议。

这两种系统都支持网状网络且使用两个设备：一个管理连接节点和节点之间通信，另一个实施接入控制和安全防护。WirelessHART 网络的一个通用实现如图 5.9 所示，它说明了网络管理和安全管理是如何通过有线以太网连接到 WirelessHART 网关的。一个或多个接入点也连接到网关，每个无线设备充当路由器，能够转发来自其他设备的流量，从而构建无线网络。

在 ICS 架构中部署无线网络的一个重要因素是，它们通常为现场设备与基本控制部件（如 PLC 和资产管理系统）间远距离的、困难的或成本高昂的有线连接提供替代解决方案。在本地电源不可用的地区，电源可以来自通信线路（如以太网供电（Power of Ethernet，PoE）），或利用本地电池组。这是一个重要的考虑因素，因为电源的可用性直接影响过程的可用性。在电池供电的情况下，必须考虑电池寿命与通信速度和更新率的关系，因为在闭环控制应用中，这些因素通常限制了无线技术的应用。

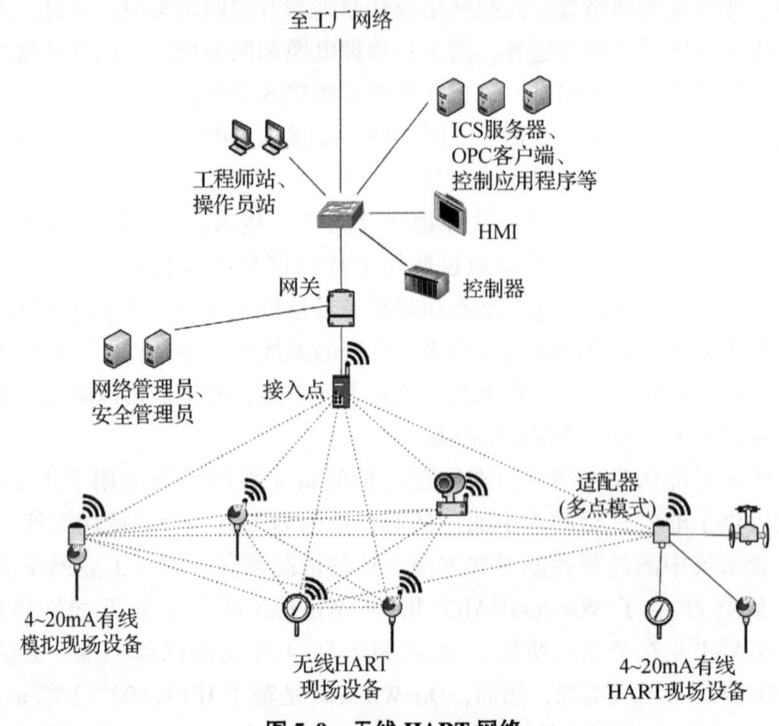

图 5.9　无线 HART 网络

5.6　远程访问

当设计安全工业网络时，远程访问是需要考虑的一个必要因素。远程访问可以满足组织的众多需求。例如，用于设备制造的 ICS 系统通常包含明确定义服务要求的第三方合同，经常会有 24 ×7 的响应、具有可测量的响应时间及保证问题解决等方面的要求。尽管 ICS 供应商可能在世界各地的多个时区都有技术支持人员，以满足严格的服务要求，然而远程访问使得技术人员可以远程连接到 ICS，远程诊断和解决问题。公司内部分散的员工也可能带来问题。如果工程师远程或在家办公，还必须提供对于工程系统的远程访问权限。在某些情况下（如风力发电机、管道、石油和天然气生产领域），设备的本地访问是非常困难的，这时远程访问功能就非常必要了。

远程访问可能会同时引入多个攻击向量。即使安全远程接入方法的使用，如虚拟专用网络、双向授权认证等，但节点仍然可能遭到远程攻击，这是因为远程访问使用的底层基础设施连接到公共的、不受信任的网络，如互联网。

为了解决远程访问的风险，所有的接入点都视为一个开放的攻击向量，只有在必要时才能使用。应该使用以下严格的安全控制措施。

（1）最大限度地减少攻击向量。当实现远程访问解决方案时，只提供一条远程访问路径，以便可以仔细监视和控制进入与离开网络的单条路径。如果允许存在多条路径，那么安全控制的作用很可能会抵消（因为多个路径会增加安全控制的成本），或者导致专门的安全控制被忽略或错误配置[4]。

（2）遵循“最小特权”原则，允许用户只能访问有特定需求的系统或设备[5]。这意味着，如果用户只需要查看数据，就不应该为他们提供下载和修改数据的权利。

（3）为了执行“最小特权”，网络可能需要进一步分段和隔离，使得不允许远程访问的设备与允许远程访问的设备分开。理想情况下，应该限制第三方（如分包商和供应商）只能访问他们自己的设备，并且只允许执行他们有权远程执行的功能（如视图配置与下载新配置和软件到设备），这样做可能影响网络隔离设计。更详细内容在第 9 章“建立安全区域与通道”进一步说明[6]。

（4）还需要对应用程序进行控制，以便进一步将远程用户限制为仅对其进行授权的应用程序。要求远程用户直接认证到一个安全应用服务器，而不是仅仅使用远程访问服务器（Remote Access Server，RAS）限制远程访问会话到一个特定的应用或向服务器所在的网络[7]。

（5）避免对关键系统的直接访问，它给系统带来的风险远大于带来的好处。如果一个系统需要远程访问，那么强制远程访问通过半信任安全区域或非军事区（DMZ）或代理，以便可以实施额外的安全控制措施和监测[8]。

（6）部署一个端点，实现远程访问连接的安全策略等于或优于主机直接连接到受信任的工业网络。这可能非常难以执行，尤其是对第三方，所以优先的方法是创建一个“跳站”，为远程访问用户在访问最终可信工业网络设备之前提供一个着陆点。这种方法从物理上使得远程用户的本地计算机及附属资源（可移动介质、文件系统、剪贴板等）等与工业网络内的计算机分开。

（7）避免将证书存储在连接的远程端点中（如供应商的技术支持人员），即使他们是在加密的隧道中传输也不行。

（8）应建立和测试程序，允许现场人员在发生网络事件时在本地终止和断开远程访问机制。

（9）用日志记录所有活动。远程访问就其本质而言表示一个攻击向量，其中只有连接的一端是 100% 已知和受控的。应记录所有远程访问尝试，无论成功与否，并且应记录远程用户整个会话期间的所有活动。日志为事件响应和灾难恢复工作的调查提供了宝贵的审计线索。此外，如果使用安全性分析系统，如先进的安全信息与事件管理（SIEM）系统或异常检测系统，这些日志提供了攻击的前瞻性指标，可以大大降低事故的响应时间，反之，将减少攻击事件所造成的损失。

5.7 性能及注意事项

当谈到网络性能时，有必要考虑带宽、吞吐量、延迟与抖动 4 个要素。

5.7.1 延迟与抖动

延迟是指数据包从其源主机到目的地主机的整个网络传输过程所花费的时间。该数值通常用“往返”时间来表示，其中包括初始数据包传送时间加上相应的应答或确认数据包返回的时间。

网络主要是由交换机、路由器以及防火墙通过“横向”和“纵向”互联而构成的，因此当数据包从主机传输到目的地时（图 5.1 和图 5.2），必然会有穿越两个设备之间的情况，这种情况称为“跳”。每个网络跳都会增加传输延迟。设备需要解析数据包的层次越深，每一跳的延迟就会越大。两层交换机造成的延迟小于三层路由器，不过，三层路由器所带来的延迟小于应用层防火墙。这是一个好的经验法则，但并不总是准确的。俗话说“一分钱一分货”，在许多情况下，网络设备的性能也是影响延迟的一个因素。如果使用足够强大的 CPU 和 NPU（神经处理单元或人工智能芯片），或者定制设计的高性能专用集成电路（Application - Specific Integrated Circuit，ASIC），一个非常复杂和精细的应用层设备可以胜过基于低功耗硬件的、糟糕的软件定义网络交换机。

另外，抖动是指当大量数据在网络上传输时，网络延迟随时间的“变化量”。如果要求网络传输数据延迟从包到包或会话到会话保持一致，那么网络必须引入零抖动。对于实时通信而言，抖动比单纯的延迟更具破坏性。这是因为，如果有一个可容忍的但一致的延迟，则数据可以缓存到设备存储器中，然后按照精确的时序进行传送（尽管有些延迟）。这样做可以转化为确定的性能，意味着输出对于给定的输入是一致的，而这是实时 ICS 体系结构中需要的特性。延迟的变化意味着每个数据包都会产生不同程度的延迟。如果这种变化足够严重，时序就会丢失，而对于一个时序精确的自动化系统，将来自高精度传感器的数据通过网络传送给控制器，这种时序的丢失将是无法接受的。

5.7.2 带宽与吞吐量

带宽是指在给定时间内，可以从一个点传送到另一个点的所有数据总量，通常以兆比特每秒（Mbit/s）或吉比特每秒（Gbit/s）来衡量。争用是指在一个网络段内的网络节点为使用可用带宽而引发的竞争。带宽通常不是工业网络关注的问题，因为大多数的ICS设备需要很小的带宽（在正常运行期间，横跨整个ICS的流量总和通常远小于100Mbit/s）来运行，然而大多数以太网交换机的交换接口都提供100Mbit/s或1000Mbit/s的带宽（对于嵌入式ICS设备，如PLC和远程终端，含有10Mbit/s的网络接口也并非罕见，这可能就需要在交换机层进行特殊配置，以防止非预期的网络流量影响通信性能）。工业网络设计必须适应与事件相关的数据突发（通常在组播形式），这种情况在失常或制造过程的扰动中可以看到。对于节点密集的网络，如大平面（两层）网络或“噪声”网络，带宽争用依然是一个问题。需要留意的是，大型VLAN网络与集中式交换机或路由器的连接链路，正是通过这些链路使得下层网络连接到上层网络（如图5.8所示的监控网络可能需要处理所有下级网络的流量，包括每个过程网络）。

吞吐量是指可以流过网络的数据总量。网络吞吐量受到物理、MAC、网络和应用层多种因素的影响（包括电缆或无线介质、存在的干扰、网络设备的能力、所使用的协议等）。吞吐量常用每秒数据包（packet per second，pps）来衡量，带宽和吞吐量之间的关联取决于数据包的大小。一个能够以网络接口最高能力来传输数据的设备，通常认为是支持线速吞吐量的，即使连接到一个高达100Mbit/s的快速以太网，一些网络硬件还是能够以线速传送数据包的。当需要一个实时网络时，吞吐量将是一个非常重要的衡量指标。如果实时网络（如在过程和控制网络）中生成的网络流量超过网络基础设施的吞吐量，数据包就会丢失。而丢失的数据包需要重传，这将导致TCP/IP通信延迟增加。在UDP/IP通信中（常见的有广播和组播业务），丢失的数据包不会立即重传，而是基于应用层的错误修正进行重传。根据所使用的应用程序和协议，这可能会导致通信错误（参见第6章“工业网络协议”）。

5.7.3 服务类型、服务级别与服务质量

服务质量（Quality of Service，QoS）中的质量是指能够区分不同流量，且能使得某些流量优先于其他流量传输的能力。例如，给PLC与HMI之间的实时通信较高的优先级，给不太重要的通信较低的优先级。服务类型（Type of Service，ToS）和服务等级（Class of Service，CoS）提供一种识别不同类型流

量的机制。服务等级通过使用802.1p协议在第2层标识，802.1p协议是802.1Q协议的一个子集，802.1Q协议用于VLAN标记。802.1p在以太网帧头提供一个字段来区分数据包的服务等级，从而使得网络设备可以优先传送某些流量。

服务类型（ToS）与服务等级（CoS）相似，也用来识别流量类型，从而应用到服务质量中。然而，服务类型是在第3层中，标记在IPv4报头的6位服务类型字段。

QoS使用服务类型（ToS）与服务等级（CoS）值来重塑整个网络流量。在很多网络设备中，这些机制都被映射为专用数据包队列，意味着更高优先级的流量将首先处理，通常也意味着更低的延迟和更小的延迟变化。注意，QoS不会改善网络能力，使其高于其基本性能。QoS能够保证最重要的数据流量成功发送，但同时也限制了其他流量的传输。

5.7.4 网络跳数

数据流量经过每一个网络设备时，网络设备都会处理数据包，从而造成不同程度的延迟。大多数现代网络设备的性能都是非常高的，即使有延迟，也不会太大，且延迟是可测量的。路由器和一些工作在第4~7层的安全设备可能会产生较大的延迟。即使多跳网络中的每个延迟较低，但它们最终也会积少成多。例如，在图5.2中，因为只使用一个路由器来处理，所以总共有20跳。通过优化设计，用三层交换机取代了路由器，只有13跳，且每一跳时间都更短[9]。对于工业网络而言，实时性和可靠性都非常重要，因此网络设计应该尽可能优化。

注意：

当部署或调整工业网络时，必须考虑每个ICS供应商专门的网络设计要求。系统性和可靠性可能会受到不必要的网络延迟的负面影响，正因为如此，对于给定的一个网段或广播域内的设备数量，供应商可能会有特殊的限制。

5.7.5 网络安全控制

网络安全控制也会引入延迟，且通常比网络交换机和路由器更大。这是因为，交换机和路由器，必须对网络流量所有帧进行读取并深度解析，以便根据以太网帧头、IP数据包帧头和有效载荷做出决策。同样的规则也适用于网络安全控制设备，更深层次的检查会带来更大的延迟。

对于网络安全设备，必须考虑其对网络流量分析的深度。通常情况下，在执行深度包检测（在许多防火墙和IDS/IPS产品中使用的技术）时，需要更多的处理器和存储器。增加检查的深度和分析的广度，就意味着更复杂的检查，同时也带来更高的性能开销。对于基于硬件的检测设备，这通常不是问题，因为供应商通过高性能的硬件设备将这种开销限制在可接受的范围内。不过，如果要求网络安全设备做超过其额定性能的检测工作，可能会导致错误，如延迟增加、漏报甚至丢失数据。例如，监控带宽高于额定速率、签名数量过多及监控预处理其无法监控的流量。这就是为什么传统的 IT 安全控制设备（如 IDS/IPS）部署在 OT 环境中时，必须认真对待，并且“调优”仅包含支持当前网络流量所需的签名（有助于减少误判）的原因。如果工业网络没有连接到互联网，那么与互联网（如游戏网站或其他与业务无关的网站）相关的签名很容易被删除或禁用。

5.8　安全仪表系统

安全仪表系统（SIS）或安全连锁系统由多种类型设备构成，如“常规”ICS 中的控制器、传感器、执行器等。在功能上，SIS 用于检测运行中潜在的危险状态并在危险状态发生之前将系统置于“安全状态”。SIS 一般按照最大可靠性来设计（即使已经高标准的自动化），且通常包括冗余和自诊断，以确保当安全事件发生时，SIS 功能是完全正常的。上述观点的思想就是，当 SIS 执行其安全功能时，必须是可用的。该要求可以用平均失效概率（Average Probability of Failure on Demand，PFDavg）这样一个统计量来衡量。这个概率可用 4 个安全完整性等级（Safety Integrity Level，SIL）表示，范围为 1~4（失效概率分别为 SIL1 $<10^{-1}$、SIL2 $<10^{-2}$、SIL3 $<10^{-3}$和 SIL4 $<10^{-4}$）。

注意：

工业安全与功能安全之间有很强的相关性，正因为如此，ISA 还使用了 SP85 和 SP99 委员会的安全活动。SIL 的前提是能够计算一个定量的值，该值表示组件的完整性“能力”或部署系统的完整性“保证”，在组件故障时，该值与确保健康、安全和环境保护有关。相应的安全等级（Security Level，SL）[10] 标准已经建立，基于特定设计“目标”（Security Level Target，SL－T）和“已实现”级别（Security Level Achieved，SL－A）的安全保证，提供一种机制来选定组件定性地表示一个安全区域（或通道）的“能力”（Security Level Capability，SL－C）。开发 SL 背后的想法是将关于安全性的思想从单个设备或独立系统转移到更集成的基于区域的方法，该方法更准确地表示已部署 ICS 的集成度和异构性。

理想情况下，安全系统使用称为“逻辑运算器”的专用控制器来支持特定的工业过程。SIS可以通过硬件连接方式接入基本过程控制系统（BPCS）中，或者通过公共或共享网络等高级别的方式集成到BPCS中。最近的标准和发展趋势使得安全设备可以与网络中的BPCS设备共存且互操作（如艾默生的DeltaV SIS[11]和霍尼韦尔的Safety Manager[12]）。一些SIS解决方案也允许工业过程和安全功能存在于同一设备中（如ABB AC 800M HI[13]，西门子S7-400FH、S7-300F和ET-200[14]）。一些工业协议允许安全功能和基本控制消息共享一个公共的消息传递和控制设备，这种趋势带来了新的安全问题[15]。虽然SIS不能直接对抗网络攻击，但是应该能够防止对工业过程的网络攻击所引发的灾难，并且在灾难发生时，使系统进入安全状态。

本书都是围绕确保SIS安全来写的，下面给出具有一般性意义的几条建议。

（1）SIS的存在是为了防止不安全情况。当实现SIS时，也以这种方式来进行，保证破坏控制和过程区域的人员将不能破坏SIS。保持SIS同上游网络完全分隔（包括监督网络），当集成或接入必需时，建议点对点直接连接。

（2）实现SIS时应当遵循最小权限原则，以尽量减少系统的受攻击面，以免攻击者利用系统的受攻击面进入安全系统中。

（3）实施SIS时要考虑系统的故障和不安全状态，这可能是由攻击者对控制器、过程、协议和工业网络系统的操作引发的。

5.9 特殊注意事项

工业控制系统广泛应用于各种用途的工业制造，因此设计工业网络时需要考虑各种特殊情况。随着业务日益全球化，特殊用途的广域网将不断增加。由于系统为了特定用途（如智能电网的先进计量需求）而进行调整，因此要发展专业网络（如先进计量基础设施）以适应这些需求。在继续应用安全网络设计基本原则的同时，对专门系统给予适当考虑非常重要。

5.9.1 广域连接

远距离、广域连接的需求是很常见的，如中央控制室与遥远的工厂、微电网、管道、海上石油平台、远程风力发电场及其他遥远位置间的互联通信。广域连接可以通过私有基础设施或从公共运营商租赁连接来实现。由于传输介质的不同，传输技术也会有很大的不同，主要包括卫星、微波、无线、光纤和蜂窝通信等。

与其他网络一样，广域连接设计同样需要根据其自身特点进行网络安全设计。就其本质而言，对于潜在的攻击者，广域网基础设施的物理访问是可以做到的，尤其是无人值守的站点。对广域网的接入可以通过适当的无线发射器和接收器，或者通过物理剪接电缆和电线来实现。因此，这些连接应视为高风险，并应采取额外的防护措施，以确保所有广域连接的机密性、完整性和可用性。

在进行风险与脆弱性评估时，不要忽视专门的广域覆盖网络所带来的风险。在智能电网应用中，称为同步器的分布式相位测量设备需要精确的同步定时，并利用 GPS 网络定时。GPS 网络是一个全球性的可访问网络，研究人员已经证明，GPS 的欺骗可对真实世界造成巨大影响。一项由得克萨斯大学和诺斯罗普·格鲁曼（Northrup Grumman）公司的联合研究显示，GPS 欺骗是如何操纵同步相量的读数，并最终导致工厂跳闸的[16]。在另一项得克萨斯大学的研究中，GPS 欺骗用于改变游轮的 GPS 坐标，使研究人员能够操控游轮偏离其预定航线[17]。

随着 GPS、蜂窝技术及类似技术在高度分布式远程设备互联方面的日益普及，这些远程设备将继续向利用它们的系统引入新的威胁向量。

5.9.2　智能电网的一些考虑

智能电网是一个值得特别考虑的领域。正如在第 4 章“工业控制系统及其运行机制”中提到的那样，智能电网是一个广泛的网络，能提供先进的计量和通信能力，并最终实现智能化的发电、输电和配电。智能电网专门用于能源工业，但其他一些工业元素也非常关心智能电网，这是因为它们可以作为电力工业的客户而接入智能电网中。

智能电网的部署情况差别很大，相应的拓扑结构和使用的协议也会不同。不过，对任何智能电网来说，都有一个共同的特征，那就是它的规模和可访问性。配电系统需要将电力分配给工业设施、住宅、写字楼、店面及城市基础设施的方方面面，即使是部署小规模的智能电网也会产生大量的节点和网络互联。这些网络可以互联超过数十万甚至上百万的设备。智能电网的巨大规模，需要使用某种机制进行“分层”或使分布的节点层次化。

用可寻址攻击面表示，智能电网提供了广泛且方便的网络接入，这是由于它将电力传输和分配基础设施同许多家庭和企业互联在一起。图 5.10 显示，从核心发电站开始，穿过远距离的输电线路，到达区域性配电区域，最终到达智能电网的最外层用户，每从核心发电站向外多扩展一层，攻击面将以指数级增长。

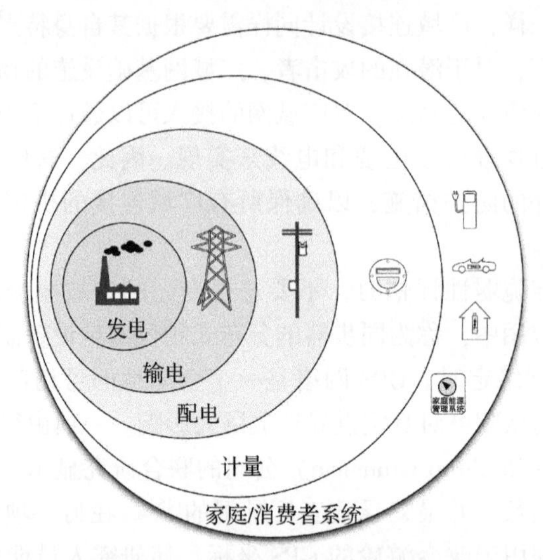

图 5.10　扩展智能电网中的攻击面

可扩展性在智能电网设备的发展中扮演很重要的角色，给终端节点设备（智能电表）带来巨大的成本压力。如此大规模部署的设备需要尽可能高效地构建、部署、操作和维护。贯穿智能电表整个供应、设计、测试和生产阶段的安全保证及测试的成本与复杂性非常高，因此商业驱动力成为一个最主要的问题。如果企业由于压力过大而降低成本，一些物理或基于网络的漏洞进入生产环境的可能性就会增加，从而成为有史以来最容易访问的网络之一。

5.9.3　先进计量基础设施

先进计量基础设施（AMI）系统由电、水和煤气等公用事业单位使用。AMI 是特殊工业网络中一个很好的例子，其特点在于它是高度分散的，可大规模扩展到数以百万计节点，使用专门的系统和协议，并提出许多新的安全和隐私方面的考虑。与许多工业网络的运行机制非常类似，AMI 基于运营商自有设备来构建，且是一个封闭系统（理论上）。与许多工业网络不同，这些网络被隔离在物理安全控制之后，并受到多层网络防御的保护，而计量基础设施是极易访问的。

先进计量基础设施架构包括智能仪表、通信网络及 AMI 服务器或前端。智能仪表是由用于实时数据采集的固态测量组件、微处理器、用于存储和传输测量值的本地存储器以及至少一个与前端进行通信的网络接口构成的数字化设备。该前端通常由一个 AMI 服务器（主要负责收集仪表数据），以及一个仪表数据管理系统（管理数据并将数据共享给需求响应系统、日志记录系统、计费系统及其他业务应用）组成。前端保持与仪表的通信，以读取数据（衡量消费）、推送数据（传输速率信息给需求响应系统），并建立控制（用于远程断开连接）。前端也与智能电网中许多其他设备相联通，包括输电和配电的ICS服务器、需求响应服务器、能源管理系统（Energy Management System, EMS）及许多家庭网络设备（有关智能电网结构更详细的说明，请参阅《应用网络安全和智能电网现代电力基础设施的安全控制》）。

本章中关于其他工业网络的一些常见问题已经介绍得非常清楚。专门设备主要是计算平台（具有微处理器、内存、存储器，并能执行代码），意味着攻击者可以利用该系统，也可以操纵数据，并且可以很容易地传播到其他互联系统。仅在美国，2015年就部署了近65万台智能电表[18]，2016年部署6.027亿台智能电表[19]。这种快速部署使得AMI成为一个高度可扩展的通信网络，同时也使得其具有一个几乎与互联网一样大的攻击面。更为复杂的是，各种不一致的网络技术被用于AMI系统，包括电力线宽带（Broadband over Power Liner, BPL）、电力线通信（Power Line Communication, PLC）、无线网络（VHF/UHF）和电信（固话、手机、传呼等）网络等。

5.10 本章小结

通过理解工业控制系统和自动化过程是如何运行的，并遵守安全网络设计的基本原则，在现代以太网基础上构建ICS是可行的。理解工业协议如何运行变得特别重要，这将在第6章“工业网络协议”中进行详细阐述。

参考文献

[1] International Society of Automation (ISA), 62443 - 3 - 1, "Security for industrial automation and control systems: System security requirements and security levels," December, 2012.

[2] Cisco. "Layer 2 and Layer 3 Switch Evolution." < http://www.cisco.com/web/about/ac123/ac147/archived_issues/ipj_1 - 2/switch_evolution.html > (cited: December 21, 2013).

[3] Brad Hegrat. Industrial Infrastructure Design for Safety and Security. ISA Safety & Security Symposium, Houston. 2008.

[4] Paul Didier, Fernando Macias, James Harstad, Rick Antholine, Scott A. Johnston, Sabina Piyevsky, Mark Schillace, Gregory Wilcox, Dan Zaniewski, Steve Zuponcic. Converged Plantwide Ethernet (CPwE) Design and Implementation Guide. Cisco Systems, Inc. and Rockwell Automation, Inc. Sep. 9, 2011.

[5] 同[4].

[6] 同[4].

[7] 同[4].

[8]同[4].

[9]Cisco,"Design Best Practices for Latency Optimization," December 2007.

[10]International Society of Automation(ISA),"Security for industrial automation and control systems:System security requirements and security levels," ISA 62443-3-1:2013.

[11]Emerson Process Management,"DeltaV SIS for Process Safety Systems:A Modern Safety System - for the Life of Your Plant," September,2013.

[12]Honeywell Process Solutions,"Safety Manager - Product Information Note," PN-12-25-ENG, March,2013.

[13]ABB,"800xA High Integrity Emergency Shutdown Solution," 2009.

[14]Siemens,"Safety Integrated for Automation - Reliable,Flexible,Easy," April 2008.

[15]ABB,"The rocky relationship between safety and security - Best practices for avoiding common cause failure and preventing cyber security attacks in Safety Systems".

[16]Shepard Daniel P,Humphreys Todd E,Fansler Aaron A. Evaluation of the vulnerability of phasor measurement units to GPS spoofing attacks,In *Sixth annual IFIP WG* 11.10 *international conference on critical infrastructure protection. Washington*,DC;March 19-21,2012.

[17]University of Texas at Austin. UT Austin Researchers Successfully Spoof an $80 million Yacht at Sea. July 29,2013. Article on Internet. http://www.utexas.edu/news/2013/07/29/ut-austin-researchers-successfully-spoof-an-80-million-yacht-at-sea/.

[18]The Edison Foundation,"Utility-Scale Smart Meter Deployments,Plans,and Proposals," IEE Report, May 2012.

[19]K. Rowland,"602.7 million installed smart meters globall by 2016," <http://www.intelligentutility.com/magazine/article/253959/6027-million-installed-smart-metersglobally-2016>(cited:December 23, 2013).

[20]同[19].

第6章　工业网络协议

要理解工业网络如何工作，首先要了解它们所使用的底层通信协议、协议的应用场景以及选择协议的原因。目前，已有许多工业自动化与控制专用协议，其中大多数是为了提高效率与可靠性而设计的，以便满足大规模工业控制系统的经济性与运作需求。与之类似，为了支持精细化的操作，大多数工业协议采用了实时操作设计。工业协议设计用于实时操作，以支持同时监测和控制数据的确定性通信的高精度操作。

这意味着大多数工业协议为了提升效率而放弃了所有非必需、不是绝对必要的特性与功能。更为不幸的是，安全特性往往列于其中，如要求额外开销的认证和加密等。更麻烦的是，许多工控协议为了能够在以太网和 IP 网络上运行，而做了相应的修改，供应商逐渐摒弃了专用网络及网络硬件，而是直接采用商业的、现成的技术。然而，这也使得有漏洞的协议更容易暴露在攻击之下。

6.1　工业网络协议概述

工业网络协议的部署贯穿整个 ICS 网络架构，跨越广域网、企业网、工厂网络、监视网络和现场总线网络。本章所讨论的大多数协议可以执行跨越多个区域的多项功能，因此在这里泛称工业网络协议，简称工业协议。

工业协议大都是实时通信协议，旨在将组成工业控制系统的模块、接口和设备互联。许多协议最初都是为了通过 RS－232/485 物理连接进行低速串行通信（典型值为9.6～38.4kbit/s）而设计的，不过此后逐渐发展为能在以太网上运行的可路由协议（如 TCP/IP 和 UDP/IP）。

就本书而言，工业协议分为现场总线协议和后端协议两类。现场总线协议用于表示过程和控制中常见的一类广泛协议（请参见第5章“工业网络设计与架构”）。从1980年初开始，ICS 供应商和最终用户推动建立全球现场总线标准。这项工作持续了20多年，并创建了一系列专门针对工业协议的标准。IEC 61158 标准是建立8种不同协议集（称为“类型”）基础的早期文档之一。

该列表中缺少当时的一些主要协议（HART 和通用工业协议（Common Industrial Protocol，CIP）等）。IEC 61784 标准是在 2000 年初引入的，旨在对最初包含在 IEC 61158 标准中的清单进行修订，其中包括 9 个协议“配置文件”：基金会现场总线、CIP、PROFIBUS / PROFINET、P – NET、WorldFIP、INTERBUS、CC – Link、HART 和 SERCOS[1]。本书中的现场总线协议通常用于将过程设备（如传感器）连接到基本控制设备（如 PLC），并将控制设备连接到监控系统（如 ICS 服务器、人机界面（HMI）、数据记录系统）。

后端协议是通常部署在监控网络或之上的协议，用于提供有效的系统间通信，而不是数据访问。后端协议的示例包括将数据记录系统连接到 ICS 服务器，将 ICS 从一家供应商连接到另一家供应商的系统，或连接两个 ICS 操作控制中心。

本章将对 4 种常见的工业网络协议进行深入的阐述，对其他一些协议的阐述将较为简捷，还有很多协议不在介绍之列。实际上有数十种工业协议，其中许多是由制造商出于特定目的而开发的。本章重点分析 Modicon 通信总线（Modbus）和分布式网络协议（Distributed Network Protocol 3，DNP3）两种现场总线协议。还将详细阐述开放过程通信（Open Process Communication，OPC）和控制中心间通信协议（Inter – Control Center Protocol，ICCP，由标准 IEC 60870 – 3 TASE. 2 或远程控制应用服务单元引用）两个后端协议。选择这些特定协议进行更深入的阐述是因为它们都已广泛部署，并且代表了几种独特的品质，这些品质对于在安全上下文环境中理解很重要。这些独特的品质如下：

（1）每个都用于工业网络中的不同（尽管有时是重叠的）区域。

（2）每个都提供了不同的验证数据完整性和安全性的方法。

（3）工业协议的特殊要求（如实时、同步通信）通常使它们极易受到干扰。

通过了解如何保护这些协议通信的基本原理，应该有可能直接评估此处未涵盖的其他工业网络协议的风险。

6.2 现场总线协议

6.2.1 Modicon 通信总线

可编程逻辑控制器的历史可以追溯到 1968 年，当时通用汽车公司正着手寻找一种新技术，用电子设备代替其硬接线机电继电器系统。第一个 PLC 由贝德福德联合公司（Bedford Associates）开发，指定为 084（代表 Bedford 的第 84 个项目），并以产品名称 Modicon 或 Modular Digital Controller 发布[2]。

Modbus 协议于 1979 年设计，以使过程控制器能够与实时计算机进行通信（如 MODCOMP FLIC、DEC PDP－11），并且现在仍然是 ICS 体系结构中最受欢迎的协议之一。Modbus 已广泛用作事实上的标准，并且多年来已增强为几个不同的变体。

1. Modbus 协议的作用

Modbus 是应用层消息传递协议，这意味着它在 OSI 模型的第 7 层上运行。它允许基于“请求/答复”方法来使得互联资产之间进行有效通信。极其简单的设备（如传感器或电机）使用 Modbus 与更复杂的计算机进行通信，这些计算机可以读取测量值并进行分析和控制。为了在简单设备上支持通信协议，要求消息生成、传输和接收都需要非常少的处理开销。这种简单易用的特点也使 Modbus 适用于 PLC 和远程终端单元，以将监控数据传送到 ICS 系统。

由于 Modbus 是第 7 层协议，它独立于第 3 层中的基础网络协议运行，从而使其易于适应串行和可路由网络体系结构。如图 6.1 所示[3]。

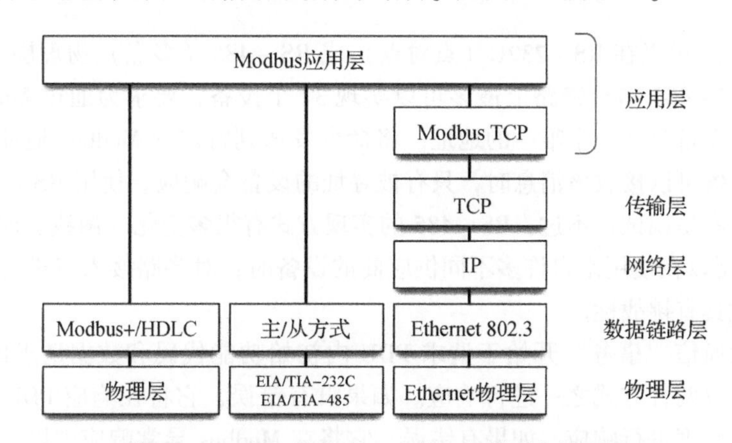

图 6.1　Modbus 协议在 OSI 第 7 层模型中的位置

2. Modbus 协议工作机理

Modbus 使用 Modbus 请求、Modbus 响应和 Modbus 异常响应三种不同协议数据单元（Protocol Data Unit，PDU）进行请求/响应，如图 6.2 和图 6.3 所示[4]。

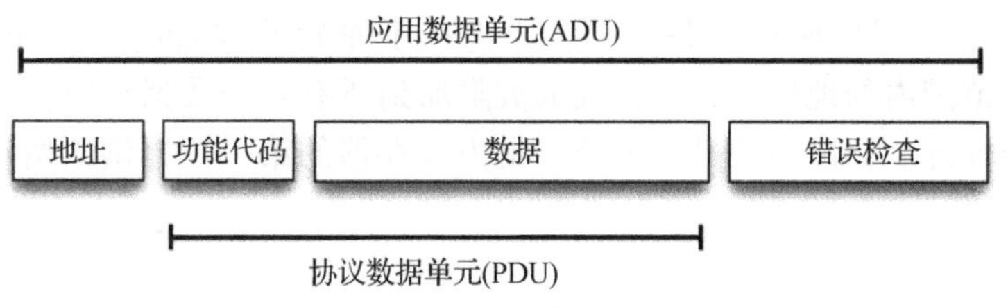

图 6.2　Modbus 通用帧格式

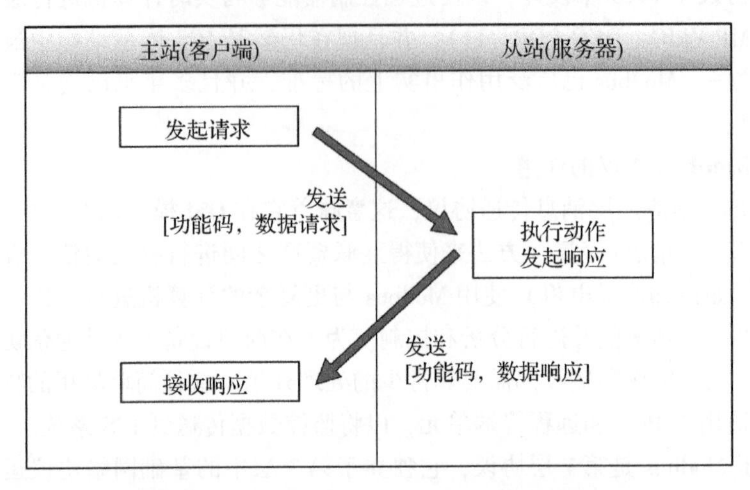

图 6.3 Modbus 协议交互流程（无错误情况）

Modbus 可以在 RS－232C（点对点）或 RS－485（多点）物理层上实现。在单个 RS－485 串行链路上最多可以实现 32 个设备，要求为通过 Modbus 通信的每个设备分配一个唯一的地址。将命令发送到特定的 Modbus 地址，并且当其他设备可以接收该消息时，只有被寻址的设备会响应。使用 RS－232C 的实现相对容易调试；不过，RS－485 的实现方式有很多变化（两线、四线、接地等），所以在使用来自许多不同供应商的设备时，对多路接入点进行调试有时也非常具有挑战性。

一次通信“事务”开始于请求 PDU 内初始功能代码和数据请求的传输。接收设备以两种方式之一进行响应。如果没有错误，它将在响应 PDU 中以功能代码和数据进行响应。如果有错误，它将在 Modbus 异常响应中以异常功能代码和异常代码进行响应。

如表 6.1 所示，Modbus 包含 4 种数据类型表示。处理每种数据类型的方法是特定设备操作，虽然某些协议为所有数据类型提供了统一的操作方法，但是很多协议中每种数据类型都有特定的操作方法。为了理解设备的数据模型，需要仔细阅读设备文档，原因在于原始的 Modbus 定义仅适用于 0～9999 范围内的地址。此后，规范被附加到所有 4 个数据表中，允许最多 65536 个地址。标准中的另一个警告是为寄存器的第一位提供原始定义，以标识数据表。

表6.1 Modbus数据表

数据表	数据类型	访问性	数据提供方	寄存器范围（0~9999）	寄存器范围（0~65535）
离散输入	一位	只读	物理I/O	00001~09999	000001~065535
线圈	一位	读写	应用	10001~19999	100001~165535
输入寄存器	16位字符	只读	物理I/O	30001~39999	300001~365535
保持寄存器	16位字符	只读	读写寄存器	40001~49999	400001~465535

Modbus中使用的功能代码分为三类，为设备供应商提供了在设备中实现协议操作的灵活性。01~64、73~99和111~127范围内的功能代码定义为“公共”，并且已通过Modbus-IDA社区进行了验证，确保是唯一的。有部分功能代码尚未完全实现，可以在以后继续定义代码。提供范围在65~72和100~110的“用户定义”功能代码，允许特定的供应商实现适合其特定设备和应用程序的功能。这些代码不保证唯一，并且不受标准支持。表示“保留”功能的代码类别，一些公司将其用于旧产品，但不适用于一般公众。这些保留的代码包括8、9、10、13、14、41、42、90、91、125、126和127。

功能代码和数据请求可用于执行各种命令。Modbus命令的一些示例包括以下内容。

（1）读取单个寄存器的值。

（2）将值写入单个寄存器。

（3）从一组寄存器中读取一组值。

（4）将值块写入一组寄存器。

（5）读文件。

（6）写文件。

（7）获取设备诊断数据。

3. Modbus协议变体

Modbus的普及导致了多种变体的发展，以满足特定的需求。其中包括Modbus RTU和Modbus ASCII，分别支持通过串行总线的二进制和ASCII传输。Modbus TCP是Modbus的变体，主要用于在IP现代网络上运行。Modbus Plus也是一种变体，旨在使用令牌传递技术通过互联的总线扩展Modbus的覆盖范围[5]。

4. Modbus RTU和Modbus ASCII

Modbus的这些类似变体用于异步串行通信，并且它们是基于原始规范中最简单的变体。Modbus RTU（图6.4）使用二进制数据表示，而Modbus ASCII（图6.5）在通过串行链路传输时使用ASCII字符表示数据。Modbus RTU是更常见的版本，相比Modbus ASCII，它提供了更紧凑的帧。Modbus ASCII将数据表示成编码为ASCII的十六进制值，每个数据字节需要两个字符（ASCII PDU的大小是RTU PDU的两倍）。这两种协议变体都使用应用数据单元（Application Data Unit，ADU）内携带的简单消息格式（图6.2），包括地址、功能代码、数据有效载荷和校验和，以确保正确接收消息。

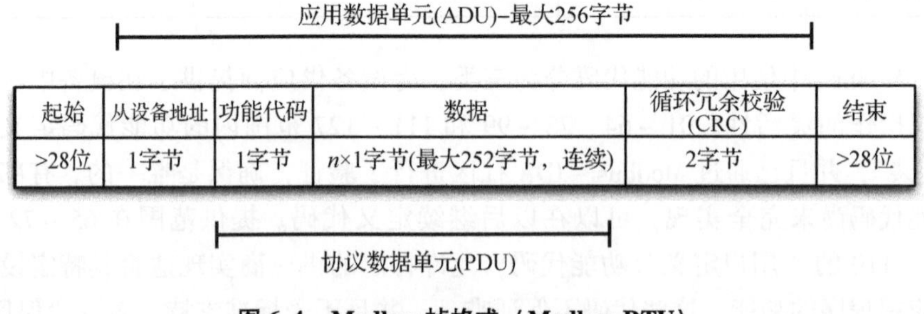

图6.4　Modbus帧格式（Modbus RTU）

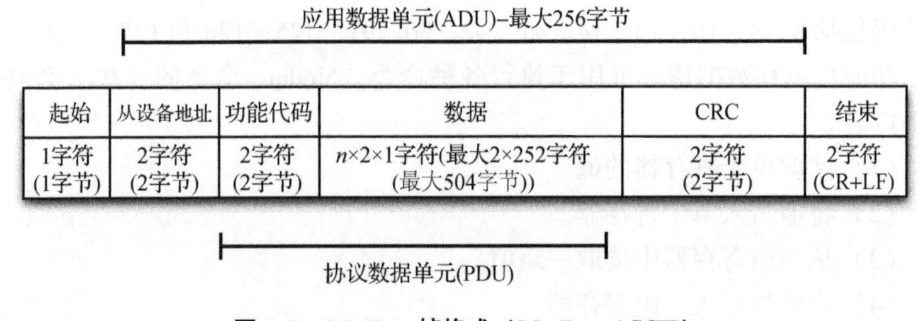

图6.5　Modbus帧格式（Modbus ASCII）

5. Modbus TCP

Modbus也可以使用两种形式通过TCP在以太网上传输。基本形式采用原始的Modbus RTU ADU（图6.4），并应用Modbus应用协议（Modbus Application Protocol，MBAP）报头创建一个新帧（图6.6），该帧向下通过通信堆栈的其余各层，并添加适当的帧头（图6.7），然后再放置在以太网上。这个新框架包括所有原始错误检查和寻址信息。这种协议形式在包含Modbus RTU串行接口并连接到“设备服务器”的旧设备中非常常见，该设备将这些信息放置在工业网络上，由类似的“设备服务器”接收，并将其转换回串行RTU形式。

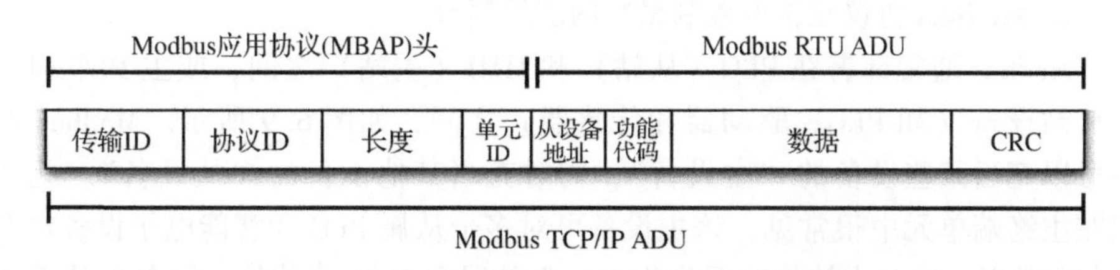

图 6.6 Modbus 帧格式（TCP/IP 上的 Modbus）

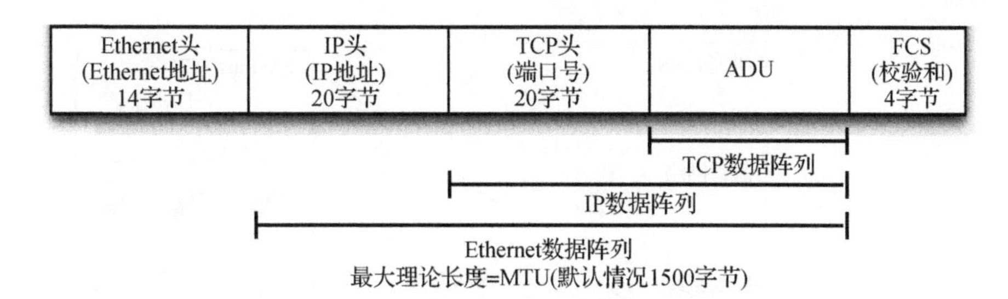

图 6.7 带有附加接头的 Modbus ADU

Modbus TCP 是更常见的形式，它使用 TCP 作为 IP 上的传输协议，通过现代可路由网络发送命令和消息。Modbus/TCP 删除了旧地址和错误检查，仅将 Modbus PDU 和 MBAP 报头一起放置到新帧中（图 6.8）。“单元 ID” 用作新的网络设备地址，并且是 MBAP 报头的一部分。错误检查作为复合以太网帧的一部分执行。

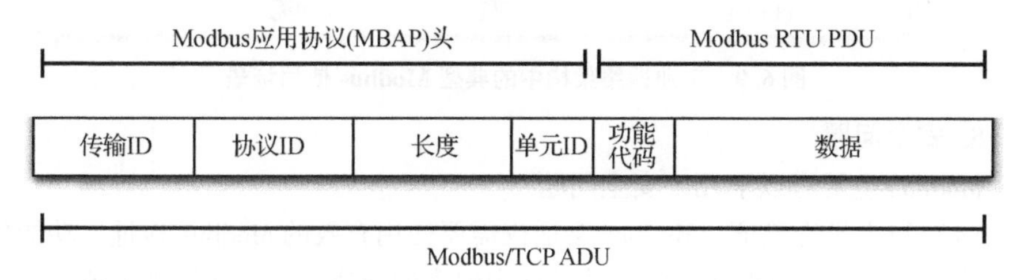

图 6.8 Modbus 帧格式（Modbus/TCP）

6. Modbus Plus（Modbus +）

Modbus Plus 实际上并不是基本 Modbus 协议的变体，而是一种不同的协议，它利用令牌传递机制，通过 RS－485 串行通信链路以单线（非冗余）和双线电缆传输方式，速率可高达 1Mbit/s。该网络提供将数据广播到所有节点的功能，并允许将“网桥”添加到网络中，以创建分段式 Modbus 网络，每个网络可包含多达 64 个可寻址节点。这样就可以创建非常大的 Modbus 网络。Modbus + 仍然是施耐德电气公司的专有协议[6]。

7. Modbus 协议在工业控制系统的应用领域

Modbus 通常部署在 PLC（从站）和 HMI（主站）之间，或主 PLC 和几个从站设备（如 PLC、驱动器和传感器）之间，如图 6.9 所示。Modbus 设备可以充当某些设备的“主设备”，同时充当其他设备的“从设备”。此功能在主终端单元中很常见，该主设备可对多个从属 PLC 和智能电子设备轮询来获取数据，同时支持将数据作为 ICS 服务器和 HMI 等其他主设备的从设备请求。

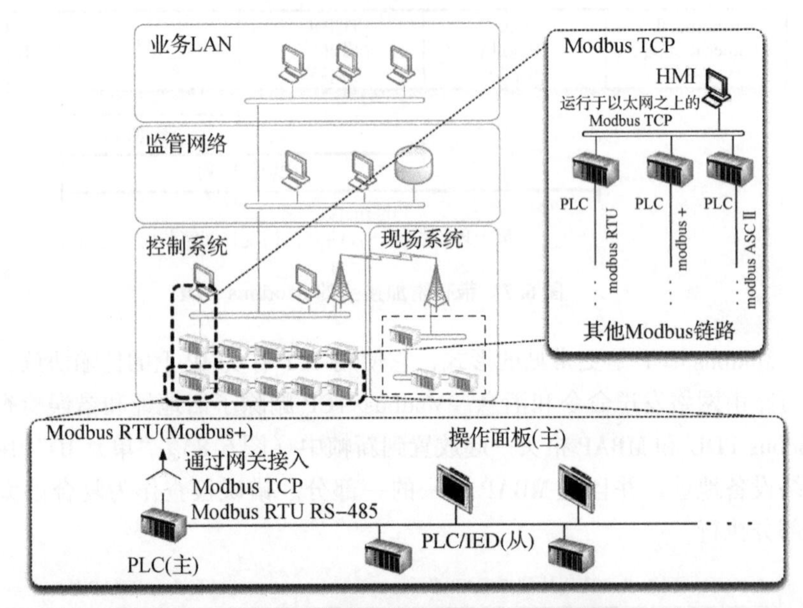

图 6.9 工业网络架构中的典型 Modbus 使用场景

8. 安全问题

Modbus 主要有以下几个安全问题。

(1) 缺少身份验证。Modbus 会话仅需要使用有效的 Modbus 地址、功能代码和关联的数据。数据必须包含从设备中包含的合法寄存器或线圈的值，否则该消息将被拒绝。这需要目标的其他信息才能提供有效的消息。不过，这可以从网络流量分析或设备配置中获得。Modbus 支持其他功能代码，这些功能代码可以在不了解目标的情况下使用（如功能代码 43）。没有来自合法设备的验证消息，从而允许进行简单的中间人（Man - in - the - Middle，MitM）和重放式攻击。

(2) 缺乏加密。命令和地址以明文形式传输，由于缺乏加密，很容易被捕获、欺骗或重放。Modbus 设备之间通信的网络数据包捕获也可以公开与设备的配置和使用有关的重要信息。

（3）缺少消息校验和（仅适用于 Modbus/TCP）。校验和是在传输层而不是应用层生成的，因此通过使用所需参数构建 Modbus/TCP ADU，就可以很容易伪造命令。

（4）缺少广播抑制（串行 Modbus 变体仅在多点拓扑中使用）。所有串行连接的设备都将接收所有消息，这意味着可以使用未知地址的广播对串行连接的设备链路进行有效的拒绝服务（DoS）攻击。

9. 安全建议

与许多工业控制协议一样，Modbus 仅应使用预期的功能代码用于在已知设备组之间进行通信。这样，可以通过建立清晰的网络区域，并为可接受的行为设定基准，以便轻松地对其进行监视。然后，可以利用此基线行为，通过提供协议检查和过滤功能的设备（如具有深度包检查功能的工业防火墙）在进入区域的通道上建立访问控制。在网络级别上，也可以创建正常行为模式的指纹，在串联和带外设备上实现网络白名单。有关创建白名单的更多信息，将在第 11 章“异常与威胁检测”中详细阐述。

以下是一些应关注的 Modbus 消息的特定示例：

（1）大小或长度错误的 Modbus TCP 数据包。

（2）强制从设备进入“仅收听”模式的功能代码。

（3）重新启动通信的功能代码。

（4）清除、擦除或重置诊断信息的功能代码，如计数器和诊断寄存器。

（5）请求有关 Modbus 服务器、PLC 配置或其他设备特定的需要了解信息的功能代码。

（6）在不是 Modbus 或在格式错误的协议上使用 Modbus TCP 的 502 端口。

（7）异常 PDU 中的任何消息（任何异常代码）。

（8）从服务器到许多从站的 Modbus 流量（潜在的 DoS）。

（9）Modbus 请求定义点列表及其值（配置扫描）。

（10）列出所有可用功能代码的命令（功能扫描）。

可以将具有 ICS 预警的入侵防护系统配置为使用 Modbus 签名来监视这些活动，如由 Digital Bond 公司在 QuickDraw 项目中开发和分发的 Modbus 签名。在更关键的区域，可能需要应用感知防火墙、工业协议过滤器或应用程序数据监视器来验证 Modbus 会话，同时确保 Modbus 未被“劫持”并用于秘密通信、命令和控制（如未更改 TCP 502 端口上的 IP 会话，以便将其他通信通道隐藏在正常的 Modbus 通信中）。该设备还可用于将传递到区域中的功能代码限制为仅允许正常操作的功能代码。第 9 章“建立安全区域与通道”中对此进行了详细阐述。图 6.10 说明了将通道上的应用层防火墙配置为使用 Modbus/TCP

和 Ethernet/IP 协议（图 6.1），将 4 个 HMI、1 个 EWS 和 2 个 PLC 隔开的工厂区域的配置示例。

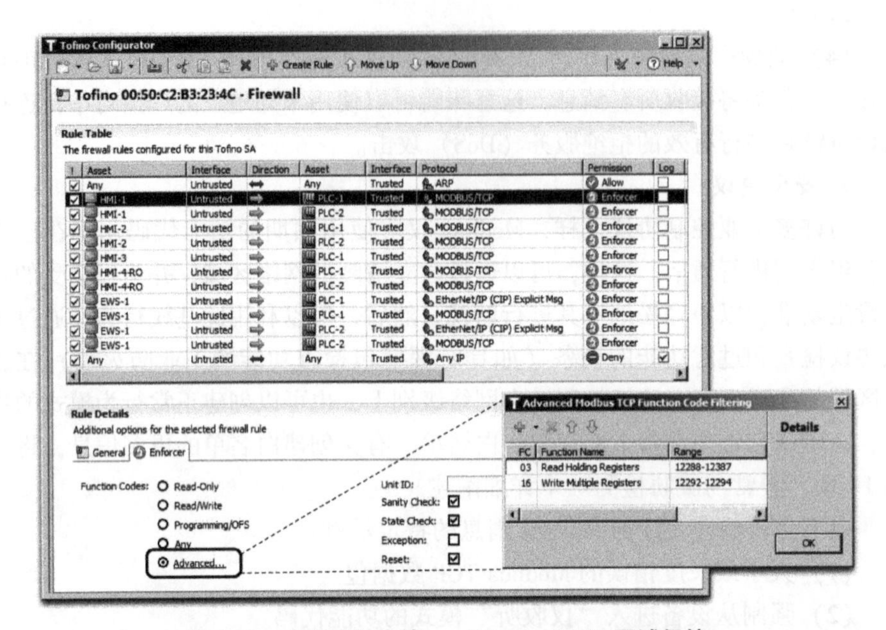

图 6.10　应用程防火墙——Modbus/TCP 区域保护

6.2.2　分布式网络协议

分布式网络协议最开始也是一个类似于 Modbus 的串行协议，设计用于“主站”或“控制站”与名为“子站”的从站设备之间通信。它还通常用于将配置为“主站”的 RTU 连接到变电站中的 IED“站”。本章稍后介绍的 ICCP 通常用于主站之间的通信。DNP3 最初是在 1990 年由 Westronic（现为加拿大 GE - Harris）引入的，并且是基于 IEC 60870 - 5 标准的早期草案。该协议的主要目的是在电力工业常见环境中提供可靠通信，包括较高级别的电磁干扰和较差的传输介质（当时基于模拟电话线）。1998 年，DNP3 通过封装在 TCP 或 UDP 数据包中而趋向于通过 IP 网络工作，现在不仅广泛用于电力行业，而且还广泛用于石油和天然气[7]、水和废水处理行业。一些行业从 Modbus 迁移到 DNP3 的主要原因在于 DNP3 的很多特性适用于这些行业的需求，如异常报告、数据质量指标、带时间戳的数据（包括事件顺序）和两次通过的“操作前选择”功能[8]。包括欧洲在内的其他市场也采用了经审定的 IEC 60870 - 5 协议版本。尽管 DNP3 基于 IEC 60870 - 5，但两者之间确实存在差异。

注意：

入侵防御系统能够通过丢弃数据包或重置TCP连接来主动阻止可疑流量。不过，需要经过认真对待和调整后，才应将部署在工业网络上的入侵防御系统配置为阻止流量。除非你确信给定的签名不会无意中阻止合法的控制命令，否则应将签名设置为警报，而不是阻止（即以“检测”模式而不是“阻断”模式运行）。

DNP3的一个显著特性是非常可靠，同时又保持高效并且非常适合实时数据传输。它还利用了几种标准化的数据格式，并支持带时间戳（和时间同步）的数据，从而使实时传输更加有效、更加可靠。之所以将DNP3视为高度可靠的另一个原因是其经常使用循环冗余校验（Cyclical Redundancy Check，CRC），一个DNP3帧最多可以包含17个CRC：报头中有1个，每个有效负载数据块中也都有1个（请参见“DNP3协议工作机理”）。DNP3还提供可选的链路层确认，以进一步确保可靠性，并且特别要注意DNP3的变体也支持链路层认证。所有这些都是在链路层框架内完成的，这意味着如果将DNP3封装为通过以太网进行传输，则也可以应用其他网络层检查。

与Modbus和ICCP不同，DNP3是双向的（支持从主站到从站以及从站到主站的通信），并且支持基于异常的报告。因此，DNP3外站可能会主动发起响应，以便将正常轮询间隔之外的事件（如警报条件）通知主站。

1. DNP3协议的作用

与其他工业协议一样，DNP3主要用于在控制系统设备之间发送和接收消息，在单独使用DNP3的情况下，也具有很高的可靠性。如果各种CRC都有效，则可以处理数据的有效载荷。有效载荷非常灵活，可用于简单地传输信息读数，也可以用于发送控制功能，甚至直接发送二进制或模拟数据，用于与设备（如RTU和IED）直接交互。

链路层帧报头和数据有效载荷都包含CRC，在数据载荷中，每16字节数据包含2字节CRC校验。这样可以高度确保检测到所有的通信错误。如果检测到任何错误，DNP3将重新发送故障帧。除帧完整性外，还存在物理层完整性问题。不过，仍然可能有某些形成并传输的帧不会到达其目的地。DNP3使用附加的链路层保护来克服此风险。启用链路层保护后，DNP3帧的发送器（源）请求接收器（目的地）确认帧的成功接收。如果未收到请求的确认，则链路层将重新发送该帧。该确认是可选的，尽管增加了可靠性，但同时也增加了直接影响协议效率的开销。在实时环境中，这种增加的开销可能并不合适[9]。

一旦需要（如果要求）确认的数据帧成功到达，就对该帧进行处理。每个帧由一个多字段分报头和一个数据有效载荷组成。报头意义重大，包含定义明确的功能代码，可以告诉接收方是否应该确认、读取、写入、选择特定点、操作一个点（启动对点的更改）、直接操作一个点（即可以在一个命令中选择和更改一个点），也可以不经确认直接操作一个点[10]。

当考虑DNP3帧的数据有效载荷支持模拟数据、二进制数据、文件、计数器和其他类型的数据对象时，这些功能特别强大。在较高级别上，DNP3支持两种数据，分别称为0类或静态数据（表示静态值的数据）和事件数据（表示更改的数据，如警报条件）。事件数据的优先级从1级（最高）到3级（最低）。静态数据与事件数据的区别以及事件数据的分类，使得DNP3可以经过允许更频繁地轮询优先级较高的信息（如启用或禁用数据类型的未经请求的响应）来更有效地运行。数据本身可以是二进制、模拟输入或输出，也可以是特定的控制输出[11]。

2. DNP3协议工作机理

DNP3提供了一种识别远程设备参数的方法，然后使用与事件数据类1～3对应的消息缓冲区的方法，以识别传入消息并将它们与已知点数据进行比较。通过这种方式，主站仅需要检索由于外站上的点更改或更改事件而产生的新信息。

初始通信通常是从主站到从站的0类请求，用于将所有点值读入主站的数据库。随后的通信通常是来自主站对特定数据类的直接轮询请求、来自从站的针对特定数据类的未经请求的响应、从主站到从站的控制/配置请求或者是后续的周期性0类轮询。当从站状态发生变化时，将为适当的数据类设置标记。后续主站只能轮询那些要报告新信息的从站。

上述DNP3的通信机制与持续不断的数据轮询有很大的不同，这也直接导致更好的响应能力和更有效的数据交换。在更改事件和成功的轮询/请求序列之间的时间是可变的，因此若不采用实时轮询机制就需要采用时间同步措施。这意味着所有响应都带有时间戳，以便可以按正确的顺序重构轮询之间的事件。

通信是由主站向从站发起的，或者是从站到主站的未经请求的响应（警报），如图6.11所示。DNP3支持双向操作和未经请求的响应，如图6.12所示，因此每个帧都需要一个源地址和一个目的地址，以便接收方设备知道要处理的消息以及返回响应的设备。添加源地址确实会增加一些开销。请记住，对于纯主/从协议，始发设备始终是主设备，因此不需要源地址，从而使得这种开销提供了大幅可伸缩性和增加功能的收益。DNP3中有多达65520个单独的设备地址可用，并且它们中的任何一个都可以启动通信。一个地址对应一个设备（每个DNP3设备都需要一个唯一的地址），不过需要注意有一些特殊保留的DNP3地址，其中包括一个用于广播消息的地址（所有连接的DNP3设备都将接收和处理该地址的消息）[12]。

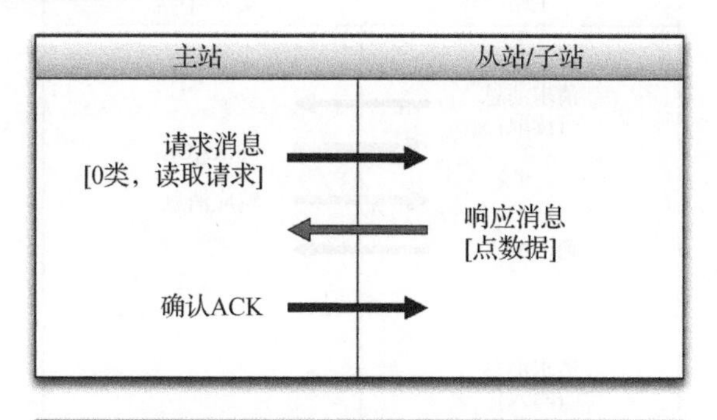

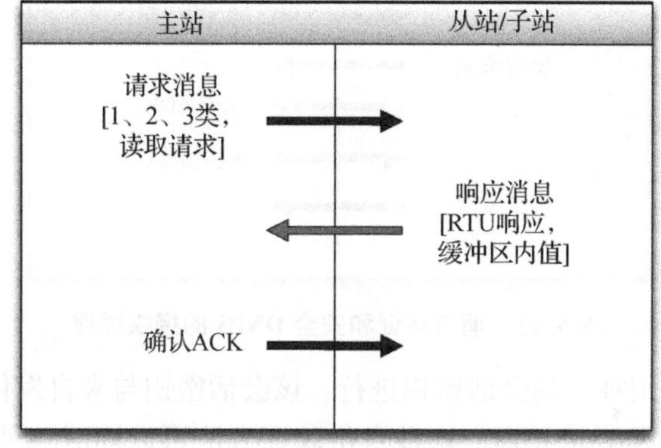

图6.11 DNP3协议工作流程

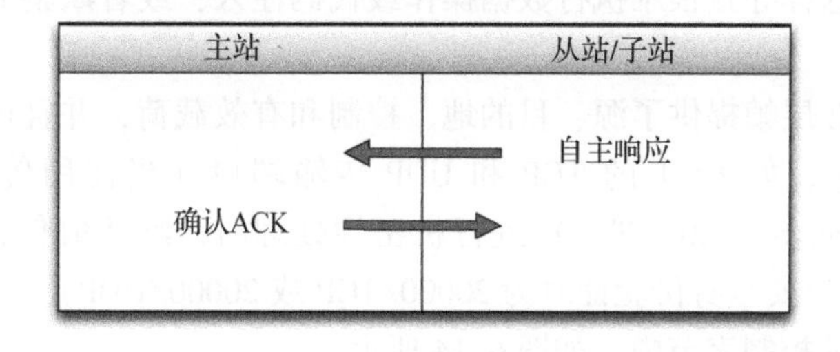

图6.12 DNP3协议工作流程：非请求响应下的远程告警报文

3. 安全的DNP3协议

安全的DNP3协议是DNP3的变体，它向响应/请求过程添加了身份验证，如图6.13所示。身份验证中，接收设备充当质询者的角色。在会话启动时（主站启动与从站的DNP3会话时），在预设时间段（默认为20min）后或在“关键”请求（如写入、选择、操作）时，会出现质询条件、直接操作、启动、停止和重新启动等操作。由于 DNP3 的数据类型和功能定义明确，可以知道哪些请求至关重要[13]。

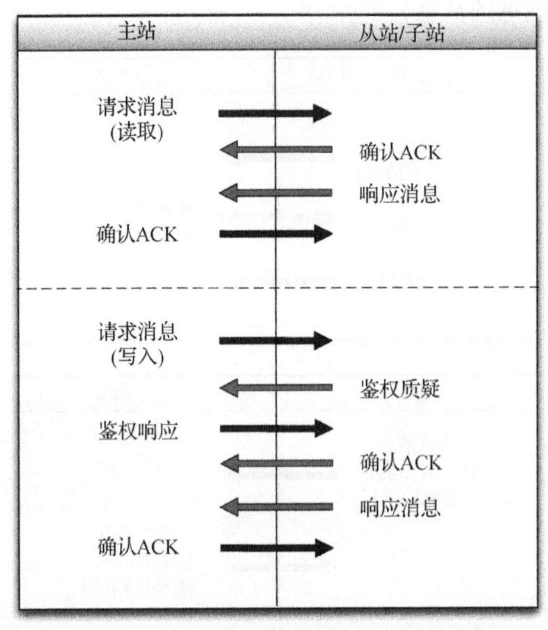

图 6.13　消息认证和安全 DNP3 的授权过程

身份验证使用唯一的会话密钥进行，该会话密钥与来自发件人和质询者的消息数据一起进行哈希处理。这种身份验证方法可以同时验证权限（针对密钥的校验和）、完整性（针对发送有效载荷的校验和）和配对（针对质询消息的校验和）。这样导致很难执行数据操作或代码注入，或者欺骗或以其他方式劫持协议[14]。

DNP3 第 2 层帧提供了源、目的地、控制和有效载荷，并且可以运行在各种应用层之上，如 IP 上的 TCP 和 UDP 传输端口（当使用传输层安全性（Transport Layer Security，TLS）进行机密性处理时，默认值包括 19999/TCP 和仅使用应用层安全身份验证时为 20000/TCP 或 20000/UDP）。功能代码位于 DNP3 帧头中的控制字节内，如图 6.14 所示。

4. DNP3 协议在工控系统的应用领域

DNP3 主要用于主控站和远程站的 RTU 之间，如图 6.15 所示。传输介质可以包括无线和有线（拨号上网）。DNP3 还广泛用于互联 RTU 和 IED。像 Modbus 协议那样，DNP3 可以在整个典型 ICS 架构的许多应用中使用。不过与 Modbus 协议不同的是，DNP3 除了支持线性点对点和串行点对多点拓扑，还非常适合分层和聚合的点对多点拓扑[15]。

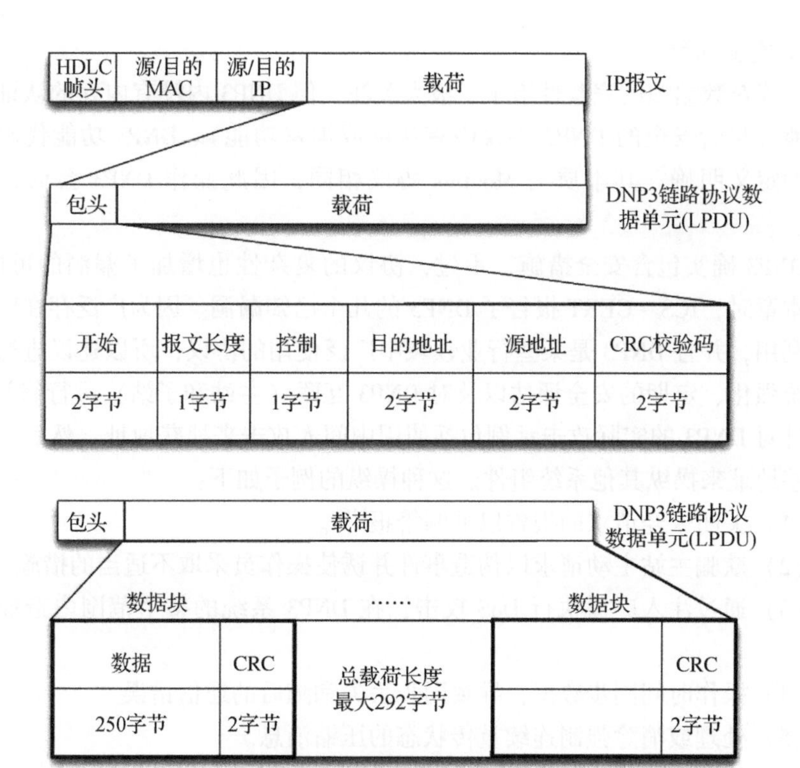

图 6.14　DNP3 协议帧格式

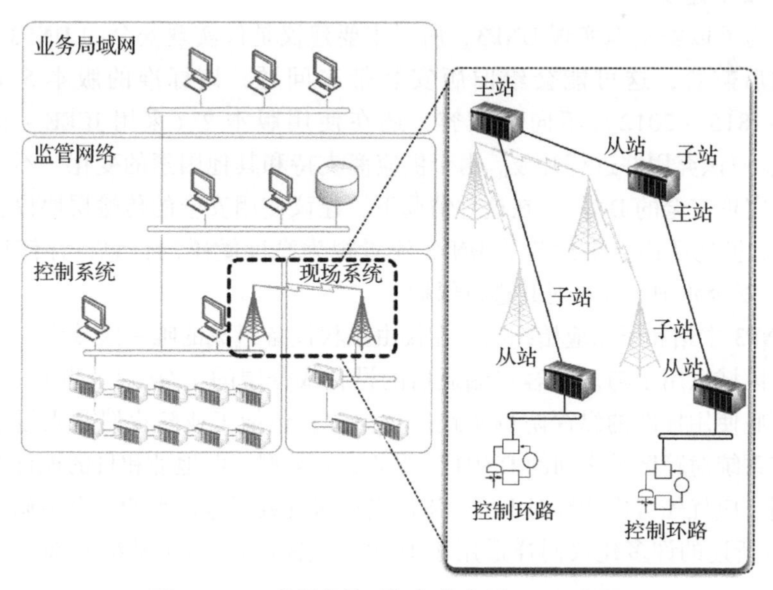

图 6.15　工业网络体系框架的典型 DNP3 部署

5. 安全问题

尽管对数据帧的完整性给予了极大关注，但 DNP3 内没有内存的认证或加密功能（尽管安全的 DNP3 协议内有认证或加密功能）。DNP3 功能代码和数据类型定义明确，其本质与 Modbus 协议相同，因此操作 DNP3 会话也相对容易。

DNP3 确实包含安全措施，不过，协议的复杂性也增加了漏洞的可能性。撰写本章时，ICS - CERT 报告了 DNP3 的几个已知漏洞。因为广泛存在已知的漏洞利用，并且 DNP3 是某些行业领域中广泛使用的协议，所以建议进行适当的系统强化、定期的安全评估以及对 DNP3 互联（主站和子站）进行修补。

针对 DNP3 的实际攻击示例包括使用中间人攻击来捕获地址，然后可以使用这些地址来操纵其他系统组件。这种操纵的例子如下：

（1）关闭未经请求的报告以抑制警报[16]。

（2）欺骗主站主动请求以伪造事件并诱使操作员采取不适当的措施。

（3）通过注入广播执行 DoS 攻击，在 DNP3 系统的整个范围内造成风暴行为。

（4）操作时间同步数据，导致同步丢失和随后的通信错误。

（5）处理或消除强制连续重传状态的压缩消息。

（6）发布未经授权的停止、重新启动或其他可能中断操作的功能。

6. 安全建议

因为可以安全地实现 DNP3，所以主要建议是仅实现安全的 DNP3 协议。由于向后兼容，这可能会给旧版安装带来问题，该标准的版本 5（采用 IEEE - 1815 - 2012）不向下兼容，还在使用版本 2（采用 IEEE - 1815 - 2010），应该弃用并进行升级。由于供应商支持和其他因素的变化，不一定总是可以实现安全的 DNP3。在这种情况下，建议使用安全的传输层协议，如使用 TLS。换句话说，将封装的 DNP3 流量视为高度敏感的信息，并使用各种 TCP/IP 安全防护手段来对其进行保护。

DNP3 主站和子站应始终隔离在仅由授权设备组成的唯一区域中（可以定义多个区域以用于与多个客户端通信的设备或分层的主/从对节点），并且区域应彻底使用标准的纵深防御实践进行保护，包括工业防火墙和入侵保护系统，该系统对跨区域之间的 DNP3 链路的交互类型、源地址和目的地址进行严格控制。应优先考虑能够对 DNP3 流量进行深度数据包检查的安全措施。针对 Modbus 所述的许多建议同样适用于 DNP3，包括创建网络基准和部署网络白名单。

通过监视 DNP3 会话并查找特定的功能代码和行为，可以检测到许多威胁，包括以下几项。

（1）在DNP3端口（19999/TCP、20000/TCP、20000/UDP）上使用任何非DNP3通信。

（2）使用配置功能代码23（禁用未经请求的响应）。

（3）使用控制功能代码4、5或6（操作、直接操作和不带确认的直接操作）。

（4）使用应用程序控制功能18（停止应用程序）。

（5）一段时间内出现多个未经请求的响应（响应风暴）。

（6）任何未经授权尝试执行需要身份验证的操作。

（7）任何身份验证失败。

（8）任何源自或发往未明确标识为DNP3主站或子站设备的DNP3通信。

与其他工业协议一样，可以将具有ICS威胁感知的入侵防护系统配置为使用DNP3签名（如由Digital Bond公司在QuickDraw SCADA IDS项目下开发和分发的签名）监视这些活动。可能还需要一个应用感知防火墙或应用程序数据监视器来验证DNP3会话。

注意：

入侵防御系统能够通过丢弃数据包或重置TCP连接主动阻止可疑流量。不过，仅在经过认真对待和调整后，才应将部署在工业网络上的入侵防御系统配置为阻止流量。除非确信给定的签名不会无意中阻止合法的控制命令，否则应将签名设置为警报，而不是阻止（即以“检测”模式而不是更为激进的“阻止”模式运行）。

6.2.3 过程现场总线协议

PROFIBUS（PROcess FIeldBUS）是一种现场总线协议，最初由德国的21家公司和机构于1980年末开发，这些公司和机构称为中央电气工业协会（Central Association for the Electrial Industry，ZVEI）。ZVEI发布了他们的第一个协议规范，称为PROFIBUS现场总线消息规范（Fieldbus Message Specification，FMS），其主要目的是允许PLC与主机进行通信。人们发现该协议太过复杂而无法在过程控制应用中实施，在1993年又发布了PROFIBUS分布式外围设备（Decentralized Periphery，DP）规范，以简化配置并加快消息传递速度。1989年，成立了PROFIBUS用户组织（PROFIBUS Nutzer - Organisation，PNO）以维护规范，确保设备合规性和认证。1995年，成立了一个更大的用户社区，称为PROFIBUS国际组织（PROFIBUS International，PI），以在全球范围内继续推动PROFIBUS的发展。

PROFIBUS 有几种特殊的变体，包括 PROFIBUS PA（用于过程自动化的仪表）、PROFIsafe（用于安全应用）和 PROFIdrive（用于高速驱动器应用）。部署最广泛的变体是 PROFIBUS DP，它本身具有 PROFIBUS DP－V0、DP－V1 和 DP－V2 三个变体，每个变体都表示协议中功能的较小发展。还有三个用于 PROFIBUS 通信的配置文件：异步、同步和使用以太网类型 0x8892 的以太网通信协议。以太网上的 PROFIBUS 也称为 PROFINET[17]，将作为协议类别（称为“工业以太网”）的一部分进行单独介绍。

PROFIBUS 是一种主从协议，通过使用令牌共享来支持多个主节点。当主节点控制令牌时，它可以与其从节点进行通信（每个从节点都配置为对单个主节点做出响应）。图 6.16 说明了这种基于令牌的主从拓扑的工作方式。在 PROFIBUS DP－V2 中，从节点可以在某些情况下启动与主节点或其他从节点的通信。主 PROFIBUS 节点通常是 PLC 或 RTU，而从属节点是传感器、电动机或其他控制系统设备。

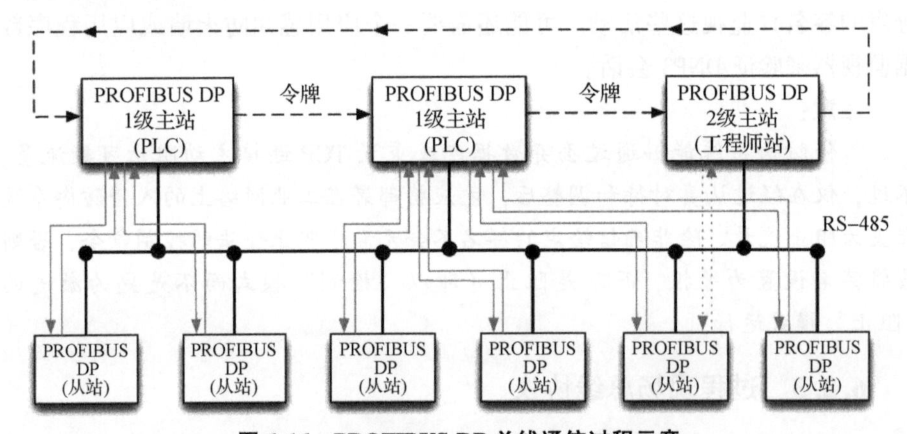

图 6.16　PROFIBUS DP 总线通信过程示意

PROFIBUS DP 支持几种不同的物理层部署，其中最常见的是 RS－485。现有的 RS－485 规范已扩展为允许使用两根线以最高 12Mbit/s 的速度运行 PROFIBUS。开发过程自动化（Proces Automation，PA）规范是为了以类似于基金会现场总线的方式满足工业现场设备的独特需求。总线部署必须支持与通常安装在爆炸性气体和粉尘的多危险区域中设备的布线和通信。一种称为“本质安全”的概念，用来将这些通信线路上的可用功率限制在低于点燃粉尘或气体所必需的水平上。在这种严苛的使用环境下，为了能在单对电线上提供有限级别的设备电源和通信，可通过使用曼彻斯特编码、总线功率限制和本质安全（Manchesterencoded，Bus－Powered，Intrinsically Safe，MBP－IS）的物理层来满足这一要求。

1. 安全问题

PROFIBUS 许多功能缺乏内在的身份验证，使得欺骗节点可以模仿主节点，从而对所有配置的从站进行控制。受损的主节点或被欺骗的主节点也可以用于捕获令牌、注入虚假令牌或破坏协议功能，从而导致拒绝服务。流氓主节点可能会更改与从设备的时钟同步，侦听查询响应（跨所有主设备），甚至将代码注入从节点中。重要的是要记住，PROFIBUS DP 利用主站和从站之间的串行连接，因此所提到的安全问题需要获得 DP 网络的物理访问权限。这意味着 DP 网络通常不容易受到基于工业网络的攻击。不过，主设备通常连接到以太网，因此与其他任何通过以太网连接的设备一样，不可避免地会受到来自授权网络的攻击。以太网上的 PROFIBUS（PROFINET）是一种实时以太网协议，因此，它容易受到以太网所有脆弱性的影响。当通过 IP 使用时，它也容易受到 IP 所有脆弱性的影响。

注意：

Stuxnet（请参阅第3章“工业网络安全发展历史与趋势”）是 PROFIBUS 利用的一个示例。通过对工程师工作站或 HMI 的初始网络攻击，Stuxnet 破坏了 PLC（充当 PROFIBUS DP 主节点的 PROFINET 设备）。然后，它监视 PROFIBUS DP 网络，并查找与频率控制器（PROFIBUS DP 从站节点）相关的特定行为。一旦检测到所需条件，Stuxnet 将向相关的从属节点发出命令，以通过更改机械设备的运行参数（离心机的速度）来破坏机械设备（用于富集铀的离心机）。

2. 安全建议

PROFIBUS DP 是使用拓扑的自然分段串行网络，该拓扑通常包含在较小的地理区域内，如工厂或制造过程的一部分。如果获得未经授权的物理访问，则网络和连接的设备很容易受到攻击。就本书而言，可以通过本地访问执行的威胁事件相对容易，并且可以严重破坏 ICS 的运行，因此必须始终提供物理安全性，这超出了本书的讨论范围。

6.2.4 工业以太网协议

工业以太网是一个术语，用于参考 IEEE 802.3 以太网标准对实时工业自动化应用的适应性。这些扩展的主要目标之一是向更加“同步”的通信机制发展，以防止数据冲突，并最大限度地减少“异步”通信（如标准以太网）固有的抖动。这将使该技术能够用于与时间有关的关键应用中，如安全和工业运动控制。在 1Gbps 交换网络随时可用的时代，这个概念可能看起来很抽象；不过，当进入工业领域时，相关协议必须适用于不具备这些现代 IT 网络容量的“轻量级”和简单设备，而且还必须适用于在工厂车间部署的网络拓扑，这些网络更适合使用总线式或集群式拓扑（如汽车网络）。

工业以太网还通过增强型布线、连接器和旨在满足工业应用环境的硬件等措施，提供物理增强功能，以“强化”标准以太网技术的原有等级性质。工业以太网解决的问题包括电磁干扰、振动、扩展的温度和湿度（高和低）、电源要求及支持实时性能的扩展（低延迟、低抖动、最小数据包丢失）[18]。

工业以太网有大约30个不同的变体[19]。不过，出于本书的目的，我们将重点关注5个典型协议，包括Ethernet/IP、PROFINET、EtherCAT、Ethernet POWERLINK和SERCOS Ⅲ。这5个协议不仅在全球工业界（如市场领导者）中得到广泛认可和部署，而且还引入了有关工业网络安全性的新概念和关注点。IMS和ARC进行的研究表明，工业环境的所有以太网部署中约有75%使用Ethernet/IP、PROFINET或Modbus/TCP（已经讨论过），紧随其后的两种领先技术是基于POWERLINK和EtherCAT[20]。图6.17说明了这些协议技术架构之间的比较。

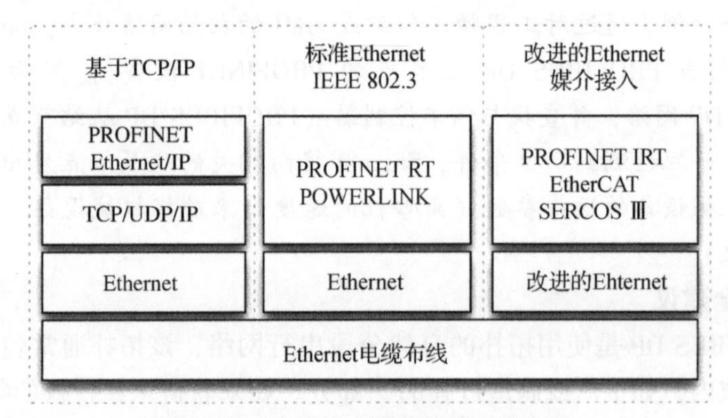

图6.17　实时以太网协议的实现方法

6.2.5　Ethernet/IP协议

为了理解Ethernet/IP协议实现的多功能性和应用场景，了解CIP是非常重要的。CIP最初称为“控制和信息协议”，是通过开放设备供应商协会（Open Device Vendors Association，ODVA）管理的公开协议。CIP是一种应用层协议，提供了一组一致的消息和服务，可以使用不同的网络和链路层技术以各种方式实现这些信息和服务，所有这些都支持互操作性。这些变体包括Ethernet/IP（以太网上的CIP）、DeviceNet（CAN上的CIP）、CompoNet和ControlNet（CTDMA上的CIP），其扩展包括安全性（CIP安全）、运动控制（CIP运动）和同步（CIP同步）。图6.18展示了针对OSI层的CIP部署模型[21]。

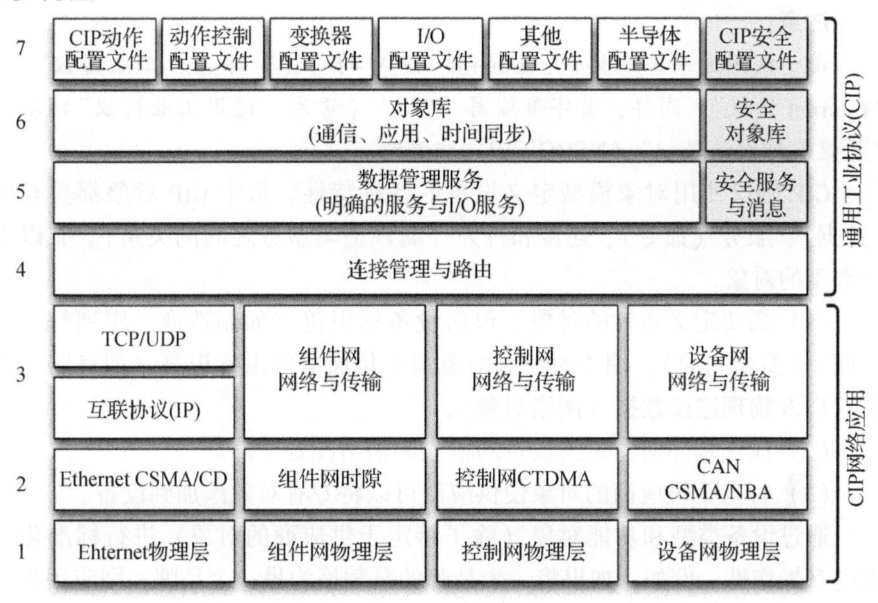

图6.18 通用工业协议概览[54]

注意:

控制器局域网(Controller Area Network,CAN)是由博世(Bosch)公司于1985年开发的总线,1993年被国际标准ISO 11898采用,最初用于车辆网络。这是一种利用干线分接技术,同时提供电源和信号以互联简单设备的低成本网络。

并发时域多路访问(Concurrent Time Domain Multiple Access,CTDMA)提供了以太网中传统的载波侦听多路访问/冲突域(Carrier Sense Multiple Access/Collision Domain,CSMA/CD)的增强功能,以支持时间紧迫的I/O和控制数据的确定性高速通信。该设计允许所有地址通过实施时间片算法来访问网络,该时间片算法可提供“计划内的”和“计划外的”数据传输。

以太网上的Ethernet/IP(EIP)或CIP将标准以太网帧(以太网类型0x80E1)与CIP套件结合使用与节点进行通信。与所有CIP实现一样,EIP支持在单个网络上集成I/O、控制、数据收集和设备配置。对于实时I/O和控制相关数据,EIP使用端口2222/UDP完成称为“隐式消息传递”的无连接UDP多播传输。该机制通过在发送数据的设备与需要数据的设备之间建立“生产者-消费者”关系来优化性能,这是ICS体系结构中的通用通信模型。也可以使用端口48818/TCP上常见的“显式消息传递”服务来单播TCP传输大量数据，这些数据通常与设备配置、诊断和事件信息相关。

注意：

由于使用通用工业协议，Ethernet/IP 中的“IP”源自“工业协议”而非“Internet 协议”。同样，首字母缩写“CIP”（意为“通用工业协议”）不应与“关键基础设施保护”（NERC CIP）相混淆。

CIP 协议使用对象模型定义设备的各种特性。每个 CIP 对象都具有属性（数据）、服务（命令）、连接和行为（属性值与服务之间的关系）。有以下三种类型的对象。

（1）需要定义属性的对象，包括设备标识符（如制造商、序列号、生产日期）（身份对象）、用于对象到对象消息传递的路由标识符（消息路由器对象）以及物理连接数据（网络对象）。

（2）应用程序对象定义设备的输入和输出配置文件。

（3）特定于供应商的对象使供应商可以将专有对象添加到设备。

通过设备类型和功能对象（除了特定于供应商的对象）进行标准化，以促进互操作性。例如，如果将一个品牌的泵替换为另一个品牌，则应用程序对象将保持兼容，从而无须构建自定义驱动程序。CIP 的广泛采用和标准化形成了设备模型的扩展库，该扩展库可以促进互操作性，不过同时也有助于控制网络进行扫描和枚举（请参见第 8 章“风险与脆弱性评估”）。

要求对象提供一组通用且完整的标识值，而应用程序对象则需包含一组通用且完整的服务，以便用于控制、配置和数据收集，其中包括隐式（控制）消息传递和显式（信息）消息传递[22]。

1. 安全问题

Ethernet/IP 是实时以太网协议，很容易受到所有以太网漏洞的影响。通过 UDP 的 EIP 隐式消息传递无须响应，从而没有内在的网络层机制进行可靠性、排序或数据完整性检查。由于其定义了明确的对象模型，CIP 还引入了一些特定的安全问题。

以下问题是 Ethernet/IP 所特有的：

（1）CIP 没有定义任何显式或隐式的安全机制。

（2）使用常见的必需对象进行设备识别有利于设备识别和枚举，从而有助于进行有针对性的攻击。

（3）使用通用应用程序对象进行设备信息交换和控制可以实现更广泛的工业攻击，从而能够操纵各种工业设备。

（4）Ethernet/IP 使用 UDP 和多播流量，两者均缺乏传输控制，当用于实时传输时，便于注入欺骗性流量，或（对于多播流量而言）使用注入的 IGMP

控件操纵传输路径。

2. 安全建议

Ethernet/IP 是使用 TCP 和 UDP 传输的实时以太网协议，有必要在任何 EIP 网络的外围提供基于以太网和 IP 的安全措施。应该考虑将 EIP 设备放置在专用区域中，该专用区域包括能够对 EIP 数据包进行检查并且仅允许区域内执行所需功能的应用层设备。有状态的数据包过滤防火墙可用于将不必要的入站流量（如设备配置）限制到该区域。图 6.19 说明了将管道上的应用层防火墙配置为将 4 个 HMI、1 个 EWS 和 2 个 PLC 分开的 EIP 区域配置。

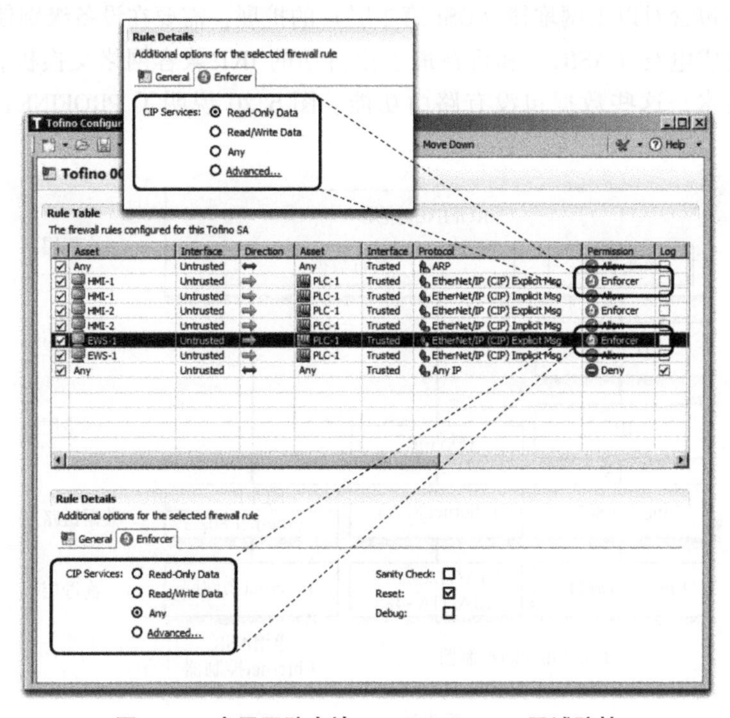

图 6.19　应用层防火墙——Ethernet/IP 区域防护

此外，建议使用被动网络监视来确保 EIP 网络的完整性，确保 EIP 协议仅由明确标识的设备使用，并且没有 EIP 流量来自未经授权的外部来源，这可以使用检测和解释 EIP 的 ICS 感知入侵防御系统或其他网络监视设备来完成。读者可以通过 ODVA 获得其他指导[23]。

6.2.6　PROFINET

PROFINET 是由 PROFIBUS 用户组织（PNO）和西门子开发的开放式标准工业以太网，并已作为针对现场总线通信的 IEC 61158 和 IEC 61784 国际标准的一部分包含在内。PROFINET旨在实现可伸缩性，并且可以在网络规模和网络性能具有一定不确定性条件下进行部署。PROFINET第1版使用标准以太网和TCP/IP数据包，无须对非实时自动化应用和一般集成进行修改。第2版中引入基于软件的实时技术增加了对时间关键型通信的支持，周期时间为5～10ms，并结合了绕过OSI第3层和第4层的优化协议栈，从而将通信限制在单个广播域中没有路由功能。该标准的第3版引入了PROFIBUS实时同步（Isochronous Real Time，IRT），提供小于1ms的周期时间，而在高速运动控制应用中通常具有小于1ms的抖动。PROFIBUS IRT是一种基于硬件的解决方案，其中包含对以太网堆栈（OSI第2层）的扩展，需要在设备级别使用特殊的专用集成电路（ASIC）和旨在最小化抖动的IRT兼容网络交换机。IRT是第2层技术，这些数据包没有路由功能。图6.20说明了PROFINET的不同类别。

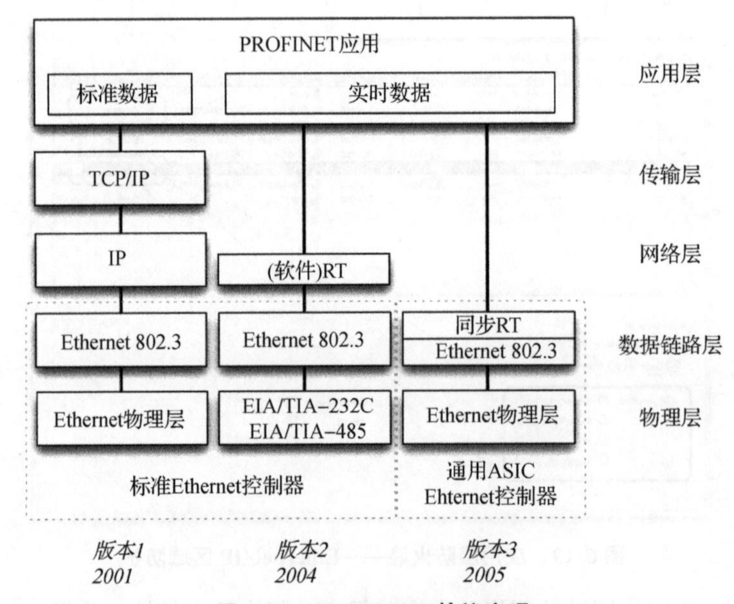

图6.20 PROFINET协议实现

1. 安全问题

PROFINET是实时以太网协议，很容易受到任何以太网的漏洞影响。风险程度在很大程度上取决于所利用的技术，由于较新的设备可以利用专有硬件，与通用TCP/IP实施相比，未经授权的网络访问更具挑战性。当通过IP使用时，它也容易受到任何IP的漏洞影响；不过，PROFINET的实时实现也采用不可路由的网络通信，从而提供了针对远程或相邻网络设备的某种保护。

2. 安全建议

与许多现场总线协议一样，协议固有的缺乏身份验证和脆弱性，要求对总线采取较强的隔离措施。可以通过标准的业务和工业网络进行传输，PROFINET TCP/IP 代表了最大的风险，因此应该严格控制并在信任度较低的业务网络中使用，仅在经过身份验证和加密的网络上使用。无法对包含必须相互通信设备的 PROFINET 网络进行分段（如在 PROFINET 设备之间不支持 VLAN 逻辑分段），因此在部署安全区域和通道时应仔细考虑（请参见第 9 章“建立安全区域与通道”）。应当对以太网络进行监视，包括监视进入 PROFINET 区域的所有通道，以防未经授权或可疑地使用 PROFINET。应该配置防火墙和具备威胁感知的 ICS 入侵防御系统，以明确拒绝区域之外的 PROFINET 流量。读者可以通过 PNO 获得其他指导[24]。

6.2.7 EtherCAT

EtherCAT 是另一种基于以太网的实时工业现场总线协议，归类为“工业以太网”（有关更多信息，请参见 PROFINET 协议）。该协议使用固定的以太网帧类型（0x88A4），在标准以太网上传输 ICS 通信。这些消息既可以直接在以太网帧中传输，也可以使用端口 34980/UDP（0x88A4）封装为 UDP 有效载荷。EtherCAT 通过单个以太网帧传输大量分布式过程数据，最大限度地提高分布式过程数据通信的效率，而每个周期在以太网帧上仅需几个字节，以太网帧的大小可在 46～1500 字节变化。这意味着一个完整的周期仅需要一个或两个以太网帧，周期时间非常短且抖动很低，可以轻松地按照 IEEE 1588 精确时间协议（Precision Time Protocol，PTP）标准的要求进行网络同步任务。EtherCAT 无须任何额外的硬件即可满足 PTP 的要求（在讨论的其他工业协议中则不是这种情况）。从站将帧按顺序传递给其他从站，并附加适当的响应，直到最后一个从站返回完成的响应帧[25]。

1. 安全问题

EtherCAT 是一种实时工业以太网协议，很容易受到任何标准以太网漏洞的影响。基于 UDP 的 EtherCAT 无须响应，因此不存在用于可靠性、排序或数据完整性检查的固有网络层机制。

与许多实时以太网协议一样，EtherCAT 对拒绝服务攻击非常敏感且易受影响。通过将恶意以太网帧插入网络中以干扰时间同步，就很容易破坏 EtherCAT，并且缺乏总线身份验证，因此很容易遭受欺骗和中间人攻击，这要求将 EtherCAT 与其他以太网系统分开。

2. 安全建议

EtherCAT 是一种实时工业以太网协议，有必要在任何 EtherCAT 网络的外围提供基于以太网的安全性。此外，建议使用被动网络监视来确保 EtherCAT 网络的完整性，并且 EtherCAT 协议仅由明确标识的设备使用。来自未经授权的外部来源的 EtherCAT 流量一律不允许通过，可以使用 ICS 防入侵系统或其他能够通过 UDP/IP 检测和解释 EtherCAT 协议的网络监视设备来实现此目的。可以部署静态以太网地址表（MAC 地址）以进一步保护实时 EtherCAT 设备免受外部攻击，许多交换机提供了用于 MAC 地址控制的功能以及用于进一步限制 EtherCAT 设备之间通信的列表。网络监控产品或探针也可以使用 EtherCAT 的特定以太网帧类型来检测以太网数据包。

6.2.8 Ethernet POWERLINK

Ethernet POWERLINK 也是一种“工业以太网”技术，通过直接封装以太网帧和使用快速以太网作为实时传输控制消息的基础。主节点用于启动和同步从设备的循环轮询。通信分为三个时间段。第 1 个是主“周期开始”帧的传输，该帧为网络同步提供了基础。然后，主站轮询每个从站。第 2 个时间段专用于同步通信，允许从站仅在接收到轮询请求帧时才响应，从而确保所有主/从通信均按顺序进行。广播从站响应，从而消除源地址解析。异步通信发生在第 3 个时间段，在该周期内传输较大的非时间关键型数据。最好均匀地使用 POWERLINK，只要通过精心控制请求/响应周期，就可以避免冲突。引入其他基于以太网的系统，可能会破坏同步并导致故障[26]。

POWERLINK 通常与基于 CAN 的应用层协议 CANopen 结合使用。CANopen 支持不同制造商的设备之间的通信，并且协议栈广泛可用，包括适用于 Windows 和 Linux 平台的开源版本。CANopen 的开放性使 POWERLINK/CANopen 成为 Linux 环境中工业网络廉价解决方案的理想组合[27]。

1. 安全问题

POWERLINK 是一种实时工业以太网协议，很容易受其他形式以太网通信漏洞的影响。

与许多实时以太网协议一样，POWERLINK 敏感并且极易受到拒绝服务攻击。通过将恶意以太网帧插入网络很容易破坏 POWERLINK，这需要将 POWERLINK 与其他以太网系统分开。

2. 安全建议

由于周期性轮询机制的敏感性，需要 POWERLINK 与其他非以太网服务分开，POWERLINK 实现尽可能与其他网络有明确的界线。通过建立适当的安全区域并在这些边界处定义强有力的边界防御，可以利用此分界来进一步隔离工业协议。静态以太网地址表（MAC 地址）可以部署来进一步保护实时 POWERLINK 设备免受外部攻击，因为它们是纯基于以太网的消息，通常代表最关键的通信。许多交换机提供了用于 MAC 地址控制的功能以及用于进一步限制 EtherCAT 设备之间通信的列表。

6.2.9 SERCOS Ⅲ

串行实时通信系统（Serial Real - time Communication System，SERCOS）是用于工业控制、运动设备和 I/O 设备之间通信的标准化开放数字接口。接口版本Ⅰ和Ⅱ基于光纤环来建立设备间的通信。接口版本Ⅲ是基于“工业以太网”实现的 SERCOS 接口，支持对运动和 I/O 应用程序的确定性实时控制。像 EtherCAT 和 POWERLINK 一样，SERCOS Ⅲ能够直接在网络上放置以太网帧，从而以非常低的抖动获得高速通信[28]。无论是线形拓扑还是环形拓扑网络，最多可支持 511 个从设备。

SERCOS Ⅲ是一种主从协议，该协议使用一种机制周期性地运行，在该机制中，单个主同步报文用于与从节点进行通信，并且给从节点一个预定的时间（再次由主节点同步）。可以将其数据放在总线上。所有节点的所有消息都打包到主数据报文（Master Data Telegram，MDT）中，根据预先确定的字节分配，每个节点都知道应读取 MDT 的哪一部分[29]。

SERCOS Ⅲ专用于在正常周期内将总线用于同步实时通信。不过，像讨论的其他工业以太网协议一样，它允许使用 IP 为其他网络协议（如 TCP 和 UDP 数据）释放周期内的未分配时间。该“IP 通道”允许使用同一设备中更广泛的网络应用程序，如一个基于 Web 的管理界面，可以进入“办公网和广域网”[30]。

1. 安全问题

SERCOS Ⅲ是一种实时工业以太网协议，很容易受到其他形式以太网通信漏洞的影响。SERCOS Ⅲ由于支持嵌入式、开放式 TCP/IP 和 UDP/IP 通信选项而引入了新的安全问题。启用此选项后，可以使用受感染的 RTU 或使用 SERCOS Ⅲ的 PLC 向包括工业和业务网络在内的通信系统发起入站攻击。

2. 安全建议

与其他基于工业以太网的协议一样，可以部署静态以太网地址表（MAC 地址）来进一步保护实时 SERCOS Ⅲ设备免受外部攻击，由于它们是基于纯以太网的消息，通常代表最关键的通信。许多交换机提供了用于 MAC 地址控制的功能，以及用于进一步限制 SERCOS Ⅲ设备之间通信的列表。应该隔离

SERCOS Ⅲ，以控制该协议的环路，并且应限制和避免使用 IP 通道。如果使用 IP 通道，则其范围应包含在一个明确定义的区域内，该区域由 SERCOS Ⅲ主节点和那些必需的 TCP/IP 网络设备组成。应使用最小特权原则，为进入该区域的所有通道安装牢固的边界防护。由于使用 SERCOS Ⅲ而导致网络被入侵的风险增大，应该对外围的安全设备日志进行主动监视。

6.3 后端协议

6.3.1 开放过程通信

用于过程控制的 OLE 实际上不是工业协议，而是“一系列标准规范”[31]，旨在简化来自不同供应商系统上各种形式数据的集成。为了理解开放过程通信（OPC）对工业自动化的影响，就必须简要介绍一下 OPC 的历史。

1996 年发布的初始标准提供了一种机制，使系统可以使用微软的一组核心技术通过以太网跨系统交换数据，这组核心技术包括对象链接与嵌入（Object Linking and Embedded，OLE）、组件对象模型（Component Object Model，COM）和分布式组件对象模型（Distributed Component Object Model，DCOM）。该规范包括标准的“对象”“接口”和“方法”集，以支持工业应用中的这种互操作性。支持该通信的基本机制是使用远程过程调用协议的进程间通信。如今，利用 COM/DCOM 基础结构的原始标准集通常称为“OPC 规范”。

自大约 20 年前引入以来，OPC 取得了长足的发展，OPC 基金会（监督该标准的组织）为从“OLE for Process Control”（过程控制的 OLE）到“Open Process Communication”（开放过程通信）的首字母缩写引入了新的含义。“规范”标准集最初侧重于实时数据访问（OPC - DA，1996 年发布）、历史数据访问（OPC - HDA，2001 年发布）以及警报和事件数据（OPC - AE，1999 年发布）。此规范目前已扩展为包括使用可扩展标记语言（2003 年发布的OPC - XMLDA）、通过 Web 服务进行数据访问、服务器到服务器和机器对机器的通信（2003 年发布的 OPC - DX），以及批处理应用程序（2000 年发布 OPC 批处理）。由于 OPC 依赖于 DCOM 基础结构，用户在尝试管理由防火墙保护的安全区域之间的 OPC 通信时遇到了重大问题，包括缺少网络地址转换（Network Address Translation，NAT）支持和会话回调。

相关技术正在从 DCOM 基础结构转向 .NET 架构。使用 WCF（Windows Communication Foundation）、OPC. NET（以前称为 OPC - Xi 或 eXpress Interface）在简化的数据模型上合并了 DA、HDA 和 AE 的功能。这项新技术为用户在跨区域的工业网络上管理 OPC. NET 交互的方式提供了显著的安全性改进。不利的一面是，几乎没有任何厂商支持此增强标准，从而导致“网关”型产品的数量相对较少[32]。

到目前为止，所有标准都取决于某种形式的基础微软技术（COM、DCOM 或 . NET）。由于大多数嵌入式设备（BPCS 控制器、PLC、RTU 等）都不支持基于这些经典标准的 Windows 操作系统，大大限制了 ICS 架构中监控网络以下的相关设备支持这些标准规范。目前的初步想法是将通信模型从 COM/DCOM 转移到跨平台的面向服务的体系结构（Service - Oriented Architecture，SOA），以支持更广泛地部署到非 Windows 设备，并提高安全性。OPC 统一体系结构（OPC Unified Architecture，OPC - UA）规范于 2006 年首次发布，在对“经典”规范进行许多改进的同时仍支持基础数据集成要求。

OPC 数据访问“经典”规范仍然是部署最广泛的 OPC 规范之一，就本书而言，将对此进行更详细的阐述。

1. OPC 的作用

OPC 是主要的“后端”协议之一，旨在提供系统和子系统之间更高级别的集成，而现场总线协议通常提供低级别的数据访问和配置。

OPC 最初是由最终“用户”而不是系统“供应商”的需求驱动的，以便在各种 ICS 组件之间提供通用的通信接口。这个想法是创建一种过程化的工业技术，以反映微软在其较新的 Windows 面向对象的操作系统中对设备驱动程序所做的工作。简单地说，许多人可能还记得 Windows 3.11 的时代，以及每个应用程序必须拥有使用点矩阵打印机所必需的驱动程序的要求。微软在发布 Windows 95 时解决了这个问题。制造界也是如此。在 20 世纪 80 年代和 90 年代花费了大量时间和精力，只是在各种系统之间提供基本的集成，而这些系统现在已成为集成 ICS 体系结构中的通用组件。

减少了对特定设备驱动程序的需求，OPC 是通过利用微软的 DCOM 通信 API 来实现的。可以编写简单的设备驱动程序与 OPC 交互，以代替针对每个设备的特定通信驱动程序。因此，使用 OPC 可以最大限度地减少驱动程序的开发，还可以更好地优化核心 OPC 接口[33]。

OPC 的优缺点来自其基础架构，该基础架构基于微软的 OLE 技术。OLE 在正式文档生成中得到广泛使用，从而可以将数据的表示与生成它的应用程序分开。Word 文档可以“链接”到由本地或远程电子表格计算的值，也可以“嵌入”文档中的电子表格。现在，这使得连接 OPC 的设备能够以最少的操作员反馈进行通信和交互（如在 Office 文件中）。1996 年，OPC 中没有网络安全的概念，这意味着实施OPC将面临着巨大的安全挑战[34]。

2. OPC协议工作机理

OPC以客户端/服务器方式工作，其中客户端应用程序调用本地过程，不过该过程并不使用本地代码执行，而是在远程服务器上执行。远程进程链接到客户端应用程序，并负责使用远程过程调用（RPC）向服务器提供必要的参数和功能。

换句话说，存根进程链接到客户机，不过在执行该功能时，该进程在服务器上远程执行。服务器RPC功能会将请求的数据发送回客户端计算机。然后，客户端进程通过网络接收数据，将其提供给请求的应用程序，并关闭会话，如图6.21所示。

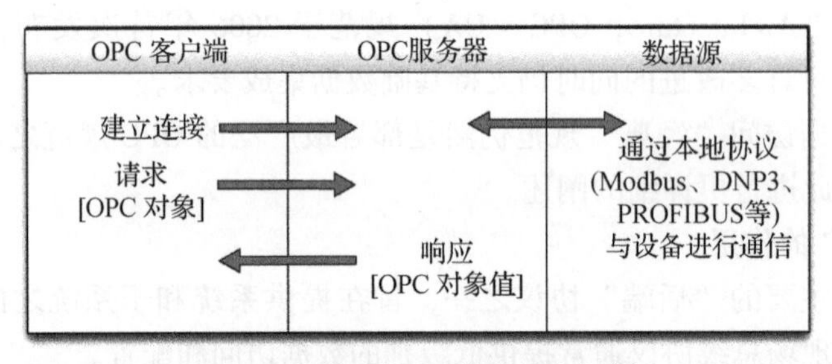

图6.21 典型OPC协议运行机制

在Windows系统中，发出请求的应用程序通常使用Windows动态链接库（Dynamic Link Library，DLL）在运行时加载RPC库[35]。

由于与调用应用程序和基础DCOM架构进行了这种交互，OPC比以前的客户端/服务器工业协议更为复杂。与主机操作系统的很多方面需要进行交互，因此将协议与其他主机进程紧密联系在一起，从而给协议带来更大的攻击面。OPC自身还支持允许OPC执行通用控制系统功能的远程操作[36]。

在表征工业网络及跨这些网络并通过各种通道进行通信时，使OPC和DCOM极具挑战性的一个方面是，DCOM如何在一个端口上开始会话，然后再转移到另一个端口。图6.22说明了不包含服务器“回调”的典型OPC会话。

图6.22显示了从OPC客户端到对应OPC服务器的初始请求工作流程，首先向端点映射器服务发送DCE BIND请求，然后侦听服务器的135/TCP端口。一旦服务器通过了客户端的身份验证并创建OPC实例，会话将转移到另一个连接，在该连接中进行OPC数据的实际交换。如果未配置自定义端口范围，则根据操作系统的不同，新端口可以是1024～65535的任何随机分配的端口。如果使用服务器回调，则原始会话实际上会在创建OPC实例后断开连接，并且OPC服务器会启动与OPC客户端的新会话。换句话说，OPC服务器现在是

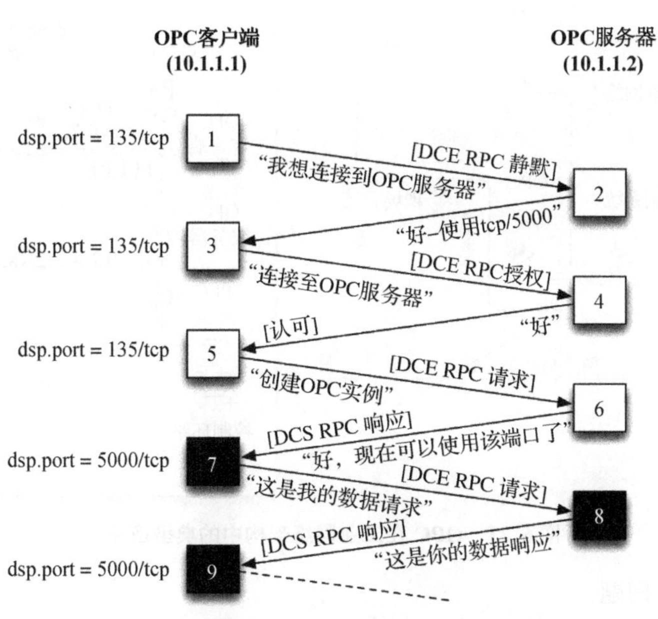

图 6.22　OPC 客户端－服务器间的通信过程

网络的"源地址"，OPC 客户端现在是"目的地址"。可以安装一个"隧道器"应用程序来解决这个问题，方法是允许使用一个预定义的端口创建一个点对点隧道，所有 RPC 通信（135 和随后的会话端口）都指向该端口。必须在 OPC 客户端和服务器主机上都安装"隧道器"应用程序，并且应由各自的供应商进行认证，以确保不影响其他应用程序和服务的性能。

3. OPC 协议在工业系统中的应用领域

顾名思义，开放式"过程"通信主要用于工业网络（即非常见的业务网络技术）中，包括向数据日志库的数据传输、HMI 中的数据收集、Modbus、DNP3 和 ICS 等串行现场总线协议之间的连接服务器和其他监控控件，如图 6.23 所示。在 ICS 架构内部署 OPC 服务器可以大大简化核心 ICS 服务器中的数据集成，从而允许通过本地、分布式 OPC 服务器管理所有专有协议和接口，这些 OPC 服务器包含与特定子系统或设备的适当物理连接和应用程序连接。然后，使用相同的机制将此服务器连接到各种 ICS 服务器和组件。OPC 是一种 Windows 互联技术，所有通信都在基于 Windows 的设备之间进行，或者通过将 RPC 转换为本地现场总线格式的 OPC 网关进行。由于 OPC 内通常使用 RPC 协议，因此也将使 ICS 环境面临很大的攻击面。

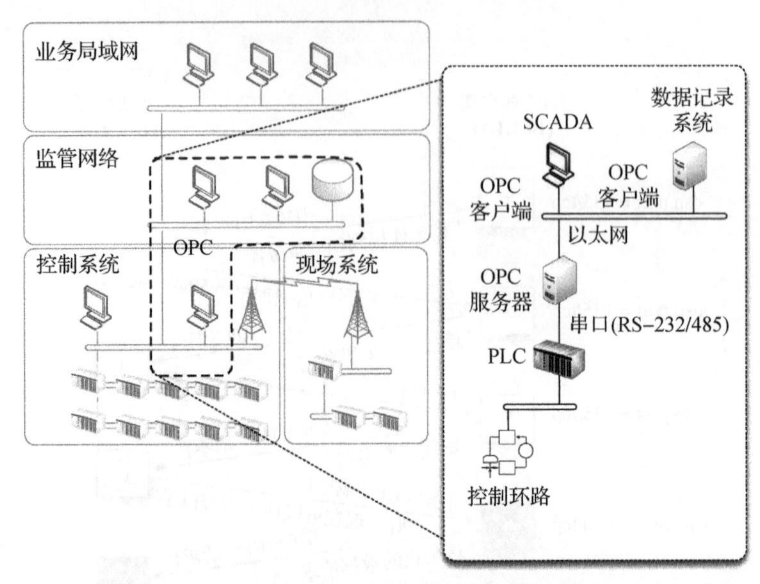

图 6.23　OPC 在工业网络架构中的典型应用

4. 安全问题

OPC 对 DCOM 和 RPC 的使用，使其极易受到多个维度的攻击威胁，原因在于它与普遍使用的 OLE 一样，具有相同的漏洞[37]。经典 OPC 植根于 Windows 操作系统，很容易受到利用操作系统原有漏洞进行攻击的威胁[38]。微软对 Windows XP SP3 的技术支持于 2014 年 4 月结束（XP－SP2 于 2010 年 7 月结束），这意味着在不受支持的 OS 上托管的 OPC 应用程序可能会给工业制造操作的完整性和潜在健壮性、安全性和环境影响（Health，Safety and Environment，HSE）带来重大的风险隐患。

可以通过包括美国国土安全部工业控制系统网络紧急响应小组（Industrial Control System Cybel Emergency Response Team，ICS－CERT）和开源漏洞数据库（OSVDB）在内的各种漏洞信息来源，跟踪 OPC 和相关 ICS 方面的最新漏洞。有许多众所周知的 OLE 和 RPC 仍然存在漏洞，其中包括针对 Metasploit 和 Canvas 等各种开源和收费安全框架的漏洞利用模块（请参见第 7 章“工业控制系统攻击”）。在工业网络中修补生产系统非常困难（请参见第 8 章“风险与脆弱性评估”和第 10 章“实施工业网络安全与访问控制”），因此虽然存在安全隐患，但是这些漏洞中的大部分依然无法得到及时修复，即使微软提供了相应的修补程序。例如，微软在蠕虫发作前 6 个月就发布了一个补丁来纠正漏洞，但 SQL Slammer 蠕虫仍然造成了全球性破坏。

OPC 需要运行于 Windows 平台，因此存在许多基本的主机安全问题。RPC

要求在客户端和服务器主机上都进行本地身份验证。这需要创建一个本地账户或基于域的账户，RPC 可以将其用于 OPC 会话。如果该账户仅使用基本 OPC/DCOM 服务的最低特权方法，没有得到适当的保护，则可能会带来重大风险。该账户对于所有使用 OPC 的主机都是通用的，并且如果不加以适当的保护和管理，可能会导致大型 ICS 架构的广泛损害。许多 OPC 主机都使用弱身份验证，而强制执行认证时密码通常很弱。许多系统支持与 ICS 系统无关的其他 Windows 服务，从而导致许多不必要的进程，这些进程通常对应于可通过网络访问的开放式“侦听”通信端口。由于 Windows 2000/XP 审核设置默认情况下不会记录 DCOM 连接请求，因此日志不足或发生违规时取证信息不足等因素加剧了这些潜在漏洞的发生[39]。

与前面讨论的简单和单一目的的现场总线协议不同，应将 OPC 视为一个整体系统集成框架，根据现代操作系统和网络安全实践进行实施和维护。

OPC 的其他安全问题如下：

（1）旧版身份验证服务。工业网络中的系统难以升级（由于维护窗口有限、兼容性和互操作性问题及其他因素），不安全的身份验证机制仍在使用。例如，在许多系统中，默认情况下仍使用 Windows 2000 LAN Manager（LM）和 NT LAN Manager（NTLM）身份验证机制（到目前为止依然在使用，包括在较新的 Windows XP 和 2003 Server 中）。这些旧式身份验证机制可能很容易受到攻击，并且容易受到利用[40]。

（2）RPC 漏洞。OPC 使用 RPC，使其容易受到所有与 RPC 相关漏洞的影响，包括在身份验证之前公开的几个漏洞。利用潜在的 RPC 漏洞可能导致任意代码执行或拒绝服务[41]。

（3）不必要的端口和服务。OPC 支持 TCP/IP 以外的网络协议，包括 NetBIOS 扩展用户界面（NetBIOS Extended User Interface，NetBEUI）、基于网络间数据包交换（InterNetwork Packet Exchange，IPX）的面向连接的 NetBIOS 和超文本传输协议（Hyper Text Transport Protocol，HTTP）Internet 服务[42]。

（4）OPC 服务器完整性。可以创建恶意 OPC 服务器，并使用该服务器破坏服务、拒绝服务、通过总线侦听盗窃信息或注入恶意代码[43]。

5. 安全建议

在可能的情况下，应使用较新的、专为安全而设计的统一体系结构（OPC－UA）规范。

无论使用哪种 OPC 规范（经典或统一体系结构），都应从 OPC 服务器中删除或禁用所有不必要的端口和服务，包括所有不相关的应用程序及所有未使用的网络协议。所有未使用的服务都可能向系统引入漏洞，从而可能导致

Windows 主机（进而是 OPC 网络）受到威胁[44]。

OPC 服务器应隔离在仅由授权设备组成的唯一区域中，并应使用标准的纵深防御措施（包括对类型进行严格控制的防火墙和入侵保护系统）对这些区域进行彻底保护，对往返于 OPC 区域的交互数据类型、源地址和目的地址等进行严格审查。应该考虑使用具有应用感知能力的防火墙，这些防火墙能够跟踪 RPC 会话，从初始请求（通过 135/TCP）到响应（不同的端口）和可能的服务器“回调”。

OPC 主要用于监视功能，由于 IPS 可能会阻止合法 ICS 流量并导致对控制系统操作缺乏了解，从而可能导致看不见（Loss of View，LoV）或导致失控（Loss of Control，LoC）情况，建议入侵“预防”系统只设置为“检测”模式。如果信息丢失将损害控制流程或破坏业务运营，请只使用 IDS（检测告警模式）。

可以通过监视 OPC 网络或 OPC 服务器来检测许多威胁（可以通过收集和分析 Windows 日志来监视服务器活动），并查找特定的行为，包括以下内容。

（1）从 OPC 服务器启动的非 OPC 端口和服务（要求将 DCOM 服务配置为使用特定的端口范围，以消除大范围的“随机”生成的响应端口）。

（2）存在已知的 OPC（包括底层的 OLE RPC 和 DCOM）漏洞。

（3）来自未知 OPC 服务器的 OPC 服务（表明存在恶意服务器）。

（4）OPC 服务器上的身份验证尝试失败或其他身份验证异常。

（5）来自未知或未授权用户的 OPC 服务器上的成功身份验证尝试。

大多数商用 IDS 和 IPS 设备都支持 OLE 和 RPC 的多种检测签名，从而可以检测 OPC 的许多潜在漏洞。大多数开源和商业日志分析及威胁检测工具都能够收集和评估 Windows 日志。

此外，还为 OPC 主机的安全加固制定了指南，包括 Digital Bond 公司作为 Bandolier 项目一部分开发的“审核”文件，该文件可与 Nessus 漏洞扫描程序一起使用，将主机设置与建议的供应商设置进行比较即可[45]。

提示：

OPC 漏洞可能需要使用支持 ICS 的入侵防御系统，而不是企业级的入侵防御系统。企业设备通常通过检查 OLE、RPC 和 DCOM 来检测漏洞，不过，可能无法检测到所有针对 OPC 的威胁。在某些情况下，企业 IDS/IPS 设备可以通过使用与 SNORT 兼容的预处理器和作为 QuickDraw IDS 项目一部分的 Digital Bond 公司提供的检测签名来检测更广泛的 OPC 威胁[46]。

6.3.2　控制中心间通信协议

控制中心间通信协议（也称为 TASE.2 或 IEC60870－6，但通常简称为 ICCP）是一种设计用于电力行业内控制中心之间通信的协议。与 Modbus 和 DNP3 等现场总线协议不同，ICCP 归类为 OPC 的“后端”协议，因为它是为公用事业控制中心与其他控制中心（如电厂、变电站及其他）之间的广域网（Wide Area Network，WAN）双向通信而设计的。

就像过程工业开发 OPC 的基本驱动力一样，电力公用事业也面临着使用许多自定义和专有协议的 ICS 供应商和设备供应商。需要通用的协议以允许公用事业控制中心之间进行可靠且标准化的数据交换，尤其是当这些控制中心由不同的所有者运营、生产不同的产品或执行不同的操作时。为了支持电力公用事业的独特业务和运营需求，标准化是必要的，而电力和公用事业需要在由许多分布式设施运营的大容量系统中仔细平衡载载。在北美，在几个负责的区域实体之间划分公用事业，需要在公用事业和区域实体之间共享信息的方法。国家和全球能源市场需要实时信息交换，以进行跨越各个公用事业边界的负荷分配和交易。

1991 年成立了一个工作组，以开发和测试标准化协议，并将该规范提交给国际电工委员会（International Electrotechnical Commission，IEC）进行审核和批准。最初的协议称为 ELCOM－90 或 TASE.1（Telecontrol Application Service Element－1）。TASE.1 后来演变为 TASE.2，这是目前 ICCP 最常用的形式[47]。

1. ICCP 的作用

ICCP 用于执行控制中心之间的许多通信功能，其中包括：

（1）建立连接。

（2）访问信息（读取请求）。

（3）信息传输（如电子邮件或能源市场信息）。

（4）更改、警报或其他异常情况的通知。

（5）配置远程设备。

（6）远程设备的控制。

（7）运行程序的控制。

2. ICCP 协议工作机理

ICCP 使用客户端－服务器模型定义两个控制中心之间的通信。一个控制中心（服务器）包含应用程序数据和定义的功能，另一个控制中心（客户端）发出请求以获得相应的服务器响应。ICCP 上的通信使用通用格式进行，以确保互操作性。

ICCP通常支持直接集成到ICS中，通过网关产品提供或作为软件安装，这些软件安装后可以执行网关功能。

ICCP主要是单向客户端–服务器协议；不过，现在大多数协议实现都支持双向功能，从而允许单个ICCP设备同时充当客户端和服务器，并支持通过单个连接进行双向通信。

ICCP基本上可以在任何网络协议（包括TCP/IP）上运行；不过，通常使用RFC 1006中定义的端口102/TCP上的ISO传输协议来实现。ICCP实际上是点对点协议，使用“双边表”明确定义两个控制中心通过ICCP链路连接，如图6.24所示。双边表充当访问控制列表，用于识别客户端可以访问哪些数据元素。在服务器和客户端的双边表中定义的权限是对每个控制中心可访问内容的权威控制。双边表中的条目还必须在客户端和服务器上匹配，以确保两个中心都同意许可（ICCP除了用于变电站之间的WAN链接，还用于与其他组织互联）[48]。

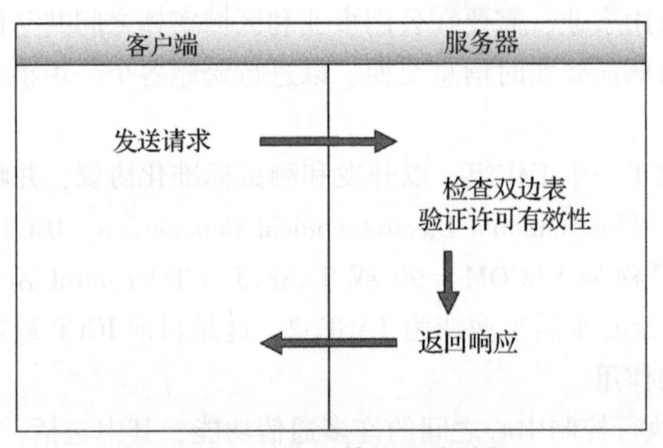

图6.24　ICCP协议通信过程

3. ICCP协议在工业系统中的应用环节

ICCP广泛应用于控制系统区域之间以及不同的控制中心之间，如图6.25所示。此外，ICCP还通常部署在两个电力公司之间、单个电力公司内的两个控制系统之间及主控制中心和多个变电站之间。

4. 安全问题

ICCP存在一些安全问题，就像讨论的其他大多数现场总线协议和后端协议一样。由于以下原因，ICCP容易受到欺骗、会话劫持和很多其他类型攻击的影响。

(1) 缺少身份验证和加密：ICCP不强制进行身份验证或加密，大多数情况下将这些服务延后到较低的协议层。尽管确实存在“安全的ICCP”[49]，但并未得到普遍部署。

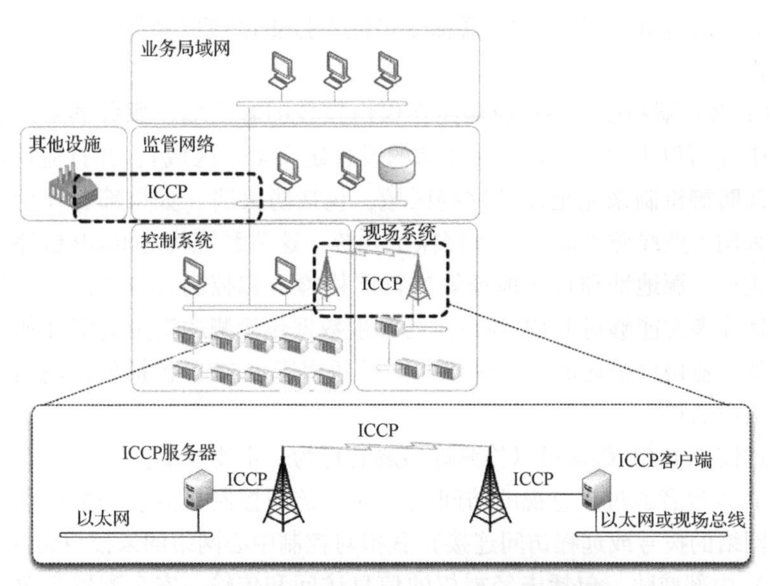

图 6.25　工业网络架构中的 ICCP 典型应用

（2）明确定义的信任关系：双边表的使用可能会直接损害 ICCP 服务器和客户端安全性。

（3）可访问性：ICCP 是一种广域协议，可使其易于访问，并容易受到许多攻击（包括拒绝服务攻击），与之相反，传统工厂环境中的封闭式或私有工业网络协议则不存在此问题。

ICCP 服务器上的安全机制配置较为有限，这意味着可以通过中间人或其他攻击，成功入侵服务器将打开整个通信会话，直至被操纵。

5. 相对于 Modbus 和 DNP 协议的安全改进

相对一些基础的工业现场总线协议（如 Modbus 和 DNP3），ICCP 进行了一些改进，主要如下：

（1）通过明确定义哪些 ICCP 客户端和服务器可以通信，ICCP 使用双边表提供了对通信路径的基本控制。

（2）存在一个包含数字证书认证和加密的 ICCP 安全版本。

6. 安全建议

应尽可能使用安全的 ICCP 变体，并应由安装在特定站点内的当前供应商提供支持。近年来，ICS－CERT 报告了一些已知的 ICCP 漏洞。因为广泛存在已知的漏洞利用，并且 ICCP 是广域网协议，所以建议进行适当的系统加固，并定期对 ICCP 服务器和客户端进行系统评估和修补。

在定义双边表格时应格外小心。双边表是控制中心之间策略和权限的主要实施方式。通过 ICCP 发出的恶意命令可能直接更改或以其他方式影响控制中心的操作。

ICCP 客户端和服务器也应隔离在仅由授权的客户端－服务器对组成的唯一区域中（可以为与多个客户端通信的设备定义多个区域），并且应该使用标准的纵深防御机制来完全保护这些区域，包括防火墙（如果部署在生产环境中，请采用工业级防火墙）或入侵保护系统，这些系统将对 ICCP 链路上的数据交互类型、源地址和目的地址等进行严格检查和控制。与其他工业协议一样，应优先考虑能够对 ICCP 流量进行深度数据包检测的安全措施（如果有）。针对其他工业协议描述的许多建议，同样适用于 ICCP，包括创建网络基准和部署网络白名单。

通过监视 ICCP 链接可以检测许多恶意行为，主要如下：

（1）入侵者通过被忽视的访问点（如与访问控制机制较弱的合作伙伴或供应商网络的拨号或远程访问连接）获得对控制中心网络的未授权访问。

（2）内部威胁，包括未经授权的信息访问和传输、安全配置更改或其他恶意行为，可能是控制中心内部物理安全漏洞或员工心怀不满所致。

（3）由于重复的信息请求（“垃圾邮件”）利用服务器的可用资源，并阻止 ICCP 链接的合法运行而导致的拒绝服务攻击。

（4）感染 ICCP 服务器或网络上其他设备的恶意软件可能用于提取敏感信息（如盗窃命令功能代码）、财务中断（如交易中使用的能源指标变更）或执行其他各种恶意目的的行为。

（5）拦截和修改 ICCP 消息（即中间人）攻击。

监视 ICCP 协议功能，还可以检测可疑或恶意行为。例如：

（1）功能“读取”代码，可用于提取受保护的信息。

（2）功能“写入”代码，可用于操纵客户端或服务器操作。

（3）端口 102/TCP 上的流量不是 ICCP 或其他授权协议（PROFINET 将 102/TCP ISO－TSAP 用于其工业以太网通信）。

（4）ICCP 流量不是由指定的 ICCP 服务器或客户端发出的，也不是发给指定的 ICCP 服务器或客户端的。

注意：

入侵防御系统能够通过丢弃数据包或重置 TCP 连接来主动阻止可疑流量。不过，仅在经过仔细考虑和调整后，才应将部署在工业网络上的入侵防御系统配置为阻止流量。除非您确信给定的签名不会无意中阻止合法的控制命令，否则应将签名设置为警报，而不是阻止（即以被动“检测”模式而不是主动的“阻止”模式运行）。

可以配置一个具有 ICS 威胁感知的入侵保护系统，以使用 ICCP 签名监视这些活动，如由 Digital Bond 公司在 QuickDraw SCADA ICS 项目下开发和部署的案例。可能需要一个具备应用感知防火墙、工业协议过滤器或应用程序数据监视器来验证 ICCP 会话，并确保未“劫持”ICCP 或底层的 RFC - 1006 连接，也未对消息进行篡改或伪造。

注意：

Digital Bond 公司从 QuickDraw SCADA IDS 签名列表中删除了 ICCP SNORT 规则，原因是产生了太多的漏报。对于大多数 IDS/IPS 引擎，需要预处理器来适当地解析协议，以开发可靠的规则[50]。

6.4 先进计量基础设施与智能电网

智能电网是一个涵盖现代发电、输电和配电许多方面的术语。尽管智能电网技术似乎对电力行业以外的许多工业网络系统毫无用处，但由于其覆盖范围之广且容易受到攻击，在此仅做简要介绍。智能电网是一个分布广泛的通信网络，涵盖发电和输电系统，并涉及许多终端用户网络。智能电网是一个易于访问的网络，其中包含到达许多可能受攻击目标的多种路径。一旦受到威胁，攻击者就可以使用该网络来攻击电力用户的网络，或者攻击所连接的家庭和企业的网络。

广泛使用的术语“智能电网”，通常是指围绕先进计量基础设施（AMI）建立的新的能源分配网络。AMI 承诺提供许多旨在提高效率并降低能源分配成本的新功能。AMI 的常见功能包括远程抄表、远程计费、需求/响应电力传输、远程连接/断开连接及远程付款和预付款等[51]。

在较高的层次上，智能电网需要协调以下系统。

（1）分散的发电系统。

（2）电力传输系统。

（3）配电系统。

（4）客户信息和管理系统。

（5）使用和仪表管理系统。

（6）计费系统。

（7）互联的网络系统，包括相邻网络（通常使用无线网状技术）、城域网（Metropolitan Area Network，MAN）、家庭局域网（Home Area Network，HAN）及业务区域网络（Business Area Network，BAN）。

智能电网本质上是一个大型的端到端通信系统，可将电源供应方与用户连接在一起（图 6.26），由高度多样化的系统组成，使用了多种协议和网络拓扑。智能电网甚至引入了新协议。为了支持基于家庭和企业的服务门户，智能电表引入了 HAN 和 BAN 协议，如 Zigbee 和 HomePNA；以及电力线协议，如 IEC 61334、控制网络电力线（Power Line，PL）通道规范和宽带电力线（Broadband over Powerline，BPL）。数据链路和应用协议太多，因此无法详细介绍，目前已广泛接受将 TCP/IP 用于网络层通信[52]。

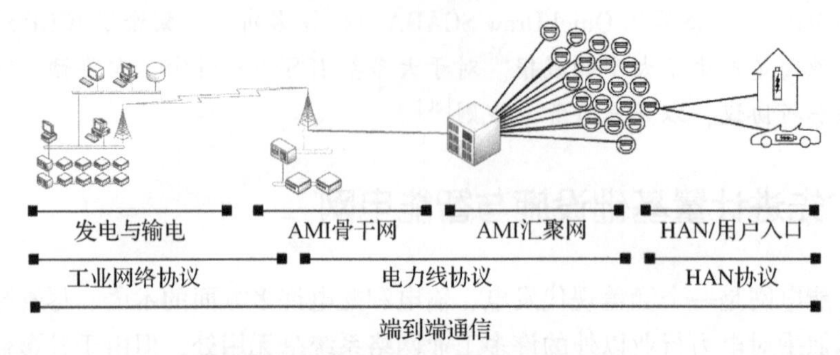

图 6.26　智能电网的运行区域及协议

本书不介绍这些特殊的协议，不过，认识到这些系统的不同性质要求将多个不同的操作模型和网络体系结构结合起来以形成一条单一的端到端通信路径，这一点仍然很重要，如图 6.23 所示。这意味着，尽管可以使用许多不同的智能电网协议，但整个智能电网应视为一个广泛互联且易于访问的通信网络。

6.4.1　安全问题

智能电网的安全问题很多。AMI 是一个庞大的网络，与许多其他专用网络相连接，并且具有命令和控制功能，旨在支持远程断开连接、需求/响应计费和其他功能[53]。加上缺乏行业认可的安全标准，智能电网对未充分隔离的连接系统存在重大风险。具体的安全问题如下：

（1）智能电表易于访问，因此，除了网络安全要求，还需要板级和芯片级安全要求。

（2）智能电网协议在其内在安全和漏洞方面差异很大。

（3）邻接、家庭和企业的 LAN 可以用作 AMI 网络的入口，也可以用作 AMI 网络的出口。

（4）智能电网最终与关键的发电、输电和配电系统互联。

（5）智能电网是私人黑客（为了经济利益或服务盗窃）以及更有经验、更严重的攻击者（为了社会政治利益或网络战争）的目标。

6.4.2 安全建议

目前，关于智能电网安全的最佳建议是让电力公司仔细评估智能电网的部署，并在规划阶段的早期进行风险和威胁分析。对于连接到智能电网的最终用户，应该对系统进行类似的评估，这些最终用户可能成为企业（或家庭）网络的潜在威胁媒介。

清晰的边界划分、服务分离及在外围建立强大的纵深防御将有助于减轻与智能电网相关威胁带来的风险。对于智能电网运营商来说，这可能是一个挑战（尤其是在安全监控方面），因为智能电网部署的规模很大，其中可能包含数十万甚至数百万个智能节点。因此，可能有必要将智能电网部署划分为多个、更小和更易于管理的安全区域。

6.5 工业协议仿真

学习和理解工业协议如何运行的一种方法是购买适当的硬件（即PLC）和软件（SCADA），这种访求可能是昂贵且费时的。另一种更实用的方法是通过部署能够模拟物理或虚拟计算环境中协议的客户端和服务器模拟器。

免版税协议（如Modbus/TCP）模拟器可轻松获得，不过可能仅限于许可的协议。在后一种情况下，一种替代方法是使用“试用”或“演示”软件包。以下产品在发布时已经可用，但仅限于说明中描述的用途。

6.5.1 Modbus

有多种Modbus模拟器可同时使用串行和以太网通信来支持Modbus RTU和ASCII格式。Sourceforge（一套合作式软件开发管理系统）上的ModbusPal软件包特别有趣。该软件包基于Java开发，可以轻松地在不同平台（Windows、Mac、Linux）之间进行信息传输。此外，还具有“自动化”功能，使其能够更改输入和输出，从而能够在源端更改数据。ModbusPal支持使用功能代码65~72和100~110的“用户定义”命令。

Communication Protocol Test Harness是Triangle MicroWorks公司开发的一款协议仿真、调试软件，软件可以仿真多种工控协议，方便完成调试、仿真，从而使其成为ICS软件开发人员用作协议一致性测试的重要工具。该软件支持一系列协议，包括Modbus/TCP、DNP3和IEC 60870-5，可以通过付费下载或免费获得21天评估版。

Modsak是Wingpath Software Development的软件包，支持主模式或客户端

模式。提供了为期 3 天的试用版，其中提供了一系列功能，包括对 Modbus "用户定义"功能的支持。

6.5.2 DNP3/IEC 60870-5

Axon Group 提供了针对 DNP3 和 IEC 60870-5 的免费仿真程序包。其来自 Triangle Microworks 的 Communication Protocol Test Harness，还支持 DNP3，并且可以用作主站或子站。更多高级功能选项可通过其他渠道获得，如 DNP3 协议库提供了用户程序自定义开发的功能。

6.5.3 OPC

Matrikon 和 Kepware 是 OPC 产品的两家领先供应商，它们分别为 ICS 行业的很多部门提供了 OPC 应用程序的演示版本。Matrikon 提供了一组免费的 OPC 测试工具，这些工具支持创建 OPC 客户端和服务器，以及大多数应用程序的试用版，包括各种系统接口服务器、协议隧道器等。Kepware 为其 OPC 服务器提供类似的试用许可证，并提供可用于连接两个 OPC 服务器的链接包。

6.5.4 ICCP/IEC 60870-6

Triangle Microworks IEC 60870-6（TASE.2/ICCP）测试工具可购买付费许可证或免费获得 21 天评估版，支持客户端和服务器角色。该软件包支持 ICCP 模块 1、2 和 5，并完全支持写入、读取、控制、动态数据集和数据集传输。此外，还允许通过 .csv 和 .xml 文件创建模型。

6.5.5 实体设备

建立支持培训和测试的实验室实体设备投入不必太高，包括 ABB、Allen-Bradley（罗克韦尔旗下的 AB 公司）、Schneider Electric（施耐德电气）、Siemens（西门子公司）和 Wago（一家德国公司）在内的许多供应商都提供了价格合理的紧凑型可编程设备，它们可以在单个设备中支持多种协议。由于 Modbus/TCP 的广泛使用，几乎所有产品都将为其提供支持，同时也可以提供 Ethernet/IP、PROFINET 和 EtherCAT 功能。获取实体设备的另一种非常经济的方法是通过转售商或拍卖网站（如 eBay）。

6.6 本章小结

工业网络在网络的各层中使用各种专用协议来完成特定任务，通常要特别注意同步和实时操作。每个协议都具有不同程度的内在安全性和可靠性，在尝试保护这些协议时应考虑这些特性。所有这些协议都易于使用相对简单的中间人机制进行网络攻击，这是因为工业网络协议通常缺少足够的身份验证或加密。这些攻击可用于破坏正常的协议操作，或者可能更改或以其他方式操纵协议消息以窃取信息、进行欺诈或可能导致控制过程本身失败，包括破坏机械设备（如 Stuxnet）。

通过了解这些协议，并将它们隔离在带有相关通道精心定义的安全区域中，可以合理地保护这些协议（请参见第9章“建立安全区域与通道”）。纯粹基于物理设备创建区域是可能的，并且相对简单，这是因为每种协议在控制系统中都有特定的用途。工业网络协议在以太网和 TCP/IP - UDP/IP 上得到了更广泛的使用，且这些边界开始交叠，因此清洁区域边界的创建变得更加困难。除非出于绝对必要的原因，否则应避免使用“业务”网络协议来传输现场总线协议，并在必要时进行仔细检查和测试。

参考文献

[1]IEC 61784 - 1:2010 “Industrial communication networks - Profiles - Part 1:Fieldbus profiles,” published June 1,2011.

[2]“Schneider Electric Modicon History,” <http://www. plcdev. com/schneider_electric_modicon_history> (cited:January 7,2014).

[3]Modbus Organizations,“Modbus Application Protocol Specification,” Version 1. 1b,Published December 28, 2006.

[4]同[3].

[5]同[3].

[6]AEG Schneider Autotmation,“Modicon Modbus Plus Nework Planning and Installation Guide,” 890 - USE - 100. 00 Version 3. 0,April 1996.

[7]Triangle MicroWorks,“Using DNP3 & IEC 60870 - 5 Communication Protocols in the Oil & Gas Industry,” Revision 1,published March 26,2001.

[8]Triangle MicroWorks,“Modbus and DNP3 Communication Protocols,” <http://triangle microworks. com/docs/default - source/referenced - documents/Modbus _ and _ DNP _ Comparison. pdf> (cited: January 8, 2014).

[9]The DNP Users Group, DNP3 Primer, Revision A. <http://www. dnp. org/About/DNP3 %20 Primer%20Rev%20A. pdf>,March 2005(cited:November 24,2010).

[10]G. R. Clarke, Deon Reynders Practical Modern SCADA Protocols: DNP3, 60870. 5 andRelated Systems, Newnes, Oxford, UK and Burlington MA, 2004.

[11]The DNP Users Group, DNP3 Primer, Revision A. <http://www. dnp. org/About/DNP3%20 Primer%20Rev%20A. pdf>,March 2005(cited:November 24,2010).

[12]同[11].

[13]Digitalbond SCADAPEDIA, Secure DNP3. <http://www.digitalbond.com/wiki/index.php/ Secure_DNP3>, August 2008(cited:November 24,2010).

[14]同[13].

[15]The DNP Users Group, DNP3 Primer, Revision A. <http://www.dnp.org/About/DNP3%20 Primer%20Rev%20A.pdf>, March,2005(cited:November 24,2010).

[16]A. B. M. Omar Faruk, Testing & Exploring Vulnerabilities of the Applications Implementing DNP3 Protocol, KTH Electrical Engineering, Stockholm, Sweden, June 2008.

[17]V. M. Igure, Security assessment of SCADA protocols: a taxonomy based methodology for the identification of security vulnerabilities in SCADA protocols, VDM Verlag Dr. Müller Aktiengesellschaft & Co. KG,2008.

[18]"Industrial Ethernet: A Control Engineer's Guide," Cisco, April 2010.

[19]Prof. Dr. - Ing. J. Schwager, "Information about Real - Time Ethernet in Industry Automation," Reutlinger University, <http://www.pdv.reutlingen-university.de/rte/>, (cited: January 10,2014).

[20]Industrial Ethernet Facts, "System Comparison: The 5 Major Technologies," Ethernet POWERLINK Standardization Group, Issue 2, February 2013.

[21]Industrial Ethernet Facts, "System Comparison: The 5 Major Technologies," Ethernet POWERLINK Standardization Group, Issue 2, February 2013.

[22]Open Device Vendor Assocation(ODVA), "Common Industrial Protocol(CIP)," Publication PUB00122R0 - ENGLISH,2006.

[23]Open - Device Vendors Association, "Securing Ethernet/IP Networks," PUB00269R1,2011.

[24]PROFIBUS Nutzerorganisation e. V., "PROFINET Security Guidelines: Guideline for PROFINET," Version 2.0, November 2013.

[25]The EtherCAT Technology Group, Technical introduction and overview: EtherCAT—the Ethernet Fieldbus. <http://www.ethercat.org/en/technology.html#5>, May 10,2010(cited: November 24,2010).

[26]P. Doyle, Introduction to Real - Time Ethernet II. The Extension: A Technical Supplement to Control Network, vol. 5, Issue 4, Contemporary Control Systems, Inc., Downers Grove, IL, July 2004.

[27]Ethernet POWERLINK Standardization Group, CANopen. <http://www.ethernet-powerlink.org/index.php? id=39>,2009(cited: November 24,2010).

[28]SERCOS International, Technology: Introduction to SERCOS interface. <http://www.sercos.com/technology/index.htm>,2010(cited: November 24,2010).

[29]SERCOS International, Technology: Cyclic Operation. <http://www.sercos.com/technology/ cyclic_operation.htm>,2010(cited: November 24,2010).

[30]SERCOS International, Technology: Service & IP Channels. <http://www.sercos.com/ technology/service_ip_channels.htm>,2010(cited: November 24,2010).

[31]OPC Foundation, "What is OPC?," <http://www.opcfoundation.org/Default.aspx/01_about/ 01_whatis.asp? MID=AboutOPC>, (cited: January 9,2014).

[32]OPC Foundation, "Certified Products," <http://www.opcfoundation.org/Products/Products.aspx>, (cited: January 9,2014).

[33]同[32].

[34]Digital Bond, British Columbia Institute of Technology, and Byres Research. OPC Security White Paper #2:

OPC Exposed(Version 1 -3c),Byres Research,Lantzville,BC and Sunrise,FL,November 13,2007.

[35]Microsoft Corporation,RPC Protocol Operation. <http://msdn.microsoft.com/en-us/library/ms818824.aspx>(cited:November 4,2010).

[36]European Organization for Nuclear Research(CERN),A Brief Introduction to OPC™ Data Access. <http://itcofe.web.cern.ch/itcofe/Services/OPC/GeneralInformation/Specifications/RelatedDocuments/DASummary/DataAccessOvw.html>,November 11,2000(cited:November 29,2010).

[37]"OPC Security Whitepaper #3:Hardening Guidelines for OPC Hosts," DigitalBond,British Columbia Institute of Technology,Byres Research,November 13,2007.

[38]Digital Bond,British Columbia Institute of Technology,and Byres Research. OPC Security White Paper #2:OPC Exposed(Version 1 -3c),Byres Research,Lantzville,BC and Sunrise,FL,November 13,2007.

[39]同[38].

[40]同[38].

[41]同[38].

[42]同[38].

[43]同[38].

[44]同[38].

[45]DigitalBond,"Bandolier," <http://www.digitalbond.com/tools/bandolier/>(cited:January 9,2014).

[46]DigitalBond,"QuickDraw SCADA IDS," <http://www.digitalbond.com/tools/quickdraw/>(cited:January 9,2014).

[47]J. T. Michalski,A. Lanzone,J. Trent,S. Smith,SANDIA Report SAND2007 -3345:Secure ICCP Integration Considerations and Recommendations,Sandia National Laboratories,Albuquerque,New Mexico and Livermore,California,June 2007.

[48]同[47].

[49]J. Michalski, A. Lanzone, J. Trent, S. Smith, "Secure ICCP Integration: Considerations and Recommendations," Sandia Report SAND2007 -3345,printed June 2007.

[50]DigitalBond,"Bandolier Security Audit File for SISCO ICCP Server," <https://www.digitalbond.com/blog/2011/02/14/bandolier-security-audit-file-for-sisco-iccp-server/>,(cited:January 9,2014).

[51]UCA © International Users Group,AMI -SEC Task Force,AMI System Security Requirements,UCA,Raleigh,NC,December 17,2008.

[52]National Institute of Standards and Technology,NIST Special Publication 1108:NIST Framework and Roadmap for Smart Grid Interoperability Standards,Release 1.0,February 2010.

[53]UCA © International Users Group,AMI -SEC Task Force,AMI system security requirements,UCA,Raleigh,NC,December 17,2008.

[54]Open Device Vendors Association(ODVA),"Common Industrial Protocol," PUB00122R0 - ENGLISH,2006.

第7章 工业控制系统攻击

7.1 网络攻击的动机与结果

工业网络几乎掌控着各种规模的加工与制造业的运转，对控制系统网络的成功渗透可直接影响这些产业。潜在的影响包括从相对温和的扰乱，如扰乱运行（使设施离线）、修改操作过程（修改化学流程或配方公式），到意在造成危害的蓄意破坏，如操作某些流程的反馈回路可以导致燃烧炉内的压力超过设计的安全运行参数。此外，网络破坏可能导致环境受损（石油泄漏、火灾、有毒物质排放等）、人身伤害或危及生命、关键服务损失（停电、燃料供应中断、疫苗失效等）甚至灾难性爆炸。

7.1.1 网络攻击的结果

对工业控制系统实施网络攻击可能会带来很多不良后果，主要如下：

（1）延迟、阻止或者修改既定流程，如修改电厂发电量。

（2）延迟、阻止或修改与流程相关的信息，从而使得大型电力供应商难以获取电力交易或其他业务的生产指标。

（3）非法的指令或报警阈值变更，可能损害、禁用或关闭机械设备，如发电机或变电站。

（4）将不准确的信息发送给操作员，既可以掩盖非法更改行为（参见7.4.1节“Stuxnet病毒”），也可以误导操作员进行不当操作。

网络破坏导致的最终结果，涵盖从经济损失到安全责任在内的一切事物，其影响不只限于工厂范围，已经波及所在社区、州甚至联邦层面（图7.1）。企业可能会因违规而招致处罚、因错误消息或拒绝服务而损失生产时间，从而遭受经济上的损失。事故几乎可以以任意方式影响控制系统，如使设施离线、失效或篡改其保障措施，甚至导致威胁生命的电厂事故，如有害物质的泄漏或被窃，或是其他直接威胁国家安全的情况[1]。网络事故的后果根据事故类型不同而异，如表7.1所示。

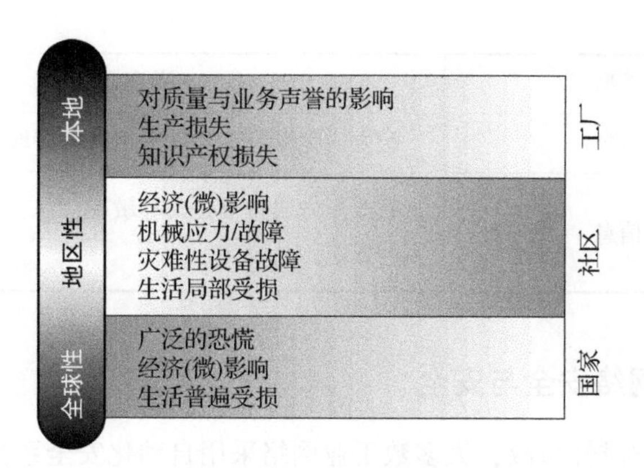

图 7.1　攻击工业控制系统产生的后果

表 7.1　网络攻击的潜在影响

事件类型	潜在影响
系统、操作系统或应用程序配置被修改	将命令与控制通道植入其他安防系统
	屏蔽警报与报告，以掩盖恶意行为
	修改预期行为产生意料之外的恶果
篡改 PLC、RTU 或其他控制器中的可编程逻辑元件	危害装备和/或设施
	流程失效（关闭）
	流程控制失效
将错误的信息传达给操作人员	为了响应可编程逻辑变化导致的错误信息，所采取的不恰当行动
	隐藏或模糊恶意行为，包括事故本身或注入的代码
干预安全系统或其他控制系统	由于潜在破坏结果引起的阻止预期操作、失效保护和其他安全保护措施
感染恶意软件	可能引发其他事故
	可能影响生产，或强制资产离线以进行分析、清除和替代
	可能使资产暴露于进一步的攻击、信息窃取、篡改或感染之中

续表

事件类型	潜在影响
窃取信息	配方或化学公式等敏感信息被窃取
修改信息	篡改配方或化学公式等敏感信息，对产品制造产生不利影响

7.1.2 网络安全与安全

为了避免灾难性事故，大多数工业网络采用自动化安全系统，其中很多安全管理都在工业控制网络的作业过程中采用了相同的消息机制和控制协议，如在某些特定现场总线实现中，安全系统的作业控制就使用了相同的通信协议，并在相同物理介质上进行（细节及工业控制协议的安全考虑参见第6章“工业网络协议”）。

注意：

最关键的是，ICS中实现的基于风险的安全操作通常遵循关于使用可编程序逻辑求解器、现场设备和通信协议的独立标准（如IEC 61508/61511、NFPA 85、ISA 84），以及如何将这些安全仪表系统与其他ICS组件进行对接集成。重要的是要意识到，并不是所有的“安全”控制和联动装置都采用这些标准，这些系统有可能与其他ICS系统和组件共享基础设施（包括控制平台自身）。通常，法规需要使用标准化的安全仪表系统来实现安全功能，这些安全功能不是为了保证生产的正常运行时间或可靠性，而是为了控制影响人类健康、安全和环境等方面的重大风险。

虽然安全系统极其重要，但人们也曾经常常对提升工业网络安全的需求视而不见。研究表明，过分采用模型化的系统会导致严重的后果。由Sandia国家实验室进行的仿真实验结果表明，简单的中间人攻击可用来改变控制系统中的数值，而使用针对性恶意软件（该场景下，目标为特定控制系统的前端处理器）对大型电力系统进行的中等规模攻击则可能造成电厂的严重损失[2]。

欧洲研究团队VIKING（关键基础设施、网络、信息与控制系统管理）目前正在研究不同种类的威胁。根据需求变化，发电设备的输出自动控制（Automatic Generation Control，AGC）负责对电网中的多台发电机的输出进行调整，而这种控制行为是通过人机交互自主实现的，也就是说，输出动作完全基于AGC逻辑的输入状态进行处理。VIKING的研究正试图调查能否不直接操作HMI打破控制闭环，而仅通过调整输入数据来改变正常的控制回路功能，从而最终导致系统混乱[3]。

提示：

当建立网络防护计划时，应将安全与网络安全视为两个独立的实体。不要以为网络安全就能带来安全，或者安全就意味着网络安全。如果自动化安全控制容易遭到网络攻击（或是扰乱），那么使用严格数字防御来阻止对操作的修改就变得更加重要。同样，一个成功的安全策略不应该依赖于网络所使用的保护机制。通过为安全系统与网络安全控制系统制订彼此独立的运行计划，从而使两个系统更加可靠。同时，安全系统建立在强有力的过程评估基础上，以防范识别的物理风险条件。这些风险条件可能是网络攻击的最终目标，因此安全和网络安全也需要在一个组织内共同努力，以确保网络防御的正确实施。

7.2　常见的工业目标

工业控制系统可由类似的组件组成。由于这些组件的确切组成、数量和重要性不同，因而每个系统都是独一无二的。尽管这些系统存在着差异，不过在工业网络中仍有一些共同的目标，主要包括：在业务和工业区之间共享的网络服务（尽管最好是不共享这些服务），如活动目录（目录服务）及身份识别和访问管理（IAM）服务器；用于导出、修改或覆盖过程逻辑的工程师工作站；帮助操作员更好地执行任务的操作员控制台；以及用于修改、操纵、瘫痪或者破坏工业控制系统的工业应用（SCADA服务器、数据记录系统、资产管理等）和协议（Modbus、DNP3、Ethernet/IPI等）。表7.2列出了一些常见的攻击目标、可能的攻击点、可能的攻击方法及可能导致的后果。

表7.2　常见的工业目标

攻击目标	可能的攻击点	可能的攻击方法	可能导致的后果
访问控制系统	（1）身份证； （2）闭路电视（CCTV）； （3）建筑管理网络； （4）软件供应商支持门户网站	（1）利用未打补丁的应用程序（建筑管理系统）； （2）RFID欺骗； （3）通过未保护接入点的网络访问； （4）通过不规范的网络边界实施网络跳板攻击	（1）非法物理访问； （2）缺少（视频）检测能力； （3）非法访问额外ICS资产（跳板）

续表

攻击目标	可能的攻击点	可能的攻击方法	可能导致的后果
分析管理系统	（1）分包商笔记本电脑； （2）维护远程访问； （3）工厂（分析仪）网络	（1）利用未打补丁的应用程序； （2）通过不安全接入点的网络访问（分析机柜）； （3）通过窃取或破坏分包商笔记本电脑远程访问VPN； （4）通过破坏维护供货商网站远程访问VPN； （5）OPC（通信协议）的不安全应用	（1）产品质量：损坏、生产损失、收入损失； （2）声誉：产品召回、产品可靠性
应用服务器	（1）远程用户访问（交互会话）； （2）业务应用集成通信信道； （3）工厂网络； （4）软件供应商支持门户网站	（1）利用未打补丁的应用程序； （2）通过未经检验的供应商软件安装恶意软件； （3）通过“交互”账户远程访问； （4）数据库注入； （5）OPC（通信协议）的不安全应用	（1）工厂混乱/停工； （2）凭证泄漏（控制）； （3）敏感/保密信息泄露； （4）非法访问额外ICS资产（跳板）
资产管理系统	（1）工厂维护软件/企业资源规划（ERP）； （2）数据库集成功能； （3）用于设备配置的移动设备； （4）无线设备网络； （5）软件供应商支持门户网站	（1）利用未打补丁的应用程序； （2）通过未经检验的供应商软件安装恶意软件； （3）通过“交互”账户远程访问； （4）数据库注入； （5）通过移动设备安装恶意软件； （6）通过不安全的无线基础设施访问	（1）校准误差：产品质量； （2）凭证泄漏（业务）； （3）凭证泄漏（控制）； （4）非法访问额外的业务资产，如设备维护软件/ERP（跳板）； （5）非法访问额外ICS资产（跳板）

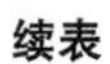

续表

攻击目标	可能的攻击点	可能的攻击方法	可能导致的后果
状态监控系统	（1）分包商笔记本电脑； （2）维护远程访问； （3）工厂（维护）网络； （4）软件供应商支持门户网站	（1）利用未打补丁的应用程序； （2）通过未经检验的供应商软件安装恶意软件； （3）通过不安全的接入点（压缩机/水泵房）访问网络； （4）通过窃取或破坏分包商笔记本电脑远程访问 VPN； （5）通过破坏维护供货商网站远程访问 VPN； （6）通过“互动”账户远程访问； （7）数据库注入； （8）OPC（通信协议）的不安全应用	（1）设备损坏/破坏； （2）工厂混乱/停工； （3）非法访问额外 ICS 资产（跳板）
控制器（PLC）	（1）工程师工作站； （2）操作员 HMI； （3）独立的工程工具； （4）控制区非法设备； （5）USB/可移动媒介； （6）控制器网络； （7）控制器（设备）网络	（1）工程师/技术员误用； （2）工业协议的网络利用：已知漏洞； （3）工业协议的网络利用：已知功能； （4）网络重放攻击； （5）通过通信缓冲过载的 DoS 攻击； （6）通过 USB 直接编码/恶意软件注入； （7）通过非法网络（本地/远程）PC 利用适当的工具/软件直接访问设备	（1）控制过程的操作； （2）控制器故障状态； （3）操作输入控制器的数据/屏蔽从控制器输出的数据； （4）工厂混乱/停工； （5）命令和控制
数据历史记录	（1）业务网络客户端； （2）ERP 数据集成通信信道； （3）数据库集成通信信道；	（1）利用未打补丁的应用程序； （2）通过未经验证的供应商软件安装恶意软件； （3）通过“交互”账户远程访问； （4）数据库注入；	（1）操作流程/批处理记录； （2）凭证泄漏（业务）； （3）凭证泄漏（控制）；

续表

攻击目标	可能的攻击点	可能的攻击方法	可能导致的后果
数据历史记录	（4）远程用户访问（交互会话）； （5）设备网络； （6）软件供应商支持门户网站	（5）通信协议的不安全应用； （6）由于应用程序之间通信基础设施的不安全，可以利用边界防御（防火墙）上不必要或过多开放的端口	（4）非法访问额外业务资产（如制造执行系统（Manufacturing Execution System，MES）、ERP）（跳板）； （5）非法访问额外ICS资产（跳板）
目录服务	（1）复制服务； （2）打印后台处理程序服务； （3）文件共享服务； （4）身份验证服务； （5）工厂网络； （6）软件供应商支持门户网站	（1）利用未打补丁的应用程序； （2）通过未经验证的供应商软件安装恶意软件； （3）DNS欺骗； （4）NTP反射攻击； （5）由于应用程序之间通信基础设施的不安全，可以利用边界防御（防火墙）上不必要或过多开放的端口； （6）文件共享时安装恶意软件	（1）通过DNS破坏通信； （2）通过NTP破坏身份认证； （3）通过LDAP/Kerberos破坏身份认证； （4）凭证泄漏； （5）信息泄露：文件共享； （6）恶意软件分发； （7）非法访问所有域连接的ICS资产（跳板）； （8）非法访问业务资产（跳板）
工程师工作站	（1）工程师工具和应用程序； （2）非工程师客户端程序； （3）USB/可移动媒介； （4）提升的权限（工程师/管理员）；	（1）利用未打补丁的应用程序； （2）通过未经验证的供应商软件安装恶意软件； （3）通过可移动媒介安装恶意软件； （4）通过键盘安装恶意软件； （5）利用安全边界之间的可信连接；	（1）工厂混乱/停工； （2）推迟工厂开工； （3）机械损伤/破坏； （4）未经授权操作操作员图册：流程操作的不恰当响应； （5）未经授权更改ICS数据库； （6）未经授权更改临界状态/告警； （7）未经授权分发错误的固件； （8）未经授权开启/关闭ICS设备；

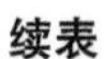

续表

攻击目标	可能的攻击点	可能的攻击方法	可能导致的后果
工程师工作站	（5）控制器网络； （6）软件供应商支持门户网站	（6）在没有足够访问控制机制的情况下，授权访问 ICS 应用程序	（9）流程/工厂信息泄露； （10）ICS 设计/应用凭证泄露； （11）非法修改 ICS 访问控制机制； （12）非法访问业务资产（跳板）
环境控制	（1）HVAC 控制； （2）HVAC（建筑管理）网络； （3）软件供应商支持门户网站	（1）利用未打补丁的应用程序（建筑管理系统）； （2）通过未经验证的供应商软件安装恶意软件； （3）通过未保护的接入点访问网络； （4）通过不受监管的网络边界进行网络劫持	（1）扰乱制冷/加热； （2）设备故障/关闭
火灾探测和灭火系统	（1）火灾报警/评估； （2）灭火系统； （3）建筑管理网络； （4）软件供应商支持门户网站	（1）利用未打补丁的应用程序（建筑管理系统）； （2）通过未经验证的供应商软件安装恶意软件； （3）通过未保护的接入点访问网络； （4）通过不受监管的网络边界进行网络劫持	（1）非法释放抑制剂； （2）设备故障/关闭
主从设备	（1）未经授权或未经验证的固件； （2）弱通信问题； （3）“写”操作的认证不足； （4）控制网络； （5）设备网络	（1）恶意固件的分发； （2）通过（本地/远程）网络中的流氓 PC，对有脆弱性的工业协议进行利用； （3）通过（本地）网络中的被控制的 PC，对有脆弱性的工业协议进行利用； （4）通过（本地/远程）网络中的流氓 PC，对工业协议的功能进行利用；	（1）工厂混乱/停工； （2）推迟工厂开工； （3）机械损伤/破坏； （4）控制动作的不恰当响应； （5）临界状态/告警抑制

续表

攻击目标	可能的攻击点	可能的攻击方法	可能导致的后果
主从设备		（5）通过（本地）网络中的被控制的PC，对工业协议的功能进行利用； （6）通过（本地/远程）网络中的流氓PC，进行通信缓冲区溢出攻击； （7）通过（本地）网络中的被控PC，进行通信缓冲区溢出攻击	
操作员工作站（HMI）	（1）操作应用程序（HMI）； （2）非SCADA客户端应用程序； （3）USB/可移动媒介； （4）提升权限（管理员）； （5）控制网络； （6）软件供应商支持门户网站	（1）利用未打补丁的应用程序； （2）通过未经验证的供应商软件安装恶意软件； （3）通过可移动媒介安装恶意软件； （4）通过键盘安装恶意软件； （5）在没有足够访问控制机制的情况下，授权ICS HMI功能	（1）工厂混乱/停工； （2）临界状态/告警抑制； （3）产品质量； （4）设备/工艺效率； （5）凭据泄露（控制）； （6）设备/操作信息泄露； （7）非法访问ICS资产（跳板）； （8）非法访问ICS资产（通信协议）
补丁管理服务器	（1）软件补丁/修补程序； （2）补丁管理软件； （3）供应商软件支持门户网站； （4）业务网络； （5）工厂网络； （6）软件供应商支持门户网站	（1）补丁部署前“健康”检查不充分； （2）变更自动部署计划； （3）通过可信（供应商）媒介安装恶意软件； （4）通过未经验证的供应商软件安装恶意软件	（1）恶意软件分发服务； （2）补丁计划的非法修改； （3）凭证泄露； （4）非法访问ICS资产（跳板）

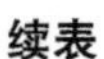

续表

攻击目标	可能的攻击点	可能的攻击方法	可能导致的后果
边界防护（防火墙/IPS）	（1）可信连接（业务－控制）； （2）本地用户账户数据库； （3）签名/规则更新	（1）未经测试/验证的规则； （2）边界防护（防火墙）上不必要或过度开放端口的利用； （3）允许跨安全边界的不安全职员和工业协议； （4）跨边界重用的凭证	（1）非法访问业务网络； （2）非法访问 DMZ 网络； （3）非法访问控制网络； （4）本地凭证泄露； （5）规则集/签名的非法修改； （6）跨周边/边界的通信中断
SCADA 服务器	（1）非 SCADA 客户端应用程序； （2）应用程序集成通信信道； （3）数据历史记录； （4）工程师工作站； （5）控制网络； （6）软件供应商支持门户网站	（1）利用未打补丁的应用程序； （2）通过未经验证的供应商软件安装恶意软件； （3）通过“交互”账户远程访问； （4）通过可移动媒介安装恶意软件； （5）控制网络中的可信连接利用； （6）在没有足够访问控制机制的情况下，授权访问 ICS 应用程序	（1）工厂混乱/停工； （2）推迟工厂开工； （3）机械损伤/破坏； （4）非法操作操作员图册：流程操作的不恰当响应； （5）非法修改 ICS 数据库； （6）非法修改临界状态/告警； （7）非法启动/关闭 ICS 设备； （8）凭证泄露（控制）； （9）设备/操作信息泄露； （10）非法修改 ICS 访问控制机制； （11）非法访问大多数 ICS 资产（跳板/自己的）； （12）非法访问 ICS 资产（通信协议）； （13）非法访问业务资产（跳板）

续表

攻击目标	可能的攻击点	可能的攻击方法	可能导致的后果
安全系统	（1）安全工程师工具； （2）工厂/紧急关闭通信信道（DCS/SCADA）； （3）控制（安全）网络； （4）软件供应商支持门户网站	（1）利用未打补丁的应用程序； （2）通过未经验证的供应商软件安装恶意软件； （3）通过可移动媒介安装恶意软件； （4）通过键盘安装恶意软件； （5）在没有足够访问控制机制的情况下，授权访问 ICS 应用程序	（1）工厂停工； （2）设备破坏/损坏； （3）环境影响； （4）危及生命； （5）产品质量； （6）公司声誉
通信系统	（1）公钥基础设施； （2）互联网的可见性	（1）通过外部入侵泄露私钥； （2）利用设备“不知不觉”地连接到公共网络； （3）通过未监控的接入点访问网络； （4）通过未监管的网络边界实施网络跳板攻击	（1）凭证泄露（控制）； （2）信息泄露； （3）非法远程访问； （4）非法访问 ICS 资产（跳板）； （5）命令和控制
不间断供电系统（Uninterruptible Power System，UPS）	（1）电气管理网络； （2）供应商/分包商维护	（1）利用未打补丁的应用程序（建筑管理系统）； （2）通过未经验证的供应商软件安装恶意软件； （3）通过未监控的接入点访问网络； （4）通过未监管的网络边界实施网络跳板攻击	（1）设备故障/关闭； （2）工厂混乱/停工； （3）凭证泄露； （4）非法访问 ICS 资产（跳板）
用户－ICS 工程师	（1）社会工程：公司资产； （2）社会工程：个人资产； （3）E－mail 附件； （4）文件共享	（1）通过对业务 PC 进行水坑攻击或鱼叉式钓鱼攻击，从而引入恶意软件； （2）通过业务 PC 中来源可靠的恶意电子邮件附件引入恶意软件； （3）通过非法或外部主机将恶意软件引入控制网络；	（1）流程/工厂信息泄露； （2）ICS 设计/应用凭证泄露； （3）非法访问业务资产（跳板）； （4）非法访问 ICS 资产（跳板/自己的）

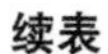

续表

攻击目标	可能的攻击点	可能的攻击方法	可能导致的后果
用户 - ICS 工程师		(4) 通过共享虚拟机为控制网络引入恶意软件； (5) 通过安全区（家 - 业务 - 控制）之间不恰当使用可移动媒介引入恶意软件； (6) 由于网络分隔较差和工程师工作站完全可见造成的恶意软件传播； (7) 通过不恰当的控制 - 业务（出站）连接建立 C2； (8) 未经批准的架构变化所导致的通信信道利用； (9) 由于用户拥有不必要的管理员权限而导致的应用程序利用； (10) 当不使用时退出或断开连接失败而造成的应用程序利用	
用户 - ICS 技术员	(1) 社会工程：公司资产； (2) 社会工程：个人资产； (3) E - mail 附件； (4) 文件共享	(1) 通过非法或外部主机将恶意软件引入控制网络； (2) 通过共享虚拟机为控制网络引入恶意软件； (3) 通过安全区（家 - 业务 - 控制）之间不恰当使用可移动媒介引入恶意软件； (4) 由于用户拥有不必要的管理员权限而导致的应用程序利用； (5) 由于连接分隔较差的网络而导致的网络干扰	(1) 工厂混乱/停工； (2) 推迟工厂开工； (3) 机械损伤/破坏； (4) 非法操作操作员图册：流程操作的不恰当响应； (5) 非法修改 ICS 数据库； (6) 非法修改状态/告警参数； (7) 非法下载错误的固件； (8) 非法启动/关闭 ICS 设备； (9) 设计信息泄露； (10) ICS 应用凭证泄露； (11) 非法访问大多数 ICS 资产（跳板/自己的）

续表

攻击目标	可能的攻击点	可能的攻击方法	可能导致的后果
用户－设备操作员	（1）键盘； （2）可移动媒介：USB； （3）可移动媒介：CD/DVD	（1）通过非法或外部主机将恶意软件引入控制网络； （2）通过安全区（家－业务－控制）之间不恰当使用可移动媒介引入恶意软件； （3）由于用户拥有不必要的管理员权限而导致的应用程序利用	（1）工厂混乱/停工； （2）机械损伤/破坏； （3）非法启动/关闭机械设备； （4）流程/工厂操作信息泄露； （5）凭证泄露； （6）非法访问ICS资产（跳板）； （7）非法访问ICS资产（通信协议）

7.3 常见的攻击方法

一旦确定了攻击目标，就有很多攻击方法可用。中间人攻击、拒绝服务攻击（DoS）、重放攻击以及其他很多网络攻击方法，对工业网络依然非常有效，主要原因在于工业网络中使用了不安全通信协议组合、设备间缺乏认证机制和嵌入式设备中精致的通信栈。如果能够渗透进工业网络，就可以在网络任何地方植入恶意软件（在磁盘或内存中）。诸如Metasploit Meterpreter shell之类的工具，为攻击者提供了远程访问目标系统、安装键盘记录软件或按键注入器、启用本地音频/视频资源、操纵工业协议中的控制位及其他许多隐藏功能。

在某些情况下，有用的信息可用于侦察，以便获得更深入的网络攻击能力。在许多情况下，攻击者只需要具备基础的系统知识，就可以直接利用公开的漏洞攻击系统。一旦攻击成功，就需要保持长久控制攻击目标，从而让攻击者有足够长的时间进行情报搜集。如果发现与攻击目标有联系的其他系统（如控制室SCADA服务器），保持长久控制就可以发动对工业网络其他部分（如驻留在监管区内的基本控制和过程控制区域）的二次攻击。

“攻陷”或“控制”目标，与“攻击”目标是不一样的，明白这一点很重要。对两者（“攻陷”或“控制”“攻击”）并没有给出正式定义，本书的理解是，“攻陷”可以认为是利用目标并执行“未知”行动（如运行恶意负载）的能力，而“攻击”可以认为是造成目标执行“不希望”行动的能力。在这种情况下，设备仍然按预先设计好的流程执行，不过网络攻击使该设备执行了工程师不想要的动作，从而导致了负面结果。因此，攻击者可以通过“功能利用”而不是“漏洞利用”对许多 ICS 设备实施网络攻击。换言之，向控制设备发出“关机”命令，并不能代表该设备本身存在任何特定的脆弱点，不过，如果由于认证的缺失使得恶意用户可以注入关机命令（如执行重放攻击），这就是一个重大漏洞。

7.3.1　中间人攻击

中间人攻击是一种“间接”的入侵攻击，这种攻击模式是通过各种技术手段将受入侵者控制的一台计算机虚拟放置在网络连接中的两台通信计算机之间，这台计算机就称为“中间人”。实施中间人攻击时，攻击者必须能够拦截两个目标系统之间的流量并注入新的流量。在通信连接缺乏加密和认证的情况下（就像工业协议流量通常表现的那样），中间人攻击是一个非常简单的过程。通过侦听密钥交换，然后利用攻击者的密钥替换合法密钥，即使在使用加密或认证的地方，中间人攻击仍然可以成功。由于设备可以通过会话进行通信，会话一旦建立就会保持较长一段时间，因此这种攻击在工业网络中有点复杂，攻击者首先需要攻击一个已经存在的通信会话。成功实施中间人攻击的最大挑战是将攻击者插入信息流中，而做到这一点就需要建立信任关系，换句话说，攻击者必须使通信连接的双方都认为他是预期的接收者。如果有恰当的认证控制机制，中间人攻击是很难得逞的，不过遗憾的是，许多工业协议都是以明文形式进行认证的（如果有），从而使得不同工业控制系统的中间人攻击非常容易得逞。

7.3.2　拒绝服务攻击

当发现某些恶意事件试图使资源停止提供服务时，就会发生拒绝服务攻击（DoS）。这种攻击非常广泛，可以做从中断设备通信到抑制或崩溃设备内运行的特定服务（存储、输入/输出处理、连续逻辑处理等）的任何事情。如果解决及时，DoS 攻击在传统业务系统中通常不会引起特别严重的后果。在问题解决之前，可能只是访问网页的速度会变慢，或邮件延迟发送。不过需要注意的是，虽然停止提供服务很少会引发物理方面的破坏后果，但目标明确的 DoS 攻击仍会导致非常重要的系统离线甚至关闭。

部署的自动化系统通常会监控或控制一个物理过程，这个过程可能是控制管道中原油的流动、将蒸汽转化为电能或控制汽车发动机的点火正时。当控制器（如安全仪表系统）无法执行操作时，这种状态称为“失控”，通常会将物理过程搁置在一个“安全”状态——关闭。这意味着即使中断很简单的控制功能，也会快速地转变成对硬件设备的干扰，随之而来的就会引发环境释放、工厂停工、机械故障或者其他灾难性的事件。例如，人机界面，它并不直接连接机械设备，然而，在许多制造工业中，当人机界面无法执行其功能时就会导致“看不见”，如果不能及时恢复数据视图，就需要关闭生产过程。就汽车的点火控制系统来说，一旦控制器停止执行指令，发动机就将停止工作。

黑客通常不会吹嘘针对 Internet 网站的 DoS 攻击（除非你是黑客活动组织成员）。不过，由于 DoS 攻击会导致 LoV 或者 LoC，针对工业控制系统的类似 DoS 攻击，可能导致更严重的后果：石油泄漏，工厂火灾与爆炸，或者成批次损坏的产品。虽然在工业环境中实施拒绝服务攻击并不容易，但是若没有相应的管理措施就可能导致严重的后果。

7.3.3 重放攻击

在工业协议流中启动特定的进程命令，需要深入了解工业控制系统的操作。不过，由于大多数工业控制流量是通过明文传输的，捕获数据包并简单地进行重放，以便向系统中注入期望的过程命令是可能的。在实验室环境下捕获数据包时，可以通过控制台启动特定的命令，捕获产生的网络流量。当这些数据包重放后，就会执行相同的命令。若命令以明文形式传输，那么从捕获的流量中查找该命令并用另一个命令替换，以生成定制数据包完成特定任务就变得非常简单。如果流量是从现场捕获的，同样也能捕获认证机制（对称加密、质询响应、明文交换等），从而攻击者可以通过重放攻击对设备进行身份验证，以及可以提供一个授权连接并通过该连接回放额外记录的流量。事实上，在许多开源与许可的工业协议中，这种能力是其自身的一部分，因此也称为功能利用。如果是可编程控制器（PLC）或其他过程自动化控制器（如在更先进的变电站网关发现的控制器功能）类设备，那么就可以改变整个系统的行为；如果目标是 IED，则可以覆盖特定的寄存器，以便向系统中注入虚假的测量值或读数。

2011 年，在内华达州拉斯维加斯举办的黑帽大会上，安全研究员 Dillon Beresford 现场演示了对 PLC 的重放攻击：在实验室环境下，操作西门子 SIMATIC STEP 7 工程师控制台，并连接 PLC，开始攻击；然后通过 STEP 7 控制台启动 PLC 的各种命令，同时捕获流量；而该流量中包含一个有效的 STEP 7 至 PLC 的会话初始化，现场回放这些相同的命令，就能够对任何支持流量重放的 PLC 进行重放攻击[4]。

ICS 命令与控制的性质决定了重放攻击非常有用。由于命令具备启用或禁用安全、报警和日志功能，重放攻击可以很容易地使目标系统丧失能力。另外，工业协议还支持传输新的可编程代码（用于设备固件和控制逻辑更新），允许重放攻击扮演恶意逻辑或恶意软件“滴管”（指一种将其他恶意软件文件安装到设备中的恶意软件）的角色。在2011年应用控制系统网络安全会议上，研究者Ralph Langner向人们展示了编写恶意梯形逻辑是多么的简单：他将只有16字节的代码注入一个定时炸弹逻辑分支中，并插入现有控制逻辑的前面，从而就可以让目标PLC陷入死循环（阻止执行剩余的逻辑，基本上使PLC变成“砖头”）[5]。

对工业系统和自动化过程进行精妙操作，需要掌握特定的ICS操作知识。攻击者可以从设备自身获得攻击PLC所需的大量信息。例如，在Beresford的案例中，重放数据包可以用于PLC扫描。Beresford使用SIMATIC（西门子自动化系列产品的统称）请求来探测设备信息，就能够获得模型、网络地址、时间、密码、逻辑文件、标记名称、数据块名称及目标PLC的其他细节[6]。

如果攻击的目标仅仅是破坏系统，那么任何事物都可以用于破坏行动——针对继电器开关中翻转线圈的重放攻击就足以破坏大多数过程[7]。事实上，在几乎不会被检测到的情况下，设计的用于翻转特定位的恶意软件就可以安装于ICS资产，以操纵或破坏给定的过程。如果恶意软件只操纵了读值操作，设备只会报告错误值；如果恶意软件操纵了写命令操作，就会使该设备的协议功能基本无用。

7.3.4 攻陷人机界面

利用人机界面控制台功能，是非法取得ICS指挥控制权的最简单途径。无论是控制区的嵌入式人机界面，还是DCS、SCADA、EMS或其他系统的集中指挥控制能力，通过其控制台界面是操纵控制的最有效方法。与通过工业网络使用中间人攻击和重放攻击不同，攻击者利用已知设备漏洞安装控制台的远程访问，就可以攻陷主机。例如，使用Metasploit框架或类似的渗透测试工具来利用目标系统，然后使用Meterpreter shell来安装远程VNC服务器。现在，对攻击者而言，HMI、SCADA和EMS控制台是完全可见和可控的，可以直接远程监视和操纵控制台负责的一切，并不需要工业协议的知识、梯形逻辑的具体经验或控制系统的操作能力，而只需具备理解图形用户界面的能力，单击一下按钮，就可以在为方便使用而设计的控制台中更改数值。

7.3.5 攻陷工程师工作站

由于系统跨所有主机进行统一管理，攻击者经常会利用相同的漏洞实施网络攻击，因此攻陷工程师工作站（Engineering Workstation，EWS）使用的攻击面与前面介绍的攻陷HMI的攻击面并无太大差别。对于同一载荷（Meterpreter）也可以用来建立C2功能的情况下，重要的是考虑EWS上包含的逻辑资产相对于HMI上逻辑资产的相对价值。HMI确实提供了双向读/写功能，并对流程进行了控制；不过，在由多个操作员和多个工厂区（或单元）组成的分布式架构中，目前许多系统都采用基于角色的访问控制，这在一定程度上限制了其功能的发挥。

另外，EWS通常是单个主机，它不仅具有配置这种基于角色的访问控制机制的能力，而且还具有直接与主要控制设备（PLC、BPCS、SIS、IED等）通信、配置和更新所需的专门工具。而且，EWS包含大量有关ICS设计、配置和工厂运转的敏感文件，从而使EWS资产的价值要高于典型HMI资产的价值。

7.3.6 混合攻击

许多攻击不仅仅是针对单个目标中单个漏洞的唯一利用，复杂攻击通常使用混合威胁模型。根据SearchSecurity（网站名），“混合威胁是一种包含多种类型的恶意软件元素的利用，通常采用多个攻击向量以增加损伤的严重程度和传染速度”[8]。

过去，混合攻击通常包含一系列连续使用的多类型恶意软件，如为了访问防火墙保护下的系统，鱼叉式网络钓鱼攻击将投放一个远程访问工具包（Remote Access Toolkit，RAT），然后获得访问可信工业网络所需的凭证，从而使目标遭受损害，或可利用其开展进一步的攻击。

现在，混合攻击已经变得更加复杂。而这一点是在Stuxnet（“震网”）病毒中首次发现的，Stuxnet病毒采用了单一复杂且变异的恶意软件框架，能够根据所处的环境表现出多种行为。随着“超级火焰”（Skywiper，也称为“火焰”（Flame）病毒）以及其他复杂恶意软件变体的相继发现，“混合攻击”概念得到进一步的使用。

7.4 武器级工业网络威胁案例

针对工业网络攻击曾经只是停留在纯理论层面的讨论上，不过，现在已经真真切切地看到了针对实际工业系统的网络攻击。第一个见诸文字的“自然场景下”ICS网络攻击是2010年发现的Stuxnet病毒，随后几年连续发生了一连串的安全事件。虽然发生的许多大事件常常针对的是中东石油行业与国家，但是Stuxnet病毒仍然看起来像是现代、武器化工业网络攻击的一个强有力的例子。Stuxnet 病毒设计得非常精确，为了达成特定目标而破坏特定的 ICS 设备。Stuxnet 病毒发生之后不久，Shamoon（也称 DistTrack）和“火焰”（也称 Flamer 或 Skywiper）也相继浮出水面。由于 Shamoon 具有高度破坏性的特质，因此广为人知。与 Stuxnet 病毒精确打击目标设备不同，Shamoon 肆意传播且将被感染系统擦除干净，对被感染公司的计算基础设施产生了巨大影响。“火焰”病毒像是 Stuxnet 病毒的衍生，甚至设计得更为复杂，不过“火焰”病毒的意图似乎只是侦察，而不是破坏或直接摧毁目标系统。

7.4.1　Stuxnet 病毒

Stuxnet 病毒是工业恶意软件的典型代表。自其被发现始，便是武器级计算机恶意软件的第一个实例，早在 2007 年就已开始感染工业控制系统[9]。任何关于对工业网络进行有针对性网络攻击的所有可能方式的猜测，都被这种极其复杂和智能化的恶意软件所推翻。可以说，Stuxnet 病毒是网络战武器库的战术核导弹。它不仅仅是“用弓射击”，而且是要命中靶心，并证明了能够以工业网络为目标展开极其复杂和精巧的攻击。因此，最坏的情况已经成为现实：熟练的攻击者（通常称为 APT）能够将工业上的漏洞作为目标并加以利用。

虽然 Stuxnet 病毒早期版本在 2007 年 11 月已经发布[10]，但直到 2010 年夏天，工业控制系统网络应急响应小组的报告发布后[11]，才引起人们的广泛关注。Stuxnet 病毒利用了 4 个零日漏洞，能够感染 Windows 计算机，版本从 Windows 2000 到 Windows 7/Server 2008R2（包含）的四代内核，主要目标是一个由西门子 SIMATIC WinCC 和 PCS7 软件以及特定型号的 S7 PLC 组成的系统，该系统利用 PROFIBUS 协议（PROFIBUS 是西门子公司使用的工业协议，参见第 6 章“工业网络协议”）与两个特定的变频驱动器供应商通信，这些变频驱动器是用来控制铀浓缩过程中使用的离心机[12]。恶意软件要执行的后续步骤取决于受感染主机上安装的软件。如果主机非预定目标，初次感染时恶意软件将加载一个 rootkit（提权软件包），使其在主机启动时能自动加载且不会被检测出来。然后，恶意软件会利用多达 7 种不同的传播方式感染其他目标。对于使用可移动介质的情况，在传染 3 台新主机后，该恶意软件会自动删除自身。如果目标中包含西门子公司的 SIMATIC 软件，则存在可利用的 SQL Server 应用程序默认凭证，从而允许恶意软件在 WinCC 数据库中自行安装，或将自身复制到用于开发 S7 PLC 的 STEP 7 项目文件中。恶意软件也能有效覆盖用于与 S7 PLC 通信的关键驱动程序，创建一个中间人攻击，从而在没有经过系统用户检测的情况下，允许更改运行在 PLC 中的代码。

尽管起初很少有人知道，但西门子公司对这一问题采取了有效应对措施，迅速发布了一个安全公告，并提供 Stuxnet 病毒检测及清除工具。作为第一个主动针对 ICS 的复杂和混合攻击，Stuxnet 病毒在 2010 年秋季引起了媒体的广泛关注，迅速提高了行业对高级威胁的认识，具体说明了为什么工业网络需要大幅改善其安全措施。

1. 解剖 Stuxnet

从图 7.2 所示的感染过程中可以看到，Stuxnet 病毒是非常复杂的，可用于传送载荷，其攻击目标不仅只是特定控制系统，而且还有控制系统的具体配置，包括 PLC 型号和现场连接设备的供应商。Stuxnet 病毒是第一个工业控制系统木马，可以在与 C2 通道（Stuxnet 进入真正隔离系统的必需路径）切断的情况下，通过列举并记住复杂的点对点网络来允许外部访问，并进行自我更新。Stuxnet 病毒可以注入代码到 PLC 的梯形逻辑，进而修改 PLC 操作，并通过报告虚假信息到 HMI 来隐藏自己，可以说它已很好地适应了所处的环境。它使用了早在 2008 年公开的系统级、硬编码识别证书[13]（有迹象表明，早在 2006 年西门子支持门户网站中已经披露[14]），利用窃取的密钥为自己进行合法认证，以便安装恶意的驱动程序，从而不被 Windows 系统发现。毫无疑问，Stuxnet 病毒是网络战中新的高级武器。

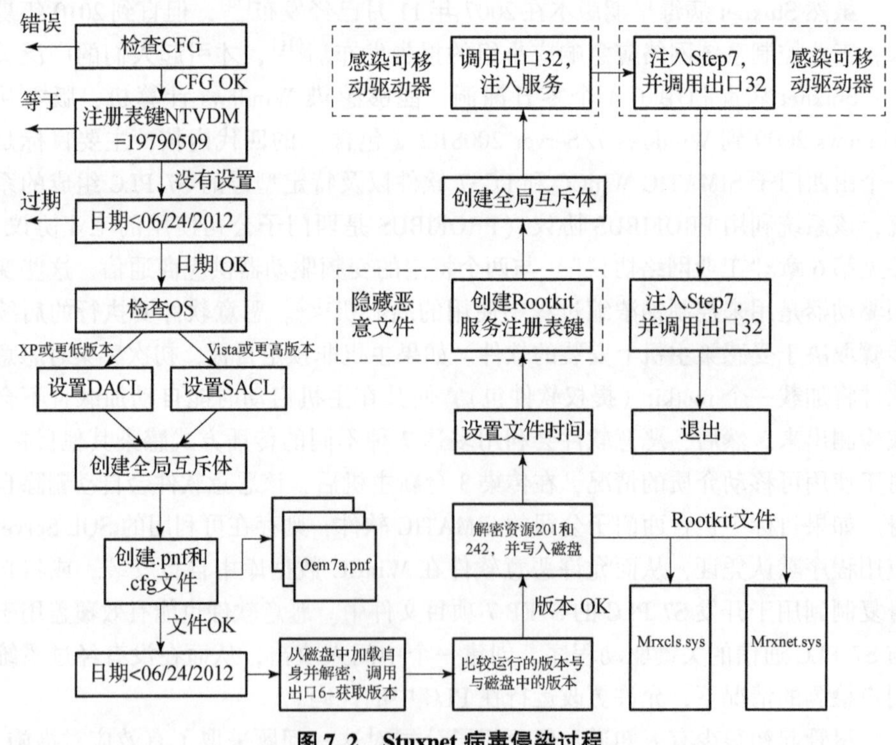

图 7.2 Stuxnet 病毒侵染过程

2. Stuxnet 病毒的作用

在写作本书时，还不能全面了解 Stuxnet 病毒能够做到什么。不过，它至少可以执行以下操作[15]：

（1）使用一系列零日漏洞攻击感染 Windows 系统，窃取证书，并在兼容机上安装 Windows 木马。

（2）尝试绕过行为阻断技术与主机入侵保护技术（该技术通过使用特殊进程加载所需的 DLL 来监控加载库的调用），如注入先前存在的可信任进程。

（3）通常通过注入整个 DLL 到另一个进程进行感染，并且只导出额外需要的 DLL。

（4）检查确认宿主机是否运行 Windows 兼容版本、是否已经感染，并在注入启动代码前检查是否安装了反病毒软件。

（5）使用可移除介质、网络连接、打印服务、WinCC 数据库或 Step 7 项目文件，从被感染网络进行旁路扩散。

（6）寻找目标工业系统（西门子公司的 SIMATIC WinCC/ PCS7）。发现后，它将其自身注入 SQL 数据库（WinCC）或项目文件（Step 7），并取代关键的通信驱动程序，这将有利于提升权限及在不被检测到的情况下访问目标 PLC。

（7）查找目标系统配置（具有特定 PROFIBUS VFD 的 S7 - 315 - 2/ S7 - 417 PLC）。一旦找到，注入可以进行中断处理的代码块到目标 PLC，向 Profibus 注入数据，修改 PLC 的输出比特，有效地将自己变为隐藏木马以便可以向目标 PLC 注入命令。

（8）通过监控 Profibus 来使用已被感染的 PLC 监视特定行为。

（9）如果找到特定频率控制器设置，Stuxnet 病毒将调节频率设置，通过减缓频率在不同时间加快电机到不同速率，进而破坏离心机系统。

（10）Stuxnet 病毒可将自己从不兼容系统中移除，潜伏、重新感染健康系统并可在被感染网络中进行点对点通信来进行自我更新。

（11）Stuxnet 病毒包括多种预设的停止执行日期，以用来禁止恶意软件传播和运行。

至此，我们所不知道的是注入 PLC 的恶意代码所能造成破坏的最大限度。设定值的微妙变化随着时间推移可能一直被忽视，而这可能导致控制失效，从而可以使用 PLC 逻辑获取控制系统的额外细节（如命令列表），或是任何事情。虽然 Stuxnet 病毒已经展示了其隐藏与潜伏的能力，但其最终目标仍然是一个谜。

3. 经验教训

Stuxnet 病毒是一种复杂的恶意代码，因此通过分解与分析其行为，可以学到许多知识。由本书作者之一合著的一份详细的白皮书已经出版，其具体分析了 Stuxnet 病毒对工业控制系统的影响，以及它们是如何在实际操作环境中设计和部署的[16]。我们是如何检测到 Stuxnet 病毒的？这主要由于其分布得过于广泛。如果它部署得更加高明，就可能难以发现：先改变 PLC 逻辑，然后从用来注入 PLC 的 WinCC 主机中自我销毁。我们如何检测到下一个？事实上不能，原因很简单："基于障碍"的方法难以对设计得如此精妙的网络攻击进行有效的工作。它们通过零日漏洞传播，这意味着直到它们部署之后我们才能检测到它们，并且它们感染的控制系统区域也难以监控。

既然如此，那么我们要做些什么？通过学习 Stuxnet 病毒，我们改变了对工业网络安全的认识与态度（参见表 7.3），并采用新的"必须了解"态度来看待控制系统通信。如果一个允许的通信没有显式定义和认可，那它将被拒绝。这要求理解控制系统是如何通信的，通过安全区域的定义建立"必须了解"的态度，并围绕这些区域建立可以被自动化安全软件解释的策略与基准，从而对所有对象建立白名单。

表 7.3　从 Stuxnet 得到的经验教训

先前的认识	从 Stuxnet 得到的教训
控制系统可以与其他网络有效隔离，从而消除网络事故风险	控制系统仍然依附于人的天性：好奇的操作员、USB 驱动器以及糟糕的安全意识可能绕过严格的边界防御
PLC 与 RTU 不是运行在现代操作系统上，没有漏洞，从而缺乏必要的攻击面	PLC 可以并且已经成为恶意软件感染的目标
高度专业化设备的安全得益于"冷门"。因为工业控制系统不容易获取，所以针对它们制造有效攻击是不可能的	高度针对工业控制系统的攻击动机、意图以及资源都是存在的
防火墙以及入侵检测与防御系统（IDS/IPS）已经足够用来保护控制系统网络不受攻击	使用多重零日漏洞来部署针对性攻击，意味着"黑名单"点防御（将数据与意味着"坏"代码的定义进行比较）不再够用，要考虑将"白名单"防御作为全面防御未知攻击的手段

从表7.3中可以看到，为化解突破了强制合规性检查与当前最佳安全建议的新型“Stuxnet类”威胁，需要引入额外的安全措施。新的手段包括使用第7层的应用程序会话监控来发现零日漏洞威胁与检测隐藏的恶意软件通信，以及更多清晰定义的、用于控制区域内部或区域间行为的（参见第9章“建立安全区域与通道”）安全策略，后者用在基于策略的用户、应用和网络白名单中。

提示：

在Stuxnet之前，谚语“要阻挡黑客，你需要像黑客一样思考”经常会被提及，这意味着为了成功防御网络攻击，你需要以一个试图渗透你网络的身份考虑。这个道理依然有价值，唯一的区别在于新的“黑客”可以被想象成是拥有更多控制系统知识，并且有更多资源和动机。ISA 62443系列行业标准提供了在安全等级方面解决这些问题的能力。在后Stuxnet时代，想象一下你在网络战中正在建立数字沙箱，而不是简单的防御网络，并且旨在以最好的防御对抗最差的攻击。换句话说，就是“像局内人一样思考”。

7.4.2 Shamoon/Diskwiper

Shamoon或W32.DistTrack病毒（通常简称为“DistTrack”），同时具备信息收集和破坏两种能力。一旦系统发生感染，Shamoon病毒将尝试传播至其他系统，并从当前被感染系统中窃取数据，然后通过文件重写（包括系统的主引导记录（Master Boot Record，MBR））来掩盖其踪迹。一旦MBR被破坏，系统便无法使用，被覆盖的数据也不可能恢复。结果就是，Shamoon病毒留下一个无法使用的系统[17]。

Shamoon病毒主要通过以下三个组件实现上述能力[18]：

（1）Dropper——模块化组件，负责最初的感染和网络传播（通常是通过网络共享）。

（2）Wiper——负责破坏系统文件和MBR的恶意软件组件。

（3）Reporter——负责将被盗数据和感染信息反馈给攻击者的组件。

围绕Shamoon病毒的大部分细节没有披露。不过，据报道，Shamoon病毒感染了沙特阿美公司（沙特阿拉伯王国的一个石油和天然气公司）的业务系统，破坏了至少30000个系统。幸运的是，这种破坏没有波及工业网络区域，因此并没有直接影响石油生产、炼制、运输或安全操作[19]。

7.4.3 “火焰”病毒

“火焰”病毒是一种针对中东国家传播的APT攻击，其中大部分感染事件发生在伊朗。像Stuxnet病毒一样，在其盛行之时，“火焰”病毒再次印证了恶意软件的复杂性。也像Stuxnet病毒一样，在发现之前，“火焰”病毒已经活跃了多年，它挖掘敏感数据，并把它们回传给一个复杂的C2基础设施，该基础设施包括超过80个域名，并使用多个位置的服务器，包括中国香港、土耳其、德国、波兰、马来西亚、拉脱维亚、英国和瑞士等国家和地区[20]。

“火焰”病毒中有十几个模块，主要如下[21]：

（1）“Flame”——处理自动感染运行程序（因为这个包，Skywiper通常称为“火焰”）。

（2）“Gadget”——更新模块，允许恶意软件进化，并接受新的模块和有效载荷。

（3）“Weasel”和“Jimmy”——处理磁盘和文件解析。

（4）“Telemetry”和“Gator”——处理C2程序。

（5）“Gator”——自终止。

（6）“Frog”——利用有效载荷盗取密码。

（7）“Viper”——利用有效载荷捕获截图。

（8）“Munch”——利用有效载荷捕获网络流量。

“火焰”病毒似乎侧重于“间谍”活动而不是破坏。在写作本书时，还没有检测出专门用于操纵或破坏工业系统的模块。不过，由于其模块化性质，“火焰”病毒允许攻击者根据需要加载具有破坏性的模块，这无疑促使“Gadget”更新模块可以将恶意软件进一步进化成定向网络武器。

7.5 攻击趋势

通过分析已知的网络事故，可以确定几个APT与网络攻击实施的趋势，包括但不限于最初感染载体的转移，所使用恶意软件的质量、行为及感染与扩散方式。

尽管威胁已经在协议栈中“上移”一段时间了，即攻击从网络层与协议层漏洞，更多地转移到特定的应用层攻击，甚至近来有迹象表明，这些应用从微软的应用产品转到了广泛部署的Adobe便携文档格式（Portable Document Format，PDF）及其相关的软件产品。

基于Web的应用也极易受感染与C2攻击的困扰。Twitter、Facebook、Google groups以及其他提供云端服务的社交网络因其使用广泛、容易访问、难于监控，从而成为理想的攻击对象。实际上，许多公司已采用社交网络来开展营销和开拓市场，并且已经到了为访问这类应用而开放公司防火墙的地步。

恶意软件本身当然也在进化。在事故响应者和确定恶意软件甚至交互僵尸的诊断团队之中，有更多的证据表明了这一点，而 Stuxnet 再一次成为一个好的例子：它包含健壮的逻辑，并且会根据所处的环境进行不同的操作，还会根据环境及其变化而扩散、尝试注入 PLC 代码、使用 C2 信道通信、潜伏或激活。

7.5.1 发展的漏洞：Adobe 漏洞利用

Adobe PDF 攻击是将攻击模式从低层协议与 OS 攻击到操作应用程序内容转变的例子。在较高级别上，攻击者利用 PDF 功能调用与代码执行来执行恶意代码，要么通过调用恶意网站，要么直接注入代码到 PDF 文件里。其工作方式大致如下：

（1）含有引人注目消息的电子邮件或是一个针对性的欺骗消息，带有 .pdf 附件。

（2）使用 PDF 格式中的一个特性，称为“发起动作”。安全研究者 Didier Stevens 成功证明发起动作可以用来攻击，并在 PDF 文件中运行可执行的嵌入式程序[22]。

（3）恶意 PDF 包含一个称为 Discount_at_Pizza_Barn_Today_Only. pdf 的嵌入式文件，该文件压缩在 PDF 文件中。这个附件其实是一个可执行文件，如果 PDF 是打开的，并且附件也在运行，那么它就会执行。

（4）PDF 使用 JavaScript 的功能 exportDataObject 来保存附件的副本到用户计算机。

（5）当 PDF 在 Adobe Reader 中是打开的（JavaScript 必须启动），exportDataObject 功能会弹出一个对话框，询问用户是否“提取指定的文件”。默认文件是附件名字，即 Discount_at_Pizza_Barn_Today_Only. pdf。这个攻击需要用户足够天真，或由于他们通常看不到消息造成的混淆（通常是由恶意软件制作者定制的[23]），才能致使他们保存文件。

（6）一旦 exportDataOject 功能完成，发起动作就开始运行。发起动作用来执行 Windows 命令行（CMD. EXE），其搜索先前保存的可执行附件 Discount_at_Pizza_Barn_Today _Only. pdf，并试图执行。

（7）对话框会警告用户，只有在用户单击“打开”按钮后，命令才能运行。

这种简单而有效的黑客手段在类似 Kali Linux[24] 和社会工程工具包（Social Engineering Toolkit，SET）[25] 等开源工具包中一应俱全。该类攻击被用来传播已知的恶意软件，包括 ZeusBot[26]。尽管它对用户的交互有要求，但是 PDF 文件非常普及，当与高质量的鱼叉式网络钓鱼尝试结合起来使用时，这类攻击变得非常有效。攻击的质量可以用与收件人建立的信任程度及他们打开附件的可能性来衡量。

另一个研究者选择使用将用户重定向到某个网站的方式感染健康的 PDF，不过要注意，它其实只是一个攻击软件包和/或嵌入式二进制木马。

由于广泛使用并依赖这些应用程序，还有许多其他基于 Adobe Reader 的漏洞同样危及受害者本地计算机，Adobe 及其他流行的客户端应用程序开发者需要继续与漏洞披露和漏洞代码利用的行为作斗争。

7.5.2 工业应用层攻击

Adobe Reader 攻击是高度相关的，因为很多计算产品（包括 ICS 产品）使用 PDF 文件分发手册和其他参考材料，并在 ICS 主机上预装这些文件。经常发生的情况是：ICS 软件开发商虽然预装了 Adobe Reader 应用程序，但是并不提供软件更新和修补程序的通知，因此这些应用程序通常情况下无法通过传统方法打补丁。甚至还直接发生针对应用层的相关攻击——工业应用攻击。

“工业应用程序”是与之通信的应用程序和协议，以及在监视、控制和处理系统组件之间的应用程序和协议。这些应用程序在 ICS 中服务于特定目的，且其性质是“脆弱的”，因为它们都是围绕控制而设计的：无论是直接控制过程或设备（如 PLC、RTU 或 IED），或通过监控系统间接控制，诸如 DCS 或 SCADA 通过人工操作监督和影响过程或设备。

与典型的应用层威胁不同，如在 Adobe Reader 的情况下，工业应用层威胁并不总是利用特定漏洞。由于这些应用程序是为用于工业控制环境而设计的，不需要通过感染恶意软件并造成损害来获得必要的控制权限，完全可以简单地按照设计直接使用以实现恶意意图。通过发布合法命令，在系统授权和完全符合协议规范的情况下，可以让 ICS 执行所有者预期用途和参数之外的功能。这种方法可以认为是“功能性攻击”，但在 ICS 安全背景下考虑时，显示了通过传统 IT 安全控制通常无法解决的问题。

2012 年，Digital Bond 公司在“Basecamp”项目中发布了工业应用层攻击的一个例子。该研究记载了如何操纵 Ethernet/IP 协议以控制 Rockwell Automation Control Logix（集成的通信平台）PLC。应当指出，该攻击不是利用 ControlLogix 漏洞，而是利用了底层协议，且由于各供应商提供的 ICS 通常使用 Ethernet/IP 协议，从而使得该攻击适用范围广泛。在披露的许多攻击方法中，全部使用 Ethernet/IP 协议进行攻击[27]。

（1）强制系统停止。该攻击有效切断了 CIP 服务，并通过发送 CIP 命令到设备，使设备停止工作，从而使设备进入“重大可恢复故障”状态[28]。

（2）使 CPU 崩溃。该攻击利用 CIP 堆栈不能有效处理畸形 CIP 请求，从而使得 CPU 崩溃，其结果也是使设备进入“重大可恢复故障”状态[29]。

（3）转储设备启动代码。这是一个 CIP 功能，可对 Ethernet/IP 设备的启动代码进行远程转储[30]。

（4）重置设备。这是 CIP 系统复位功能的一个简单误用，该攻击可以使目标设备重置[31]。

（5）崩溃设备。该攻击利用设备 CIP 栈中的漏洞使目标设备崩溃[32]。

（6）Flash 更新。CIP 和许多工业协议一样，支持向可移动设备写入数据，包括寄存器和继电器值，也包括文件。该攻击可误用这种能力，写入新固件到目标设备[33]。

以这种方式被攻击的协议不只是 Ethernet/IP。2013 年，Automatak 的 Adam Crain 和独立研究人员 Chris Sistrunk 报道了 DNP3 协议栈实现的一个漏洞，该漏洞影响大量知名厂商提供的 DNP3 主站和子站（从）设备。该缺陷是一个接收自 DNP 子站的输入验证漏洞，它可以使主站进入无限循环条件[34]。这不是一个特定设备的漏洞，而是一个有关协议栈实现的较大漏洞，并且许多供应商使用共同的公用库，因此影响许多来自多个供应商的产品。尤其值得关注的是，这个漏洞可以通过 TCP/IP 协议（通过已经获得逻辑网络访问者）或串行接口（通过已经获得一个 DNP3 子站物理访问者）进行攻击。

上述两个例子，描述了几十年前设计的协议弱点，现在，这些协议在使用期内正面临着无法预见的新安全挑战。这也涉及社区主导的开源或许可协议，这些协议不是由单一供应商管理的，它们的部署可能非常广泛，因此很难部署能够及时实现的补丁和修补程序。这种类型的漏洞已经引起了人们的关注，通常可以采取适当的网络和系统设计并通过实施适当的网络安全控制（这也是你正在阅读本书的原因所在）来减轻安全风险。换言之，采取适当的安全控制措施与试图改造或更换受影响的 ICS 设备相比，在减轻这些开放协议的风险方面更容易、成本更低。

简单来说，虽然 ICS 设备本身可能是“不安全的设计”，整体的 ICS 可以利用“安全的重新设计”方法确保不受网络威胁，而不是“安全的更换”。毕竟，今天“安全”的设备有可能在将来有漏洞披露从而变得“不安全”。这就是为什么工业安全始终专注于整体的“系统级”安全性，而不是单独的 ICS 组件安全性。

7.5.3 反社会网络：恶意软件的新游戏场

随着社交网站的日益普及，对工业网络造成的威胁越来越严重。一个正常的如Facebook或Twitter网站如何成为工业网络的威胁？在设计时，社交网络的网站使人们很容易互相发现和交流，人们因此也都容易受到社会工程的攻击，就像网络受到协议攻击与应用程序攻击一样。

在最基础的层面，社交网站是收集个人信息与终端用户信任的源，而这些信息可直接或间接用于攻击。在更为复杂的层面，社交网络可以像C2通道那样被恶意软件所使用。假账户伪装成“可信的”同事可以获得更多的共享信息，或者欺骗用户点击链接，从而将用户导向恶意网站。恶意软件可能挖掘更多信息，或者进入“安全”设施直接影响工业网络。

尽管没有直接证据将基于Web恶意软件的增加与社交网络连接起来，但是这种关联已经足够明显，任何完善的安全计划都应该考虑社交网络，这在工业网络中尤为重要。根据Cisco的材料，“生物与制药公司是受到基于Web恶意软件攻击风险最大的行业，在2Q10评级为543%，在1Q10评级为400%。在2Q10中其他高风险行业包括能源、石油以及天然气（446%）、教育（157%）、政府（148%），以及交通运输（146%）”[35]。

除了成为直接感染载体，社交网络的网站可被更有经验的攻击者用来制定更具针对性的欺骗，如“比萨快递”攻击。通过社交网络用户的非直接错误（大多有恰当隐私控制），用户可能会发布在哪里工作、轮班情况、他们的老板是谁以及其他个人信息的细节，这些信息可被用来设计社会化攻击。网络钓鱼是社会化攻击的一个明证，如果能与社交网络社区带来的额外信任相结合，攻击将变得更为简单有效。

提示：

安全意识培训是建立严格安全计划的重要部分，也可用来评估当前的防御水平。实施这个简单实验，提升对欺骗的感知能力并量度现有网络的安全与监控能力。

（1）使用免费主机服务建立网站，展示安全意识主题。

（2）使用组长、HR主管或公司（预先公开这个活动并获取必要允许）CEO名字（如果必要，可修改）建立G-mail账户。设计一个对公司内部不了解的攻击者角色：寻找在新闻媒体或者其他公共文档中出现的执行官；另外，使用一个用来“针对人员执行高级攻击”工具的社会工程工具包，执行更加彻底的社会工程渗透测试。

（3）扮演攻击者角色，使用SET或外部手段，如Jigsaw.com或其他业务情报网站来构建公司内部电子邮件地址列表。

(4) 从假“执行官”账户发送邮件到群里，通知收件人为即将召开的会议作准备，阅读附件中的文章。

(5) 在不同组中执行相同的实验，使用从一个伙伴处得来的电子邮件地址（获取必要许可）。这一次，尝试使用谷歌地图搜索或类似手段，在公司办公室附近找到一家披萨店，然后发送一封电子邮件，并附上买一送一披萨的在线优惠券链接。

跟踪你的结果，查看有多少人点击了提供的URL。是否有人验证了邮件“发信人”，回应或者质疑它？目标群外是否有人点击，表明是一个转发邮件？

最终，当前安全监控工具运行良好时，是否能有效跟踪这个行为？是否有可能确认谁点击了（不去查看Web日志）？是否能检测异常模式或行为，在以后用于生成签名并检测类似欺骗？

安全态势感知仍然是防御社交网络攻击的最好办法。通过在人员中建立最佳实践行为，安全意识有助于防止社会工程攻击的成功。态势感知有助于检测攻击是否发生、何时发生、攻击起源及攻击可能蔓延到哪里，以便最大限度地减少攻击所造成的破坏或影响，并可缩短或修复安全意识与培训之间的差距。

注意：

总是通知相应人员进行安全意识练习，以避免意想不到的后果和/或法律责任，决不使用真实的恶意软件进行这样的实验。即使是作为一个练习，收集个人或企业真实信息可能侵犯你的就业政策，甚至国家、地方或联邦隐私法。

最后，社交网络也可能在部署的恶意软件与远程服务器之间用作C2通道。Twitter用来传递命令到自动程序的例子是@ upd4t3通道，它在2009年首次被发现，使用标准140字符推特消息连接到一个base64编码的URL，并继而传递间谍程序[36]。

由于不可能针对这些行为逐个扫描这些站点，也没有已知方法来检测C2命令的特征或它们可能的潜伏点，社交网络的这种使用很难检测出来。在@ upd4t3的案例中，一旦会话启动，社交网络数据的应用会话分析就可以检测base64编码。阻拦这种活动的最为简单的方法是从工业网络内部彻底隔离社交站点。然而，这些站点在企业（为正当销售、市场甚至业务情报目的）的广泛使用，使得社交网络产生的威胁或直接针对社交网络的攻击会伤及业务企业。当评估一个组织面临的来自社交网络的风险时，必须采用特别的安全考虑。

7.5.4 恶意软件相互进化的变异体

新的恶意软件的繁衍是真实的威胁，它们比1984年New World Pictures发行的电影中所描述的地下食人族更严重。它们是有思想的恶意软件：使用条件逻辑，根据环境指导行为，直至找到实现其目标（扩散、隐藏及部署武器等）的完美条件。例如，Stuxnet病毒的目标是找到特定的工业流程控制系统：它在所有类型的网络上扩散，只有在发现目标环境（SIMATIC）时才开始第二次感染；然后，它会检测特定PLC的型号与版本（西门子S7－315－2和S7－417），如果找到，再寻找特定型号的变频器（Fararo Paya KFC750V3和Vacon NX），并将处理代码注入PLC之中；否则，就继续潜伏，以待其他感染主机。

恶意软件变体也开始出现，最简单的如Stuxnet病毒，在自然条件下会通过点对点搜索其同类进行自我更新（即使没有C2连接）：如果一个较新的Stuxnet病毒版本遇到较老版本，它将更新老版本，允许感染池在自然条件下进化与升级[37]。

更进一步的变体行为包括特定代码块的自我毁灭、其他代码块的自我更新、有效的恶意软件变形，使其更具针对性并更难检测。变形逻辑可以检查其他已知恶意软件的存在，并在了解新配置不会被检测的前提下，调整自身配置以利用类似的端口与服务，也就是说，恶意软件变得更加智能并且更难以发现。

7.6 处理感染

具有讽刺意味的是，在检测到被感染时，你最不需要做的事情就是清理感染恶意软件的系统。原因在于，感染有可能存在，但是尚处于休眠状态，随后才可能被激活。也有可能存在有价值的信息，如Stuxnet病毒所使用的感染路径和其他受到攻击的主机。因此，应该要像对待恶意软件本身一样，彻底调查感染事件并进行处理。

首先要逻辑隔离受感染的主机，这样便不会造成任何次生危害。感染事件不仅对共享网络上的其他逻辑资产造成伤害，而且还对ICS主机控制的有形资产造成伤害。允许恶意软件通过建立的C2通道进行通信，不过需要将主机与其他网络隔离，并且禁止主机对任何敏感或受保护信息的访问。需要利用基于共同安全标准的完善的网络隔离措施，以有效地隔离受感染的主机。本话题在第5章“工业网络设计与架构”和第9章“建立安全区域与通道”中会详细介绍。需要收集尽可能多的诊断信息，包括系统日志、捕获的网络数据以及内存分析数据等补充信息。通过将受感染系统置入沙箱，可以收集重要信息，从而进一步成功地消除感染。

总之，当你怀疑正在处理感染时，努力分析判断情况并进行彻底的检查，主要如下：

(1) 牢记要将制造过程安全和可靠性作为首要目标。基于此，必须加倍小心 ICS 组件的操作模式，这也是必须有一个书面的和演练过的事件应急预案的原因。

(2) 始终监控所有情况：收集基线数据、配置与固件，以便进行对比。

(3) 分析可获取的日志来帮助识别范围、受感染主机与传播载体等。日志应从尽可能多的网络组件中查找，包括还没有受到损害的组件。

(4) 利用沙箱并研究受感染的系统。

(5) 要小心避免不必要地关闭受感染主机的电源，原因在于有价值的信息可能会驻留在易失性存储器中。

(6) 分析内存，查找常驻内存的间谍软件与其他威胁。

(7) 可能的话，复制磁盘映象，为离线分析尽可能多地保留原始状态。

(8) 使用逆向工程检测恶意软件来确定范围，并识别附加攻击向量与可能的潜伏。

(9) 保留所有信息并报告给权威机构。

注意：

从受感染与沙箱化的主机收集来的信息对合法权威机构是宝贵的，根据工业网络性质，你可能会被要求将信息提供给某个政府部门。

根据感染的严重程度，可能需要“裸机重载”，这时设备被彻底清除至无数据、不能运行的状态。此时，主机硬件必须进行彻底的重新镜像。由于该原因，干净的操作系统、应用程序或设备固件应该妥善保存在安全、干净的环境中。这可以通过使用安全虚拟备份环境来实现，或者存储在可信的安全移动介质中，该介质在完成存储后可以锁在安全柜里，优先从归档的资产中选择一个单独物理位置存放。确保用于系统恢复的镜像是免费的，且不存在任何可能在使用备份和恢复系统时已经触发初始事件的恶意软件或恶意代码，这是非常重要的。

免费工具，如 Mandiant 公司的 Memoryze，如图 7.3 所示，可以对受感染的系统进行深度诊断分析，并可通过检测内存中的间谍软件，来确定系统受感染的严重程度。Memoryze 与其他诊断工具可从 http：//www. mandiant. com 获取。美国国家标准与技术研究院（NIST）已经发布了一个有价值的网站，该网站包含的取证工具目录可以涵盖范围广泛的常规取证任务[38]。

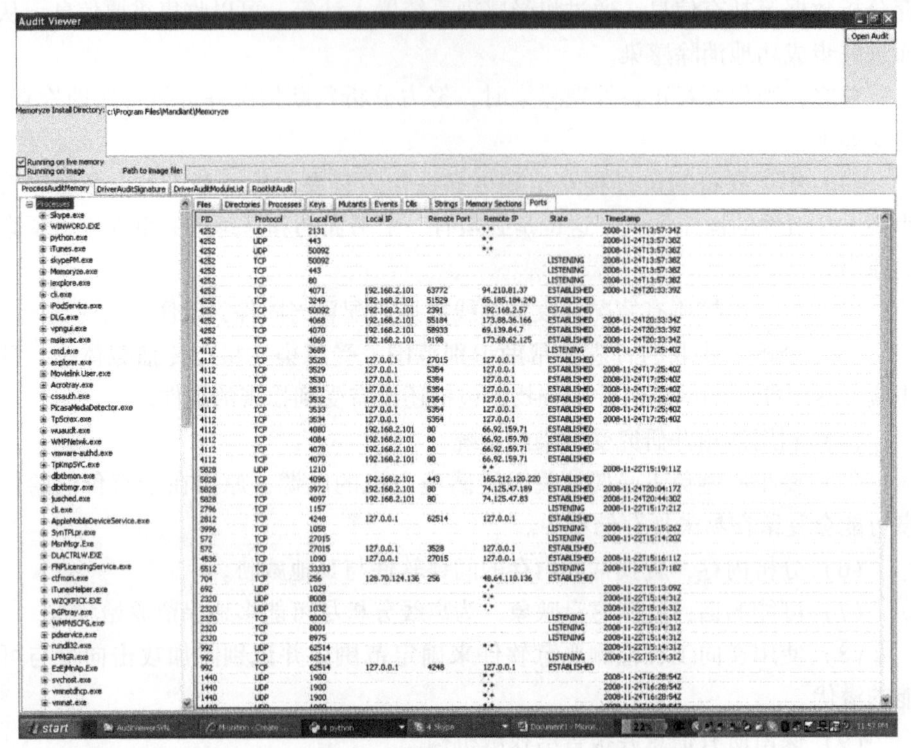

图 7.3　Mandiant 公司的 Memoryze：内存诊断分析包

提示：

在一个受到威胁的系统上执行取证是一个高级任务。为帮助实现这一任务，国家标准与技术研究院（NIST）已经开始了计算机取证工具测试（Computer Forensics Tool Testing，CFTT）项目，并提供“计算机取证工具目录”。相关信息可以查找 http://www.cftt.nist.gov。

如果你觉得自己感染了病毒，你应该知道有专门检查并清除高级恶意软件感染的安全公司。许多这样的公司也同时专精于工业控制网络。在允许任何人访问你的 ICS 资产之前，请要求和验证其是否具备实际系统的经验，最好是具备与你相似的 ICS 实际经验。这些公司可以帮助你处理感染，并可以向你的组织提供与涉及的主管部门之间专家的联系方式。

7.7　本章小结

网络威胁正以惊人的速度增长，大家日常使用的技术也可以让人很容易地走上盗窃、窃取情报和从事破坏活动的违法犯罪之路。虽然工业控制系统漏洞在OSVDB（开源漏洞库）中占比不到1%，但与ICS网络攻击相关联的趋势却是令人震惊的。根据工业安全事件库（Repository of Industrial Security Incidents，RISI）的统计，在过去的30年，直接影响工业系统的网络事件速度已经稳步增长[39]。RISI的分析还表明，虽然恶意软件感染仍然占据网络事件的大部分（2013年为28%），但在过去的5年中这类事件的发生量一直在稳步下降，表明ICS用户对避免恶意软件影响ICS架构的方法已经越来越重视。此外，这些数据还证实，针对ICS的攻击所采用的攻击机制正变得越来越复杂，这些机制能够规避传统的防御手段，可以渗透隔离网络，并利用ICS架构的底层设计弱点发起攻击。

如果有人认为可以在一个特定的系统内100%地防止可能的网络事件，那么这个信息是错误的，很可能会令人失望。全面的网络安全计划建立在对工业体系结构所面临威胁透彻了解的基础上，它不仅关注事件预防的安全防御，也包括为了控制事件发生并尽可能最大限度地减少ICS所控制的制造或工业过程的负面影响，还需要具备事后检测和取证的能力。

参考文献

[1]K. Stouffer, J. Falco, K. Scarfone, National Institute of Standards and Technology, Special Publication 800 – 82 (Final Public Draft), Guide to Industrial Control Systems (ICS) Security, Computer Security Division, Information Technology Laboratory, National Institute of Standards and Technology Gaithersburg, MD and Intelligent Systems Division, Manufacturing Engineering Laboratory, National Institute of Standards and Technology Gaithersburg, MD, September 2008.

[2]M. J. McDonald, G. N. Conrad, T. C. Service, R. H. Cassidy, SANDIA Report SAND2008 – 5954, Cyber Effects Analysis Using VCSE Promoting Control System Reliability, Sandia National Laboratories Albuquerque, New Mexico and Livermore, California, September 2008.

[3]A. Giani, S. Sastry, K. H. Johansson, H. Sandberg, The VIKING Project: An Initiative on Resilient Control of Power Networks, Department of Electrical Engineering and Computer Sciences, University of California at Berkeley, and School of Electrical Engineering, Royal Institute of Technology (KTH), Berkeley, CA, 2009.

[4] Dillon Beresford. Exploiting Siemens SIMATIC S7 PLCs. Prepared for Black Hat USA + 2011. Las Vegas, NV. 2011.

[5]Ralph Langner. Forensics on a complex cyber attack – lessons learned from Stuxnet. Presentation at the 2011 Applied Control Solutions (ACS) Conference. September 20, 2011. Washington, DC.

[6] Dillon Beresford. Exploiting Siemens SIMATIC S7 PLCs. Prepared for Black Hat USA + 2011. Las Vegas, NV. 2011.

[7]同[6].

[8]SearchSecurity. Definition: Blended Threat. Document from the Internet. Cited Sep 4, 2012. Available from: http://searchsecurity.techtarget.com/definition/blended – threat.

[9] G. McDonald, L. O. Murchu, S. Doherty, E. Chien, Symantec. Stuxnet 0.5: The Missing Link, Version 1.0, February 26, 2013.

[10] 同[9].

[11] Industrial Control Systems Cyber Emergency Response Team (ICS - CERT), ICSA - 10 - 238 - 01 - - STUXNET MALWARE MITIGATION, Department of Homeland Security, US - CERT, Washington, DC, August 26, 2010.

[12] E. Chien, Symantec. Stuxnet: a breakthrough. < http://www.symantec.com/connect/blogs/stuxnet - breakthrough >, November 2010 (cited: November 16, 2010).

[13] Open - Source Vulnerability Database (OSVDB). ID 66441: Siemens SIMATIC WinCC SQL Database Default Password. < http://osvdb.org/show/osvdb/66441 > (cited: December 20, 2013).

[14] WinCC Database Problem. < https://www.automation.siemens.com/forum/guests/ PostShow.aspx? PostID = 16127 > (cited: December 20, 2013)

[15] N. Falliere, L. O Murchu, E. Chien, Symantec. W32. Stuxnet Dossier, Version 1.1, October 2010.

[16] E. Byres, A. Ginter, J. Langill. "How Stuxnet Spreads - A Study of Infection Paths in Best Practice Systems," Version 1.0, February 22, 2011.

[17] ICS - CERT. Joint Security Awareness Report (JSAR - 12 - 241 - 01B) Shamoon/DistTrack Malware - Update B. Document from the Internet. April 30, 2013. Cited December 22, 2013. Available at: https://ics - cert.us - cert.gov/jsar/JSAR - 12 - 241 - 01B - 0.

[18] 同[17].

[19] Kelly Jackson Higgins. 30,000 Machines Infected In Targeted Attack On Saudi Aramco. Dark Reading. August 2012. Document from the Internet. Cited December 22, 2013. Available at: http://www.darkreading.com/attacks - breaches/30000 - machines - infected - intargeted - atta/240006313.

[20] Kaspersky Labs. Virus News: Kaspersky Lab Experts Provide In - Depth Analysis of Flame's C&C Infrastructure. Document from the Internet. June 4, 2012. Cited Sep 18, 2012. Available from: http://www.kaspersky.com/about/news/virus/2012/Kaspersky_Lab_Experts_Provide_In_Depth_Analysis_of_Flames_Infrastructure.

[21] 同[20].

[22] D. Stevens, Escape from PDF. < http://blog.didierstevens.com/2010/03/29/escape - frompdf >, March 2010 (cited: November 4, 2010).

[23] J. Conway, Sudosecure.net. Worm - Able PDF Clarification. < http://www.sudosecure.net/archives /644 >, April 4, 2010 (cited: November 4, 2010).

[24] Kali Linux. < http://kali.org >.

[25] Social Engineering Framework, Computer based social engineering tools: Social Engineer Toolkit (SET). < http://www.social - engineer.org >.

[26] 86 Security Labs, PDF "Launch" Feature Used to Install Zeus. < http://www.m86security.com/ labs/traceitem.asp? article = 1301 >, April 14, 2010 (cited: November 4, 2010).

[27] Ruben Santamarta. Attacking ControlLogix. Digital Bond Project Base Camp. 2012.

[28] 同[27].

[29] 同[27].

[30] 同[27].

[31]同[27].

[32]同[27].

[33]同[27].

[34]Advisory(ICSA - 13 - 291 - 01). DNP3 Implementation Vulnerability. ICS - CERT. Original release date: November 21,2013.

[35]Cisco Systems,2Q10 Global Threat Report,2010.

[36]J. Nazario, Arbor networks. Twitter - based Botnet Command Channel. <http://asert. arbornetworks. com/2009/08/twitter - based - botnet - command - channel>, August 13,2009(cited: November 4,2010).

[37]J. Pollet, Red Tiger, Understanding the advanced persistent threat, in: Proc. 2010 SANS European SCADA and Process Control Security Summit, Stockholm, Sweden, October 2010.

[38]National Institute of Standards and Technologies(NIST) - Computer Forensic Tools Catalog, <http://www. cftt. nist. gov/tool_catalog/>, <sited: February 20,2014>.

[39]Report "2013 Report on Cyber Security Incidents and Threats Affecting Industrial Control Systems," Repository of Industrial Security Incidents(RISI), Published June 15,2013.

第8章　风险与脆弱性评估

网络安全的概念与组织如何看待和管理风险密切相关。通常，风险与组织的企业机构中存在的漏洞或多或少存在关系，包括源自上述某个系统直接控制下的业务系统、IT基础设施、自动化控制系统以及实体业务资产的风险。

实施网络安全控制的整个过程就是为了降低组织的业务风险。不过，如果组织不知道自己所面临的风险并容忍之，那么实施这些控制措施的总体效果可能会低于预期。采取网络安全的安全策略、管理程序、业务流程和技术解决方案，对于确定的风险区域，可以有效减轻针对业务资产的网络事件发生时对组织造成的影响。如果一个组织未能识别风险区域，又怎么能正确选择、实施和评判这些为了减少风险的安全控制呢?

关于这个主题就可以写一本书，要想用一个章节就可以讲清风险和脆弱性管理的方方面面是不切实际的。因此，本章将重点放在工业系统风险与脆弱性评估过程相关联的控制设计的实施等要点上。为了便于读者更好地理解，本章还提供了详细的资源和参考文献。

8.1　网络安全与风险管理

8.1.1　风险管理是网络安全基础的原因

与评估一个公司时的重要关键性能指标（Key Performance Indicator，KPI）一样，大多数工业设施的“功能安全”概念是工业设施整体运作的基石。功能安全的部署在国际标准中有明确定义，这些标准包括IEC 61511/61508和ANSI/ISA 84.00.01，都是基于过程危害分析（Process Hazard Analysis，PHA）、危险与可操作性分析（Hazards and Operability Analysis，HAZOP）等风险识别过程，然后通过部署机械和仪表化系统，使用特定的方法来减少这些风险。在风险识别、风险缓解（采取安全控制措施以降低风险）及风险管理（持续和定期监测工业安全系统）方面，“运营安全”的概念与功能安全紧密相关。这些观点在几个运营安全标准中都有相关描述（参见第 13 章“标准规约”）。

要了解风险的重要性，以及风险同网络安全控制和方法选择及其整体有效性之间的关系，最简单的方法就是回答一个简单问题：在经费预算和时间表给定的条件下，如何保护工业控制系统的安全？

在许多网络安全控制“条目”中，列出了上百种不同的程序和可实施的技术解决方案（参见第 13 章“标准规约”）。首先要理解并建立可接受风险的级别，或者称为“风险容忍度”。对于风险管理，可从以下 4 种方式中任选其一：

（1）缓解（由自己管理）。

（2）转移（由他人管理）。

（3）避免（无人管理）。

（4）接受（利益相关者的管理）。

风险缓解是将这些控制目录减少到有效列表的过程，旨在帮助降低组织的特定风险。在这一点上应该是显而易见的，从您正在读本书的事实来看，组织所面临的风险在不断变化，随着这种动态变化，今天不存在的风险明天很可能会出现。这就是为什么网络风险管理被认为是一个识别、评估和应对的持续过程，而不是一次就能解决、长时间不访问的问题。

为了了解风险如何直接影响依赖 ICS 来维持安全、高效和盈利氛围的工业环境，让我们从风险的高级识别开始。对您公司的工业系统而言，面临的最大威胁是什么？

（1）×××部队。

（2）现场控制系统工程师。

（3）匿名“黑客行动主义者”组织。

（4）供应商网站的支持专家。

（5）包装设备供应商。

风险来源于组织内部和外部的威胁，这些威胁可能使用有针对性的或非针对性的方法，也可能是有意的或无意的。近 80% 影响 ICS 的事件是“无心插柳”，不过只有 35% 的事件源于“局外人”[1]。许多组织并不愿意客观对待其工业系统面临的真实威胁，以及可能带来的安全风险。另一份报告证实，在对 47000 起事件（不一定是针对 ICS 的事件）的分析中发现，这些事件中的 69% 来源于不小心行事，并非是恶意的内部威胁[2]。针对嵌入式设备和网络设备的事件占影响 ICS 事件的 34%，而针对基于 Windows 的 ICS 和企业主机的事件占 66%[3]。

当组织部署了包括防病毒软件、防火墙、反间谍软件、VPN和补丁管理等在内的顶级安全控制措施时[4]，您应该明白，这些控制措施并不一定与你最有可能面临的威胁相关，而且，防止威胁所必需的安全控制措施可能大不相同。在给定经费预算和时间表的情况下，风险应该被优先排序，并根据这个排序选择合适的控制措施，这似乎是合乎逻辑的。

8.1.2 风险定义

风险有多种定义，主要取决于用来定义的实体，然而，这些定义都倾向于包含几个共同的要素。最符合运营安全风险概念的定义来自国际标准化组织（International Organization for Standardization，ISO），将风险定义为“特定威胁利用资产脆弱性的潜力……从而造成对组织的伤害”。这个定义表明风险是：

（1）给定威胁事件的可能性。

（2）利用资产的特定“潜在”漏洞。

（3）影响资产操作带来的后果。

两个突出的修饰语（“可能性”和“潜在”）表示的问题可在短期内得到解决。风险管理的基本概念是，可以解决这三个要素的任何一部分或全部以降低或缓解风险。许多人认为，降低风险最简单的方法是识别和消除潜在可利用的安全漏洞。这方面最好的例子是通过部署补丁管理程序来定期更新资产的软件，以便消除发现的安全缺陷和可能影响性能的程序异常。另外，也可以通过“包含”一个事件，并限制其所造成损害的程度来降低风险，不过这种降低风险的方法往往被人们忽视，但与其他更明显的控制措施相比，这种方法其实更便宜、更有效。限制损害初始破坏后的一个例子是网络隔离和创建安全区域与通道（参见第9章“建立安全区域与通道”），旨在限制威胁在工业网络中传播的能力；另一个例子是通过更精细的通信出口控制，如在基于主机的防火墙上配置“出站”规则，以减少被攻击主机在攻击发生后所受伤害的程度。

实际上，威胁事件由一些显著影响风险的组件组成，这些组件如下：

（1）威胁来源和开展攻击事件的发起者。

（2）发起攻击事件的威胁向量。

（3）攻击事件的威胁目标。

像前面讲的一样，解决其中一个或多个元素可以降低风险。向量，如通信路径或未被保护的USB接口，可以部署安全控制措施以进一步限制用于发起攻击的入口点。术语“减少攻击面”是指可以保护目标或完全消除风险的方法，如关闭ICS控制器中依赖脆弱工业协议且并不常使用的通信服务。

术语“威胁来源”和“威胁发起者”经常替换使用，通常是指人类的攻击方面。任何威胁来源要使得发生网络攻击，必须具备以下三个特征。

（1）开展攻击的能力。

（2）造成伤害的意图。

（3）发起攻击事件的时机。

大量开源和商业工具，为几乎没有任何专业技能或专门系统知识的“菜鸟们”提供了攻击ICS资产的能力。通常缺乏的是，实际导致破坏或损害的来源目的。可用的攻击工具、资源（如Shodan）和信息交换社区（如Expert exchange）为潜在的攻击者提供了足够的机会，来识别和攻击潜在的ICS目标。对组织而言，通过关注外部资源来降低风险是非常困难的，因为大部分外部资源不在他们的直接控制范围内。无论如何，如果攻击源自内部，或者如果外部攻击者获得了立足点，从而可以从内部利用其他攻击，则威胁将变得更容易控制。

那么，现场控制系统工程师（即内部人员）如何对ICS构成威胁呢？很明显，在这种情况下，内部人员有足够能力和机会发起攻击。“恶意”内部人员具有足够的意图去造成破坏。当偶然导致伤害ICS的行为发生时，“无心插柳”的内部人员又具有什么样的意图呢？在这种情况下，实际意图是非常小的。不过，由于其他环境因素非常高（深入的系统知识、提升的访问特权、直接访问ICS资产、使用未经授权的工具、故意绕过安全策略等），所导致的净风险也非常高。原因在于，内部人员（如现场控制系统工程师或ICS供应商网站的支持专家）有可能成为混合攻击早期阶段的目标，而伪装成内部人员的人是难以检测和缓解的。

漏洞，无论是公开的、潜在的还是未公开的，都会给工业网络带来真正的、显而易见的风险。2014年7月，披露的影响ICS的漏洞共有832个，比过去6个月发现的ICS漏洞多10%[5]。超过80%的ICS漏洞发现于2010报道Stuxnet病毒之后[6]。显然，ICS组件的安全研究和脆弱性识别已经占据重要地位。传统信息安全会议，如Black Hat和DEFCON，现在已经包含ICS方面的演示内容、专门跟踪以及相关的培训班。

信息安全聚焦于资产，通常包括IT业务系统、系统中的数据，以及生产、传输和存储的信息。一次成功的网络攻击引起的后果可能会非常严重。2013年发生的零售商Target数据泄露所付出的实际代价，在本书出版时仍然是未知的[7]，不过有人估计Target的损失可能超过10亿美元[8]，为了更新其销售点的支付终端，Target预计将花费1亿美元[9]。

现在考虑运行安全必须管理的风险，不仅包括来源于直接的ICS资产的风险，而且还包括来自ICS控制下的资产风险，这些资产包括实体工厂、机械设备、操作人员、周围社区和环境。一个ICS网络攻击所产生的后果可能对系统本身不会造成直接影响，而是造成所控制的设备运行不正常，从而影响产品质量和生产效率，甚至可能跳闸或关闭设备；可能会出现机械损坏，从而付出昂贵的修理费或需要进行更换，且延长了设备停机时间；可能直接释放有害物质，影响周围社区，从而造成经常被罚款；事件也可能直接导致人员伤亡。

图8.1说明了前面提到的概念和术语之间的关系，以及作为整体风险过程的一部分是如何相互依赖的。

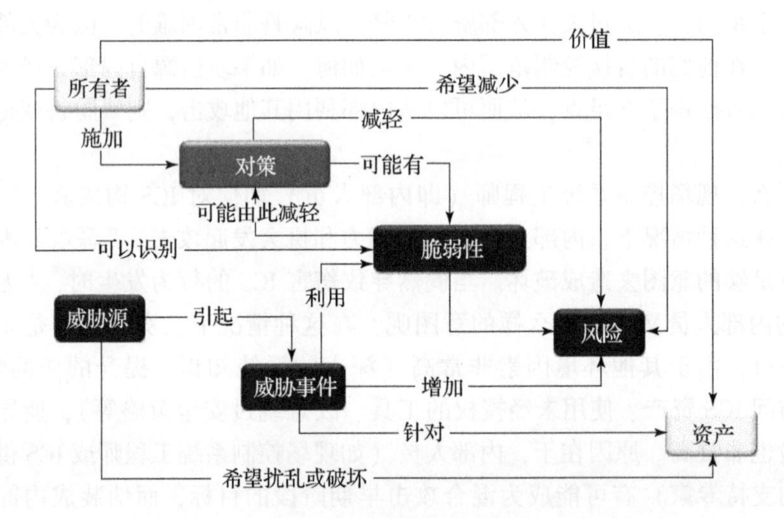

图8.1 理解风险关系[26]

8.1.3 风险管理标准与最佳实践

有许多国家和全球公认的标准和最佳实践都侧重于风险管理的概念。不过，大部分文档是“信息安全风险”形成的基础，对“运营安全风险”关注较少。换句话说，由于没有考虑用于识别和披露支持联邦法规需要的重要风险因素（如通常在公司年度报告中报道的风险、10-K表格或类似风险），而只有一些IT系统面临的风险，这些文档无法形成风险管理框架的基础。从上一节可以看出，运营安全风险超出了物理和逻辑ICS资产范畴，已延伸至ICS组件控制下的物理设备。

维护认可文件的一些组织，包括欧盟网络与信息安全机构（European

Union Agency for Network and Information Security，ENISA）、国际标准化组织（ISO）、美国国家标准与技术研究院（NIST）等。关于进行 ICS 评估行业最佳实践的详细信息，请参见第 13 章“标准规约”。

表 8.1 列出了一些目前的标准及有关风险管理框架和评估技术的最佳实践。

表 8.1　风险方法标准和最佳实践

组织	公开号	描述
BSI	100－3	基于 IT－Grundschutz（为了帮助组织确定和实施有助于保护 IT 系统安全的措施，德国联邦信息安全局（BSI）创建了一套保护信息技术的基准标准）的风险分析
CERT	OCTAVE	关键操作威胁、资产和脆弱性评估
ENISA		风险管理/风险评估方法和工具的原则与编制
ISO/IEC	27005	信息安全风险管理
ISO/IEC	31000	风险管理
ISO/IEC	31010	风险评估技术
NIST	800－161	联邦信息系统和组织供应链风险管理实践
NIST	800－30	实施风险评估指南
NIST	800－37	联邦信息系统风险管理框架应用指南
NIST	800－39	管理信息安全风险：组织、任务与信息系统查看

在这些文档中，大都包含类似的需求，只是使用了略微不同的词汇表或细微的序列改变。很明显，在解决关键需求上，许多文档都提供了一致的基本指导，包括：

（1）资产识别。

（2）威胁识别。

（3）脆弱性识别。

（4）现有安全控制识别。

（5）结果识别。

（6）结果分析。

（7）风险评级。

（8）安全控制建议。

在已起草并批准的文件中，能够直接适用于制造环境并在工业系统中使用的非常少。为此，有必要改变这些方法，以调整目标和可交付成果，使之更紧密地与这些工业系统和所期望的降低运营安全风险的目标相一致。图 8.2 所示是一个已发布的混合评估方法，该方法列出了实施有效的 ICS 网络风险评估的必要步骤。图中的每个组件都会在本章其他部分进行介绍，其中，DREAD 模型是一种用于网络安全风险评估的模型，由微软公司开发，旨在通过五个维度评估网络威胁的风险等级，该模型包括破坏性（Demage）、复现性（Reproducibility）、扩散性（Exploitability）、波及范围（Affected Vsers）、发现难度（Discoverability）五个要素，每个要素都有不同的评估标准，最终通过计算每个维度的得分来确定威胁的严重程度。

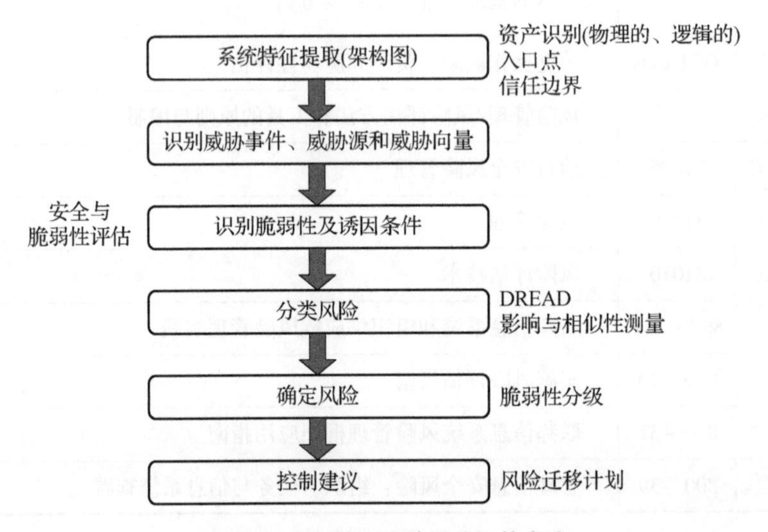

图 8.2　工业控制系统风险评估方法

8.2　工业控制系统风险评估方法

图 8.2 所示方法定义了用于识别威胁和漏洞的过程，这些威胁和漏洞不仅可能危及 ICS 的运行，而且还可能危及其直接和间接控制下设备的运行。这种方法将传统风险评估要素与安全性测试相结合。风险评估要素将定义用于根据假定风险选择安全控制措施的总体“策略”，而安全测试将定义系统的“操作”，以验证所考虑的系统内存在安全和相关控制措施的完整性。有时它会混淆评估风险和评估安全性之间的差异，这点很快就会变得清晰起来。

8.2.1 安全测试

人们通常认为，从任何安全测试中获得的好处与测试识别出的漏洞数量成正比。这些漏洞的形成，可能是由于所考虑的系统安全能力缺乏，也可能是由于评估过于彻底。目标应该是建立一个基于标准的方法，这些标准有助于推动评估之间的一致性，并且允许发现可能存在于多个系统之间的常见漏洞。

每天都会发现、披露和修补漏洞，并针对这些弱点开发新的漏洞和缓解技术。因此，所进行的任何评估、审计或测试只代表时间上的一个快照。这是“重复”过程背后的动机，由外部事件触发，可能包括：

（1）系统变化，如组件升级或系统迁移。

（2）威胁环境变化，如发布一个新的攻击工具包，如 Gleg 的 SCADA + Pack for Immunity CANVAS，或者发布了一个新的活动，如 Dragonfly/Havex。

（3）消逝的时间周期。

这些安全测试的目的不仅在于识别系统漏洞，还在于识别可能部署（或不部署）的安全控制措施，以及这些安全控制措施是否对不断变化的威胁环境仍然有效。这一领域的重点如图 8.3 所示。

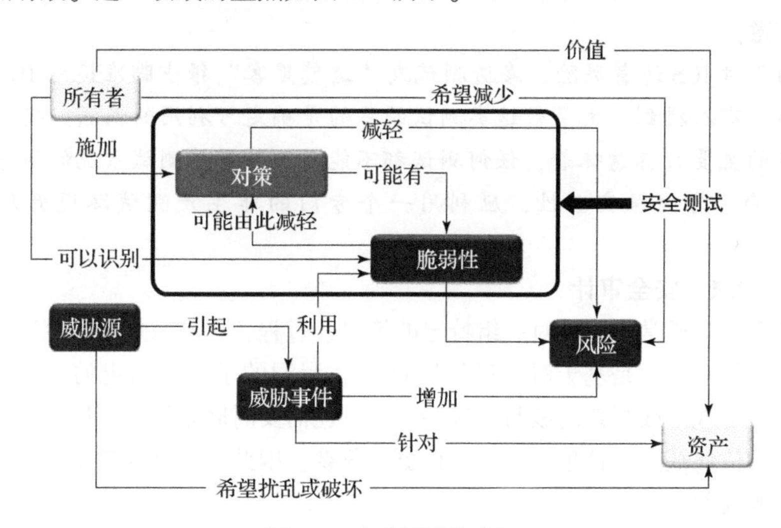

图 8.3 安全测试的动机

安全测试的目标是评估当前系统在特定安装环境中提供的安全等级。这意味着不仅要查看系统特定的详细信息（如 ICS 供应商、网络供应商、软件和硬件修订版），还要查看站点特定因素（如地理位置；遵守公司政策、程序、准则和标准；服务水平协议（Service Level Agreement，SLA）；以及项目特定文件）。这将有助于识别所考虑系统内的漏洞。这些漏洞不一定是技术缺陷，但可能是程序或工程错误。一旦确定了这些漏洞，将根据其严重性对其进行排序，并制定措施来补救或缓解这些漏洞。

可通过评估的形式评估系统以发现漏洞，或者通过尝试以黑客或外部威胁可能采用的方式攻陷系统以发现漏洞，这种方式通常称为“渗透测试”或“道德黑客”行为。渗透测试提供了系统如何呈现给潜在攻击者的准确表示，以及攻击成功可能需要采取的行动。在演示组件或系统是否会因为发现可利用的漏洞而受到损害时，它们也很有价值。渗透测试的结果或投资回报可能在很大程度上依赖于测试人员的技能和能力。这些类型的测试通常不会识别系统中存在的实际漏洞的高百分比，并且可能对系统产生负面影响。

现在将注意力从外部威胁转移到内部威胁。前面已经提到，由于内部人员掌握专门系统的重要知识，内部威胁对于 ICS 的影响通常更大。安全测试的目的不是攻击系统，而是确定系统具备的相对安全水平，并确定如何改善系统所具备的整体安全水平。这是下面的细节将基于从内部人员（像局外人一样代表可信的威胁者）角度评估系统所拥有的漏洞的主要原因。

注意：

由于对 ICS 运营风险，渗透测试或“道德黑客”很少瞄准运营 ICS 系统和网络。有人提到，大多数这类测试的目的是确定可利用的漏洞。安全性和可靠性的主要目标意味着，任何测试都不能对组件或被测试系统的运营产生任何影响。为确保安全性，应利用一个专门的非生产测试环境开展渗透测试。

8.2.1.1　安全审计

安全审计通常用于针对一组特定的策略、过程、标准或规则测试特定的系统。这些标准通常是基于对“已知”威胁和漏洞的了解而制定的。一旦发现新的、新出现的或复杂的威胁，这些文件可能需要时间来调整，以避免威胁可能利用的任何缺陷，这也使问题变得更加复杂。因此，审计通常不会发现意外或潜在的漏洞。

审计可以使用主动收集技术（需要直接访问待审计的系统）或被动收集技术（通常采用调查表和检查表）。因此，审计通常不需要像更彻底的安全评估或测试那样需要很多资源。

8.2.1.2　安全和脆弱性评估

安全和脆弱性评估为 ICS 用户与业务提供了一个很好地平衡成本与价值的

安全评估机制，可以使用的评估方法包括“理论”和“物理”两个方面。这类评估首先需要查看待评估系统的整体解决方案。这意味着，对于每个 ICS 系统和子系统，所有的服务器、工作站和控制器都应包括在内；第三方设备，如现场仪表、分析系统、PLC、RTU、IED 以及自定义应用程序服务器也均应包括在内；同样，半信任或非军事区同所有可信与不可信区域的通信均在评估的考虑范围之内。

主动和被动的网络基础设施包括在内，涵盖交换机、路由器、防火墙、配线间、配线架和光纤布线。远程访问包括在内（如可用），不仅涵盖来自外部用户对设备的访问（如远程工程师访问、远程供应商的支持），也涵盖本地控制区外部发起的，但仍保持在工厂边界内（如通过行政大楼、补丁管理系统以及安全监控设备工程接入）的通信。

用户识别、认证、授权和计费功能也包括在内，以便帮助发现身份识别和访问管理（Identity and Authorization Management，IAM）系统潜在的弱点（如 Microsoft Active Directory 和 RADIUS）。

对 ICS 架构内 100% 的主机实施完整的脆弱性评估是不切实际的，因此，脆弱性评估往往侧重于关键节点的子集。工业网络中部署的许多策略适用于所有主机，因而评估结果通常都很准确。如果评估一个主机，并发现它没有及时打补丁，那么很可能该架构内的所有主机都有相似的漏洞。另一个考虑因素是，工业网络内存在大量的重复和冗余，因此评估主机的一个小的子集，实际上可以反映出该复合体的很大比例。

注意：

脆弱性评估是在组件级别进行的，因此作为识别被评估目标是否存在已知漏洞的一个设计。当简单检查漏洞工具就可以发现它是否能够发现任何漏洞时，它可能是一种安全的替代方法，可以绕过对在线 ICS 设备（特别是像控制器这样的嵌入式设备）的任何测试。

8.2.2　创建测试与评估的方法

建立可重复的方法用于测试和评估 ICS 系统，一个挑战是缺乏一致的行业指导。讨论的渗透测试和漏洞扫描两个主要框架通常部署在 IT 环境中，每种都有适用于可信 ICS 流程的积极方面。不过，还存在一些明显差距，在线评估运营 ICS 之前必须解决这些问题。为协助改善这些过程以适应组织的特殊需要，我们提供了下面的建议。

8.2.2.1　定制用于工业网络的方法

现在是时候利用我们所学知识定制一个专门的、可以用来适应特定待评估系统的方法；无论是用在石油冶炼或石油化工设备的分布式控制系统（DCS），还是用在废水处理设施的SCADA系统。针对工业网络的安全测试，总体重点需要涵盖广泛的技术和组件，应评估所有ICS边界的安全，不仅包括局域网络，还包括无线网络、通过远程接入方式连接的远程网络、调制解调器及通常不会出现在网络架构图中的潜在“人工传递网络”。

所获得的信息将用于评估整个网络架构，以及理解安全区域与通道的基本组织，如何将防火墙部署在各个区域间的通道中（包括一个或多个“功能性”半可信或非军事区）。要分析ICS现场网络、现场控制器和监控设备之间的通信信道（通道），我们的目标是寻找可能允许未经授权访问工业网络的脆弱点。

重要的是，在评估中要包括“社会”方面的内容。从与工业系统交互的各种人员如何使用组件来执行其分配的职责中，可以了解很多信息。这些人员包括关键功能角色、最终负责与ICS交互以控制设备的业务人员、管理和配置ICS的工程人员以及服务和支持ICS的维护人员（包括可能的供应商支持人员）。

要彻底了解被评估的系统，这一想法再怎么说也不够。渗透测试的确切定义各不相同，尽管人们普遍认为，任何渗透测试的目标都是“破坏安全并渗透系统”。换言之，成功利用漏洞或弱点。在运营工业网络中进行渗透测试尝试，可能会导致系统不稳定、性能问题或系统崩溃。这不仅可能导致拒绝服务的情况，而且可能导致ICS内部严重的视图丢失或控制失控的情况，这可能对制造过程造成严重的影响。一般的规律是，永远不应该在活动的、在线的ICS组件中进行渗透测试，而仅限于在离线、实验室或开发系统中进行渗透测试。

注意：

在ICS或工业网络中进行任何在线活动时，切记工业系统优先考虑以下事项：

(1) 人类健康和安全。

(2) 系统中所有组件的可用性。

(3) 数据通信的完整性（和及时性）。

安全评估和测试永远不要影响任何这些优先考虑的事项！

8.2.2.2 理论与物理测试

工业系统有可能需要及时进行评估；不过，运营完整性风险实在是太大了，以至测试带来的即使是最轻微的风险都不允许出现。为此，可能需要实施“理论”评估，既可以为被评估系统提供一定程度的安全保障，也不与ICS组件产生任何物理接触。这种评估是基于一种标准化的方法，即以一种“面谈”的形式，根据给定的安全基线完成问卷。只有以小组形式进行评估，并由代表工程、运营、维护、采购、HSE 等部门的知识渊博的跨职能团队组成，才能获得准确的结果。

理论评估也可以作为一个初始机制来提高组织内部的意识，开始一个内部网络安全计划。这些评估的结果对于理解主要差距和实现后续更深入的分析非常有价值。

美国国土安全部（Department of Homeland Security，DHS）工业控制系统网络应急反应小组（ICS - CERT）已经开发出了进行离线评估的网络安全评估工具（Cyber Security Evaluation Tool，CSET）。CSET 提供了一个逐步评估 ICS 的过程，该过程基于与一组公认的行业标准进行比较的安全实践。所提供的解决办法以优先推荐列表的形式生成输出，其中包含可操作的项目，以便基于标准基线改进评估系统的安全性。图 8.4 所示是通过 CSET 产生的输出示例。

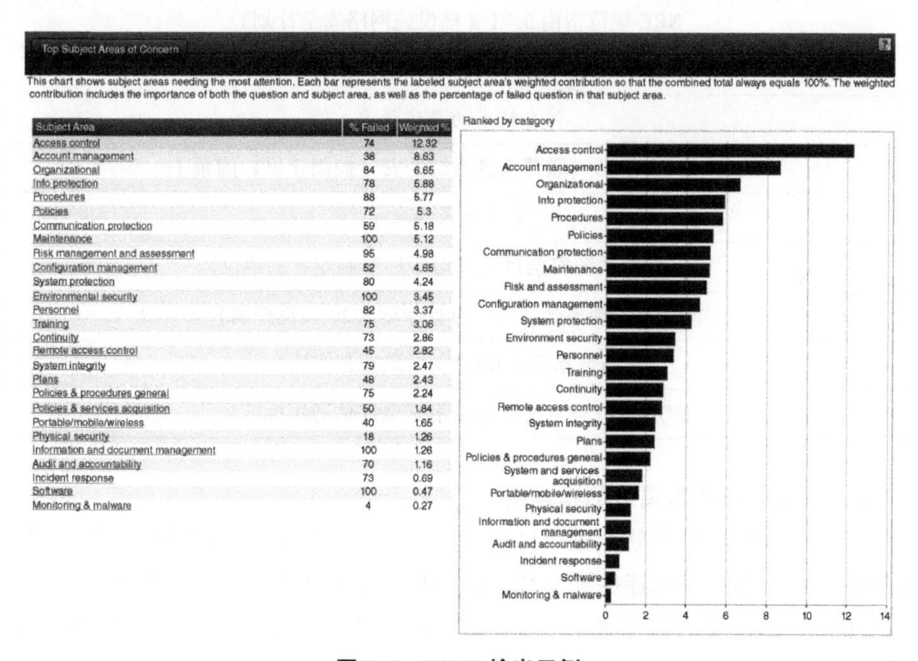

Subject Area	% Failed	Weighted %
Access control	74	12.32
Account management	38	8.63
Organizational	84	6.65
Info protection	78	5.88
Procedures	88	5.77
Policies	72	5.3
Communication protection	59	5.18
Maintenance	100	5.12
Risk management and assessment	95	4.98
Configuration management	52	4.65
System protection	80	4.24
Environmental security	100	3.45
Personnel	82	3.37
Training	75	3.06
Continuity	73	2.86
Remote access control	45	2.82
System integrity	79	2.47
Plans	48	2.43
Policies & procedures general	75	2.24
Policies & services acquisition	50	1.84
Portable/mobile/wireless	40	1.65
Physical security	18	1.26
Information and document management	100	1.26
Audit and accountability	70	1.16
Incident response	73	0.69
Software	100	0.47
Monitoring & malware	4	0.27

图 8.4　CSET 输出示例

对于许多组织而言，CSET 的价值在于，由于其对提出的同样问题给予了相同的要求标准，因而为开展评估提供了高层次的一致性。CSET 的未来版本还将支持用户输入自己的问题集，以根据内部或自定义的安全实践来评估系统，这些安全实践可能与该工具包含的标准和最佳实践不完全一致（参见表 8.2 包含的标准列表）。

表 8.2 DHS CSET 工具中使用的标准和最佳实践

通用控制系统标准
NIST SP800－82《工业控制系统安全指南》
NIST SP800－53《联邦信息系统的安全控制建议》附录 I
行业特定的标准
CFATS《基于风险的绩效标准指南 8》（网络版）
《INGAA 天然气管道行业控制系统网络安全指南》
NEI 0809《核电反应堆网络安全计划》
《NERC－CIP 可靠性标准》CIP－002－009
《智能电网网络安全 NISTIR 7628 准则》
NRC 规范指南 5.71《核设施网络安全计划》
DHS－TSA《管道安全指南》
信息技术的具体标准
NIST SP800－53《联邦信息系统的安全控制建议》附录 I
需求模式标准
DHS 控制系统安全目录《对于标准制定者的建议》
网络安全理事会－共识审计指南（20 关键控制）
国防部指令 8500.2《信息安全实施》
ISO/IEC 15408《信息技术安全评估通用标准》

8.2.2.3 在线与离线的物理测试

利用实际的硬件和软件进行物理测试，包括被评估系统的组件，可在实际运行的工业网络或在未连接到物理过程并执行实时控制操作的环境中进行。每种技术都有各自的优点和缺点，必须由组织在开始活动之前建立测试目标进行评估。

在线测试的最大好处是它代表了一个完全的功能性和操作性的 ICS 架构，包括所有的系统、网络和数据集成。离线环境通常反映了整体架构的一小部分，并且可以省略关键组件，这些组件是评估的重要组成部分，包括完整的网络拓扑结构以及与第三方系统和应用程序的连接。

之所以讨论离线测试，是因为会出现无法对关键的、高风险的ICS组件执行在线测试的情形。在这些情况下，离线测试可以从一个“组件级”的视角得到合理的结果。如果得到关键部件的联机备份映象，然后装载到脱机平台上，测试结果的准确性可以获得极大改善。这不仅可以让更多的、更严格的测试针对离线主机，如可能的组件测试，同时也评估备份恢复工具的可靠性(这也是一个重要的安全控制)。表8.3提供了在线和离线测试方法的一些其他的优缺点。

表8.3　在线与离线测试关注点对比

在线测试	离线测试
代表实际的网络配置	可以包含ICS组件的实际配置
含有易变的ICS组件	可以包括虚拟化技术
包括完整的架构，包括第三方组件	很难包括所有的第三方组件
可以用来测试网络漏洞对攻击的敏感性	缺乏真实的网络架构
可以测试不太重要的第三方组件的漏洞	善于测试ICS组件及其脆弱性
	可用于测试利用漏洞的能力（道德黑客）

安全测试的另一个重要特征是了解在对实际系统配置（拓扑、应用、认证证书等）知之甚少的情况下观察系统之间的区别，或者查找系统并收集尽可能多的信息，这些信息有可能会暴露不太明显或潜在的弱点。ICS安全测试的首要目标应是尽可能好地保护系统，而不是仅保护潜在攻击者可能看见的漏洞。当一个测试是以后者的方式进行时，系统被认为更能抵御未来的攻击。这是ICS安全评估最佳实践遵循“白盒”方法的原因。表8.4提供了一些这类测试之间的主要区别。相对黑盒测试，白盒测试的优势将在8.5节“脆弱性识别”中更详细地阐述。

表8.4　白盒测试与黑盒测试关注点对比

白盒测试	黑盒测试
评估的目的是发现可能导致攻击的安全漏洞，而不是攻击能力	以攻击者看到系统的方法实事求是地表示系统
为测试成功，要求资产所有者透露重要信息	保护资产所有者的知识产权
提供最全面的脆弱性和风险	不提供完全暴露的风险
通常包括误报	

8.3 系统表征

一旦将“物理”和“在线”测试作为实施安全测试的前提，将要进行的第一个活动就是表征或识别待评估系统的所有物理和逻辑资产。期望完整清晰地列出资产清单和文档非常困难，其结果往往存在分歧。这就是为什么在测试开始之前，将获得的文档只作为测试的起点，并应始终验证文档的准确性。安全测试的目的是通过识别体系结构中的安全漏洞，以确保目标系统安全。切记，评估没有识别或事先未知的资产是非常困难的！

使用安全区域概念，可以很好地完成系统表征和资产识别。这种方法提供了使用一个框架并创建区域边界的能力，此时该区域边界称为“信任边界”。如果建立了信任边界，那么重要的是描绘出所有需要穿透边界的外部入口点。区域/通道和可信/不可信关系的概念在第 9 章“建立安全区域与通道”中详细阐述。图 8.5 表示单个区域的参考架构，该区域将用于讨论信任和入口点的概念。

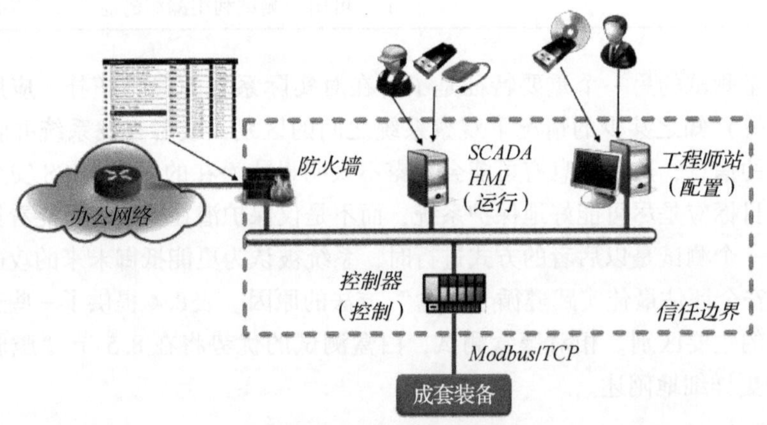

图 8.5 信任边界和入口点

参考架构包含区域内的三个物理资产（SCADA HMI、工程师工作站、控制器）和通道上的一个资产（防火墙）。来自受信任用户的入口点也可以用作来自不受信任用户或潜在攻击者的攻击向量，因此，最重要的第一步就是要了解所有可能将“内容”引入资产的机制，以及当前部署和使用的资产，以了解架构的初始攻击面。SCADA HMI 和工程师工作站的内置无线功能（802.11、蓝牙等），是未使用或隐藏资产入口点的一个实际例子，该平台具备这些功能，但目前可能尚未使用。表 8.5 总结了这些入口点，以及通常通过这些机制引入的数据或“内容”。

表 8.5　系统表征：识别入口点

入口点名称	入口点描述	与入口点相关的数据流	与入口点相关的资产
防火墙	办公室和控制网络之间的内部防火墙	AD 认证（LDAP）	工程师工作站
		AD 认证（LDAP）	操作员工作站
		文件共享（SMB）	工程师工作站
		文件共享（SMB）	操作员工作站
		历史数据（OPC）	操作员工作站
控制器的 Modbus 端口	被封装设备的嵌入式控制器 Modbus 端口	Modbus/TCP	控制器
键盘	EWS 上的键盘	键盘输入	工程师工作站
键盘	OWS 上的键盘	键盘输入	操作员工作站
CD/DVD 驱动器	EWS 上的 CD/DVD 驱动器	软件、数据文件	工程师工作站
CD/DVD 驱动器	OWS 上的 CD/DVD 驱动器	软件、数据文件	操作员工作站
USB 接口	EWS 上的 USB 接口	软件、数据文件、备份	工程师工作站
USB 接口	OWS 上的 USB 接口	软件、数据文件、备份	操作员工作站
无线	EWS 上的 WLAN/蓝牙	软件、数据文件	工程师工作站
无线	OWS 上的 WLAN/蓝牙	软件、数据文件	操作员工作站

了解安全的另一种方法，是对比资产和为保护资产而部署的控制措施之间的关系。在绝大多数情况下，规定和实施的安全控制措施往往用于保护特定“逻辑”资产，而不是“物理”资产。以在主机上安装防病毒软件（Anti-Virus Software，AVS）为例，AVS 的首要安全目的是防止在平台上执行未授权的恶意代码，原因在于，恶意代码经常以计算机中的信息为目标，如凭证和本地文件（主机的“逻辑”资产），而不是计算机本身（在这种情况下是“物理”资产）。

不过，任何通用规则总有一些例外。2012 年的 Shamoon 攻击能够通过破坏主引导记录使本地硬盘无法使用，进而造成计算机无法操作[10]。事实上，大多数的安全控制措施是为了保护逻辑资产，因此了解特定物理资产中的逻辑资产非常重要。表 8.6 提供了工业网络内公共逻辑资产的一些例子。

表 8.6　系统表：识别逻辑资产

物理资产	逻辑资产	威胁事件（针对逻辑资产的威胁）
防火墙	固件	修改固件以改变防火墙的行为
	管理端口	修改固件、修改配置、权限提升
	识别与认证服务	权限提升
	日志文件	修改日志以删除审计跟踪
	通信接口	拒绝服务
	配置	修改配置以改变行为或防火墙
网络	交换机端口	DoS 攻击、笔记本电脑连接注入恶意软件、权限提升
	交换机配置	修改交换机配置以改变交换机的行为
控制器	静态控制逻辑配置	修改配置以改变控制器行为
	控制逻辑算法库	修改控制算法以改变控制算法的行为
	动态控制数据	修改动态数据以改变控制算法的结果
	I/O 数据库	修改 I/O 数据以改变控制算法的结果
	控制器固件	修改控制器固件以改变控制器的行为
	Modbus 接口	DoS 攻击、发送引出指令
	以太网接口	DoS 攻击、注入代码（恶意软件）、发送引出指令
工程师工作站	Windows 操作系统	DoS 攻击、权限提升
	存储的文件	复制敏感信息、修改或删除文件
	工程和配置应用程序	修改存储的配置、发送命令到控制器、修改网络配置
	DLL	中间人攻击
	以太网接口	DoS 攻击、注入代码（恶意软件）、获得远程访问权
	键盘	DoS 攻击、权限提升、修改一切
	CD/DVD 驱动器	注入代码（恶意软件）、复制敏感信息
	USB 接口	注入代码（恶意软件）、复制敏感信息
	调制解调器	DoS 攻击、注入代码（恶意软件）、获得远程访问权

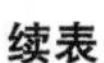

续表

物理资产	逻辑资产	威胁事件（针对逻辑资产的威胁）
操作员工作站	Windows 操作系统	DoS 攻击、权限提升
	存储的文件	复制敏感信息、修改或删除文件
	HMI 应用程序	向控制器发送命令
	DLL	中间人攻击
	以太网接口	DoS 攻击、注入代码（恶意软件）、获得远程访问权
	键盘	DoS 攻击、权限提升、修改一切
	CD/DVD 驱动器	注入代码（恶意软件）、复制敏感信息
	USB 接口	注入代码（恶意软件）、复制敏感信息
	调制解调器	DoS 攻击、注入代码（恶意软件）、获得远程访问权

8.3.1　数据收集

通过各种数据收集方法验证文档，并对系统资产进行特征描述或识别。当评估者对待评估系统越来越熟悉时，快速识别关键的物理和逻辑资产并形成硬件与软件清单将变得更加容易。在线资源是这项活动的重要组成部分，因为这将识别连接到工业网络（如果测试中包括 DMZ，DMZ 也要考虑）的所有设备。这不仅可以验证和更新现有的文档，而且可以发现隐藏的和无文档记录的设备和装置，这些设备和装置可能对工业体系结构构成重大风险。在线数据收集将提供准确识别特定设备上所有开放的通信端口和正在运行的应用程序/服务的能力。该信息稍后将用于评估系统内的潜在攻击向量。

有各种各样的扫描工具，无论是开源的还是商业的，都有助于数据收集。然而，扫描工具可能会对某些 ICS 组件产生灾难性的后果，在没有经过广泛的离线测试或未经企业负责人批准的情况下，绝不能使用。最危险的工具往往是"主动的"，它们高度自动化且通常将数据注入网络中。这些主动扫描器往往对 ICS 组件并不友好，建议仅在离线环境或生产中断期间使用，直到进行彻底测试后再使用。在工业环境中，可以使用被动式的测试工具，其风险较小，对 ICS 造成的威胁较小。这些工具将在 8.3.2 节"工业网络扫描"中进行讨论。

提示：

据报道，已经发生了不少有关主动的、自动化的工具用于工业网络并导致 ICS 停机的事件。这样的停机对业务的影响可能不仅损害开展测试的个体信誉，也影响安全方案本身，严重破坏了方案的商业价值。

可以从离线资源池中获得大量的信息，包括 ICS 组件的技术文档，如供应商手册、项目详细图纸、规格、建造手册和维修记录。系统配置数据可以提供有关硬件配置、软件应用程序、版本、固件等方面的大量信息。对于大多数的 ICS 平台、网络家电、第三方设备和企业接口等配置数据都是现成的，在物理测试开始前，需要提前获取。事先评估，无论是内部的还是外部的，都可以提供有价值的信息源，这些信息源可能不适合标准系统文档，但对改进任何安全测试的结果至关重要。

8.3.2 工业网络扫描

1. 设备扫描器

根据扫描目标的不同，可以使用不同类型的“扫描器”。最基本的类型是用于识别设备，并可能提供额外的功能，包括识别主机提供的具体应用和通信服务。“网络映射器”（Network Mapper，nmap）是当前最流行的设备扫描器之一，可用于最常用的操作系统。在开源社区，扫描器得到长足发展，目前已具备主机发现、主机服务检测、操作系统检测、规避和欺骗能力，并且可以通过 nmap 脚本引擎（Nmap Scripting Engine，NSE）执行定制的代码。

在大多数商业操作系统中，都内置了类似 ping 这样的基本设备识别工具，不过，大多数主机执行该命令的能力有限。ping 命令使用 ICMP 协议生成请求至目标设备，不过现在很多主机中的应用程序往往会阻止 ICMP 消息，从而造成获取的结果并不准确。安全组件很少转发 ICMP 消息，因此对于基于 ICS 区域的典型架构，使用该命令可能无效。

几乎所有设备都依赖于地址解析协议（Address Resolution Protocol，ARP）将第 2 层硬件地址（MAC）转换为第 3 层 IP 地址。这种类型的流量在所有网络中都是常见的和持续的，因为它是设备用于建立和保持同一 LAN 子网内通信所使用的主要机制。基于 ARP 的工具包括 arping 和 arp - scan，可有效地用于识别网络上的主机，在某些情况下，甚至可以绕过由防火墙保护的安全边界识别主机。

nmap 工具通过基于网络的外部数据包注入和分析完成所有的数据收集。这意味着，它向主机发送大量的流量并分析主机的响应。这种工具可能是攻击者希望了解网络中主机的真实表现，但是作为识别系统资产的方法使用时，实际上是一个表现非常差的工具。白盒测试的概念表明，应该使用工具来描述系统的“实际”特性，而不仅仅是“可识别的”特性。“网络统计（Network Statistics，netstat）工具是在大多数操作系统中都可获得的另一命令行功能，其参数在不同操作系统之间略有改变，该命令的有用性来自其显示许多基于主机的网络功能的能力，包括“主动”与“监听”网络连接、应用与相关服务/通信端口映射以及路由表。由于该工具具备识别远程主机活动会话及服务（建立一个网络数据流映射的重要信息）的能力，当试图识别一个特定主机上运行的应用程序和服务时（包括 NERC CIP 在内许多标准规约要求的），该工具可能有一定价值。该工具是一个命令行工具，不会在网络上注入数据包，因而不会危及 ICS 组件之间对时间敏感的网络通信，从而使之成为一个“友好的”和“被动的”的工具。

2. 漏洞扫描器

漏洞扫描器是一种常用的网络安全扫描器，有多种开源（如 OpenVAS）和商业（如 Tenable Nessus、Qualys Guard、Rapid7 Nexpose、Core Imapct、SAINT scanner）产品可以使用。漏洞扫描器通过将目标主机与已知漏洞数据库进行比较，从而找出目标中可能存在的漏洞。由于各个产品分别管理自己的漏洞库，而不是使用一个共同的信息库，使得各种产品检测漏洞的能力也有很大不同。

早些时候曾提到，公开地针对 ICS 和工业网络组件的漏洞数量正在增加。为工业网络内的脆弱性评估所选择的工具，必须能够识别目标主机的漏洞。在工业网络上执行漏洞扫描时，部署一个不能识别 ICS 组件的工具是没有意义的。

漏洞扫描器通常包括一些功能，使其能够在服务和应用程序识别（包括实际的脆弱性分析）之前执行设备扫描。这些工具通常能够从其他专用设备扫描器接受输入，以提高漏洞扫描的效率。漏洞扫描的更多详细信息将在 8.5 节“脆弱性识别”中提供。

3. 流量扫描器

流量扫描器是另一类扫描工具，常用于安全性测试活动中。这些工具用于收集原始的网络数据包，并将它们提供给后续分析，其中包括主机标识、数据流和创建的防火墙规则集。流量扫描器的基本形式，包括用于 Linux 的 tcpdump（以前称为 ettercap）和用于 Windows 的 windump。这些命令行工具主要用于捕捉和保存网络流量。

Wireshark 是一个典型的流量扫描器，通常用于分析 pcap 文件格式的网络流量。虽然 Wireshark 可用于收集原始网络数据包，但由于安全和存储器性能问题，不推荐将其用于该目的。Wireshark 提供了多种功能，包括基于各种条件过滤流量、为许多网络协议创建会话列表、提取可能存在于数据流中的有效载荷。

Wireshark 使用了协议“解析器”，使得 OSI 各层使用的协议在传递至下一层之前可以解析与呈现，以便允许在 Wireshark 的 GUI 中将各个层特定的协议细节进行可视化展示。表8.7所示是一些用于工业协议的Wireshark内置解析器的例子。

表8.7　Wireshark工业协议解析器

序号	协议描述	序号	协议描述
1	楼宇自动化控制网络	13	IP上的HART协议
2	布里斯托尔标准异步协议	14	IEC 60870－5－104
3	通用工业协议	15	IEEE C37.118同步相量协议
4	IP组件网络	16	Kingfisher RTU
5	控制器区域网络	17	Modbus
6	ELCOM通信协议	18	OMRON FINS
7	EtherCAT	19	OPC统一架构
8	控制自动化技术以太网	20	PROFINET
9	Ethernet POWERLINK	21	SERCOS
10	Ethernet/IP	22	TwinCAT
11	FOUNDATION现场总线	23	ZigBee
12	GOOSE		

微软开发了一个消息分析器，这是微软网络监视器的后续产品。该产品提供了Wireshark的许多捕获和可视化功能。顾名思义，这个产品不仅仅是一个网络流量分析器，更像是一个多功能工具，允许导入并分析事件日志和文本日志，可以在本地收集或者从其他工具如Wireshark和tcpdump导入跟踪文件。微软网络监视器不能像Wireshark一样支持解析工业协议，但它具有的特征使其在任何安全测试应用程序工具包中都是有价值的工具。

4. 存活主机识别

下面提供几个实例来说明一些工具如何用于工业网络执行存活主机识别。所有这些例子都使用root账户在Linux主机上运行。在生产系统上运行之前，这些命令都应该在离线环境中进行实践和测试。这些工具中的大多数都包含大量的选项，简单的排字错误就可能对工具的执行产生重大影响。

1）“静默”/“友好的”扫描技术

第一个例子演示如何用arping通过特定的网络接口（－i eth0）向目标（192.168.1.1）发送ARP请求（－c 1）。

```
# arping -i eth0 -c 1 192.168.1.1
```

接下来的例子演示了如何使用 arp - scan 命令扫描对应于特定网络接口（ - I eth0）配置的整个子网［注意该命令使用大写“I”而以前用的是小写“i”］，每 1000ms（ - i 1000）发送一次请求，并提供详细输出（ - v）。

```
# arp-scan -I eth0 -v -l -i 1000
```

arp - scan 命令也可以具体指定扫描使用 CIDR 表示的网络（192. 168. 1. 0/24），并不一定必须在本地网络接口（ - I eth0）上配置。这使得该工具扫描一般网络范围而不实际接收目标网络上的地址时非常有用。

```
# arp-scan -I eth0 -v -i 1000 192.168.1.0/24
```

下面的示例使用 tcpdump 命令启动数据包捕获，而不尝试解析地址到主机名（ - n），使用特定的网络接口（ - i eth0）写输出到文件（ - w out. pcap），且只包含特定目的 IP 地址（dst 192. 168. 1. 1）和通信端口（and port 502）的流量：

```
# tcpdump -n -i eth0 -w out.pcap dst 192.168.1.1 and port 502
```

你能看出前一个例子有什么错误吗？它实际捕获了什么流量？由于该命令只捕获特定目标地址的流量，永远不会看到返回的响应中包含相同 IP 地址作为源（src）的数据包。一个改进的例子，捕获通信双方的数据包，包括一个新的过滤器（dst x or src x），像这样：

```
# tcpdump -n -i eth0 -w out.pcap dst 192.168.1.1 or src 192.168.1.1
```

2）潜在的“噪声”/“危险的”扫描技术

有时安全测试可能需要使用更主动的工具，包括离线测试、生产过程中断时发生的测试和了解目标设备的预期响应之后发生的测试。第一个例子使用 nmap 命令在单个子网（192. 168. 1. 0/24）进行 ping 扫描（ - sn）。

```
# nmap -sn 192.168.1.0/24
```

为了更有效地探测目标系统，一些附加选项可以添加到 nmap 命令中，如使用一个 SYN 扫描（ - sS）、省略名称解析（ - n）、设置扫描计时（ - T3）、提供服务版本标识（ - sV）和操作系统识别（ - O）。使用 TCP 端口范围（1 ~ 10240），针对目标（192. 168. 1. 0/24）子网范围，将输出以 XML 格式保存到文件中（ - oX out. xml）的例子。

```
# nmap -sS -n -T3 -sV -O -p 1-10240 -oX out.xml 192.168.1.0/24
```

hping3命令是一个非常强大的命令行工具，可在网络上创建和发送特定数据包。它是一个Linux工具，在测试防火墙和针对不同标准的规则集的性能时非常有用。它将流量注入网络，该工具归类为噪声扫描类工具，因此在部署到生产网络之前应检查它与目标主机的兼容性。

第一个示例，使用Modbus/TCP端口（-p 502），发送单个只包含TCP报头的SYN标志位数据包（设置为-S）到单个目标（192.168.1.1）。

```
# hping3 -S -p 502 192.168.1.1
```

下一个例子，执行类似于前面描述的nmap -sS选项功能，通过对单一目标（192.168.1.1）扫描端口范围（--scan 1~10000）进行设置。第二个例子将输出重定向到“grep”应用程序中，并且只显示包含字符串“S”的行。表示响应包含一个设置了TCP头SYN + ACK标志的数据包。

```
# hping3 --scan 1 -10000 192.168.1.1
# hping3 -scan 1 -10000 192.168.1.1 |grep S..A
```

3）端口镜像和SPAN端口

目前，大多数网络都是使用交换机构建的，这些交换机在主机和它所连接的交换机之间提供一个单一的冲突域。然后，交换机负责维护本地硬件地址（MAC）表，并根据需要将流量转发到包含所需MAC目的地址的访问端口。这意味着，从一个计算机的网络接口可以监测的流量类型仅包括以该计算机为目的的流量及本地网络的广播和多播流量。有必要在相邻的交换机上启用一个称为“端口镜像”或“跨端口”的特性，该特性将交换机内的所有网络流量转发到所需目标的访问端口，也转发到镜像端口。此修改需要对交换机的特权访问，并将大量流量转发到镜像端口。当不再需要这个特性时，应该注意禁用该功能。

下面的例子说明在Cisco Catalyst 2960交换机上创建SPAN端口，将快速以太网端口1-23的流量镜像到端口24。

```
C2960# configure terminal
C2960(config)# monitor session 1 source interface range fe 0/1 - 23
C2960(config)# monitor session 1 destination interface fe 0/24
```

这种技术允许安全测试员连接到每个交换机，并收集存在于本地或经由交换机上行链路传输的网络流量。对安全测试而言，镜像是一个有益步骤，提供了一种被动收集实际网络通信的快照，可以用于附加分析和报告中。

大多数工业网络可能包括一些以冗余方式配置的网络交换机，这就要求从所有交换机中收集数据，然后进行归并，以创建完整的工业网络的一个快照。与 Wireshark 一起安装的 mergecap 程序，提供了将多种 libpcap 格式的文件合并成单个文件以进行后续分析的能力。

```
#mergecap -w outfile.pcap infile1.pcap infile2.pcap …infilen.pcap
```

对工业网络进行扫描时，主动注入新的流量并以基于网络的主机为目标，一定会导致某种风险。表 8.8 最后再次提醒，IT 网络上的行为（其主要目标是基于 Windows 的主机）与 OT 或工业网络不同。许多常见 IT 行为的结果可以使用替代技术获得。

表 8.8　最小化 ICS 网络扫描风险

目标	典型 IT 行为	建议的 ICS 行为
主机、节点、网络	ping 扫描	（1）可视样本化路由器配置文件； （2）打印本地路由和 ARP 表； （3）实施物理验证； （4）进行被动网络监听； （5）在网络上使用 IDS； （6）有计划地扫描指定目标的一个子集
服务	端口扫描	（1）本地端口验证（netstat）； （2）扫描非生产网络上的备份、发布或测试系统
服务中的漏洞	漏洞扫描	（1）在 CVE 库中查找本地横幅抓取（“横幅抓取”是一种用于确定远程计算机正在运行的服务信息的活动）的版本； （2）扫描非生产网络上的备份、发布或测试系统

注意：

一定要记住，任何应用到在线 ICS 环境中的工具，必须在其应用到生产环境之前对其潜在的影响进行彻底的测试。任何在线测试程序还应包括一个提供在测试中发生意外情况时应遵循的步骤的行动计划。

5. 命令行工具

到目前为止，所讨论的大多数工具都是在“评估控制台”或其他计算机上运行的，传统上这些计算机都加载了加固版的 Linux，并连接到工业网络。书中提到的许多工具对大多数 ICS 组件都是友好的或具有最小侵入性的；然而，它们仍然向网络注入了新的流量，这在某些环境中是不允许的，因为即使是最轻微的改变，都可能对 ICS 的可用性和性能产生负面影响。还有一些替代方案，可以通过键盘和显示器的本地交互，而不是通过网络远程收集同样（如果不是更多）的数据。这些工具安装在大多数系统中，允许对现有设备实施健壮性评估，并能显著改善全面分析 Windows 主机的能力。这些工具还支持将输出写入可编辑文件的功能，可以合并文件并与其他数据组合，以便于分析和报告。

有多种可用的选项，大部分取决于安装在目标操作系统的版本。就本节而言，这些工具将集中在基于 Windows 的 ICS 主机平台上，并且讨论的工具可以从 Windows XP 专业版和 Windows Server 2003 操作系统中获取。

提示：

每个测试人员都需要一个完整的参考文本库，以便协助执行 ICS 安全测试。Windows 命令行管理员的口袋顾问[11]提供了 Windows 命令行实用程序最全面的参考指南，不过在 Windows GUI 的世界中经常被遗忘！

ipconfig 是一个常见的 Windows 命令行工具，不仅显示所有当前网络配置项的值，还可用于刷新动态主机配置协议（Dynamic Host Configuration Protocol，DHCP）和域名系统（Domain Name System，DNS）设置。ipconfig 提供的信息如下：

（1）硬件（MAC）地址。
（2）IP 地址（IPv4 和 IPv6）。
（3）子网掩码。
（4）默认网关。
（5）DHCP 服务器。
（6）DNS 服务器。
（7）基于 TCP/ IP 的 NetBIOS 启用/禁用。

下面的示例使用/all 选项提供网络设置的完整报告。该输出还被重定向（ > ）到文本文件（host. ipconfig. text），以便收集和使用。

```
C:> ipconfig /all > host.ipconfig.text
```

网络统计（netstat）命令是确定哪些应用程序在计算机上运行，以及它们如何映射到相关联的通信端口和服务名称的权威方法。它显示主机的本地和远程会话以及活动连接。netstat 提供的信息如下：

（1）活动的 TCP 连接。
（2）计算机监听端口。
（3）以太网统计。
（4）IP 路由表。

（5）IPv4 和 IPv6 统计信息。

该命令可提供几个参数。以下第一个示例表示请求所有活动连接（－a）和计算机正在监听的相关联的 TCP/UDP 端口以数字形式（－n），以及与所述连接（－b）相关的可执行文件。输出再次被重定向（>）到一个文本文件（host. netstat. text）。当用户账户控制（User Account Control，UAC）在 Windows 上启用时，这个命令需要提升权限。第二个示例增加了一个额外的参数限制 TCP 协议的信息（－p TCP）。第三和第四个示例，表明输出可以被输送（|）到第二个应用（findstr），其可以类似 Linux 的“grep”命令解析输出并只提供有效的（“ESTABLISHED”）或等待（“LISTENING”）的连接。与大多数命令一样，更多详细信息可以通过在不带参数的命令之后添加/? 查看。

```
C: > netstat -anb > host.netstat.text
C: > netstat -anbp TCP > host.netstat.text
C: > netstat -anb | findstr “ESTABLISHED”
C: > netstat -anb | findstr “LISTENING”
```

在某些平台上运行时，网络统计命令可能不会返回与正在运行的服务相关的可执行文件的名称，而是返回服务的进程标识（Process Identification，PID）。这需要执行 tasklist 命令，以提供关于所有正在运行的应用程序和服务以及相关的 PID 列表。

```
C: > tasklist > host.tasklist.text
```

在安全测试期间，收集该活动中每个主机的详细配置信息是有价值的。系统信息（systeminfo）命令提供有价值的信息，可以支持硬件和软件清单活动（稍后给出）：

（1）操作系统配置。

（2）安全信息。

（3）产品标识号。

（4）硬件属性（内存、磁盘空间、网络接口卡）。

下面的例子给出了 systeminfo 命令重定向输出（>）到文本文件（host. systeminfo. text），以用于保存。

```
C: > systeminfo > host.systeminfo.text
```

Windows 管理命令行工具（Window Management Instrumentation Command－line，wmic）提供了一套强大的系统管理功能，可以独立执行、交互执行，或作为批处理文件的一部分执行。通过访问 Windows WMI 系统，可以提取并以支持保存和分析的各种格式（CSV、HTML、XML、文本等）存储全面的系统信息。下一个示例，使用 wmic 查询系统，并以 HTML 格式（/format：htable）提供所有已安装软件（product get）的清单，并保存为文件（/output："host.products.html"）。

```
C:> wmic /output:"host.products.html" product get /format:htable
```

关于 wmic 如何使用的一些其他例子包括本地组管理（group）、网络连接（netuse）、快速修复工程（qfe）、服务应用管理（service）、本地共享资源管理（share），以及本地用户账户管理（useraccount）。

```
C:> wmic /output:"host.group.html" group list full /format:htable
C:> wmic /output:"host.netuse.html" netuse list full /format:htable
C:> wmic /output:"host.qfe.html" qfe list full /format:htable
C:> wmic /output:"host.service.html" service list full /format:htable
C:> wmic /output:"host.share.html" share list full /format:htable
C:> wmic /output:"host.useraccount.html" useraccount list full /for-
mat:htable
```

wmic 命令行工具总结如下：

```
C:>wmic/?
[global switches] <command>

The following global switches are available:
/NAMESPACE     Path for the namespace the alias operate against.
/ROLE          Path for the role containing the alias definitions.
/NODE          Servers the alias will operate against.
/IMPLEVEL      Client impersonation level.
/AUTHLEVEL     Client authentication level.
/LOCALE        Language id the client should use.
/PRIVILEGES    Enable or disable all privileges.
/TRACE         Outputs debugging information to stderr.
/RECORD        Logs all input commands and output.
/INTERACTIVE   Sets or resets the interactive mode.
/FAILFAST      Sets or resets the failfast mode.
/USER          User to be used during the session.
/PASSWORD      Password to be used for session login.
/ZOUTPUT       Specifies the mode for output redirection.
/APPEND        Specifies the mode for output redirection.
```

```
    /AGGREGATE    Sets or resets aggregate mode.
    /AUTHORITY    Specifies the <authority type> for the connection.

    /? [:<BRIEF|FULL>] Usage information.
    For more information on a specific global switch,type:switch-name /?
    The following alias/es are available in the current role:

    ALIAS                     - Access to the aliases available on the local system
    BASEBOARD                 - Base board(also known as a motherboard)management
    BIOS                      - Basic input/output services(BIOS)management
    BOOTCONFIG                - Boot configuration management
    CDROM                     - CD-ROM management
    COMPUTERSYSTEM            - Computer system management
    CPU                       - CPU management
    CSPRODUCT                 - Computer system product information from SMBIOS
    DATAFILE                  - DataFile Management
    DCOMAPP                   - DCOM Application management
    DESKTOP                   - User's Desktop management
    DESKTOPMONITOR            - Desktop Monitor management
    DEVICEMEMORYADDRESS - Device memory addresses management
    DISKDRIVE                 - Physical disk drive management
    DISKQUOTA                 - Disk space usage for NTFs volumes
    DMACHANNEL                - Direct memory access(DMA)channel management
    ENVIRONMENT               - System environment settings management
    FSDIR                     - Filesystem directory entry management
    GROUP                     - Group account management
    IDECONTROLLER             - IDE Controller management
    IRQ                       - Interrupt request line(IRQ)management
    JOB                       - Provides access to the jobs scheduled using
schedule service
    LOADORDER                 - Mgmt of system services that define execution
dependencies
    LOGICALDISK               - Local storage device management
    LOGON                     - LOGON Sessions
    MEMCACHE                  - Cache memory management
    MEMLOGICAL                - System memory management(config layout avail
of mem)
```

```
    MEMPHYSICAL                 - Computer system's physical memory man-
agement
    NETCLIENT                   - Network Client management
    NETLOGIN                    - Network login information(of articu-
lar user)management
    NETPROTOCOL                 - Protocols(and their network character-
istics)management
    NETUSE                      - Active network connection management
    NIC                         - Network Interface Controller(NIC)man-
agement
    NICCONFIG                   - Network adapter management
    NTDOMAIN                    - NT Domain management
    NTEVENT                     - Entries in the NT Event Log
    NTEVENTLOG                  - NT eventlog file management
    ONBOARDDEVICE               - Mgmt of common adapter devices built into
the motherboard
    OS                          - Installed Operating System/s management
    PAGEFILE                    - Virtual memory file swapping management
    PAGEFILESET                 - Page file settings management
    PARTITION                   - Management of partitioned areas of a
physical disk
    PORT                        - I/O port management
    PORTCONNECTOR               - Physical connection ports management
    PRINTER                     - Printer device management
    PRINTERCONFIG               - Printer device configuration management
    PRINTJOB                    - Print job management
    PROCESS                     - Process management
    PRODUCT                     - Installation package task management
    QFE                         - Quick Fix Engineering
    QUOTASETTING                - Setting information for disk quotas on
a volume
    RECOVEROS                   - Info that will be gathered from mem when
the os fails
    REGISTRY                    - Computer system registry management
    SCSICONTROLLER              - SCSI Controller management
    SERVER                      - Server information management
```

```
    SERVICE                - Service application management
    SHARE                  - Shared resource management
    SOFTWAREELEMENT        - Mgmt of elements of a software product in-
stalled on a system
    SOFTWAREFEATURE        - Management of software product subsets of Soft-
wareElement
    SOUNDDEV               - Sound Device management
    STARTUP                - Mgmt of commands that run automatically when
users log on
    SYSACCOUNT             - System account management
    SYSDRIVER              - Management of the system driver for a base service
    SYSTEMENCLOSURE        - Physical system enclosure management
    SYSTEMSLOT             - Mgmt of physical connection points(ports,
slots,periph)
    TAPEDRIVE              - Tape drive management
    TEMPERATURE            - Data management of a temperature sensor
    TIMEZONE               - Time zone data management
    UPS                    - Uninterruptible power supply(UPS)management
    SERACCOUNT             - User account management
    VOLTAGE                - Voltage sensor(ectronic voltmeter)data manage-
ment
    VOLUMEQUOTASETTING     - Associates disk quota setting with specific
disk volume

    WMISET                 - WMI service operational parameters management

    For more information on a specific alias,type:alias /?

    CLASS                  - Escapes to full WMI schema.
    PATH                   - Escapes to full WMI object paths.
    CONTEXT                - Displays the state of all the global switches.
    QUIT/EXIT              - Exits the program.

    For more information on CLASS/PATH/CONTEXT, type:(CLASS |PATH CON-
TEXT)/?
```

6. 硬件和软件清单

刚刚讨论过的命令行工具形成了可用于创建硬件和软件清单工具集的基础。这些清单是任何安全计划中至关重要的第一步，有助于确保工业网络及其连接设备的准确记录，以及在发布安全漏洞或提供软件更新时可以使用的快速参考。这些清单的编制可能是物理安全测试中最有价值的可交付成果之一。编制这些清单的步骤概述如下：

（1）使用 arp - scan 以确定所有与网络连接的主机。此命令必须在每个第3层广播域或子网中运行。通过获取使用 tcpdump 获得的整合网络捕获文件，并将其导入 Wireshark，也可以被动地实现这一点。Wireshark 包含几个统计特性，包括显示端点的功能。此列表表示在网络上进行主动通信的所有设备。此方法不标识收集捕获文件时未在网络上通信的节点。

（2）确认识别的主机已被授权用于工业网络。如果没有，检查该节点，并确定适当的操作。利用任何新发现的信息更新系统架构图。

（3）收集每个网络连接设备的主机平台信息，包括基本硬件和操作系统信息、网络配置细节、BIOS 版本、固件的详细信息等。可以通过使用 systeminfo 命令来获得，或通过第三方简单网络管理协议（Simple Network Management Protocol，SNMP）工具获得。对于非基于 Windows 的设备，通常需要人工手动获得，具体取决于设备。有些设备可能会通过标准的 Web 浏览器提供显示信息的网络服务（许多 PLC 厂商提供这些网页作为标准配置），而其他设备可能需要设备的工程或维修工具来收集这些信息。

（4）收集每个网络连接设备的应用程序信息，包括应用程序供应商、名称、版本、安装的补丁，描述应用程序在目标上安装的内容和方式的任何其他信息。这些信息可以使用带有 product get 选项的 wmic 命令获得。

（5）根据大小将这些信息整合到电子表格或便携式数据库中。所提供的数据本质上是敏感的，因此这些文件应根据当地政策进行适当的分类和控制。

7. 数据流分析

资产所有者，即使是 ICS 供应商，也并不完全了解构成 ICS 主机之间存在的底层通信和相关数据流。许多人不清楚数据流分析的价值，也就没有优先考虑这种做法。系统从先前的“扁平化”架构迁移到多个隔离安全区域的架构，因此记录这些区域之间存在的通信渠道是非常重要的。如果不理解这些，想管理用于连接这些区域的安全通道是非常困难的。既不理解通过防火墙的数据流，供应商也未能提供足够的数据流需求文档，那么很可能导致防火墙配置不当。

创建数据流图的步骤相对简单，资产所有者、系统集成商或供应商都可以为系统创建数据流图。在创建数据流图时，有两部分数据是必需的。第一部分是正常条件下系统操作产生的网络流量的快照，可以使用 tcpdump 进行收集。第二部分是需要多个网络捕获文件，可以利用 mergecap 工具将它们合并到单个文件。

接下来，利用 Wireshark 打开合并后的捕获文件，并利用 Conversations 通过 Statistics 功能完成简单的网络分析。图 8.6 所示的输出，反映了收集网络捕获时处于活动状态的主机到主机会话。然后，TCP 选项卡将显示用于这些会话的 TCP 端口。输出显示，有 91 个活跃的主机到主机的会话占用了 1113 对不同的 TCP 端口和 101 对 UDP 端口。可以使用额外的过滤手段来消除 224.0.0.0/8 和 225.0.0.0/8 的多播流量，以进一步降低配对。

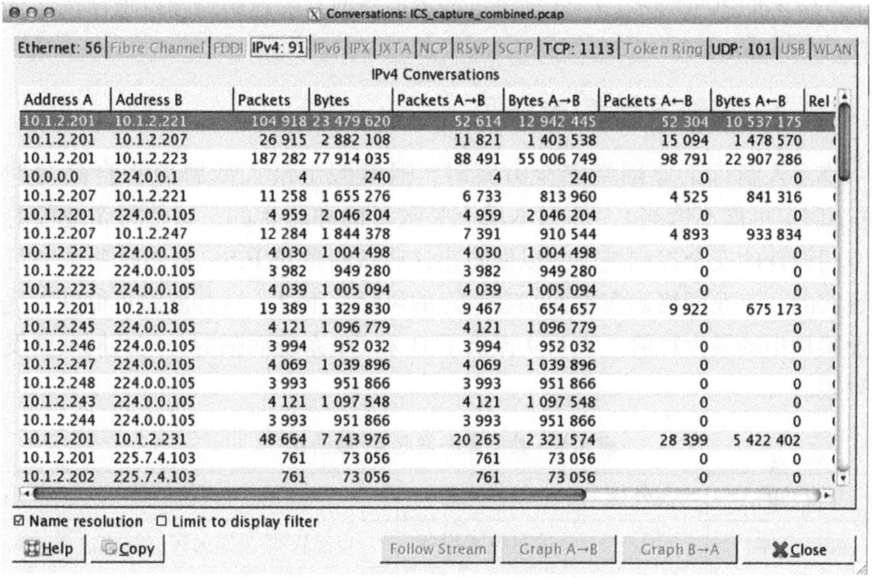

Conversations: ICS_capture_combined.pcap

Ethernet: 56 | Fibre Channel | FDDI | IPv4: 91 | IPv6 | IPX | JXTA | NCP | RSVP | SCTP | TCP: 1113 | Token Ring | UDP: 101 | USB | WLAN

IPv4 Conversations

Address A	Address B	Packets	Bytes	Packets A→B	Bytes A→B	Packets A←B	Bytes A←B	Rel
10.1.2.201	10.1.2.221	104 918	23 479 620	52 614	12 942 445	52 304	10 537 175	
10.1.2.201	10.1.2.207	26 915	2 882 108	11 821	1 403 538	15 094	1 478 570	
10.1.2.201	10.1.2.223	187 282	77 914 035	88 491	55 006 749	98 791	22 907 286	
10.0.0.0	224.0.0.1	4	240	4	240	0	0	
10.1.2.207	10.1.2.221	11 258	1 655 276	6 733	813 960	4 525	841 316	
10.1.2.201	224.0.0.105	4 959	2 046 204	4 959	2 046 204	0	0	
10.1.2.207	10.1.2.247	12 284	1 844 378	7 391	910 544	4 893	933 834	
10.1.2.221	224.0.0.105	4 030	1 004 498	4 030	1 004 498	0	0	
10.1.2.222	224.0.0.105	3 982	949 280	3 982	949 280	0	0	
10.1.2.223	224.0.0.105	4 039	1 005 094	4 039	1 005 094	0	0	
10.1.2.201	10.2.1.18	19 389	1 329 830	9 467	654 657	9 922	675 173	
10.1.2.245	224.0.0.105	4 121	1 096 779	4 121	1 096 779	0	0	
10.1.2.246	224.0.0.105	3 994	952 032	3 994	952 032	0	0	
10.1.2.247	224.0.0.105	4 069	1 039 896	4 069	1 039 896	0	0	
10.1.2.248	224.0.0.105	3 993	951 866	3 993	951 866	0	0	
10.1.2.243	224.0.0.105	4 121	1 097 548	4 121	1 097 548	0	0	
10.1.2.244	224.0.0.105	3 993	951 866	3 993	951 866	0	0	
10.1.2.201	10.1.2.231	48 664	7 743 976	20 265	2 321 574	28 399	5 422 402	
10.1.2.201	225.7.4.103	761	73 056	761	73 056	0	0	
10.1.2.202	225.7.4.103	761	73 056	761	73 056	0	0	

☑ Name resolution　☐ Limit to display filter

Help　Copy　Follow Stream　Graph A→B　Graph B→A　Close

图 8.6　利用 Wireshark 实现数据流分析

netstat 命令也可查看本地主机服务及使用这些服务的网络设备之间的映射，其附加选项会提供与主机间识别的通信信道相关联的应用程序和服务名称的一些提示。Wireshark 方法只显示 TCP 和 UDP 端口号。一种常见的方法是混合使用这两种技术，它提供了使用 Wireshark 快速创建总体图表的方法，以及使用 netstat 建立通信的附加细节。

8.4　威胁识别

按照图 8.2 所描述的风险评估方法，接下来应该是威胁识别，主要包括威胁发起者/威胁源、威胁向量和威胁事件。威胁识别可能是整个过程中最困难的一步，常常会略过该步，主要原因在于，想要描述清楚特定工业环境中风险的所有方面是非常困难的。此前描述了将网络安全控制措施应用于逻辑资产，而不是物理资产。物理和逻辑资产的识别发生在系统表征阶段。为了以后评估保护这些资产的控制措施是否到位，现在必须将资产映射到具体威胁。

有多种威胁映射方式，包括通过物理资产、威胁源（外部人员、内部人员）或按意图（有意的、无意的）建立映射，可以选择其中的一种。学习该过程最简单的方法是，首先通过物理资产建立映射，然后完成系统表征后扩展到逻辑资产。现在是时候考虑这些资产面对的威胁了。你可能发现，在该过程之前认为是风险的威胁，实际上风险很小。相反，那些经常被忽视的资产可能给 ICS 带来的风险最大，因此应通过部署适当的安全控制措施以最高优先级来减缓这些风险。

8.4.1 威胁发起者/威胁源

许多人制订工业网络安全方案时，通常假定最大威胁源来自公司外部（这个假定可能不恰当），并且本质上是敌对的和恶意的。这使得企业需要部署专门设计的安全控制措施，以便防止这些威胁危及 ICS。虽然这些威胁可能是真实的，工业网络确实也面临着一定的风险；不过，这些威胁可能并不代表工业架构中的最大风险。表 8.9 提供了 IT 和 OT 系统面临的一些共同威胁发起者列表。

表 8.9 共同威胁发起者/威胁源[27]

对抗性的	意外的	结构化的	环境的
外部个体	用户	信息技术设备	自然灾害（如火灾、洪水、海啸）
内部个体	特权用户	环境控制	人为灾难（如轰炸、超限）
可信内部人员	管理员	软件	不寻常的自然事件（如太阳能 EMP）
授权的内部人员			基础设施故障（如电信、电力）
Ad hoc 小组			
成立的小组			
竞争对手			
供应商			
搭档			
顾客			
国家			

几个威胁源记录的事件报告证实，大多数事件，特别是对受保护架构的最大风险来自内部或可信赖的合作伙伴。不幸的是，大多数部署的安全控制措施在保护 ICS 免受这些威胁方面作用甚微。以配置和管理 ICS 的现场控制系统工程师为例，为了提高工作效率和生产力，他们非常需要在自己的工作站上安装一套未经检验和不合格的工具。他们还知道，企业的反病毒软件和基于主机的防火墙经常会干扰这些工具的使用，由于他们是管理员，可以禁止工作站的这些功能。最初的恶意代码可能来自外部，但现在已是内部人员（工程师）触发了安全事件。将受感染的 USB 闪存盘插入具有提升权限和全球工业网络访问权限的工程师工作站时，为保护整个系统免受网络事件的影响，还剩下哪些控制措施呢？这就是 Stuxnet 病毒怎样感染其目标的！这就是为什么客观的风险评估过程是必要的。

这不是一个简单的练习，因此，通过关注故意（恶意）的外部人员、故意（恶意）的内部人员、无意的外部人员、无意（意外）的内部人员 4 个不同的威胁源来开始威胁识别活动可能是有益的。

8.4.2　威胁向量

威胁向量标识威胁源影响目标的方法，直接对应于前面所讲的工业控制系统风险评估方法中的入口点。之所以引入入口点的概念作为识别威胁向量的一个手段，是因为它提供了一种寻求超越传统的 IT 接入机制（如 USB 闪存驱动器和网络）的机制，并引入了更多的人为因素，包括使用的策略和程序。在进入威胁识别阶段之前，还会有意地确定入口点，以便让个人考虑不那么明显的机制（如一个未使用的无线 LAN 适配器）。

信任边界的建立，在确定和限制进入区域的潜在入口点或向量方面起着至关重要的作用。以通过防火墙连接到业务网络的工业网络为例，在这种情况下，进入 ICS 的入口点是通过防火墙的网络连接。此外，业务网络也有自己的一些入口点和威胁向量，可能潜在地允许来自不受信任区域（即互联网）到可信业务区域的未授权访问。当评估进入 ICS 区域的入口点时，这不在范围之内。既然进入 ICS 通道（本例中的防火墙）使用的安全控制措施必须相应地处理所有流量，比较有效的做法是将业务网络未经授权的外部流量和已授权的本地流量同等看待。当未经授权的外部威胁发起者假扮成潜在的可信内部人员时，这种方法提供了必要的应变能力。

表 8.10 为选择可能的 ICS 入口点和威胁向量提供了基本指南。

表8.10 常见的威胁向量

直接的	间接的
局域网－有线	应用软件（通过媒介）
局域网－无线	配置终端（通过串口）
个人区域网络（NFC、蓝牙）	调制解调器（通过串口、内置卡）
USB端口	人（通过键盘、摄像头）
SATA/eSATA端口	
键盘/鼠标	
显示器/投影仪	
串口	
摄像头	
电力供应	
隔离开关	

8.4.3 威胁事件

威胁事件表示特定威胁源实施攻击的细节。当威胁源是敌对方时，威胁事件通常用攻击中使用的战术、技术和程序（Tactics Techniques and Procedures，TTP）来描述。多个攻击者可能共同发起一个事件，同样地，一个攻击者也可以独立发起多个事件。这就是为什么建立ICS风险评估工作表的第一次尝试会很快成为一项非常复杂的任务；不过，在后续的评估工作中可能有较高的可重用性。最初建立的列表可能包含许多后来被确定为与待评估的特定系统无关或不相关的事件。不过，在早期的步骤中，最好不要排除任何信息。

由NIST发布的“风险评估指南”，提供了一个可以在进行ICS评估时使用的威胁事件的综合性附录。表8.11提供了一些从该列表中精选的相关事件。

表8.11 常见的威胁事件[28]

对抗性威胁事件	
进行网络侦察/扫描	关键系统的攻陷软件
进行组织侦察和监视	使用未经授权的端口、协议和服务进行攻击
鱼叉式网络钓鱼攻击	发动攻击使流量/数据移动能够跨边界
创建虚假/欺骗网站	发动拒绝服务（DoS）攻击

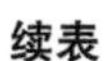

续表

对抗性威胁事件	
制作虚假认证	发动对组织设施的物理攻击
向供应链注入恶意组件	发动对支持企业设施的基础设施的物理攻击
向组织系统传播恶意软件	发动会话劫持攻击
向组织中插入被破坏的个体	发动网络通信修改（中间人）攻击
利用组织设施的物理访问	开展社会工程活动以获取信息
利用暴露给互联网的不当配置或未经授权的系统	发动供应链攻击
利用拆分隧道	通过渗出获取敏感信息
利用云环境的多租户	导致服务退化
利用已知漏洞	通过污染或破坏重要数据造成完整性损失
利用最近发现的漏洞	获得未经授权的访问
利用零日攻击漏洞	协调多态（跳板）攻击
多租户环境中违反隔离策略	协调使用外部（外部人员）的、内部（内部人员）的和供应链向量进行攻击
非对抗性威胁事件	
泄露敏感信息	火灾（纵火）
授权用户的关键信息误操作	资源竞争
不正确的权限设置	引入漏洞到软件产品中
通信竞争	磁盘错误

8.4.4　安全评估中的威胁识别

通过安全评估发现威胁是可能的，并且需要将发现的威胁添加到电子表格中，以便跟踪和衡量整个工作中的风险。在分析早期收集数据过程中发现的威胁，通常能够确定以下信息。

（1）从防病毒日志中发现受感染的媒介。

（2）从 Windows 事件日志发现受感染的台式机或笔记本电脑工作站。

（3）从本地磁盘评估发现损坏的静态数据。

（4）从网络资源的使用中发现复制到不可信位置的数据。
（5）从本地/域账户审查发现未关闭的账户。
（6）在访问未经授权的主机时发现被窃取的凭证。
（7）审查网络统计数据时发现过载的通信网络。

与威胁识别相关的任务，不仅能够提高人们对系统、系统操作及其运行环境的整体认识，也能提供有用的信息，可以在以后结合脆弱点发现来优化行动计划，并减轻为确保工业系统安全所选择的控制措施。

8.5 脆弱性识别

作为工业系统风险评估过程的下一个步骤，根据事先定义的安全测试规则开展脆弱性识别活动，是对整个ICS执行详细评估的基础。该活动将自动化工具（如漏洞扫描工具）与整个活动过程中收集的数据进行人工分析相结合。漏洞不仅存在于未打补丁的软件中，这些软件旨在纠正已发布的漏洞，而且还存在于使用了不必要的服务和应用程序中，这些服务和应用程序无法通过简单地扫描确定漏洞存在或不存在。脆弱性可能以不当认证、糟糕的凭证管理、不当的访问控制和不一致的文档等形式存在。严格的脆弱性评估应着眼于所有这些，甚至考虑更多方面。

评估阶段在很大程度上依赖于自动化漏洞扫描软件，也包括相关应用程序、主机和网络配置文件的审查。为了取得更好的评估效果，需要审查并记录所有现有安全控制措施的执行情况，同时还要检查ICS的全部物理资产。进行完全彻底评估过程的意图，是希望发现尽可能多的ICS漏洞。一些较常见的ICS脆弱性如表8.12所示。

表8.12　常见的ICS脆弱性

类别	潜在的脆弱性	类别	潜在的脆弱性
网络	糟糕的物理安全	ICS应用	糟糕的代码质量
	配置错误		缺乏身份验证
	糟糕的配置管理		使用脆弱的ICS协议
	不适当的端口安全		不受控制的文件共享
	使用脆弱的ICS协议		零日漏洞
	不必要的防火墙规则		未经测试的应用程序集成
	缺乏入侵检测功能		不必要的Active Directory复制

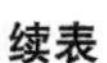

续表

类别	潜在的脆弱性	类别	潜在的脆弱性
配置	糟糕的账户管理	嵌入式设备	配置错误
	糟糕的密码策略		糟糕的配置管理
	缺乏补丁管理		缺乏设备加固
	无效的防病毒/应用程序白名单		使用脆弱的 ICS 协议
平台	缺乏系统加固		零日漏洞
	不安全的嵌入式应用		不充足的访问控制
	未经测试的第三方应用程序	策略	不充分的安全意识
	缺乏补丁管理		社会工程敏感性
	零日漏洞		不充分的物理安全
			不充足的访问控制

表8.12中所示的潜在脆弱性，希望在开展实际评估时能够给评估者提供一些提醒。该目标是确定可能存在于工业网络边界的后门或“漏洞”。对于那些几乎没有安全功能设计的设备和易受攻击影响的设备，需要首先进行确定，以便将它们单独放置在特殊的安全区域并单独进行保护。通过网络审查，可以发现发生通信劫持和中间人攻击的可能性。评估每一个与网络连接的 ICS 组件，以便发现潜在危及网络安全的没有打补丁或打补丁不合适的软件和固件。也要对供应商进行评估，以确保没有使用安全的编码技术及没有引入软件开发生命周期管理所导致的不必要风险。

8.5.1　漏洞扫描

漏洞扫描是通过审查一组主机配置并尝试发现可能存在的已知漏洞的过程。前面所述“漏洞扫描器”中的一些自动化工具是可以用于漏洞扫描的。另外，如果由于主机性能和可用性造成潜在负面影响而不允许对某个重要主机使用自动化工具的情况下，也可以手动进行这项工作。

手动漏洞扫描包括使用前面所述的一些命令行工具收集相关信息，并将获取的操作系统、应用程序和服务版本等信息与已知漏洞数据库进行比较。现在比较流行的两个漏洞数据库是由 NIST 主办的美国国家漏洞库（National Vulnerability Database，NVD）[12]和开源漏洞数据库 OSVDB[13]，这两个数据库记录的漏洞超过了10万条，其中大多数漏洞也被称为常见漏洞和暴露（Common Vulnerability and Exposure，CVE）的“常规枚举”系统收录。

一个简单的手动脆弱性评估的例子详细介绍如下：

（1）利用wmic命令，设置product get选项，列出所有Windows 2003 Server主机上安装运行的应用程序。

（2）SCADA应用软件显示为“IGSS32 9.0”，供应商名称为“7－Technologies”，版本为9.0.0.0。

（3）使用OSVDB，在快速搜索域中输入“igss”，返回若干结果。选择最近的项目后，提供一个指向通过ICS－CERT发布的公告链接，确认所安装的软件版本有已公布的漏洞。

（4）该公告包含有关如何下载和安装软件提供的补丁的信息。

显而易见，这个过程非常耗时，并且必须完成大量的相互对照比较。通过系统地评估目标，并快速地将提取的信息与文档化漏洞的本地数据库进行比较，使用自动化工具简化了这一过程。漏洞扫描程序依赖于外部数据来维持当前的本地数据库，因此应用程序应该在实施评估之前进行更新。此外，还建议在生成的安全测试漏洞报告中要包含更新序列号或使用过的数据。

正如前面提到的，有几个商业漏洞扫描器可以使用。在使用特定产品（商业或开源）时，所关注的重要特征是评估安装在目标系统上应用程序的能力，即使数据库中没有特定应用程序的漏洞（如许多嵌入式ICS设备的情况），扫描器仍然能够提供关于主动服务及与这些服务相关联的潜在弱点的有用信息。

使用漏洞扫描程序最重要的是获得尽可能准确的结果。最常见的实施方式是通过一种“认证扫描”，在设备上通过远程认证，然后进行各种内部审计，包括登记审查和网络统计，对目标执行有效的“白盒”评估。这些结果提供了目标真实安全状态的准确反应，而不是仅仅提供什么是潜在攻击者可见的信息。经过认证的扫描对目标也更“友好”，并不常向各种监听服务的网络接口注入过多的恶意流量。图8.7给出了Tenable网络安全公司的Nessus漏洞扫描器的例子，其中一个“黑盒”未认证的扫描只能产生4个高严重性漏洞，而针对同一目标的使用身份认证的扫描产生181个高严重性漏洞。

漏洞扫描最常见的方法是利用主动机制在网络上放置一些数据包。虽然许多应用程序可以控制扫描的“攻击性”，但是在使用任何主动技术进行扫描时，仍然必须密切注意扫描器对目标的潜在影响。

被动漏洞扫描器可通过网络数据包捕获收集分析所需要的信息，而不需要数据包注入。与主动扫描器描述目标上的漏洞“快照”不同，被动扫描方法

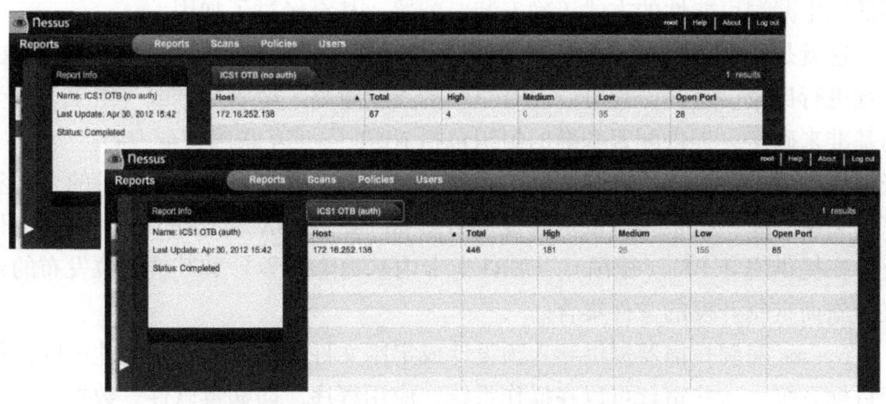

图 8.7　经过身份认证与未认证的漏洞扫描结果

提供网络的连续视图。它们能够枚举网络，并检测新增加的设备。这种类型的扫描器非常适合工业网络，因为网络拓扑结构是静态的，并且存在常规的流量模式和容量。

基于主机的漏洞扫描程序也可以使用；但是，它们不太可能在工业网络的 ICS 区域内被接受，因为它们必须安装在目标设备上。这些扫描器有助于对配置和内容检查的合规审计，因此它们确实符合需要。基于主机扫描器的一个很好的例子是微软基准安全分析器（Microsoft Baseline Security Analyzer，MBSA）。

在这一点上应该是显而易见的，即漏洞扫描器只能针对已知漏洞来评估目标。换句话说，它无法对“零日漏洞”或那些发现存在但还没有发布的漏洞提供指导。这就是为什么一个强大的深度防御安全计划必须依赖于防止、探测、响应和纠正能力，不仅要防范今天已知的威胁，还要防范明天可能出现的威胁。

注意：

未经事先测试及直接负责 ICS 操作人员的批准，漏洞扫描器永远不要应用于在线 ICS 和工业网络。

提示：

一个系统没有漏洞，并不意味着它已安全配置。

8.5.2　配置审计

漏洞扫描器的目的是针对一组已知的软件漏洞来评估特定目标。一旦设备更新了固件、安装了操作系统安全更新或证实该应用软件没有任何已知漏洞，那么目标现在是安全的吗？错！没有发现软件漏洞并不意味着软件按照有助于降低发生漏洞可能性的方式正确安装、配置，甚至经过了加固。

这就是所谓的配置“合规性审计”，即将主机的当前配置与一组可接受的设置进行比较。这些设置可以通过组织的安全策略、监管标准或一组工业接受的基准来确定。提供配置基准的组织包括 NIST[14]、互联网安全中心[15]、国家安全局[16]和 Tenable 网络安全公司[17]。由 Tenable 网络安全公司提供的合规和审计文件仓库，是很多可以从其他地方（如 CIS、NSA 和 CERT）获取的文件及旨在提供遵守 BSI（德国）、CERT（卡内基梅隆大学）和其他单位发布的建议措施而定制开发的文件集合。

Nessus 漏洞扫描器提供导入预设计或定制文件的能力，这些文件可以应用于目标系统。这些审计可以在操作系统、应用程序、防病毒软件、数据库、网络基础设施以及存储在文件系统中的内容配置上执行。图 8.8 给出了典型的合规性审计输出的例子，支持从现有的策略 inf 文件创建审计文件的工具。

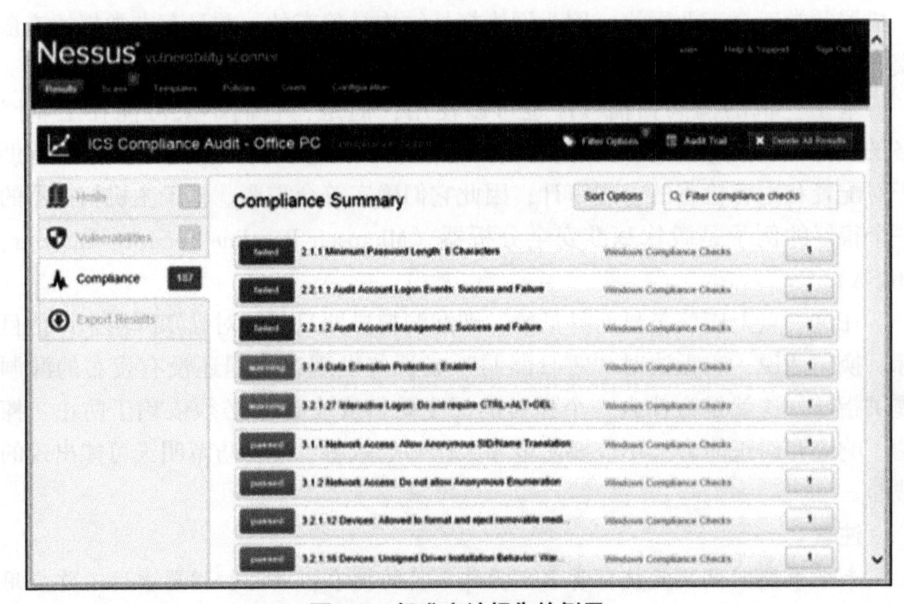

图 8.8　标准审计报告的例子

美国能源署资助了一个项目，并与 Digital Bond 公司合作开发一套用于 ICS 的安全配置指南[18]，该项目为 20 多种不同的 ICS 组件（表 8.13）提供了 Nessus 审计配置文件。这些审计文件提供了一种方法，通过该方法，资产所有者、系统集成商和供应商可以验证该系统是否已经依据一组一致的标准，以最优的、预先商定的方式配置好了。这些审计文件以专用的语法编写，均可以从 Digital Bond 公司网站上免费获取[19]。

表8.13　Bandolier项目ICS详情

供应商	平台
ABB	800xA PPA
Alstom Grid	e - terraplatform
CSI Control Systems International	UCOS
Emerson	Ovation
Matrikon	Security Gateway Tunneller
OSIsoft	PI Enterprise Server
Siemens	Spectrum Power TG
SISCO	AX - S4 ICCP Server
SNC - Lavalin ECS	GENe SCADA
Telvent	OASyS DNA

8.5.3　漏洞排序

安全测试过程中发现的漏洞并不都是可利用的。开发漏洞对于确定漏洞是否构成真正的威胁很有价值。不过，在考虑这项活动时，应该权衡成本和收益。更有效的方法是在特定架构中发现漏洞时，用一种客观的方法对漏洞的严重程度进行评级。存在于面向Internet的企业Web服务器上的漏洞，与存在于深嵌在组织内受保护的安全区域中的Web服务器上的漏洞风险是不同的。然后，在进行任一站点安全测试之后，可以使用此评估测试的结果来优先考虑纠正操作计划，从而在考虑较轻的漏洞之前优先考虑如何缓解较严重的漏洞（也就是那些代表组织的实际风险较高的漏洞）。

通用漏洞评分系统（CVSS）是一个免费的、开放的、全球公认的行业标准，用于确定系统漏洞的严重程度。CVSS不属于任何组织，由事件响应和安全团队论坛（Forum of Incident Response and Security Team，FIRST）维护。为每个漏洞提供1~3个不同的指标，从而基于0~10个标度产生一个分数，0~10反映了不同场景中应用漏洞的严重性（图8.9）。每个评分包含一个“向量”，该向量表示在计算总数时每个分量的数值。该评分系统允许漏洞基于它们对一个特定组织的实际风险进行优先排序。

基本评价指标和分数是CVSS唯一的强制性组成部分，并用于表示不随时间和用户环境变化的漏洞属性。这个分数通常是由披露该漏洞的责任方提供的，并且包含许多建议和安全警报。在风险管理中，这个基本分数可以看作“全部的无法缓和的”风险的度量。

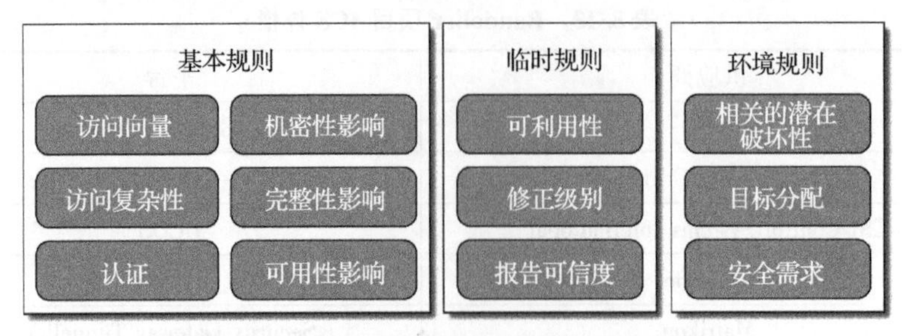

图 8.9 通用安全漏洞评分系统（第 2 版）

通过包含随时间变化而不随用户环境变化的漏洞属性，时效性评价指标和分数提供漏洞严重性的细化。这个数字随时间变化的例子是，漏洞是第一次披露的，还没有公开的漏洞利用程序（可用性可能是“未经证实的”或“概念证明”），不过，当从 Rapid7 获得的 Metasploit 框架一类的工具制作一个自动化漏洞利用模块时，时效性得分将会增加，以反映这种变化（现在可用性可能是“功能性”或“高”）。同样地，适用于修正漏洞的补丁程序或更新的可用性也会影响时效性得分，漏洞披露之初可能无法立即获得补丁，但在将来的某个时间会发布补丁。时效性分数不考虑特定用户或安装的任何独特特性。

环境评价指标和分数反映与用户环境相关且独特的漏洞属性。计算时，该指标为具有漏洞的系统和环境提供了“实际无法缓和的”风险的最佳指标。

有许多公式[20]可用于计算基于每个向量的个体得分，可以使用 NIST 的 NVD 网站提供的在线计算器[21]。

8.6 风险分类与分级

风险分类和排序过程提供了一种用于评估迄今为止识别威胁和漏洞的手段，并创建了一种彼此互相比较的客观方法。该活动支持创建实现工业系统的安全计划所要求的预算和进度。分类和排序对于制定一个“有效的”安全程序是很重要的，它可以同时满足业务操作和操作安全的目标。

8.6.1 后果与影响

安全性测试的数据收集方面已经完成，现在可以通过分类和排序对结果进行优先级排序。到此为止，如图 8.2 所示，产生了一组物理和逻辑资产，它们与一个或多个由攻击者（发起攻击的人）、向量（用于介绍攻击恶意内容的入口点）以及事件（用于执行攻击的方法）定义的威胁相匹配。资产也需要进行评估，以确定是否存在可能会被攻击者利用的任何漏洞或缺陷。根据先前给出的风险定义，最后一部分所需的信息应该是网络事件发生对操作带来的后果或影响的判定。术语“操作”在这里可用来替代“工业系统”，因为ICS的主要目的是控制制造设备，而不仅仅是处理信息。

一旦风险评估团队将重点从“系统影响”转移到“工厂影响”，不可缓解风险的严重程度就变得更加突出。表8.14提供了任一ICS组件无法执行其预期功能可能发生后果的一些例子。这些后果可能会对当地（工厂）、区域（周围的社区）或全球（国内企业、跨国公司）产生影响。

表8.14 常见ICS后果

常见ICS后果		
对质量的影响	经济（微）影响	生活的局部损失
客户口碑	机械压力或失败	普遍恐慌
生产损失	环境释放	经济的（宏观）影响
知识产权损失	灾难性设备故障	生活的普遍损失

很多人会质疑一个网络事件可能导致全球性的后果。据美国国土安全部的国家风险配置文件报道，美国陈旧的和日益恶化的基础设施可能对国家及其经济带来重大风险[22]。现在我们看看，天然气管道是日益恶化的基础设施的一部分，自1990年以来，美国的2800多起“严重”天然气管道事故是如何发生的[23]。ICS监控和控制与这些管道的机械完整性相关的参数，这些目标的吸引力是什么？如果战斗发生在传统的兵家必争之地，敌人获胜的机会很小，但在网络空间中，胜算发生了戏剧性的转移，并且ICS是任何发动对基础设施的网络战争的关键目标。很不幸，就在本书翻译过程中，也即2021年5月7日，美国最大的成品油管道运营商科洛尼尔（Colonial Pipeline）输油管系统遭遇俄罗斯黑客组织“黑暗面”（DarkSide）勒索攻击，导致美国东部沿海各州油气输送关键网络全线停运。

8.6.2 结果估计与可能性

在风险分类中，许多人面临的挑战是如何运用即将发生的网络攻击的“可能性”度量。传统的IT信息风险评估流程认为“可能性”是一个时间度量（这个事件在未来的一个月、一年或更长的时间是否会发生）。如果使用计算风险的直接定量方法，通过应用可能性低的数字并假设事件在未来的某一时刻之前都不会发生，就可以快速地阻止多个漏洞造成的非常严重的威胁。你能看出其中的破绽吗？如果今天发生的事件明年也可能发生，难道它不意味着其与后果相关的成本会更大吗？毫无疑问，诸如通货膨胀、资金成本、人口增长，以及其他许多会引起事件成本增长的因素，并没有反馈到最初的计算模型。以前面的天然气管道为例，如果你对管道不做任何维护，那么它会在未来的某个时刻失灵。由于管道始建于农村地区，但20年后它可能已经是居住区的一部分，其后果很可能大于当前。

这些情况表明，我们需要使用其他的形式估计网络事件及其后果的可能性。DREAD模型（用5个等级类别中每个等级的第一个字母命名）是由微软开发的，并作为其软件开发生命周期（Software Development Lifecycle，SDL）的一部分，以提供一种方法对安全漏洞进行分类。此模型（表8.15）通过以不同的方式观察这些因素，并提供了计算后果和可能性的间接方法。例如，与其询问漏洞被利用的威胁是否可能在未来6个月内发生，不如考虑利用此漏洞需要获取的知识（exploit代码）有多么容易。如果可以通过互联网或开源工具获得相关信息，此漏洞将被利用的可能性比该漏洞还未发布概念验证代码（PoC码）时被利用的可能性要大得多。类似地，如果漏洞利用对攻击者的技术水平要求较低（如一个脚本小子可以执行攻击）的情况下，漏洞更有可能被利用。

表8.15 DREAD模型[29]

名称	评级	高	中	低	间接度量
D	破坏性	攻击者可以破坏安全； 得到完全的信任授权； 以管理员身份运行； 上传内容	泄露敏感信息	泄露琐碎信息	后果
R	复现性	攻击每次都能被复制； 不需要定时窗口； 不需要身份验证	攻击仅可以在一个定时窗口和特殊情况下再现； 需要授权	即使有安全漏洞知识，攻击也难以再现； 需要管理权限	可能性

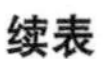

续表

名称	评级	高	中	低	间接度量
E	扩散性	新手程序员可在很短时间内进行攻击； 简单的工具集	熟练程序员可发起攻击，然后重复步骤； 利用代码/工具公开可用	攻击需要极其专业的技术人员和深入的知识，以及可用的时间非常多； 定制利用代码/工具	可能性
A	波及范围	全部用户； 默认配置； 主要资产	有些用户； 非默认配置	比例很小的用户； 普通的功能； 影响匿名用户	后果
D	发现难度	公布信息说明了攻击； 发现漏洞最常用功能； 非常明显	漏洞在产品很少使用的部分； 仅少数用户遇到； 需要理解恶意使用	Bug是模糊的； 用户无法解决潜在损害； 需要源代码； 管理权限	可能性

DREAD模型提供了一种“定性”的方法，为5种分类的每一种都指定一个值，这对于很难就确切数字（美元、月数等）达成共识的小组评估实践是有用的。为每个等级分配一个数值，使得DREAD模型可以随着已获得的资产、威胁和漏洞数据以电子表格的形式实现。在这一点上，六西格玛质量功能展开（Quality Function Deployment，QFD）是一种比较合适的方法，因为这可以直接应用到DREAD模型，将定性参数（高、中、低）转化为可以统计分析的定量值。

8.6.3　风险分级

对DREAD模型而言，应用QFD允许合并数据，并与资产、威胁和漏洞数据一起使用。图8.10给出了对照图8.5所示参考架构使用的完整过程示例电子表格的一部分。映射是使用“10=高”“5=中”和“1=低”来实现的。这样做是为了在高或“严重”项与低或“中等”事件之间提供足够的数值分离。有了这个数值化方案，两个中等可能等于一个高级。其他可能性包括使用 1、3、7 系统，使三个中等超过一个高级等。数字 1、2、3 没有被使用是因为相比高等级而言，这可能会在低或“不严重”项上设置了一个不恰当的权重。

Intent	Threat Source	Physical Asset	Logical Asset	Entry Point	Threat Event (Threat to Asset)	Vulnerability (General)	D	R	E	A	D	Risk Score
Intentional	Outsider	Firewall	-	-	Make a physical change (reboot, pwr)	Physical security breach	10	10	10	10	10	10
Unintentional	INSIDER	Firewall	-	-	Make a physical change (reboot, pwr)	Human error	10	10	10	10	10	10
Intentional	Outsider	Firewall	Firmware	Management Port	Modify stored data (mem, hist, file)	Logical network security breach	5	5	5	10	1	5.2
Unintentional	INSIDER	Firewall	Firmware	Management Port	Modify stored data (hist, prog, firm)	Human error	5	10	10	5	10	8
		Firewall	Management Port	Physical Access								[illegible]
Intentional	Outsider	Firewall	Ident / Auth Services (Credentials)	Logical Network Access	Steal information	Logical network security breach	10	5	5	10	10	8
Unintentional	INSIDER	Firewall	Ident / Auth Services (Credentials)	Logical Network Access	Disclose information	Spyware, file sharing	10	1	10	5	10	7.2
Intentional	Outsider	Firewall	Log Files	Logical Network Access	Modify stored data (mem, hist, file)	Logical network security breach	5	5	5	10	10	7
Unintentional	INSIDER	Firewall	Log Files	Logical Network Access	Modify stored data (hist, prog, firm)	Human error	1	1	1	1	1	1
Intentional	Outsider	Firewall	Communication Interfaces	Logical Network Access	Cause a network disturbance	Logical network security breach	5	10	10	10	10	9
Unintentional	INSIDER	Firewall	Communication Interfaces	Logical Network Access	Cause a network disturbance	Infected laptop, network utils (scan), net loop	1	10	5	5	10	6.2
Intentional	Outsider	Firewall	Configuration - ACL / Rules	Management Port	Modify a program/configuration	Logical network security breach, file sharing	10	5	5	10	1	6.2
Unintentional	INSIDER	Firewall	Configuration - ACL / Rules	Management Port	Make a program/config error	Human error	5	1	1	5	5	3.4
Intentional	Outsider	Firewall	Runtime Data - Routing Info	Management Port	Steal information	Logical network security breach, file sharing	1	1	1	5	1	1.8
Intentional	Outsider	Firewall	Runtime Data - IP / MAC Adrs	Management Port	Steal information	Logical network security breach, file sharing	1	1	1	1	1	1
Intentional	Outsider	Network Switch(es)	-	-	Make a physical change (reboot, pwr)	Physical security breach	10	10	10	10	10	10
Unintentional	INSIDER	Network Switch(es)	-	-	Make a physical change (reboot, pwr)	Human error	10	10	10	10	10	10
Intentional	Outsider	Network Switch(es)	Firmware	Management Port	Modify stored data (mem, hist, file)	Logical network security breach	1	5	5	1	1	2.6
Unintentional	INSIDER	Network Switch(es)	Firmware	Management Port	Modify stored data (hist, prog, firm)	Human error	1	10	10	10	10	8.2
		Network Switch(es)	Management Port	Physical Access								[illegible]
Intentional	Outsider	Network Switch(es)	Log Files	Logical Network Access	Modify stored data (mem, hist, file)	Logical network security breach	1	5	10	1	10	5.4
Unintentional	INSIDER	Network Switch(es)	Log Files	Logical Network Access	Modify stored data (hist, prog, firm)	Human error	1	1	1	1	1	1
Intentional	Outsider	Network Switch(es)	Communication Interfaces	Logical Network Access	Cause a network disturbance	Logical network security breach	5	10	10	10	10	9
Unintentional	INSIDER	Network Switch(es)	Communication Interfaces	Logical Network Access	Cause a network disturbance	Infected laptop, network utils (scan), net loop, switch port (qos)	5	10	5	10	10	8
Intentional	Outsider	Network Switch(es)	Configuration	Management Port	Modify a program/configuration	Logical network security breach	1	5	5	5	10	5.2
Unintentional	INSIDER	Network Switch(es)	Configuration	Management Port	Make a program/config error	Human error	5	10	10	10	10	9
Intentional	Outsider	Network Switch(es)	Runtime Data - IP / MAC Adrs	Management Port	Steal information	Logical network security breach, file sharing	1	5	5	1	5	3.4
Intentional	Outsider	Controller	-	-	Make a physical change (reboot, pwr)	Physical security breach	10	10	10	10	10	10
Unintentional	INSIDER	Controller	-	-	Make a physical change (reboot, pwr)	Human error	10	10	10	10	10	10
Intentional	Outsider	Controller	Static Control Logic Configuration	Engineering Apps	Modify a program/configuration	Logical network security breach	5	1	1	5	1	2.6
Unintentional	INSIDER	Controller	Static Control Logic Configuration	Engineering Apps	Make a program/config error	Human error	10	10	10	10	10	10
Intentional	Outsider	Controller	Control Logic Algorithm Library	Engineering Apps	Modify stored data (mem, hist, file)	Logical network security breach	5	5	1	5	1	3.4
Unintentional	INSIDER	Controller	Control Logic Algorithm Library	Engineering Apps	Modify stored data (hist, prog, firm)	Human error	10	10	10	10	10	10
Intentional	Outsider	Controller	Dynamic Control Data	Engineering Apps	Modify stored data (mem, hist, file)	Logical network security breach	5	5	1	5	1	3.4
Unintentional	INSIDER	Controller	Dynamic Control Data	Engineering Apps	Modify stored data (hist, prog, firm)	Human error	10	10	10	10	10	10
Intentional	Outsider	Controller	I/O Database	Engineering Apps	Modify a program/configuration	Logical network security breach	5	1	1	5	1	2.6
Unintentional	INSIDER	Controller	I/O Database	Engineering Apps	Make a program/config error	Human error	10	10	10	10	10	10
Intentional	Outsider	Controller	Firmware	Engineering Apps	Modify stored data (mem, hist, file)	Logical network security breach	5	5	1	5	1	3.4
Unintentional	INSIDER	Controller	Firmware	Engineering Apps	Modify stored data (hist, prog, firm)	Human error	10	10	10	10	10	10

图 8.10　风险与脆弱性评估工作表

使用电子表格工具，如 Microsoft Excel，允许对所有列出的项目比较其从 DREAD 模型计算的值，从而形成项目分级列表的基础和事件优先级，以应对在安全性测试汇总所发现的安全弱点。图 8.10 所示为电子表格示例，使用了 Excel 的条件格式功能并应用了 0 ~ 10 范围的映射，该图提供了简单的视觉识别。

8.7　风险消减与缓解

本章讨论的方法，围绕 ICS 和工业网络实施的安全，提供了一种一致的、可重复的评估方法。这一过程产生了一份优先项目清单，列出了 ICS 及其控制下工厂的实际“未缓解”风险。依据安全和脆弱性评估，有些风险可能已经降至可以接受的水平。对于剩余风险项目的最终处理，是对 ICS 资产应用一系列网络安全控制措施或对策，以减少或减轻这些风险。选择和实施安全控制措施将在本书的其他章节讨论，并且可以通过多个标准和控制目录获得。

提高 ICS 的网络适应能力，应该是通过实施工业安全计划取得的诸多好处之一。当被选中的安全控制措施跨越图 8.11 所示的安全生命周期时，此适应性即完成。该生命周期用于说明解决网络安全的连续过程，不仅开始于威胁阻止和预防，同样可以平衡必要的威胁检测和纠正，及时识别网络事件并进行相应响应，以最小化事件的后果，并可以让制造设施安全及时地正常工作。

图 8.11 安全生命周期模型和行动

为阻止攻击的发生，组织往往将大部分安全预算投入安全设备方面[24]。外部团体经常通知这些组织，它们在控制方面缺乏平衡的投资，无法在攻击发生很久之后发现漏洞事件[25]。安全应视为一项长期的“战略”投资，而不是短期或一次性的“战术”开支。生产设施的投资与建设者懂得资本投资的长期生命周期，因此可以理解，用于保护这些设施的运行安全会以类似的方式对待，并像其他业务费用（维护、改进、培训等）一样得到持续关注（和预算）。

将安全控制映射到各阶段时，安全生命周期可以作为一个有效的工具，并可以帮助识别安全策略中潜在的短期和长期的弱点，这些弱点可能影响安全计划的整体适应能力。

8.8 本章小结

工业网络安全方案的实施是时间和金钱的投资，其主要目标是始终确保工业网络和使用它的系统安全，同时也帮助确保依赖于这些系统的工厂或作坊以安全、高效和环保的方式维持正常运行。风险管理是领导和管理这些设施日常工作的一部分，并且网络风险管理是其中的一个重要组成部分。针对工业系统的威胁，可以来源于组织内部和外部（那些存在可以被恶意或意外暴露和利用漏洞的地方）。这些事件造成的影响，从简单的“不方便”直到灾难性的后果，甚至可能导致工厂停工、火灾、毒物泄漏和生命损失的机械故障。

工业自动化控制系统和工业网络经过了 40 多年的发展，留下了很多存在安全漏洞的系统，这些系统不可能在一夜之间被替代。升级和迁移如此之多集成工业系统的过程，尚需数年时间。工业安全必须遵循均衡发展的模式，需要提供威胁、漏洞和后果方面的平衡与客观的风险评估，以便在实现更安全和更可靠的工业自动化环境的同时，协调组织的短期和长期目标。

参考文献

[1] Repository of Industrial Security Incidents, "2013 Report on Cyber Security Incidents and Trends Affecting Industrial Control Systems," June 2013.

[2] "2013 Data Breach Investigations Report," Verizon, April 2013.

[3] Repository of Industrial Security Incidents, "2013 Report on Cyber Security Incidents and Trends Affecting Industrial Control Systems," June 2013.

[4] "15th Annual Computer Crime and Security Survey," Computer Security Institute, 2010/2011.

[5] Open - Source Vulnerability Database, < http://osvdb. org >, sited July 1, 2014.

[6] "ICS Vulnerability Trend Data," < http://www. SCADAhacker. com/resources. html >, sited July 1, 2014.

[7] "Data breach costs still unknown: Target CEO," CNBC, < http://www. cnbc. com/ id/101694256 >, sited July 28, 2014.

[8] "Analyst sees Target data breach costs topping $ 1 billion," TwinCities Pioneer Press, < http://www. twincities. com/ci_25029900/analyst - sees - target - data - breach - costs - topping - 1 >, sited July 28, 2014.

[9] "The Target Breach, By the Numbers," Krebs on Security, < http://krebsonsecurity. com/2014/05/the - target - breach - by - the - numbers/ >, sited July 28, 2014.

[10] "The Shamoon Attacks," Symantec Security Response, < http://www. symantec. com/connect/blogs/ shamoon - attacks >, sited July 29, 2014.

[11] Wm. Stanek, "Windows Command - Line Administrator' s Pocket Consultant," Microsoft Press, 2nd Edition, 2008.

[12] "National Vulnerability Database Version 2. 2," National Institute of Standards and Technology/ U. S. Dept. of Homeland Security National Cyber Security Division, < http://nvd. nist. gov >, sited July 30, 2014.

[13] "Open - Source Vulnerability Database," < http://osvdb. org >, sited July 30, 2014.

[14] "National Checklist Program Repository," National Institute of Standards and Technology, < http:// web. nvd. nist. gov/view/ncp/repository >, sited July 30, 2014.

[15] "CIS Security Benchmarks," Center for Internet Security, < https://benchmarks. cisecurity. org >, sited July 30, 2014.

[16] "Security Configuration Guides," National Security Agency/Central Security Service, < http://www. nsa. gov/ ia/ mitigation_guidance/security_configuration_guides/index. shtml >, sited July 30, 2014.

[17] "Nessus Compliance and Audit Download Center," Tenable Network Security, < https://support. tenable. com/ support - center/index. php >, sited July 30, 2014.

[18] "Bandolier," DigitalBond, < http://www. digitalbond. com/tools/bandolier >, sited July 30, 2014.

[19]“Nessus Compliance Checks Reference,” Revision 53, Tenable Network Security, July 2014.

[20]“A Complete Guide to the Common Vulnerability Scoring System Version 2.0,” Forum of Incident Response and Security Teams, <http://www.first.org/cvss/cvss-guide.html>, sited July 30, 2014.

[21]“Common Vulnerability Scoring System Version 2 Calculator,” National Institute of Standards and Technology - National Vulnerability Database, <http://nvd.nist.gov/cvss.cfm?calculator&version=2>, sited July 30, 2014.

[22]“DHS Says Aging Infrastructure Poses Significant Risk to U.S.,” Public Intelligence, <http://publicintelligence.net/dhs-national-risk-profile-aging-infrastructure/>, sited July 31, 2014.

[23]“Aging Natural Gas Pipelines Are Ticking Time Bombs, Say Watchdogs,” FoxNews, <http://www.foxnews.com/us/2011/02/28/aging-natural-gas-pipelines-ticking-timebomb-say-experts/>, sited July 31.2014.

[24]“15th Annual Computer Crime and Security Survey,” Computer Security Institute, December 2010.

[25]“Risk Intelligence Governance in the Age of Cyber Threats,” Deloitte Consulting, January 2012.

[26]“Common Criteria for Information Technology Security Evaluation - Part 1: Introduction and general model,” Version 3.1 - Revision 4, September, 2012.

[27]“Guide to Conducting Risk Assessments,” Special Publication 800-30, National Institute for Standards and Technology, September 2012.

[28]同[27].

[29]“Threat Modeling,” Microsoft Developer Network, <http://msdn.microsoft.com/en-us/library/ff648644.aspx>, sited July 31, 2014.

第9章　建立安全区域与通道

深度防御关注于将设备、通信端口、应用程序、服务及其他资产隔离至称为“安全区域”的功能组中。然后，这些区域通过“安全通道”互联，“安全通道”非常像房屋中铺设的电线和电缆管道，用于保护一个或多个通信路径或信道。其逻辑很简单，即通过将资产划分到不同的功能组中，并且控制所有功能组内和不同功能组之间的通信流，从而使任何给定功能组的受攻击面大大减小。

该概念起初在计算机集成制造（Computer Integrated Manufacturing，CIM）领域中的普渡参考模型[1]中所定义，该模型定义了CIM系统的分层组织。后来，该概念作为“区域和通道模型”被纳入ISA－99标准之中，继而又被IEC－62443标准所采纳[2]。

安全区域，或者先前所说的简单区域，都可以从“物理”视角或“逻辑”视角来定义。基于资产的物理位置，通过资产分组来定义物理区域。由于资产是基于特定的功能或特性进行分组的，逻辑区域更像是一个虚拟区域。

事实上，安全通道是区域的一种特殊类型，根据区域内部和不同区域之间的信息流情况，将“通信”分组到一个逻辑布局之中。通道也可按照物理上（网络电缆）或逻辑上（通信信道）的约束进行布局。

支持安全区域和通道模型是有原因的。当正确实施安全区域和通道之后，它以限制数字通信的方式，使得每个区域本身更加安全。换言之，如果威胁利用区域内某一特定脆弱性，区域对负面后果的抵御能力更强。因此，区域为创建和维护网络安全策略提供了非常强健和稳定的基础，同时其本身也支持其他一些有名的安全原则，包括最小特权原则（仅授权用户可访问系统）、最小路由原则（一个网络节点仅给定执行其基本功能的必要连接）。

然而，区域的定义十分宽泛，工业网络仅分为2～3个区域（如控制系统、业务局域网以及处于两者之间的“非军事区”（DMZ））。同样，通道也常常定义得比较宽泛，如“单个区域内部所有的通信路径”或者“介于两个区域之间的所有通信路径”。随着安全区域与通道划分的粒度越来越细，需要对安全性进行相应的改进（图9.1），于是在网络安全生命周期的早期阶段认真识别区域就变得非常重要。

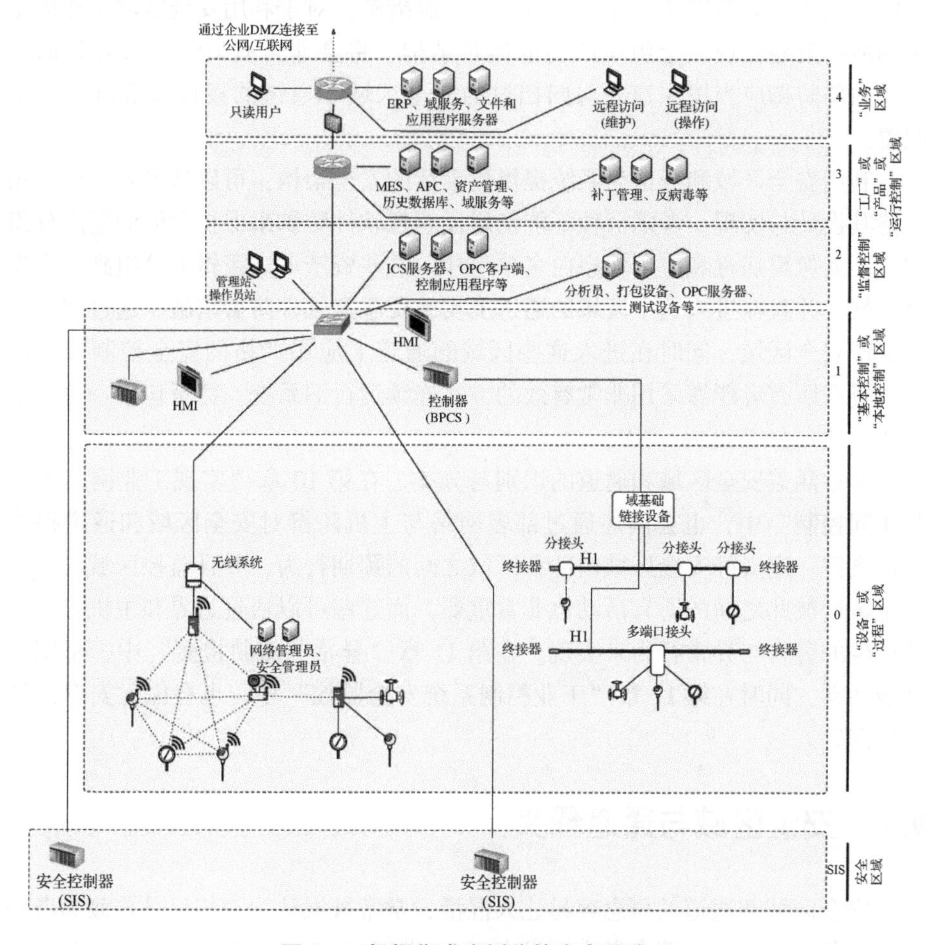

图9.1 根据集成度划分的安全区域

当涉及核设施时，应使用基于核监管委员会 RG 5.71[3]专门准则的5层区域系统，这些指南被视为区域分割的最小基准，对区域可以并且应该进行更精确的定义。

一旦定义了安全区域和通道，将有助于准确定位网络和主机安全与访问控制可能要求的位置。采用限制通信的方式定义通道，是因为每个通道表示一个潜在的网络攻击向量。如果正确实施安全区域和通道，将会形成一个高度安全的体系结构；否则，就会形成一个组织严密（但不太安全）的体系结构。这并不是说安全区域或通道是通过安全控制措施来定义的，而是说安全区域和通道有利于安全控制的正确选择、布局及配置。采用诸如防火墙、网络入侵检测系统与网络入侵防御系统（NIDS 与 NIPS）、路由访问控制列表（ACL）、应用程序监视器及类似安全产品的网络安全控制措施，对于利用安全区域与通道定义的清晰策略实现一个组织严密的体系结构，将会非常有效。与边界防御一样，内部防御应当按照建立与归档过的安全区域和通道的授权参数进行正确配置。

利用安全区域和通道为系统提供更灵活的安全架构，可以从另外一个视角看待其设计与实现。考虑一种不能使用反恶意软件防御来保护个体的资产分组方式，就像反病毒和应用程序白名单一样。这些资产可以逻辑上分组到一个安全区域，并且在进入这个区域的通道上实施反恶意软件防御措施。通过建立相关资产安全区域，同时在进入这些区域的通道上应用严格的安全控制策略之后，资产所有者能够采用非常有效的方式连续运行旧系统，甚至包括一些不支持的系统（如 Windows XP）。

本章涵盖安全区域和通道的识别与分类。在第 10 章“实现工业网络安全与访问控制”中，也会阐述通过部署网络与主机防御对安全区域和通道提供直接支撑。定义好安全区域内部和区域之间的预期行为，并且监控区域内部及每个区域彼此之间的所有活动也非常重要，而这些可以通过边界和主机安全产品产生的警告与异常行为来实现。在第 11 章“异常与威胁检测”中，将阐述基线活动，同时在第 12 章“工业控制系统安全监控”中，也会探讨安全区域监控问题。

9.1 安全区域与通道释义

安全区域和通道的概念容易让人混淆，常常被误认为它们只是普渡参考模型的一种新术语，普渡参考模型发布于 20 世纪 80 年代后期，并且被 ISA SP95 所采纳（IEC－62264）。我们应当清楚，普渡参考模型与 SP95 背后的意图是为了企业与自动化应用集成及相关信息交换，这些概念同基于特定安全标准的资产分组和分类是截然不同的。

每种工业体系结构都具有唯一性，这与系统中设备的选型无关，而是与每个系统在特定环境（终端产品生产制造、地理位置、人员配置等）中的部署位置，以及每个系统与其他辅助系统形成完整、集成化、工业化控制体系结构的方式有关。对于安全区域，可以形象地比喻为考虑“需要部署多少安全设施，才能使基本控制措施与安全相关的资产保持分离”。这种分离的发生，不仅仅是因为现行法律和规章制度所要求的，而是由于这些系统中的所有个体都要求提供潜在的保护层，并且每个系统的相应保护是唯一的。这种“安全等级”可以应用于每个系统，从而在系统之间没有无意的影响或相互作用时，能够在相应位置采取适当的措施，以便确保每个系统正常运行，而不影响其基本功能。

就安全而言，可以应用相似的概念。对于特定部位的资产，可以基于其相应安全需求或“安全等级”进行分组，然后将这些安全区域创建为外部区域，又或当需要多层保护时，将它们彼此“嵌套”到一起。这就要求安全区域（包括所含资产）所采取的安全控制措施是基于每一个安全需求的。关于如何基于资产对安全区域和通道进行分类这个问题，将在随后进行深入探讨。

在指定的安全区域中，信息需要流入、流出及内部流动。即使对于单机或“物理隔离”系统，在维护或维修时，也需要对设备进行升级和编程等操作。这些进入安全区域的入口点，称为通道[4]。

9.2　安全区域与通道的识别及分类

建立适当的安全区域与通道的最大挑战之一是创建一套基本需求或“目标”，以便确定是否应该将特定资产放于指定的安全区域。对于这种方法，答案不是唯一的。毕竟，几乎没有任何两种工业控制系统的安装是一致的，因而它们相应的安全等级也是不同的。

这些需求或目标可以分成两类。第一类是基于通信，以及特定区域的每一个资产与该区域外部资产之间的交互方式。换一种方式解释，考虑公司雇员（过程工程师）使用计算机的情况，当他在办公室时，可以使用自己的办公电脑；而当他在控制室时，可以使用其工程师工作站。这名用户是一个资产，但是他属于哪个安全区域呢？或者说这名用户是安全区域之间的一个“通道”？这些资产也连接到一个具备电子信息交换能力的工业网络。这种通信可以进一步指定为本地（相同区域内部）通信或远程（安全区域外部）通信。

前面已经介绍过物理访问资产，它是另一种资产分类的手段。在特定安全区域内部，考虑一个包含设备操作员、技术人员和控制系统工程师的控制室。尽管这些个体都存在于物理上安全的控制室，但他们不需要具备彼此之间的相同“信任”级别。这就导致了嵌入区域的创建，其中更高安全等级的区域（由工程师使用）嵌入在较低安全等级的区域（由操作员使用）中，反映了用户的相对信任和安全。

资产有可能存在于特定安全区域的外部，这并不意味着这些资产必须在一个高的或低的级别，而是不同于给定区域的其他资产，存在这种区域类型的一个最好的例子是当你有一个特定的资产分组，该资产分组利用一个基于网络的协议（如 Telnet）的脆弱性或不安全进行资产分组。在一个区域内部执行特殊功能时，这些协议是必需的，但并不意味着安全区域包括“敌对”或者“不信任”的资产。一个制造设施或许有多个区域或工作单元部署于相似设备和相关区域。为了保护该区域安全，需要严格约束进入区域的通道，在通信时禁止使用那些不安全的通信协议。

9.3 安全区域分割的建议

正如前面所说的，可以从广义上（“控制”区域与“业务”区域）或狭义上定义安全区域，为高度细化的资产功能组创建安全区域。安全区域和通道模型可以应用于几乎任何层级，即准确实现依赖于网络体系架构、操作需求、已识别的风险和相关风险承受能力，以及许多其他因素。下面给出几个关于如何定义安全区域的建议。

注意：当定义高度细化的安全区域时，应该假定存在重叠，以防止足够的区域和管道实施。例如，一个物理控制子系统创建的安全区域可能与通过特殊协议逻辑定义的安全区域相重叠，在体系结构上很难区分这两种区域。通常，这种情况下可以正常工作，因为许多标准和指导性文件都引用了更宽泛的安全区域定义方式。检查资产逻辑分组的各种方式，以及如何控制通信的过程仍然是重要和非常有益的。这将帮助识别以前未识别的风险区域，定义和控制更细化的区域，也有助于改进端到端网络的整体安全状况。

当评估网络和识别潜在的区域时，应该考虑包括所有资产（物理设备）、系统（诸如软件和应用程序的逻辑设备）、用户、协议以及其他因素。我们尝试对两个元素进行分离，如从资产中分离协议。如果两者可以分离，而不影响任何一个的主要功能，那么它们属于两个功能组，因此是各自区域的最佳候选对象。例如，如果某个 SCADA 系统使用 DNP3 协议，就可以创建所有当前使用 DNP3 进行通信的设备清单。然后，检查 DNP3 对每个设备实现其功能是否必不可少（设备可能支持多个协议，并可能灵活地用其他协议来实现功能），如非必要，则将其从功能组中移除，并在 SCADA 服务器中尽可能地禁用所有未使用的协议。最终将得到一个使用该协议（参见 9.3.9 节“协议”）的所有合法资产的清单。

同样，考虑网络上那些物理或逻辑上相互连接的资产。每一种资产都代表了一个基于网络连接和数据流的功能组（参见 9.3.1 节“网络联通性”）。逐个访问功能组中的每个项目，删除其中非必要的。

功能组能够以几乎所有东西为基础，当在工业网络中定义区域时，一般需要考虑的功能组包括安全、基本过程控制、监控系统、点对点控制过程、控制数据存储、交易通信、远程访问、修补能力、冗余、恶意软件保护、认证能力以及用户群体和工业协议组之类的更抽象的组。

9.3.1 网络联通性

基于网络连接的功能组是比较容易理解的，因为网络的本质就是将设备彼此连接到一起。不同设备连接到网络的方式明确地限定了哪些设备属于内部连接组，哪些设备被硬边界排除在外。网络应该从物理（设备通过网络电缆或无线连接到其他设备）和逻辑（设备共享相同路由网络或子网）两个方面同时考虑。

使用网络映射容易确定物理网络边界。理想情况下（尽管不是切合实际），所有控制系统网络都应该有一个硬的物理边界，形成单向流阻止从次安全区域进入更安全区域的通信流量。实际应用中，由单一链接组成互联节点，并且互联节点最好通过防火墙或其他防御性设备。

注意：

相比于有线网络，无线网络是很容易被忽略的物理网络连接。任何两个具有无线通信天线的设备，不管它们是否有逻辑连接到无线网络中，都应视为“物理”连接。通过身份认证的无线接入只是逻辑隔离。

使用OSI参考模型第3层设备（路由器、高级交换设备、防火墙）可以把物理网络划分成多个地址空间，也可以定义逻辑网络的边界。这些设备在所有网络之间提供逻辑边界。这也迫使逻辑网络间的所有通信都通过第3层设备，而在这些设备上可以实施ACL、规则集和其他保护措施。

需要注意的是，VLAN是一种逻辑边界类型，不过在第2层而非第3层实施。VLAN的以太网报头中使用标准化的标签，以确定它们如何被路由器处理：传输到同一VLAN的流量能被交换，而到不同VLAN的流量则要经过路由。不过由于存在攻击者可以通过修改报头绕过路由器[5]等安全隐患，并不推荐使用VLAN。

9.3.2 控制回路

控制回路由负责特定自动化过程的设备组成（参见第4章“工业控制系统及其运行机制”）。这些设备划分功能组相对简单。在大多数情况下，控制回路由传感器（如开关或传感器）、控制器（如PLC）和执行机构（如继电器或者控制阀门）等设备组成，如图9.2所示。

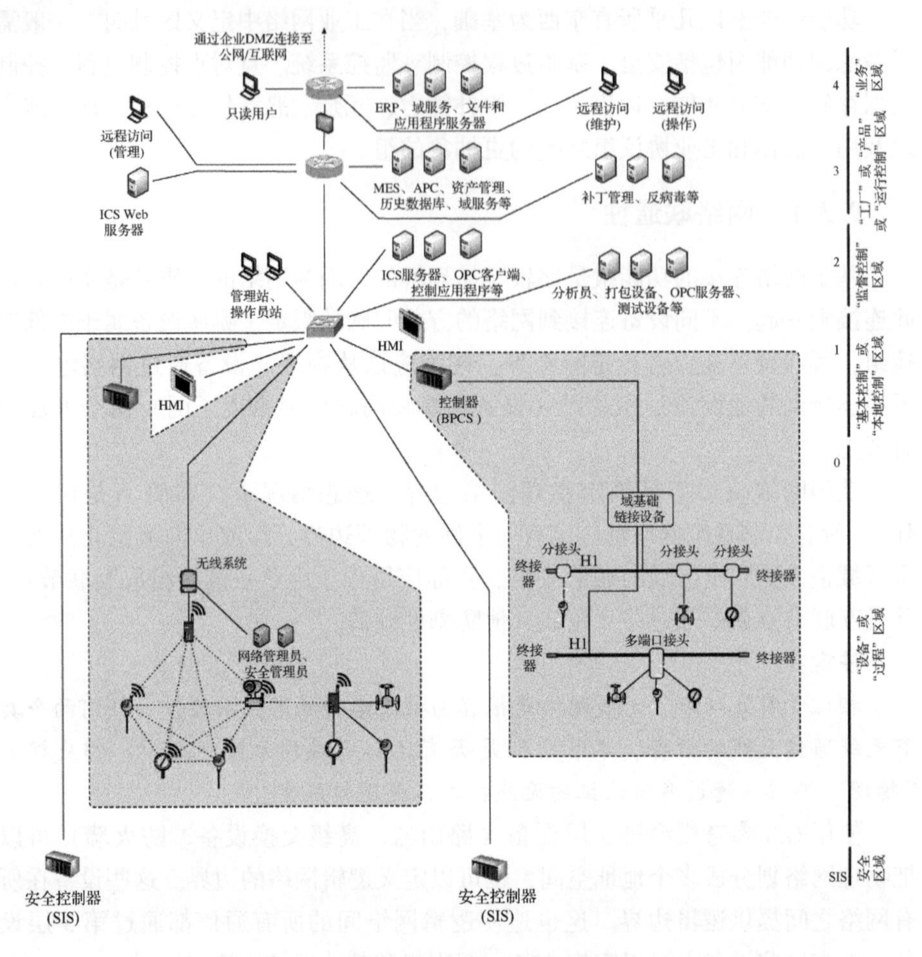

图 9.2　根据过程划分的安全区域

尽管基于网络连接定义功能组是一个广义的实例，并且能够衍生出许多功能组，但依据控制回路建立功能组可以做到非常精确。创建的功能组非常多，同时每个功能组将包含相对少量的设备（特定的 PLC 或远程终端单元（RTU）及继电器与智能电子设备（IED）集）。在当今的工业体系结构中，最实际的例子之一是数字现场网络（例如基金会现场总线）的使用，以及如何根据风险和功能的分类将特定的控制回路放置在专用的网段上。

9.3.3　管理控制

每个控制回路也连接到某种管理控制措施（典型的有一个通信服务器和一个或多个工作站）负责配置（工程师工作站 EWS）、监督和自动化过程的管理

(操作员工作站 HMI)。因为 HMI 负责管理 PLC，所以这两种设备属于一个通用的功能组。然而，HMI 不直接管理连接到 PLC 的 IED，因此它们并不与 HMI 在同一个功能组中（它们属于一个基于其他标准的功能组，如使用的协议）。图 9.3 显示了在一个大的“基本控制”区域内有两个这种类型区域的例子。

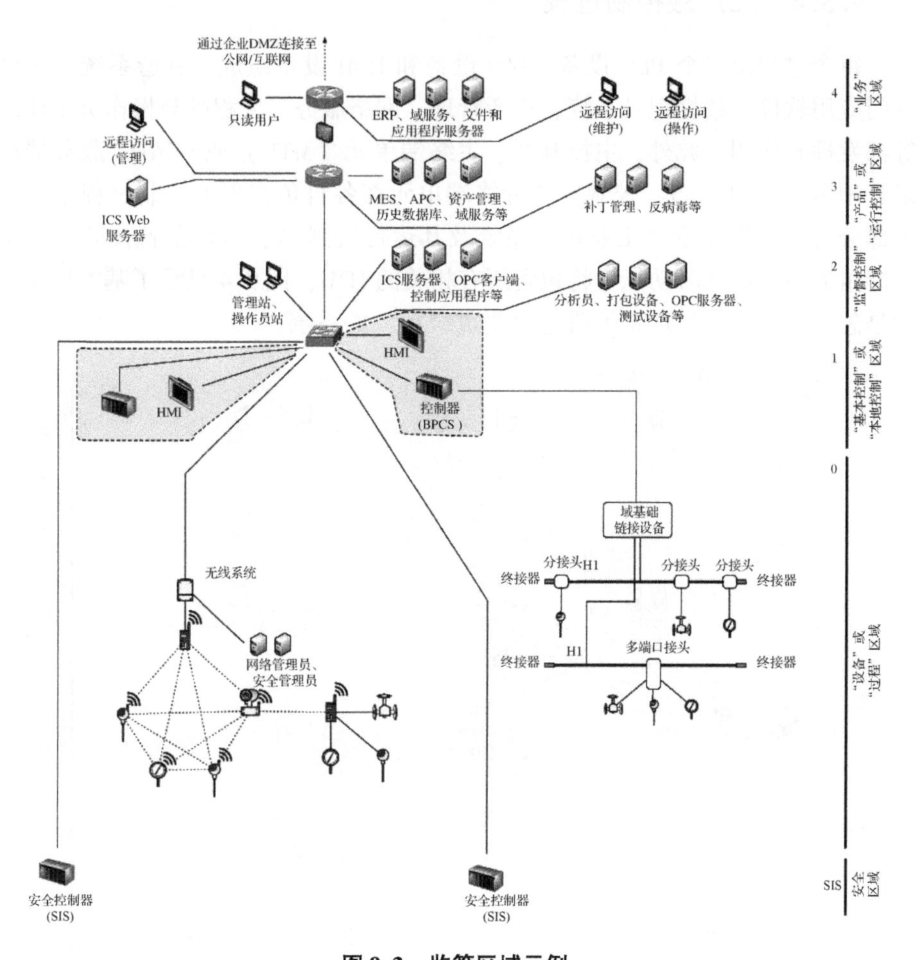

图 9.3 监管区域示例

每个 HMI 所在的功能组，既包含所有被该 HMI 所控制的 PLC，也包含其“主” HMI 和其他管理或控制该 HMI 的管理控制系统（参见第 4 章“工业控制系统及其运行机制”）。其他 HMI 不包括在内，因为它们不是初始 HMI 的责任。实际上，每个 HMI 代表其自身的功能组。如果使用一个公共控制器控制多个 HMI，该主控制器则囊括在各个 HMI 所在的功能组中，从而使多个功能组产生重叠。

注意：

I/O 驱动器、打印机、安全系统等其他设备可能连接到 HMI，因此也可能包括在 HMI 功能组之中。然而为了简化图示，这些情况没有在图 9.3 中展示。

9.3.4 工厂级控制过程

每个过程由多个 PLC 设备、I/O 设备和 HMI 设备组成。制造系统、工业专门应用软件、数据记录系统、资产管理、网络服务、工程师与操作员工作站等都发挥着作用。此外，主控制器、主终端单元（MTU）或 SCADA 服务器用来管理多个 HMI 设备，控制器或者终端单元都各自负责更大控制过程中的特定部分（参见第 4 章“工业控制系统及其运行机制”），该设备就代表另一个功能组的根，而此时功能组将包含所有相关的 HMI，图 9.4 显示了基本控制区域是怎样扩展包括其他相关跨越“集成级别”的系统。

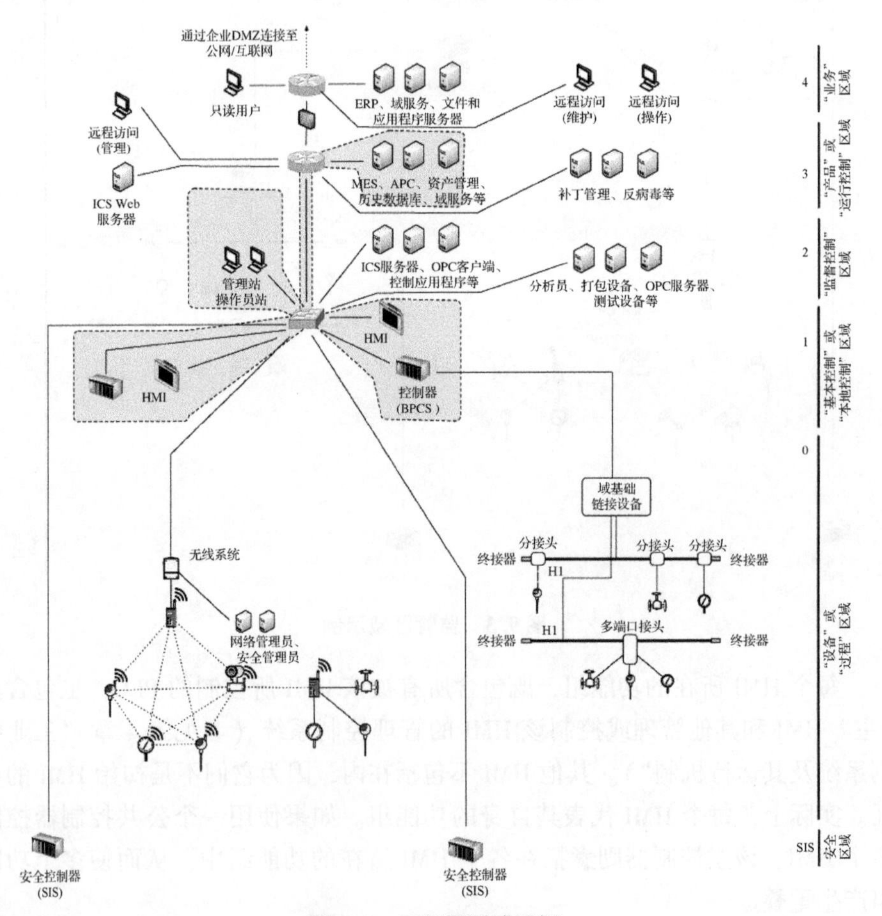

图 9.4 工厂级区域示例

这个案例也介绍了过程通信和数据历史化的概念。如果一个具有 ICCP 服务器的 MTU 接口为了把大量电力负荷传送到其他电力实体上，则 ICCP 服务器也应包含在 MTU 功能组中。同样，如果 MTU 的过程信息会反馈到数据记录系统，那么这个系统也应该包括在内。

9.3.5 控制数据存储

许多工业自动化控制系统设备都会产生大量数据，这些数据反映了当前的配置、过程的状态、警报及其他信息。这些信息通常由数据记录系统进行收集和“历史化”（参见第4章“工业控制系统及其运行机制”）。数据记录系统可以连接到许多甚至全部的设备，这是通过控制系统网络、监管网络和（某些情况下）业务网络实现的，如图9.5所示。

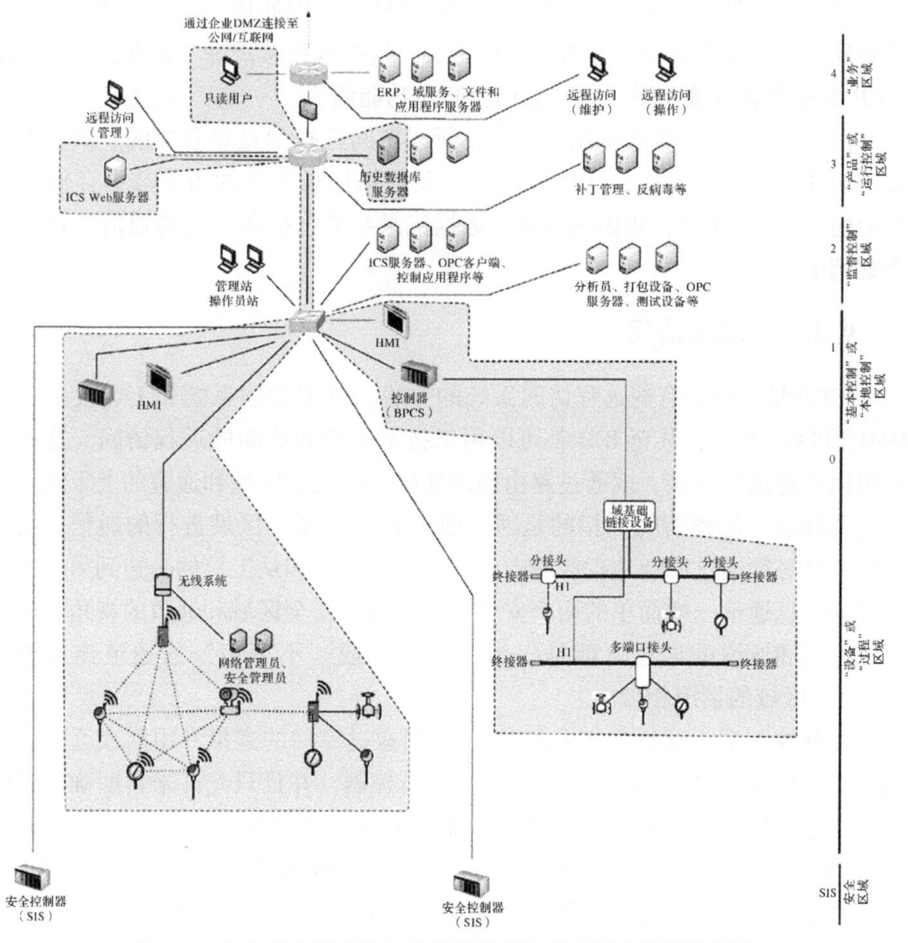

图9.5 包含所有设备输入和利用数据记录系统中数据的区域

这里没有显示其他设备，如网络附加存储（Network Attached Storage，NAS）设备、存储区域网络（Storage Area Network，SAN）和其他用于在更大规模工业化运行中支持数据记录系统数据存储要求的设备。

9.3.6 交易通信

控制中心之间的通信需求（在电力传输和管道部门中很常见）足以证明专门为该任务开发的专用工业协议是合理的。控制中心通信协议或ICCP（见第6章“工业网络协议”）连接需要客户端和服务器端之间明确定义的连接，任何利用ICCP与现场设施和/或同行公司通信的操作都将有一个或多个ICCP服务器和一个或更多个ICCP客户端（可以是单个物理服务器或多个分布式服务器）。

即使设备是另一家公司所有并在其自己的场所中使用，评估该功能组时也需要确认远程客户端设备是否已明确定义。这些远程客户端与正在使用的本地ICCP服务器有直接关系，因此它们应归于功能组。

由于ICCP的连接通常用于交易，所以访问运行信息是必要的。该过程可以手动或自动化地完成，并极有可能涉及数据记录系统的历史数据存储（或其中的一个子系统），正因为如此，数据记录系统包括在“交易通信”区域这个案例中。

9.3.7 远程访问

ICCP是一种专有的远程访问系统的方法。许多控制系统和工业设备包括HMI、PLC、RTU，甚至IED都可以用于技术支持和诊断的远程访问。这种访问可以通过拨号连接，或通过路由网络连接。在安全区域和通道的上下文信息中，要理解“远程访问”指的是通过通道和“外部”区域进行的通信。远程访问不是必须通过广泛地理区域上的广域网，而是和从工厂的一边到另一边相关控制信息通信一样简单的两个安全区域。当从安全区域和通道的视角看问题时，它们和所说的通过可能是一个“可信”或“不可信”的通道连接两个“可信”区域的情况相似。

远程控制系统设备（如果允许），应当通过专门的虚拟专用网或远程访问服务器（Remote Access Server，RAS）进行控制，并且只允许来自明确定义的已知实体点到点的连接，并使用安全加密通道。这些远程访问“通道”应当通过增强的访问控制方法而使其变得更加安全，包括加强端点策略、应用层防火墙和点到点授权。这些明确定义的用户、其访问的设备和所有使用的VPN或RAS系统组成了远程访问功能组，如图9.6所示。

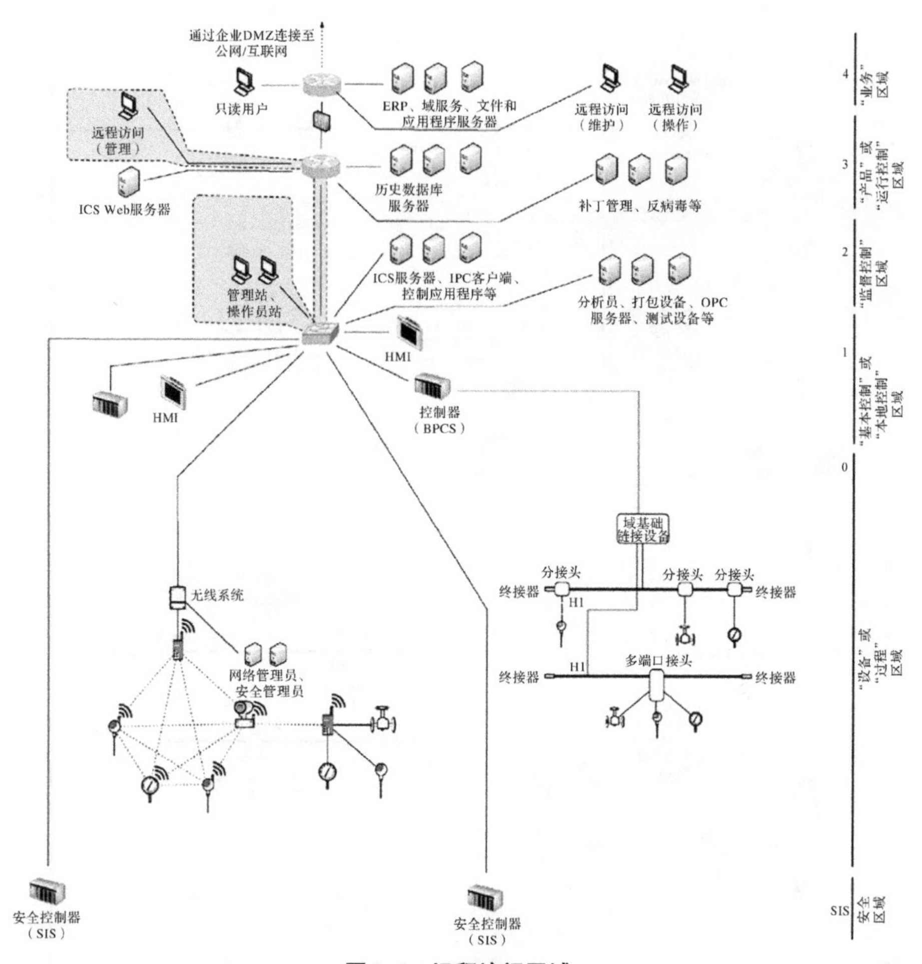

图 9.6 远程访问区域

通过在功能上隔离远程连接，可以提供额外的安全性。为了避免给攻击者提供开放的攻击向量，这个机制是非常重要的。

9.3.8 用户和角色

每个系统最终都能被用户或另一个系统访问。到目前为止，功能组一直围绕后者创建：明确定义哪些设备应该合法地与其他设备进行通信。对于人机交互来说，如果操作者访问 HMI 以控制工业过程，定义哪个用户可以合法地与哪台设备进行通信也十分重要。这需要一定的身份识别，以及定义用户、设备及其角色的身份识别和访问管理机制。尽管存在许多商业化的 IAM 系统，不过其中最著名的还是微软活动目录（Microsoft Active Directory）服务。图 9.7 说明了功能组的概念，它包含用户以及能够与其交互的设备。

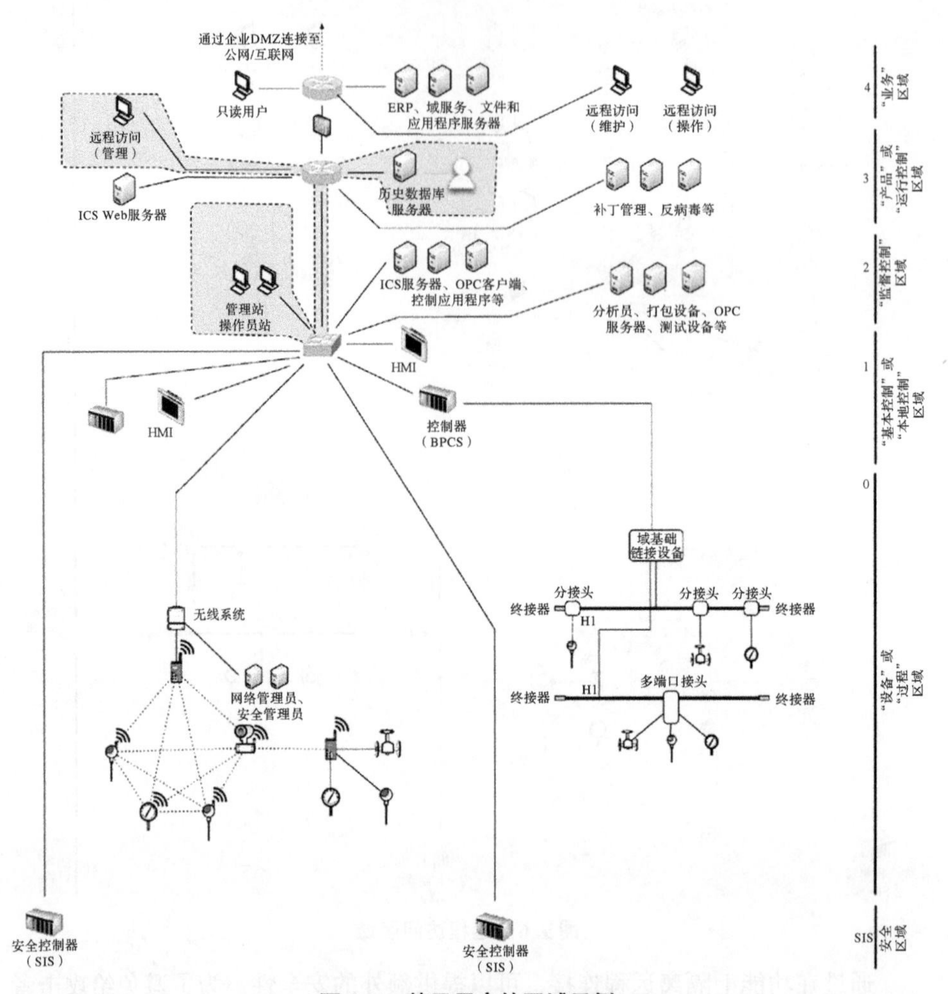

图 9.7　基于用户的区域示例

虽然将角色和职责与设备进行映射的工作可能会比较乏味，但是产生的功能组可以用于监控来自其他合法用户未经授权的系统访问，因此它非常重要。这成为许多 ICS 体系结构向基于角色访问控制（Role – Based Access Control, RBAC）基础设施发展的一个主要原因。RBAC 提供一种机制，配置特殊访问优先权给特殊角色，然后指派个体用户到这些角色中。通常情况下，与给定角色相关的职责不会随着时间的推移而改变；不过，指派给一个特定用户的角色是可以改变的。例如，具有特定 HMI 访问权限的员工，可能在非当职期间，对其他系统实施破坏。仅把用户和它们应当使用的设备放置在一个功能组中，这种类型的活动很容易被检测和阻止（定义功能组只是建立安全区域的第一步。实际的区域定义完之后仍然需要进一步细化实现和采取安全措施，参见10.3节“主机安全与访问控制的实现”)。

9.3.9　协议

对于工业网络设备中使用的协议，可以明确定义，从而创建基于协议的功能组。只有已知使用DNP3的设备才可以一直使用DNP3，如果有其他设备使用DNP3，该异常行为应引起关注，并尽可能地快速检测和彻底阻止。特定工业协议的常用领域已经在第6章“工业网络协议”中详细阐述过。现在，应识别和记录使用特定工业协议的具体设备，目的是建立更重要的功能组，如图9.8所示。

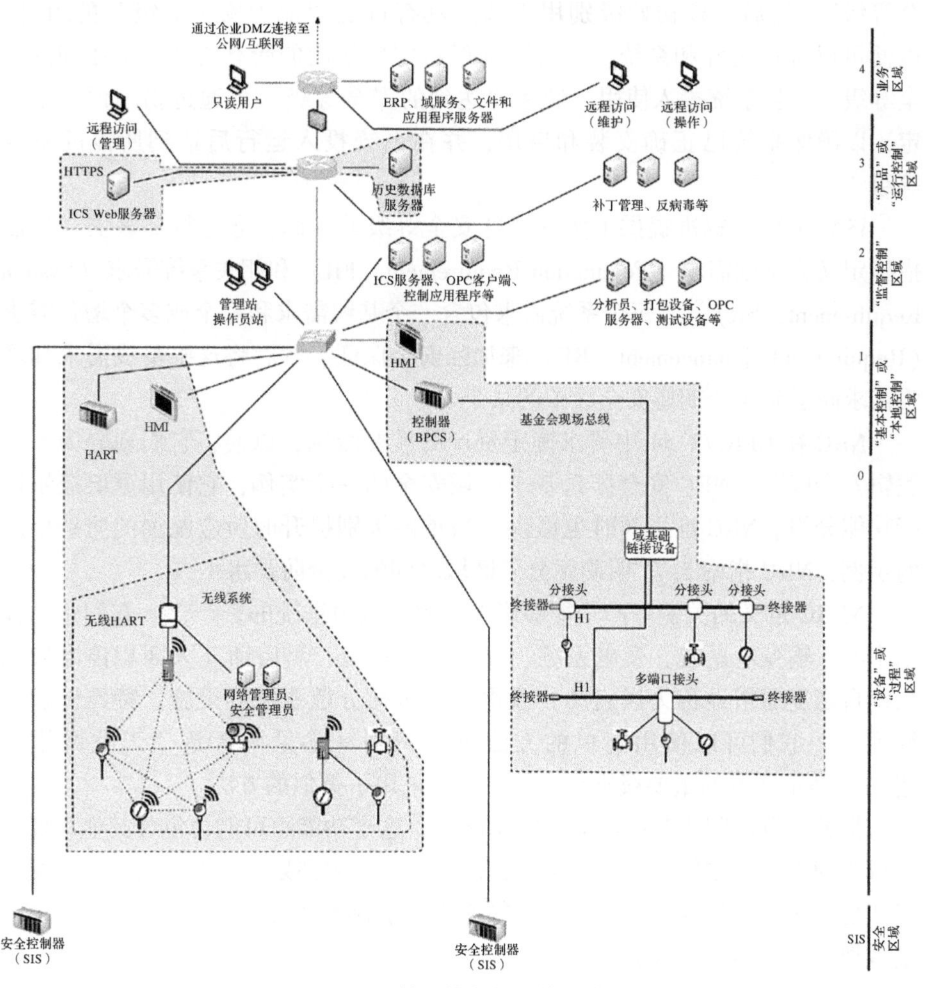

图9.8　基于协议使用的区域

9.3.10 重要级别

基于区域的安全性是指把常见的影响因素隔离成功能组，以确保非影响因素的安全并与之隔离。就工厂级的功能安全而言，这个概念就是所说的“安全完整性等级”（Safety Integrity Level，SIL），这种SIL允许对组件的安全能力进行量化，以确保系统中可以部署类似的设备，并在需要时提供足够的功能保证。一个相似的概念是“安全等级”（Security Level，SL），ISA将其采纳作为ISA-62443安全标准的一部分，为解决特定安全区域或通道的相对安全性提供了一种措施。

当应用于安全生命周期时，在初始化系统设计期间，就会确定“目标安全等级”。然后，该初始级别用于选择具有特定“能力安全等级”的组件，以便可以选择组件和系统，以帮助确保特定区域内的所有资产满足相同的安全等级。一旦系统投入使用，最终“达到的安全等级”可通过物理评估来确定，以确保系统已正确安装和启用，并在系统投入运行后达到所需的安全等级[6]。

ISA-62443标准提供了实现特殊安全等级的基础，通过将部署安全控制措施定义为基础需求（Foundation Requirement，FR）和相关系统需求（System Requirement，SR）[7]。每个系统需求包含一个基线需求和零个或多个增强需求（Requirement Enhancement，RE）来加强安全保证。然后将这些基线需求和增强需求映射到4个期望安全级中的某个上。

NRC在CFR 73.54中要求确定资产的重要级别，以便将它们划分为5个逻辑安全区[8]。NRC安全区是基于区域安全的一个实例，它使用重要级别进行功能分组。NRC准则同时也提供了当重要级别提升时所应施加的防护措施的示例，NRC指南5.71明确区分了区域之间的安全防护水平。

NERC定义的关键资产是能够影响大容量电力系统的资产[9]。它们包括控制中心、输变电系统、发电系统、灾难恢复系统、黑启动（大面积停电后的系统自恢复通俗地称为黑启动）发电机、负荷分散系统和设施、特殊保护系统等[10]。它们可以使用简单的方法进行识别（参见第2章“工业网络概述”），确定区域的重要级别同样简单，并采用了类似的方法。

把关键资产归于其所属的关键功能组，这个功能组可能会包含其他重要及不重要的资产。惯例上将所有包含关键资产的区域都划入关键区域。若非关键资产也在区域中呈现，那么它们必须或者增加满足关键区域的最小安全需求，或者划入一个独立的区域。

提示：

虽然资产的重要性分级可以作为一种衡量责任（和罚款）的手段，但是它使我们能够改进威胁检测，并在发生事件时衡量事件的严重程度。通过花费时间和精力识别重要资产和区域，配置安全监测工具来衡量可疑活动的严重性，并将它们按照顺序和优先级进行排名，检测威胁的能力可大幅提高。详细阐述参见第 12 章“工业控制系统安全监控”。

然而，仅仅围绕重要级别来定义功能组以确定区域，将会导致区域数量很少（使用 NRC 准则时一共有 5 个）。相比之下，定义的区域越多，整个工业网络的安全性也就越强，因此一种能识别更多不同区域的方法就成了首选。正因为如此，在先前定义的功能组中应该对重要级别进行一次评估。在这种方式下，最关键的系统需要有额外的隔离层进行保护。例如，关键和不关键区域之间的保护，每个区域内部系统之间的额外保护。

区域进行细化具有以下优点：

（1）有助于最小化某事件的影响范围，一旦事件发生，根据最小路由原则进一步分离系统。若某资产被破坏，由于通过已定义的通道和其他区域在通信能力上的限制，受损资产将只会影响有限数量的系统。

（2）有助于确保来自内部威胁关键设备的安全，如因为在区域之间仅仅允许有限的通信信道，一名心怀不满的雇员不能合法地从物理和逻辑上访问上一级区域。

（3）有助于阻止从一个关键系统到下一个关键系统发生的横向攻击。如果所有关键系统仅仅因为它们都是“关键的”就分为一组，那么一个关键系统的突破将把整个关键基础设施置于危险状态。

提示：

仔细记录每个功能组以及它的设备、服务、协议和用户。当建立区域（参见 9.4 节“安全区域与通道的建立”）、实施边界防御（参见第 10 章“实现工业网络安全与访问控制”）和监控区域行为（参见第 12 章“工业控制系统安全监控”）时，这些列表将会派上用场。

9.4　安全区域与通道的建立

前面提到，通道是安全区域的一种特殊类型，所以当讨论如何理解安全区域和通道，以及如何建立它们时，将两者结合起来讨论很有意义。通道实质上是一种仅仅包含通信设备作为其资产的区域类型。当术语“区域”用于本章的语境时，除非特殊说明均认为包含“通道”。

前面讲述了将物理和逻辑资产分组成区域，就通道而言，这些资产属于通信资产，如主动和被动网络基础设施（光缆、交换器、路由器、防火墙等），以及在这些光缆之上传输（工业协议、远程过程调用、文件共享等）的通信信道。前面也讨论了在安全生命周期的早期，指派给这些区域一些相对安全的级别，这些级别是用于创建安全需求和相关特征的基础，可以将这些特征应用到区域内的所有资产。这些特征如下：

（1）安全策略。

（2）资产清单。

（3）访问需求和控制措施。

（4）威胁和脆弱性。

（5）漏洞或发生故障时的结果。

（6）授权和非授权技术。

（7）改变管理过程。

（8）连接区域（仅仅包含通道）。

随着某个区域的每种特征完成了定义，区域内的已有资产分配就变得非常清晰，甚至包含为特定资产创建的嵌套子区域，这些特定资产可能与特定区域内的其他资产保持一致。然后，建立一个综合性的、完整的资产清单变为可能，该清单列出了诸如计算机、网络应用、通信链路、备用部件在内的物理组件，以及诸如操作系统、应用程序、补丁程序、数据库、配置文件和设计文档在内的逻辑组件，这里只给出了其中一部分。

现在开始评估区域内资产的威胁和脆弱性。为了确定给定区域的安全风险，这些资产应当停止执行其预期功能。在识别可能的安全策略时，这些信息至关重要。安全策略可用于降低利用漏洞的威胁所带来的风险，然后选择适当的必要控制措施，既满足区域的安全等级又使代价和风险适中。这些概念已在第 8 章“风险与脆弱性评估”中详细阐述过。

建立区域需要考虑在区域内既包含允许方面的技术，又有禁止方面的技术。每种类型的技术存在固有的脆弱性（已知和未知的），并会带来一定数量的风险。为了使采用的技术免受整个区域的影响，这些技术需要以安全区域为基准。许多工业用户现在面临一个情况，即在关键控制区内“自带设备”（Bring You Own Device，BYOD）的概念。显然，这些设备会带来一定的风险，但通过为这些设备设立专门的安全区域，就有可能通过部署在从该区域到其他更关键区域的通道上的其他控制措施来执行专门的安全策略。

到目前为止，如何将一个特定的计算资产或嵌入式设备划分到一个特定的安全区域已经变得十分清晰。可能不太清楚的是，如何为这些特定区域创建通道和分配“通信”资产。在许多工业架构中，设计工作最容易开始的地方是考虑物理网络即通道。在你自言自语说“这很容易”前，需要注意工业网络仅仅作为“外部”其他资产和区域间通信的通道；工业网络不包含存在于简单资产内的应用程序和进程间通信的信道。这些“内部”通道变得很重要，是由于在本书后面考虑系统和主机加固的概念。

威胁和脆弱性存在于计算资产的观点，对通信资产同等重要。众所周知，今天使用的许多工业协议存在脆弱性，如果不能通过恰当的安全控制措施进行合适的处理，不仅会给使用这些协议的设备带来风险，也会给同一区域中的其他设备带来风险。对活跃的网络基础设施内存在的脆弱性进行评估同样重要，包括交换机、路由器以及防火墙，如果缺少这些组件中的任何一个，不仅会给网络（通道）带来风险，也会给所有通过这个通道连接的区域带来很大的风险。这也是为什么要为整个安全通道实施风险与脆弱性评估的原因，同时确保在通道中部署了恰当的策略来保证通道满足预期的安全等级（参见第8章“风险与脆弱性评估”）。

为了能够精确部署整个体系架构的安全控制措施，掌握安全通道的配置文档（以及安全通道所包含的通信信道）是必要且重要的信息。这个文档不仅用于配置管理区域间的诸如路由器和防火墙之类的上层应用访问，也用于配置像应用程序监控、入侵防御系统以及事件监控和关联技术等类的下层应用。导致工业网络安全打折扣的原因之一，是错误的配置部署在连接非可信“外部”区域到高可信“内部”区域通道上的那些应用，这些配置上的错误常常由于没有恰当地配置通信访问控制，即没有按照每个通信信道所期望的通信内容来配置。这已在8.3节“系统表征”中进行了深入的讨论。

9.5　本章小结

为了提高安全和最小化网络事件的影响，本章提出了区域和通道的抽象概念，并用于分组相似设备和控制组间通信，从而使得恶意软件的横向传播更加困难，且能有效阻止攻击者破坏系统之间的通信枢纽。区域可用于识别广义的功能组和高度内聚的子系统，且能够满足特定操作系统、业务和给定系统的技术需求。图9.9显示了如何在有重叠的情况下根据不同需求创建不同区域，如果没有对区域和通道进行认真与一致的定义，将会给其划分工作带来麻烦。一旦完成了最困难的工作，收益是实实在在的，通过使用可控的通信信道分割系统到区域和控制区域间的通信，将使整个基础设施变得更加安全。

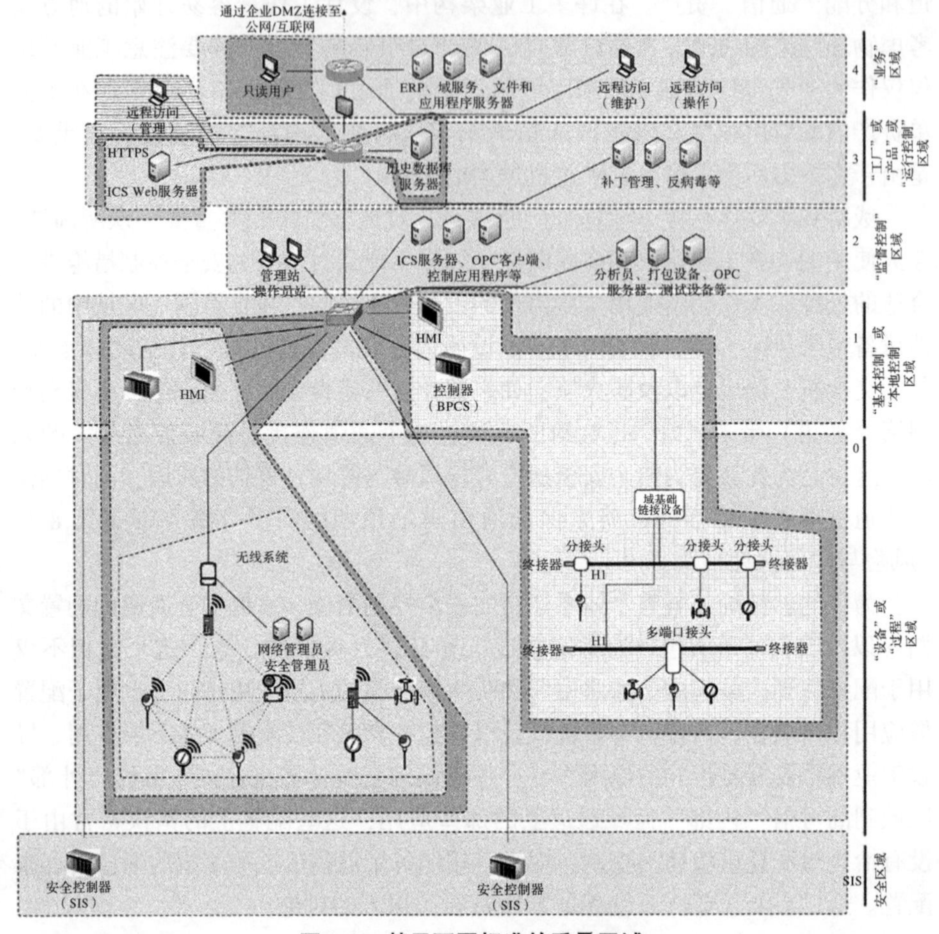

图 9.9　基于不同标准的重叠区域

参考文献

[1] Theodore J. William. A Reference Model For Computer Integrated Manufacturing(CIM): A Description from the Viewpoint of Industrial Automation. Purdue Research Foundation. North Carolina 1989.

[2] International Society of Automation(ISA), ISA - 99. 00. 01 - 2007, "Security for industrial automation and control systems: Terminology, Concepts and Models," October, 2007.

[3] U. S. Nuclear Regulatory Commission, Regulatory Guide 5. 71 (New Regulatory Guide), Cyber Security Programs for Nuclear Facilities, January, 2010.

[4] International Society of Automation(ISA), ISA - 99. 00. 01 - 2007, "Security for industrial automation and control systems: Terminology, Concepts and Models".

[5] D. Taylor, Intrusion detection FAQ: are there vulnerabilities in VLAN implementations? VLAN Security Test

Report, The SANS Institute. <http://www.sans.org/security - resources /idfaq/vlan.php. >, July 12, 2000 (cited: January 19, 2011).

[6] International Society of Automation (ISA), ISA - 99.00.01 - 2007, "Security for industrial automation and control systems: Terminology, Concepts and Models".

[7] International Society of Automation (ISA), ISA - 62443 - 3 - 3 - 2013, "Security for industrial automation and control systems: System Security Requirements and Security Levels".

[8] U. S. Nuclear Regulatory Commission, 73.54 Protection of digital computer and communication systems and networks. <http://www.nrc.gov/reading - rm/doc - collections/cfr/ part073/part073 - 0054.html. >, March 27, 2009 (cited: January 19, 2011).

[9] North American Reliability Corporation, Standard CIP - 002 - 3 -- Cyber Security -- Critical Cyber Asset Identification, <http://www.nerc.com/files/CIP - 002 - 3.pdf. >, December 16, 2009 (cited: January 19, 2011).

[10] 同[9].

第10章 实现工业网络安全与访问控制

一旦定义了安全区域和连接这些区域的相关通道（参见第9章“建立安全区域与通道”），就需要根据它们确定的目标安全等级来进行适当防护。如果没有适当的网络分段和访问控制，那么“区域”不过就是一种逻辑结构。一个“区域”代表一个在逻辑上和物理上隔离的系统网络，当进行了合适的网络分段并部署合适的访问控制措施后，外部威胁者就很难突破这些系统网络了，即使真的发生了违规行为，我们也能更好地控制事件的影响。

保护区域的过程可概括如下：

（1）将区域的逻辑容器映射到网络架构上，以便使进入和离开每个区域的网络路径或通信通道最少。有效地创建一个区域“边界”，并且从此开始识别“出入点”。

（2）对网络做出必要的变更，以便使网络架构与所定义的区域一致。例如，若两个区域当前共存于一个扁平的网络，为了分割区域需要进行网络分段。

（3）记录区域，其目的是保证策略的制定和执行。

（4）记录区域，其目的是安全配置和监控设备。

（5）记录区域，其目的是变更管理。

在某些情况下，如图10.1所示，单一的区域可能包括多个根据地域或以其他方式分割的功能组。在这些情况下，该区域仍然被认为是单一的区域。如果有网络连接存在于两个（或多个）位置之间，它们必须与区域的其余部分实施相同的控制措施（使用相同的控制措施集）。也就是说，所有不在该区域生成或终结的连接，不应存在通信信道，如果需要与外界通信（即在区域外部生成或终结的），就必须由已定义且安全的接入点生成连接（注意：这是指通用的接入点，不是“无线接入点”（Wireless Access Point，WAP））。分布式区域互联的一种常用方法是使用专用VPN或其他加密网关，而在极其重要的区域，可以使用专用的网络连接或光纤电缆，从而保持物理上的隔离。

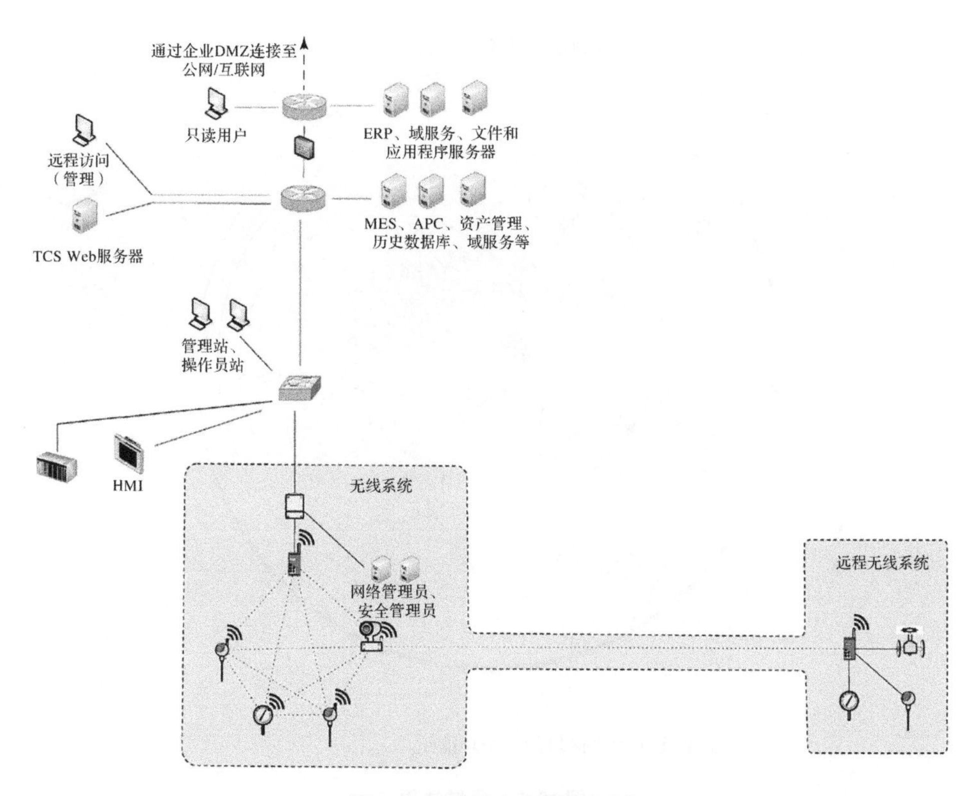

图 10.1 地理上分割的区域

我们的目标是尽可能严格地分隔每个区域，并且区域之间保持尽量少的连接以及尽量少的直接毗邻（或包围）区域。图 10.2 显示了如何通过提供单一的接入点进出该区域，该接入点可以使用边界安全设备进行防护，如下一代防火墙。在单个区域分割（地域上的或者被另一个区域隔离）的情况下，仍允许通过其他区域的区域内通信：在这种情况下，通过使用 VPN 或其他加密的网络访问控制措施，可以有效地建立分隔区域之间的点到点路由。

在一个区域需要扩展以便通过另一个区域边界的情况下（即存在两个重叠的区域），需要考虑扩展的功能性目标。例如，在许多情况下，业务用户可能需要访问来自安全 SCADA 区域内部的信息。然而，该业务用户没有从外部向 SCADA 环境内传送信息的需求。在这样的情况下，就推荐使用“半信任”或“非军事区”（DMZ），同时需要考虑使用强访问控制策略，如考虑使用单向通信来阻止从低安全或“非信任”区域到更安全的“信任”区域的网络通信。通过配置禁止入站流量的网络安全控制策略（如图 10.2 所示的防火墙）实施单向通信，应该尽量减少规则集字段中“任何”的使用，并明确定义主

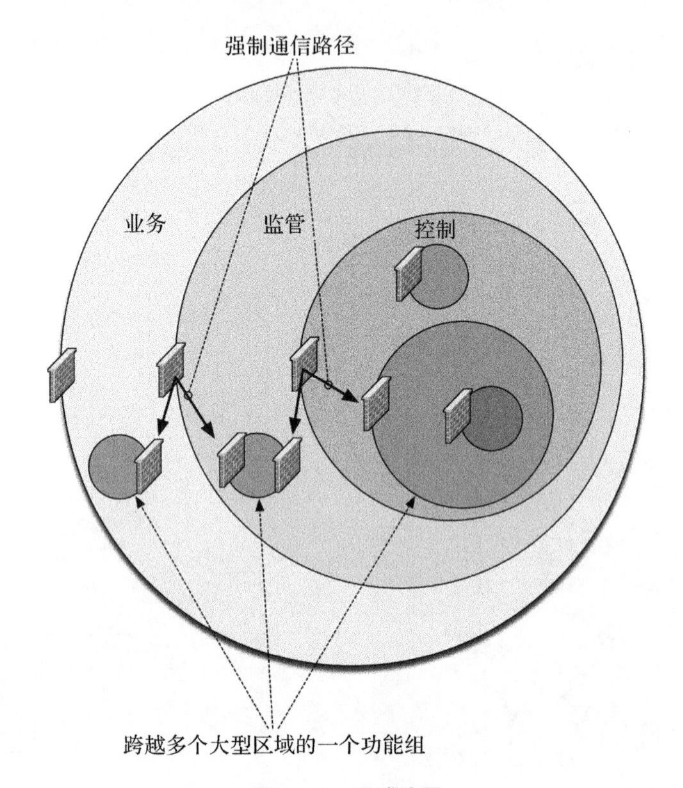

图 10.2　区域边界

机 IP 地址和通信通道（TCP 和 UDP 端口）。同时，也应当部署专门的网络安全控制措施，如数据二极管或单向网关。

提示：

在确定边界时，容易忽视无线、拨号及其他远程连接方式。如果无线接入点位于区域之内，无线用户就可以通过 Wi－Fi 直接连接到区域。当该接点在物理上位于区域内时，接入点在物理上能够从区域外部进行访问（除非它物理上包含信号吸收材料或干扰器），同时接入点也是必须重点确保安全的网络路径或“进入点”。

当作为独立区域间的通道时，这也是为什么需要认真对待 VLAN 的另一个原因。由此产生两个问题：第一个是现代交换网络创建一个 VLAN 数据库，同时广播到网络上所有关联交换机，而这样做会在不相关区域使用 VLAN ID 号可能导致信息泄露；第二个是 VLAN 常常是“中继”的，就像连接两个被第三个区域分隔的区域一样，若这个中继通过第三个区域相连接，VLAN 的流量实际上就会遍历第三个区域相关联的交换机，并且没有任何保护或加密形式，由此为使用外部区域作为入口点的攻击者提供了一个简单的入口点。

当保护一个区域时，必须确保所有网络连接的安全性。考虑安全区域的所有远程入口点不仅会获得更大的安全性，还将促进遵守需要网络接入控制的标准和法规，如NERC关键基础设施保护监管要求CIP-005-3aR1.1，该法规规定“电子安全边界的接入点应包括任何外部连接的通信终端（如拨号调制解调器）”[1]。这个要求在CIP-005-5 R1[2]中扩展到包含附加的边界和输出访问ESP时的措施。

10.1 网络分段

依据最小路由原则（参见第5章“工业网络设计与架构”），物理上不属于一个区域的设备禁止直接连接到该区域或该区域内的任何设备。这就是网络由一个或多个半信任的“DMZ”区组成的主要原因，DMZ充当位于两个不同区域的设备之间的中间连接，这些设备既有相似的功能目标，也有不同的功能目标，如一个业务用户需要使用ICS历史数据。

在多数情况下，能够识别出具有访问或连接到区域的辅助设备，如可提供网络连接的打印机或存储设备。在默认情况下，网络打印机可能存在可用的Wi-Fi接口。这些反常行为容易被忽略，若要确保区域安全就必须考虑。这是需要进行全面的安全风险和脆弱性评估的原因之一（参见第8章“风险与脆弱性评估”）。

在其他情况下，可能无法根据网络设计来明确识别区域的边界。例如，如果监管、控制和企业系统都是通过平面网络（这种网络完全在第2层交换数据，且没有网络路由及其他的隔离设备）或无线网络实现内连接的，几乎不可能把功能组从子网中分离出来。在这些情况下，必须使用一些其他的逻辑网络分段方法，如VLAN用于分离不同区域的设备，在OSI模型的第2层中通过网络分段完成区域划分。另一种方法是可以实施一个称为“可变长度子网掩码”的技术，该技术控制子网掩码和默认网关网络接口参数，限制这些设备在网络层的通信（OSI第3层），而不用引入任何新的第3层设备。或者，可以在区域之间的通道上使用下一代防火墙，以便在OSI模型的第7层划分设备。上述方法各有优势，理想的区域分割应当部署于OSI 7层中的每一层；若不考虑成本和运营开销，更应该这样考虑。第5章“工业网络设计与架构”描述的VLAN和VLSM的使用仅仅提供中等级别的网络安全防御，不建议那些要求高级别安全的典型网络实施物理分隔机制[3]。

区域分割的有效方法如下：

（1）识别和记录所有进出每个区域的网络连接（识别形成通道的进/出口）。

（2）对于每个通道：

①始于第1层（物理层），同时最多到第7层（应用层）。

②对于每一层，评估这层的网络分段对于该通道的可行性（参见第5章"工业网络设计与架构"中关于不同层网络分段的详细细节）。

③对于更多的关键通道，进行更高的分段：通过使用第1层数据二极管或单向网关、第3~4层交换和应用程序分段，以及第5~7层的下一代防火墙的混合来强制实施网络分段。

④对每个期望的分段层，实现适当的网络安全和访问控制措施来实施分段。

⑤为部署的每个安全控制措施提供足够的监控功能，以支持事件整合和报告机制，以便帮助解决潜在的安全突破口。

10.1.1 区域与安全策略的发展

当定义了区域和通道，并对网络架构进行了必要的调整后，就实现了一个重要的里程碑。一旦区域和通道完成了定义，组织就具备了履行NERC CIP、ISA-99、CFATS（关键基础设施反恐怖标准）以及其他如ISO 27000和ISA 62443的行业认可标准等合规性要求的必要信息。

通过清楚地识别某个系统可以被其他哪些系统访问，以及如何访问，在组织的安全策略范围内确定所有区域，可以带来很多好处。这些访问需求将有利于对关乎合规性、安全培训、审查材料以及NERC CIP-003-3[4]、ISA-62443-3-3 FR-5[5]、CFATS基于风险的性能标准8.2[6]、NRC 10 CFR 73.54和NRC RG 5.71第C.3.2节[7]所要求的类似安全功能策略进行归档。

区域的相关文档也定义了进行安全评估和漏洞测试的度量方法，对合规性来说很有用，包括NERC CIP 007-3a R8[8]、ISA-62443-2-1[9]、CFATS基于风险的性能标准8.5[10]、NRC CFR 73.54、NRC RG 5.71第C.13节[11]。

10.1.2 在安全设备配置中划分区域

文档编制功能是安全性和合规性的体现。防火墙、IDS和IPS系统、安全信息与事件管理（SIEM）系统以及许多其他的安全系统支持变量的使用，这些变量用于在加固的安全配置与组织安全策略之间建立对应关系。

对于每一个区域，下面几项都应保持在最低限度。

（1）通过 IP 地址和 MAC 地址（优先），将设备划归到特定区域。

（2）区域内设备的软件清单，包括基本平台应用程序（操作系统、通用支持工具等）和专用应用程序（ICS 应用程序、配置工具、设备驱动程序等）。

（3）通过用户名或其他标识符（如活动目录组织单元或组）对区域具有权限的用户。

（4）在区域中使用的协议、端口以及服务。

（5）在区域内特别禁止实施的技术，如必须与不允许的区域通信的基于云的应用程序、传统操作系统、不安全的无线技术和自动端口扫描工具等。

如果有额外的可识别指标，那么应创建额外的列表。根据已定义区域的数目，可能需要若干列表，每个已定义的区域需要 5 个列表（设备、用户、应用程序、端口或服务以及技术）。除此之外，可能还需要维护更多的列表，如来宾用户、正常用户以及完全由区域定义的用户。然而，若没有集中授权的系统，维护这些列表就会很麻烦，并且可能增加忽略错误配置的可能性。

完成时，这些变量将显示如下：

```
$ControlSystem_Zone01_Devices
192.168.1.0/24
10.2.2.0/29
$ControlSystem_Zone01_Users
jcarson
jrhewing
kdfrog
mlisa
$ControlSystem_Zone01_Applications
VendorA SCADA Server - Release 110.1.3
VendorA SCADA HMI - Release 110.1.3
VendorA SCADA Engineering Tools - Release 110.1.5
VendorB Historian - Release 5.1.7
$ControlSystem_Zone01_PortsServices
TCP 502 #Modbus TCP
TCP 20000 #DNP3
TCP 135,12000 -12100 #RPC/OPC
```

正如在10.2节“网络安全控制的实现”中将要讨论的，创建这些变量将有助于制定用于增强区域边界的防火墙和IDS规则，同时也会帮助安全监管工具检测策略异常并发出警报，第12章“工业控制系统安全监控”中将会阐述这个问题。

备注：

在本书中，变量使用var VariableName [value1, value 2, value 3, …] 的格式进行定义，并使用$VariableName的格式进行引用，从而与标准的Snort IPS/IDS语法保持一致。然而，根据所使用的设备，具体的定义和引用变量的语法可能会有所不同。例如，使用Snort定义变量如下：

```
ipvar ControlSystem_Zone01_Devices 192.168.1.0/24
```

注意这里“ipvar”的使用，用于表示一个变量包含IP地址和列表。“portvar”用于表明端口变量和列表，“var”用于其他类型的变量。

而同样在iptables配置文件中对iptables防火墙的定义如下：

```
ControlSystem_Zone01_Devices =192.168.1.0/24
```

为了定义一个可以映射到IP地址范围的可用变量，可以进一步定义一个区域，使用ipvar ControlSystem_Zone01_Devices [192.168.1.0/24, 10.2.2.0/29]，然后通过语法$ControlSystem_Zone01_Devices来引用它。这是一个在IDS策略中广为使用的经典$HOME_NET变量逻辑扩展，并且只适用于特定的区域。它考虑了区域中针对未授权行为的异常检测，下面的规则可以在已定义的控制系统区域中检测目的IP地址设备的所有流量。

```
alert tcp any any -> $ControlSystem_Zone01_Devices any
```

可以使用“否定”标记所有不包含在变量中的实体，下面规则中将检测任何设备目的IP包含在定义的控制系统区域内部，源IP不包含在“区域”中。

```
alert tcp !$ControlSystem_Zone01_Devices any ->$ControlSystem_
Zone01_Devices any
```

有了已定义的区域及相关安全设备配置变量，就能使用边界和主机安全设备保护区域了。在10.2.2节中“入侵检测和防御配置指南”部分关于变量会阐述更多的细节。

10.2　网络安全控制的实现

为保护对确定区域访问所建立的网络安全，实际上是对通道实施网络安全的过程。使用的安全规则需要参考包含在通道中的通信信道。网络安全控制措施阻止对封闭系统未授权访问，也可以防止从内部访问外部系统。为了有效保护入站和出站流量，必须做到以下两点。

(1) 所有入站和出站流量必须强制通过一个或多个已知的、可被监视和控制的网络连接。

(2) 每个连接中都应该部署一个或多个安全设备（可能是网络通信交换机和路由器内置的安全功能）。

每个区域都应该采用下面的安全建议，选择并部署适当的安全设备。

10.2.1　网络安全设备的选择

防火墙是最低限度的安全设备要求。IDS、IPS 以及类似统一威胁管理设备、网络白名单设备、应用程序监控器、工业协议过滤器等专业的且多功能一体的设备，在特定条件下提供额外的安全防护也是需要的。通常情况下，区域的重要级别（参见 9.3.10 节“重要级别”）决定了所需的安全防护强度。表 10.1 将区域的重要级别对应到 NERC CIP 和 NRC CFR 73.54 安全评价标准和建议的改进措施以加强安全性。

表 10.1　按重要级别划分的边界安全要求

临界点	需要的安全性	建议的改进措施
4（最高）	NRC CFR 73.54：非直接边界 NERC CIP 005：防火墙或 IDS 或 IPS	应用层监管、防火墙、IDS 和 IPS
3	NRC CFR 73.54：非直接边界 NERC CIP 005：防火墙或 IDS 或 IPS	应用层监管、防火墙、IDS 和 IPS
2	NERC CIP 005：防火墙或 IDS 或 IPS	防火墙、IDS 和 IPS
1	NERC CIP 005：防火墙或 IDS 或 IPS	防火墙、IPS
0（最低）	NERC CIP 005：防火墙或 IDS 或 IPS	防火墙、IPS

表 10.1 建议为每个安全边界使用防火墙和 IPS，这是因为防火墙和 IPS 设备具有不同的功能：防火墙通过所谓的“浅度数据包检测”来限制允许通过

边界的流量类型，而IPS执行“深度数据包检测”（DPI）检查已允许通过的流量，目的是检测所有路径上传输的恶意代码或恶意软件等带有破坏目的的流量。使用这两种设备可提供两个相关的好处：首先，IPS可以对所有经过防火墙的流量进行“内容”检测；其次，防火墙基于规定的安全区域参数限制了通过的流量，使IPS可以专注于这部分流量，并因此可执行更为全面和强大的IPS规则集。

在入侵检测系统语境中理解“检测”和“防御”非常重要，回想工业网络中最重要的特性是可用性和性能。换句话说，网络不能容忍位于ISA 95模型中低级别（如1~3级）的主机间偶然的丢包。若安全设备产生一个“假阳性”，并错误地把一个有效包作为无效包而中断，从而阻止了其到达目的地，就会发生这种情况。然而，这或许不是工业和业务区域间的例子（如级别3和级别4）。但这是在工业区域中将IDS作为优先考虑的安全设备的原因（对网络流量进行“带外”操作，即IDS与网络设备是并联关系），而在工业和业务区域间，或者在半信任“非军事区”（DMZ）和不可信业务区（对所有网络流量进行“在线”操作，即IPS与网络设备是串联关系）之间使用IPS。

我们同样意识到，工业协议不仅包括像Modbus和DNP3等通用标准，而且在很大程度上依赖特定供应商为一个特定系统进行优化而采用的专用协议。对于思科、惠普ProCurve、Juniper、Checkpoint等主流IT网络安全供应商而言，提供工业网络解决方案并不常见。那么有什么方法实现工业协议的高级DPI分析吗？答案是一种新型工业安全设备，该设备具备分析和检测通用与专用工业协议的能力。提供这些设备的公司包括Tofino/Belden、Secure Crossing、ScadaFence、SilentDefense等。在本书编写完成时，有很多创业公司应该已在开发中，我们鼓励读者对市场进行彻底的研究，以便充分了解所有可用的选择。此外，原始设备制造商（Original Equipment Manufacturer，OEM，也称为定点生产，俗称代工）品牌解决方案或推荐的第三方解决方案，可以从控制系统供应商处获得。一旦选择和部署了合适的解决方案，DPI就可以用于分析专用工业协议的相关功能。图10.3说明了防火墙、IDS/IPS设备以及应用会话监控系统等新增的功能。

在最关键的区域，应用层会话管理器会提供有价值的和必要的保证级别，因为它们能够探测到低级别的协议异常（如HTTP层基于base64编码方式的应用程序流在第4层TCP会话的80端口可以被许多APT和僵尸网络利用）和应用程序破坏策略的行为（如未授权就尝试写一个新的配置到PLC）。然而，除非监控非常简单的应用协议（这种情况下所需的内容会被打包成简单的数据包或帧），否则应用程序的会话必须在监控前进行打包，如图10.4所示。

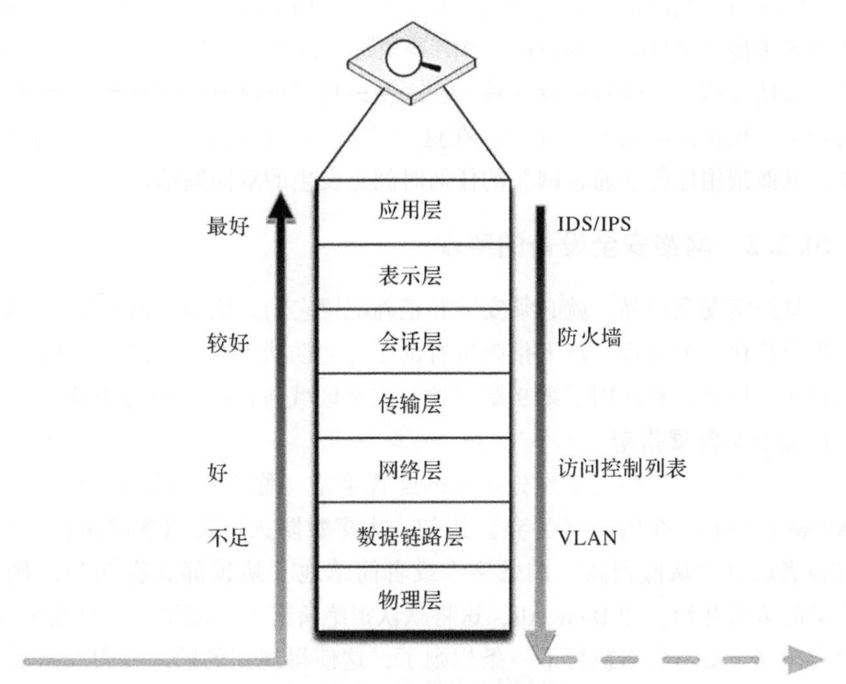

图 10.3　使用 DPI 检测威胁的安全设备相对性能

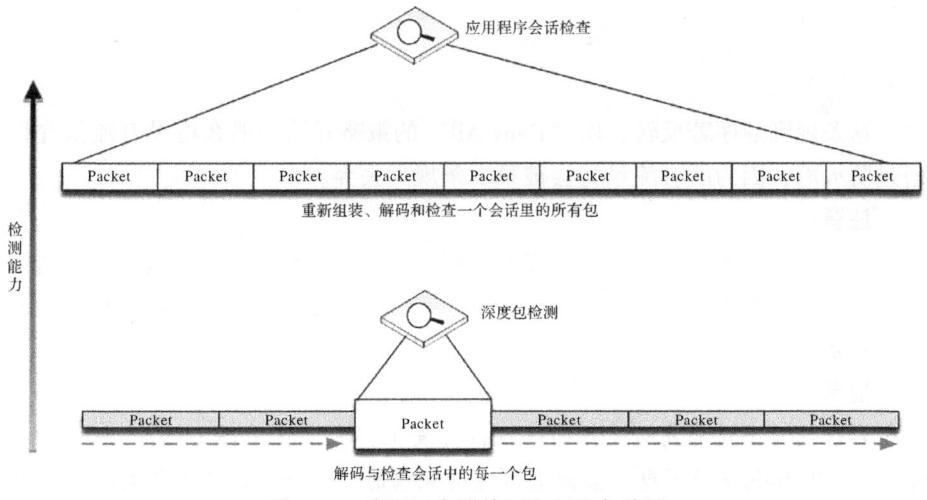

图 10.4　应用层会话检测和深度包检测

最严格的边界安全设备可能就是数据二极管，也称为单向网关。数据二极管可以简单地描述为一个单向的连接，往往是受限的物理连接，其发送或接收只使用一条光纤链路。源头上仅使用光通信进行发送，在包含控制系统设备的高度敏感网络区域内部不能进行任何数字通信，而监控数据则可以从这个戒备森严的区域传递至外部的 SCADA DMZ 或更远的区域。在某些情况下，如高度敏感的文档存储，二极管可以反转，从而使信息只可以发送到安全区域中，而从物理上阻止发往区域外的通信。在这个“反转”阶段，应该终止先前的通信流，从而禁用任何在通过网关的任何时间点发生的双向通信。

10.2.2 网络安全设备的实现

一旦选定安全产品，就必须安装并正确配置它们。识别、创建及记录区域的流程会简化这个过程。以下指南将有助于配置防火墙、IDS 或 IPS 的设备和应用程序监控器，其使用了第 9 章“建立安全区域与管道”中的变量。

1. 防火墙配置指南

防火墙控制通信使用了预先定义的配置策略（称为“规则集”），通常包括 Allow（接收）和 Deny（丢弃）语句。大多数防火墙按照顺序执行一个配置（或者通过“从低到高”的数字，或者简单地“从顶部到底部”）。例如，从广义的策略开始，如 Deny All，这将默认拒绝所有入站流量。一旦数据包满足给定规则，就不会再执行下一条规则了，这使得规则的顺序变得非常重要。这些广义的策略随后会被一些更具体的策略覆盖。因此，下面的防火墙策略只允许单一的 IP 地址通过 80 端口（HTTP）向外通信。

```
Allow 10.0.0.2 to Any Port 80
Deny All
```

这条规则顺序若反转，用“Deny All”的策略开始，那么将没有流量允许通过防火墙，因为所有流量将会被第 1 条规则丢弃。

注意：

防火墙规则使用了简单而更容易理解的实例。虽然一些防火墙是完全通过 GUI 配置的，但是根据所使用的防火墙，可能会通过命令行解释器使用特定的规则语法。

提示：

在跨越多个供应商防火墙的一致性开发上，有很多工具可作为助手使用，如 Firewall Builder 开源包。当配置多重防火墙时，这将允许使用相同的 GUI 和语法。

注意：

防火墙通过使用两种主要操作能够限制接口间的网络访问：丢弃和拒收。在配置典型防火墙时根据被监控的接口和潜在的拒绝流量的原因而使用准确形式。当使用“拒绝”时，防火墙实际上发送了一个响应反馈给源主机通知数据包已被拒绝。对于潜在的攻击者来说，这个信息非常有用，可以作为标记特定的 IP 地址或服务端口处于主动阻塞状态，并且不应用于不信任的接口。另外，“丢弃”是简单地丢弃匹配的数据而不向源主机发送任何响应信息。这是一种更安全的机制，对于基于网络的攻击者来说，将不会提供任何有用信息用于发现网络中的设备、主机和可用的服务。

提示：

试图熟练地掌握众多防火墙供应商的语言和配置工具可能会令人泄气。因此，我们强烈建议使用通用规则可视化工具（如 Solarwind 公司的防火墙浏览器），来解析防火墙的配置文件，以便轻松显示和分析规则与对象。

因为工业网络的本质不同于企业网络，无须适应应用程序和服务的多样性，所以在工业网络中确定应该配置哪些规则通常是比较容易的。当针对特定区域配置防火墙时尤为如此：区域自然而然地被限制在一个范围之内，这就使得防火墙策略变得简洁。通常情况下，通道上部署的防火墙越多，在每个防火墙上将越容易配置。反过来，也就是在简单的应用上尝试利用简单的防火墙（或防火墙对）管理所有规则集。

正确配置防火墙的方法如下：

（1）以双向 Deny All 的规则放于配置的最后。

（2）配置特定的异常时，使用定义好的变量。

```
$ControlSystem_Zone01_Devices
$ControlSystem_Zone01_PortsServices
```

（3）确保所有的 Allow 规则都已明确地定义，换句话说，就是在 IP 地址和目的端口/服务中阻止使用参数“Any”。

配置防火墙的一个简单方法，就是按照国家基础设施安全协调中心（National Infrastructure Security Coordination Center，NISCC）“SCADA 和过程控制网络的防火墙部署实践指南”的指导，使用表 10.2 详细定义的区域变量[12]。

表 10.2　利用区域变量的 NISCC 防火墙配置指南①

NISCC 建议	使用区域变量的示例规则	备注
开始时以全部拒绝作为默认策略	Deny All / Permit None	防火墙应该明确地拒绝所有的入站和出站流量，并作为默认的策略

续表

NISCC 建议	使用区域变量的示例规则	备注
控制系统环境和外部网络之间的端口和服务应启用并且在特定的情况下授予权限	Allow 10. 2. 2. 120 port 162 to 192. 168. 1. 15 port 162 #Allow SNMP traps from router ip 10. 2. 2. 120 to network management station ip 192. 168. 1. 15, authorized by John Doe on April 1 2005	在防火墙配置文件中使用注解来标注特殊情况、权限以及其他的细节
所有“许可”的规则都应针对 IP 地址和 TCP/UDP 端口，如果可能则应标明状态，并应限制特定的 IP 地址或地址范围的流量	N/A	指南可通过执行 $ ControlSystem_Zone01_Devices 和 $ ControlSystem_Zone01_PortsServices 来定义规则
SCADA 和 DCS 网络上的所有流量通常仅基于路由的 IP 协议，无论是 TCP/IP 协议还是 UDP/IP 协议。因此，应该丢弃所有的非 IP 协议	N/A	通过在所有已定义的规则中使用 $ ControlSystem_Zone01_PortsServices，只有在该区域明确允许的协议才能被防火墙接受，其他所有的都会被开始的规则 Deny All 所丢弃
防止流量从过程控制或 SCADA 网络直接传送到企业网络；所有流量都应终止于 DMZ	Deny [Not $ Neighboring Zone1, Not $ Neighboring Zone2] to $ ControlSystem_Zone01_Devices Deny $ ControlSystem_Zone01_Devices to [Not $ Neighboring Zone1, Not $ Neighboring Zone2]	通过在每一个区域（该区域明确拒绝从任何不相邻的区域进出所有流量）配置规则将阻止所有传送的流量。该区域内的所有流量都需要使用本地设备来终止和重新建立

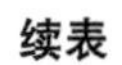

续表

NISCC 建议	使用区域变量的示例规则	备注
DCS 和 SCADA DMZ 间允许的任何协议都明确禁止 SCADA DMZ 和企业网络之间的流量（反之亦然）	在企业网络与 SCADA DMZ 间的边界： Deny $ ControlSystem_Zone01_PortsServices to $ EnterpriseNetwork_Zone01_Devices 在 DCS 与 SCADA DMZ 间的边界： Deny $ EnterpriseNetwork_Zone01_PortsServices to $ ControlSystem_Zone01_Devices	这些规则强化了“隔离”协议的概念，并进一步防止发生跨区域传递通信
只有在数据包有一个正确的源 IP 地址，且这个源地址被分配给 PCN 或者 DMZ 设备时，才能允许从 PCN 或 DMZ 有出站数据包	N/A	使用 $ ControlSystem_Zone01_Devices 明确定义的已知 IP 地址，与明确定义的 Deny All 规则结合，以保证所有的出站数据包都来自正确的源地址 防火墙也能检测出欺骗性的 IP 地址。此外，使用网络行为异常检测（Network Behavior Anomaly Detection，NBAD）、安全信息与事件管理（SIEM），或者是日志管理解决方案的网络活动监管能够基于 MAC 地址或其他识别因素检测出来自未知设备的已知 IP 地址（参见第 12 章“工业控制系统安全监控”）
控制网络设备不应允许访问因特网	因特网防火墙： Deny [$ ControlSystem_Zone01_Devices，$ Control System_Zone02_Devices，$ ControlSystem_Zone03_Devices，$ ControlSystem_Zone04_Devices]	所有区域中的设备都已经被识别且被映射为变量，因而可以在因特网防火墙中被明确地拒绝

续表

NISCC建议	使用区域变量的示例规则	备注
即使有防火墙的保护，控制系统的网络也不应直接访问因特网	N/A	使用区域方法，任何控制系统都不应直接连接到因特网（参见9.4节“安全区域与通道的建立”）
所有防火墙管理的流量应该是： （1）通过隔离的受保护的管理网络，或是在有双重授权加密网络上； （2）通过IP地址限制在特定的管理站内	N/A	这项建议支持使用第9章“建立安全区域与通道”中所描述的方法建立防火墙管理区域。只有通过把所有的防火墙管理接口和管理站点都放在与其余网络隔离的区域中，流量才能被隔离和保护
①National Infrastructure Security Coordination Center，NISCC Good Practice Guide on Firewall Deployment for SCADA and Process Control Networks. British Columbia Institute of Technology（BCIT）. February 15，2005.		

2. 入侵检测和防御配置指南

IDS和IPS设备能够检测网络数据包中恶意代码或漏洞攻击的迹象。入侵检测是被动的检测，通常位于网络流量的“带外”。IDS和IPS检测流量数据包并且将其与一组检测特征进行比较，当匹配时就会采取某些预定义的动作。两者的主要区别在于当匹配时允许采取的具体动作不同。IDS动作包括Alert（生成自定义消息并记录该数据包）、Log（记录数据包）、Pass（忽略该数据包）。而IPS的动作，还包括Drop（丢弃该数据包，并记录它）、Reject（丢弃该数据包，并初始化一个TCP重置以结束会话）、Drop（丢弃该数据包，但不记录）。此外，IDS和IPS规则可以使用Activate（激活）和Dynamic（动态）动作，其中前者激活另一条规则，后者处于闲置状态直到被一个激活（Activate）规则所激活[13]。

IDS/IPS检测特征功能的集合称为IDS/IPS策略，这一策略将确定设备可以检测威胁的类型，以及即将生成事件的程度和范围。这一集合应当参照之前为安全区域定义的威胁和脆弱性列表（参见第9章“建立安全区域与通道”）。尽管主动拦截恶意流量是十分重要的，但是对于IDS/IPS生成事件的分析也可以提供其他一些重要的指标，包括属性、网络行为、载荷、更大的威胁事件等（参见第12章“工业控制系统安全监控”）。特征大体上遵循一种与防火墙规则类似的格式，在这个规则里有一个确定的源和目的地址以及端口，主要不同之处在于发生匹配情况时执行的动作。除此之外，IDS/IPS的特征可能会在数据包内匹配特定的内容，以寻找数据包中指示的已知攻击的模式（如“特征”）。常见的IDS/IPS特征语法遵循Snort定义的事实标准，Snort是Sourcefire（安全公司，2013年被思科收购）拥有的一个开源IDS项目。下面是特征的一个示例。

```
[Action] [Protocol] [Source Address] [Source Port] [Direction Indi-
cator] [Destination Address] [Destination Port] [Rule Options]
```

正确的语法如下：

```
drop tcp 10.2.2.1 any -> 192.168.1.1 80 (flags: <optional tcp header
flags >; msg: " <message text >"; content: <this is what the rule is loo-
king for >; reference: <reference to external threat source >;)
```

要找出防火墙规则和IDS、IPS特征之间的区别，参考下面的实例。

```
drop tcp 10.2.2.1 any -> 192.168.1.1 80
```

前面的规则本质上与防火墙规则Deny 10.2.2.1 port any是一样的，会阻塞所有从10.2.2.1发往192.168.1.1的tcp 80端口生成的流量，有效地防止该用户访问目标主机上的Web服务（通过HTTP的端口80）。然而，匹配数据包内容的能力使IDS/IPS设备在流量控制方面处于一个更精细的水平。例如：

```
drop tcp 10.2.2.1 any -> 192.168.1.1 80 (msg:"drop http POST re-
quest";content:"POST";)
```

这条规则的功能却不同，仅在HTTP流量包含POST请求（被许多Web规范或通过HTTP上传文件到Web服务器的应用程序使用）时，才会丢弃源地址的流量。

备注：

IDS和IPS规则的示例是使用Snort语法编写的，Snort是事实上的创建特征的语言规范。然而，许多IDS或IPS设备支持专有的语法规则、GUI规则编辑器或其他规则创建方法。根据所使用的产品，一些本书中的示例规则可能无法达到预期效果，所有的规则都应该在部署之前进行测试。

Snort 是 Sourcefire 公司（2013 年被思科收购）结合特征、协议以及基于异常网络流量检测开发的一个开源 IDS/IPS，有将近 40 万注册用户[14]。2009 年，称为“开发信息安全基金”（Open Information Security Foundation，OISF）的非营利组织发布了它们的 Suricata 下一代 IDS/IPS 引擎的第一个 beta 版本，美国国土安全部门和许多私营企业资助的这个项目在 2010 年发布了 Suricata 第一个稳定版本，同时继续开发和发展这个产品，并提供标准 Snort 规则的直接解释[15]。

与防火墙配置一样，确定 IDS、IPS 要执行的策略是正确配置设备的第一步。在第 9 章“建立安全区域与通道”中提到的变量是很有价值的工具，可以用来编写简洁和高度相关的特征。然而，与以简单的“Deny All”规则结束的防火墙不同，IDS/IPS 通常采用默认的“Allow All”规则，因此应该部署为“大型”（具有许多活动特征），然后按照区域的特定要求进行剪裁。正确配置 IDS 和 IPS 的方法如下：

（1）以一个更强大的、具有多个活跃规则的特征集开始。

（2）如果是区域不允许的协议或服务，以一个更宽泛的规则取代所有与该协议或者服务关联的特定检测特征，并在存在 IDS/IPS 的上行数据流的第 3 ~4 层设备（路由器或防火墙）上阻塞使用这些协议，或者是服务发出的所有流量（如删除未经授权的端口和服务）。

（3）如果是区域允许的协议或服务，保持与该协议或服务相关的所有检测特征处于激活状态。

（4）对于所有活跃的特征，使用表 10.3 所示评估合适的动作。

（5）保存所有现有的 IDS 特征并及时更新。

表 10.3　确定适当的 IDS/IPS 措施

允许端口或者服务?	源	目的	服务的临界点	事件的严重性	建议的动作	注意
无	所有	所有	所有	所有	拒绝	应拒绝区域内未明确允许的所有通信，以中断未经授权的会话并阻止攻击
有	区域内部	区域内部	高	所有	警报	主动阻塞或拒绝区域内起始和终止的流量会影响运行。例如，误报可能会导致在合法的控制系统内，流量被阻塞或拒绝

续表

允许端口或者服务?	源	目的	服务的临界点	事件的严重性	建议的动作	注意
有	区域内部	区域内部	低	所有	警报或者跳过	对于非关键服务，建议使用日志，但不是必要的（警报措施将提供有价值的事件和数据包信息，有助于以后的事故调查）
有	区域外部	区域内部	高	低（事件来自混淆的检测特征或信息事件）	警报	许多检测特征在检测大范围潜在的威胁活动时比较广泛。这些特征仅应发出警告，以防止无意地中断控制系统的操作
有	区域外部	区域内部	高	高（明确的恶意软件或者利用精确协调的特征）	阻塞，警报	如果关键系统或者资产的入站流量包含已知的恶意载荷，流量应该被阻塞，以防止外部网络事件或破坏
有	区域内部	区域外部（明确允许目的地址）	所有	所有	警报	这种流量很可能是合法的。然而，对事件发出警报或者是记录会提供很有价值的事件和数据包信息，这些信息有助于以后的事故调查
有	区域内部	区域外部（未知的目的地址）	所有	所有	阻塞或者重新设置	这种流量很可能是非法的。应迅速解决产生的警报：如果出现误报，必要的流量可能会被无意地阻止；如果该事件是一个威胁，则表明该区域已经被破坏

请记住，IDS 或 IPS 可以采用纯被动模式部署，用于分析允许的流量，包括区域内的流量（即两个相同的区域内的设备之间，不用跨越区域边界）。被动监控将生成警报和日志，在许多安全操作上这些信息都是有用的，包括法律调查、威胁检测和合规性报告（参见第 12 章“工业控制系统安全监控”和第 13 章“标准规约”）。

IDS、IPS 规则应裁剪以适用于使用第 9 章“建立安全区域与通道”中定义的区域变量，典型的Snort变量使用var命令来建立，具体如下：

```
var VARIABLE_NAME <alphanumeric value>
```

专用的ipvar和portvar则专门用于IP地址和端口[16]。在第9章“建立安全区域与通道”中变量定义如下：

```
ipvar ControlSystem_Zone01_Devices [192.168.1.0/24, 10.2.2.0/29]
var ControlSystem_Zone01_Users [jcarson, jrhewing, kdfrog, mlisa]
portvar ControlSystem _ Zone01 _ PortsServices [502, 135.12000:
12100]
```

这些变量可以广泛用于整个主动检测特征。例如，Metasploit框架中设计用来检测已知SCADA缓冲区溢出攻击的标识如下（下面的规则是故意混淆的；可以从www. digitalbond. com上的Digital Bond公司获得完整的规则）：

```
alert tcp !$ControlSystem_Zone01_Devices any -> $ControlSystem_Zone01_
Devices 20222 (msg: “SCADA ODBC Overflow Attempt”; content: <REMOVED - long
string in the second application packet in a TCP session >; reference: cve,
2008 - 2639; reference: url, http: //www.digitalbond.com/index.php/re-
search/ ids - signatures/m1111601/; sid: 1111601; rev: 2; priority: 1;)
```

注意：

许多Snort规则引用$ HOME_NET或$ MY_NET变量。使用多个$ControlSystem_Zone01_Devices变量（每个都对应一个已定义的区域）可以达到同样的目的，会为每一个区域定义一个有效的$HOME_NET变量。本书有意对$ControlSystem_Zone01_Devices进行冗长的命名，以方便识别变量，从而使本书中的示例更容易理解。

其他例子包括阻塞Stuxnet使用的感染向量的特征[17]。下面第一个例子是寻找Stuxnet恶意软件的早期传送机制，即通过WebDAV连接传送快照文件。第二个例子是用在Stuxnet早期感染阶段，通过一种特定的用户名和密码结合的方式登录WinCC数据库，来检测西门子WinCC的连接尝试。

```
tcp !$ControlSystem_Zone01_Devices $HTTP_PORTS -> $ControlSystem
_Zone01_Devices any(msg:“Possible Stuxnet Delivery:Microsoft WebDav
PIF File Move Detected”;flow:from_server;content:“MOVE”;offset:0;
within:5;content:“.pif”;distance:0;classtype:attempted - user;refer-
ence:cve,2010 - 2568;reference:osvdb,66387;reference:bugtraq,41732;
reference: secunia, 40647; reference: research, 20100720 - 01; sid:
710072205;rev:1;)
```

```
tcp any any -> any 1433(msg:"Possible Stuxnet Infection:Siemens Possible Rootkit.TmpHider connection attempt"; flow:to_server; content:"Server = |2e 5c |WinCC |3b |uid = WinCCConnect |3b |pwd = 2WSXcder"; classtype:suspicious - login;reference:cve,2010 - 2772;reference:osvdb,66441;reference:bugtraq,41753;sid:710072201;rev:2;)
```

1）建议的 IDS 和 IPS 规则

建议 IDS/IPS 配置包括以下活动规则：

（1）防止任何未定义流量经过区域边界（通信中断不会影响合法服务的可靠性）。

（2）防止所有含有恶意软件或代码的已定义流量通过区域边界。

（3）检测并记录可疑或异常活动（参见 10.3 节“主机安全与访问控制的实现”和第 12 章“工业控制系统安全监控”）。

（4）在区域内记录正常或者合法的活动，可用于合规性报告（参见第 13 章“标准规约”）。

（5）记录所有远程访问客户端作为起始端发出的流量，可用于合规性报告和确认接收报告。

注意：

误报（一个引发意外流量的规则，通常是由不精确的检测特征所触发的）会阻止合法流量，并且在控制系统合法流量中可以代表一个必要的操作控制。block（阻塞）的 IPS 规则只有在绝对必要且经过广泛测试后才能使用。

已定义区域的功能隔离和分割的程度越高，IDS、IPS 的策略就越简洁、越有效。适用于区域边界的一些基本的 IDS 和 IPS 规则，包括以下内容。

（1）阻塞所有大小或长度有错误的工业网络协议包。

（2）阻塞所有区域中不允许的入站或出站的网络流量。

（3）阻塞所有在协议不被允许的区域中检测出的工业网络协议包。

（4）警报所有验证尝试，以记录成功和失败的登录。

（5）警报所有工业网络端口扫描。

（6）警报所有有意义的工业网络协议功能码。例如：

①“写”功能，包括写入文件或清空、擦除、重置计数器的代码。

②“系统”功能，包括停止或重新启动设备的代码。

③“系统”功能，禁用警报或报警。

④“读”功能，请求敏感信息。

⑤“报警”或“异常”代码和消息。

在定义 IDS/IPS 规则时，应当考虑是在 TCP 三次握手发生之前还是之后开始分析，当然，这仅限于那些依赖于TCP作为传输协议的应用程序和服务。没有完成三次握手的数据不可能执行内容或深度包检测。然而，这种信息类型在确定流氓或恶意主机是否正在探测潜在的目标，同时尝试查找网络痕迹方面将会非常有价值。下面给出的示例规则，可用于识别在三次握手开始时试图通过以太网/IP协议与ICS主机通信的任何流量，发送初始段时，TCP报头中只设置SYN标志。

```
alert tcp !$ControlSystem_Zone01_Devices any ->$ControlSystem_Zone01_Devices 44818(msg:"Attempt to connect to ICS device from another zone using known service";flags:S;<additional options>)
```

虽然几乎任何IDS和IPS设备都能通过查找数据包中特殊值来检测并触发工业网络协议，但那些能够对应用程序内容（包括功能代码、命令和附加载荷）执行状态检查的设备将提供更多的价值，而且通常能够更有效地发现威胁。传统的IDS/IPS引擎不容易解析许多工业协议，并且经常使用消息碎片，这使得它们很难用一致的结果进行分析。因此，建议使用具有应用检验能力的“工业”产品。这类产品可能更适于分析应用层协议的内容以及其使用方式，同时对检测注入式攻击、异常消息、无序行为以及其他潜在的危害活动将十分有用。

注意：

大部分IDS和IPS的特征只能阻止已知的威胁，这意味着IDS和IPS的策略必须保持更新以检测最近确定的攻击（病毒、漏洞等），因此，IDS、IPS产品必须包含补丁管理策略，以保持设备的有效性（参见10.3.3节“补丁管理”）。使ICS环境难以做到的是，除非该漏洞已公开披露，否则许多IDS/IPS供应商将无法访问利用这些弱点的实际有效负载，换句话说，他们很难为ICS组件开发相关的特征。利用基于异常检测、协议过滤以及实施“网络白名单”的产品能够提供没有特殊需求的特征保护。因此，若有固件更新或相似应用升级时，仅仅需要为这类设备打补丁即可。

2）基于异常的入侵检测

到目前为止，只对基于特征的检测进行了介绍。然而，许多IDS和IPS系统还支持基于异常的检测。当有异常情况发生时，异常检测将使用统计模型来确定异常行为是否是由攻击所造成的后果。这是基于这样一个前提：异常行为可能是攻击的结果。

没有标准的异常检测机制，所以具体的功能将因产品而异。从理论上讲，由IDS监控的任何事情都可用于异常检测。由于网络流量具有高度的可量化性，异常检测通常用来检测设备的通信对象和通信方式的异常。关于网络异常检测，这些系统能够探测到突然增加的出站流量、会话数、传输的总字节数、目的 IP 地址数量或其他量化指标。

因为无须使用明确定义的特征来检测威胁，所以异常检测是非常有用的。这使得异常检测系统能识别零日攻击或其他不存在检测特征的威胁。但是同时，良性行为的改变可能导致警报，因此异常检测向着更高的误报数量的趋势发展。正是这个原因，通常被动地使用基于异常的威胁检测、生成警报，而不是主动地阻止可疑流量。

在工业领域，尤其是在隔离控制系统网络中，网络行为往往具有高度的可预测性，这使得异常检测更加可靠。

尽管确实使用了规则，但是异常检测系统却没有使用预定义特征进行模式匹配，因此异常检测系统也可以简称为“无规则”的检测系统。然而，与正常的 IDS 规则不同，异常规则的产生往往基于阈值和统计偏差，如下面的例子。

```
TotalByteCount from $Control_ System_ Zone01_ Devices increases by
> 20%
```

阈值规则可以使用绝对上限或下限，一般用于自动异常检测系统。

```
TotalDestinationIPs > 34
```

这里提出了一条不精确的经验性准则，网络流量监管的变化越大，异常检测规则产生误报的机会就越大。

异常检测也可借助安全信息与事件管理（SIEM）系统等信息整合工具跨越设备使用。该系统及异常检测将在第 11 章“异常与威胁检测”中详细阐述。

提示：

美国能源部、Battelle 能源联盟（Battelle Energy Alliance，BEA）以及爱达荷国家实验室（Idaho National Lab，INL）开发的 Sophia 项目，作为一种被动的实时工具执行使用工业网络进行设备间通信和发现功能。工具初始置于“学习”模式，在该模式下能够收集和关联使用特定网络通信的不同设备间的网络流量。一旦收集到足够的数据，然后存储该网络“指纹”，同时所有将来的流量与这个基线对比，当流量不满足预定义的“指纹”时产生警报。然后，如果需要，可以分析异常流量，并将其添加到期望的初始“白名单”中。工业网络非常适合这种类型的技术，因为它们在本质上趋向于静态，没有大量的新主机或通信通道添加到网络流量中[18]。

Sophia 的 beta 测试期已于 2012 年 12 月 31 日结束，NexDefense 公司（NexDefense 是最早的 ICS 安全公司之一，最初由美国能源部资助，其技术是在爱达荷州国家实验室开发的，2019 年 3 月被 Dragos 公司收购）已获得该知识产权，用于商业化和一般可用性目的。NexDefense 公司继续与大量最终用户和供应商一起致力于 Sophia 的开发工作[19]。

3）协议异常检测

另一种类型的异常检测专门关注协议：不正确的消息、排序错误和协议的“已知良好”行为的类似变体。协议异常检测对未知和零日漏洞非常有效，这些未知和零日漏洞可能尝试操纵带有恶意目的的协议行为。然而，在部署协议异常检测时需要小心，因为许多来自合法 ICS 供应商的合法产品使用了“超出规格”（out of spec）的协议，或者在产品中克服某些“纯”标准限制，使用属性协议扩展或改变协议实现。知道了这一点，工业协议的协议异常检测可能出现有很高的误报率，除非做出一些努力来“调整”检测参数，以适应特定供应商或产品的细微差别。

4）工业网络中的应用程序和协议监控

由于许多工业操作都是使用专门的工业网络协议来控制的，这些协议发出命令、读写数据、执行设备配置等使用所定义的功能代码，专用设备可以作为防火墙、IDS 和 IPS 技术的补充，并基于特定网络操作保证通信的执行。

除了可以对工业协议的内容进行检查（如 DNP3 功能代码），控制协议使用的软件等应用程序本身也可以用于检查。这种程度的应用程序监测也称为会话检查，它允许检查应用程序的内容（如人机界面、网页浏览器），即使这些内容可能存在于大量单独的数据包。也就是说，检查一般发生在文件内容被传送到 PLC，或病毒通过网页浏览器从更新服务器下载时。对于网络流量的使用，应用程序监控器提供了广泛而深刻的视角，也因为如此，在控制系统、企业协议和应用程序的使用环境中应用程序监控显得尤为实用。

有许多专门的安全设备可用于使用应用程序或协议监控的 ICS 和控制系统环境。在写本书时，这些设备包括 Tofino（Tofino 安全公司是世界领先的工业安全产品制造商）工业安全设备、安全穿墙访问控制模块以及其他更为广泛使用的企业应用数据监控设备。前两个设备专门用于鉴别工业协议里正在执行的操作，以防止未授权的操作。后者指的是具有一般目的的企业安全设备，它能够支持最常见的工业网络协议。这些专门的设备，每个都有特定的长处和不足，如表 10.4 中的总结。

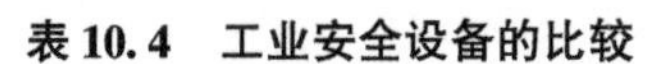

表 10.4　工业安全设备的比较

安全产品	功能性	强壮性	缺点	规则示例
ICS 防火墙	执行流量策略	允许网络、端口和服务的流量隔离	不阻止"允许"流量内的隐藏威胁或利用	只允许开放 TCP 502 端口（Modbus TCP）
ICS IDS/IPS	在流量中检测恶意软件和漏洞	防止漏洞利用授权的端口和服务	"黑名单"方法只能检测和阻塞已知的威胁	阻塞包含已知恶意代码的 Modbus 数据包
ICS UTM 或者混合安全设备	结合防火墙、IDS 或 IPS、VPN 和其他的安全功能	在单一产品上合并多个有助于"深度防御"的安全功能	安全功能包括其组件级缺点（整体等于但不大于各部分之和） 为了保持有效必须升级	只允许在 TCP 端口 502 上带有"只读"功能代码
仅允许通过加密 VPN 向其他 SCADA 区域发送出站 TCP 502 协议				
ICS 内容防火墙或者应用程序防火墙	执行流量策略	基于工业网络协议进行内容上的流量隔离	只评估一个简单数据包的内容（缺少会话重组或者文档解码） 在利用数据包分段的协议上部署困难	只允许"只读"的 Modbus TCP 功能

续表

安全产品	功能性	强壮性	缺点	规则示例
深度会话检测（应用程序内容监控）	会话重组	检测APT威胁和内部数据窃取的ICS内容防火墙、应用程序会话可视性以及文件内容等功能；能给企业/工业区域（如ICS DMZ）或其他半信任区（如远程访问）提供很强的安全保障	受TCP/IP检查的限制，使得会话检查不适于在纯粹的控制系统环境中部署	为非TCP 502端口上Modbus TCP流量发出警报
文件/内容解码	为带base64编码内容的所有流量发出警报			
文件/内容捕获				
网络白名单	只允许定义为“良好”的流量	通过只允许已知的、良好的流量通过（由可接受的主机和协议关系的指纹定义）来阻止所有恶意流量	需要合适的网络行为基准	在网络运行中做出合法的修改更加困难

因为这些设备都是高度专业化的，所以配置可能有很大的不同。一般来说，能够检查工业协议的防火墙可以利用以下规则来阻止任何协议功能写入配置或注册，或执行系统命令（如设备重启）。

```
Deny [ $ControlSystem_ProtocolFunctionCodes_Write,
$ControlSystem_ProtocolFunctionCodes_System]
```

能够进行工业协议检查的IDS可以使用以下规则，该规则在DNP3包（DNP3支持TCP和UDP传输）中查找特定的功能代码。

```
tcp any any ->$ControlSystem_Zone01_Devices 20000(msg:"DNP function code 15,unsolicited alarms disabled - TCP"; content:" |15 |"; offset:12; rev:1;)
udp any any ->$ControlSystem_Zone01_Devices 20000(msg:"DNP function code 15,unsolicited alarms disabled - UDP"; content:" |15 |"; offset:12; rev:1;)
```

相反，执行完整会话解码的应用程序监控可能会使用与下面规则类似的语法来检测窗口，应用程序流量内的 LNK 文件表示一个可能的 Stuxnet 传送尝试。

```
FILTER_ID = 189
NORM_ID = 830472192
ALERT_ACTION = log - with - metadata
ALERT_LEVEL = 13
ALERT_SEVERITY = 10
DESCRIPTION = A Microsoft Windows .LNK file was detected
EXPRESSION = (objtype = = application/vnd.ms - lnk)
```

5）数据二极管和单向网关

数据二极管和单向网关的工作原理是通过单个光纤连接（即纤维绞线）防止物理层上的返回通信。“传输”部分一般不包含“接收回路”，同样地，“接收”部分并不具有“传输”能力。由于双向通信的原因，这可以提供绝对的物理层安全。因为反向的连接不存在，所以数据二极管是真正的隔离装置(尽管只是在一个方向上)。

因为许多网络应用和协议需要双向通信（如 TCP/IP 协议，为了建立、维持和完成会话，需要各种握手和认证)，所以使用数据二极管应充分考虑以确保单向的数据路径能够传输需要的流量。为了适应这种情况，许多数据二极管厂商实施了一个基于软件的解决方案，即在两个服务器之间设置一个物理二极管。这些服务器支持各种双向应用和相关的通信服务，在发射端可以完全满足双向需求，并让接收端可以欺骗原始发射器，本质上是欺骗应用程序以在单向连接上运行。这提供了一个额外的管控层级，它工作在可使用二极管或网关传输的应用程序和服务上。图 10.5 展示的是一个通过单向网关使用 DNP3 服务的案例。虽然数据二极管是物理层设备，不需要任何特定的配置，但是在这些应用程序正常工作于二极管之前可能需要正确配置通信服务器。表 10.5 展示了使用瀑布安全提供的单向网关支持的应用程序和协议。

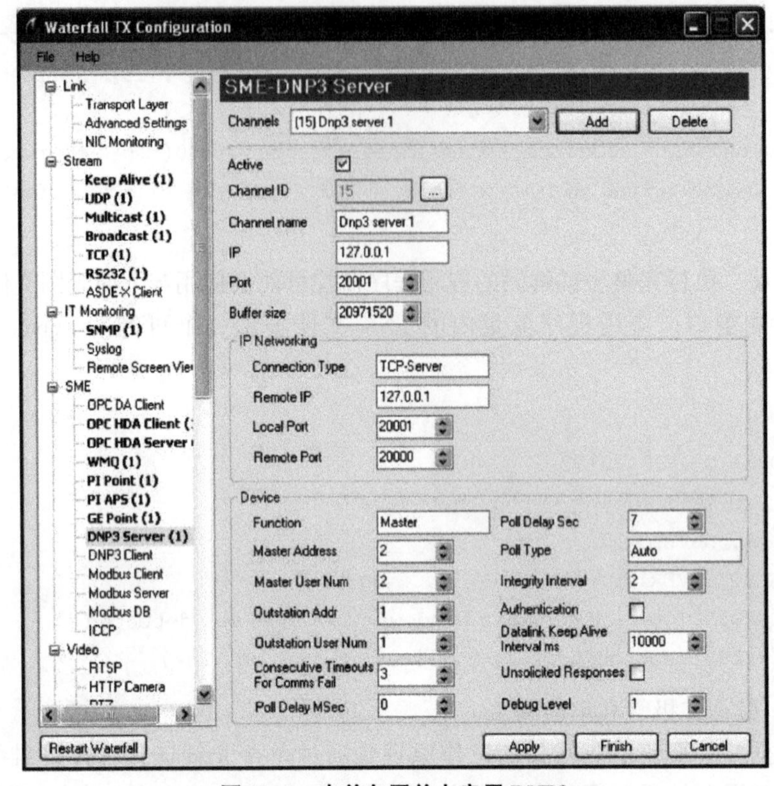

图 10.5　在单向网关上启用 DNP3

表 10.5　单向网关应用程序/协议支持[24]

应用程序族	描述
数据记录系统	OSIsoft PI
	GE iHistorian
	GE OSM
	Wonderware Historian
	Instep eDNA
人机界面	GE iFix
	Siemens SINAUT
	Siemens WinCC
控制中心通信	ICCP
	IEC 60870－104

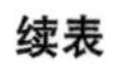

续表

应用程序族	描述
远程访问	Remote Screen View
文件传输	FTP
	FTPS
	SFTP
	TFTP
	RCP
	CIFS
监控	CA SIM
	CA Unicenter
	HP OpenView
	SNMP
	Log Transfer
	Syslog
视频	ISE
反病毒	OPSWAT Metascan
	Norton Updater
中间件	IBM Websphere MQ
	MS Message Queuing
ICS 协议	OPC－UA
	OPC－DA（经典）
	ICCP
	Modbus
	DNP3
	Bently－Nevada System 1
数据库拷贝	SQL
	Oracle

续表

应用程序族	描述
通用	UDP
	TCP
	Email
	Remote Printing
	Microsoft Backup
	Tibco EMS

10.3 主机安全与访问控制的实现

所有的区域本质上都是逻辑资产组，因此它们包含大量的容易受到网络攻击的设备。

注意：

不是所有的网络攻击都通过网络发生！设备（网络连接或其他）也容易受到病毒或其他威胁攻击。不过，这些攻击不仅对设备起作用，例如使用商业操作系统的工作站和服务器，也对包括 PLC、HMI 以及相似设备在内的特殊的“嵌入式”设备起作用。即使设备使用一台嵌入式或实时操作系统，也很容易被感染。若设备是通过网络连接的，还面临着来自网络的风险；若没有联网，设备具有 USB 接口吗？固件升级能力？一些其他的接口或依赖是否能作为攻击向量使用？若这些都存在，增强设备安全到最好的程度十分重要。同样要明白，最好的安全不一定对所有嵌入式设备起作用。然而，若一个设备能够被强化，那就应该这样去做。

通过传统方法不能强化设备或使设备更安全时，应该考虑包含专用安全子区域，目的是使连接到这个区域的通道能被严格控制和使用之前描述的安全技术（参见第 9 章“建立安全区域与通道”）。尽管不能直接在 PLC 上部署恶意软件防御控制措施，但是它们很容易被部署在通道上作为进入这个区域的唯一入口点。利用附加安全控制措施来建立“基于区域的安全策略”的方法也是可行的。

区域由专用设备和应用程序组成，而通道由大量的设备与应用程序间的网络通信信道组成。这意味着所有区域将包含至少一种带有网络接口的设备，因此确保设备（包含 OS 和应用程序）及对该设备的访问控制（包含用户认证、网络访问控制措施以及供应商维护）安全十分重要。主机安全控制措施解决了用户对设备的身份认证、该设备如何在网络上通信、该设备能访问哪些文件以及可以通过它执行什么应用程序等（主机活动的监控对检测威胁同样有作用，例如区域内部主机间的通信）。这些内容已在第 9 章“建立安全区域与通道”中阐述，在第 12 章“工业控制系统安全监控”中将进一步介绍，所以在本章将不做研究。

本节讨论以下三类不同的主机安全领域。

（1）访问控制，包括用户身份认证和服务的可用性。

（2）基于主机的网络安全，包括主机防火墙和主机入侵检测系统（HIDS）。

（3）反恶意软件系统，如反病毒（Anti – Virus，AV）和应用程序白名单（Application Whitelist，AWL）。

10.3.1　主机网络安全系统的选择

在最佳实践方案中，所有主机的访问控制和主机的网络安全解决方案都应在网络设备上实施。然而，并非所有的网络设备都能运行额外的安全软件，软件在某些情况下可能产生延迟或不可接受的处理器开销。表 10.6 显示哪些设备具有运行主机安全方法的能力。

表 10.6　区分主机安全选项的等级

设备	合适的安全度量
运行现代操作系统的 HMI 或者是类似的设备。应用程序对时间不是敏感的	主机防火墙 HIDS 反病毒或者应用程序白名单 禁用所有未使用的端口和服务
运行现代操作系统的 HMI 或者是类似的设备。应用程序对时间是敏感的	主机防火墙 禁用所有未使用的端口和服务 可选项：应用程序白名单（需要测试确保实施后的延迟是可接受的）
PLC、RTU 或者类似的设备运行一个内嵌的商业 OS	主机防火墙或者是 HIDS 外部安全控制
PLC、RTU、IED 或者是类似的设备运行一个内嵌的运行环境	外部安全控制

每种类型（访问控制、网络安全、反恶意软件）都应尽可能地使用每种安全选项，尤其是在主机安全选项不能使用的地方，应该实施外部的安全控制。

提示：

ICS供应商开始为其嵌入式设备（如PLC）提供可选安全特征。在2013年，西门子为其PLC的S7-300和S7-400系列发布了一系列加强版的通信处理器，这些系列的PLC在底层上提供了集成化的防火墙和VPN能力，其他像卡特彼勒（Caterpillar/Solar）、霍尼韦尔（Honeywell）、英维斯（Invensys）、施耐德电气（Schneider Electric）以及横河（Yokogawa）等供应商利用OEM解决方案为嵌入式设备提供了高级安全扩展。因为随着时间而变化可用和建议的解决方案也会变，所以在选择安全产品时要经常咨询ICS供应商。

注意：

主要的ICS供应商通常会建议及支持使用特定的主机安全选项，甚至可以执行回归测试来验证已授权的工具[25]。这是一个重要的考虑因素，特别是在使用可能受到延迟影响的时间敏感应用程序时。此外，许多控制系统资产可能使用扩展或修改的专有商业操作系统，这些商业化的操作系统有时与某些主机安全解决方案相冲突[26]，因此，在商业主机安全产品安装之前应始终事先征询资产供应商。

提示：

ICS供应商必须能够保证他们的实时控制系统的性能和可靠性。这也是许多人限制在某些ICS设备上安装附加的、不合格的、第三方软件的主要原因。重要的是要明白，这并不意味着“一刀切”，而且对于复杂的ICS体系结构中包含的所有设备，必须遵循适用于特定ICS设备的策略。换句话说，供应商可能在其ICS服务器上施加的限制可能不适用于通用组件，如微软的活动目录服务器。这些设备通常可以通过控制装置进行加固，这些控制装置通常不具备ICS供应商的资格和支持，但对于提供足够的网络威胁保护是必要的。

1. 主机防火墙

主机防火墙的工作原理就像网络防火墙一样，并充当主机与任意网络连接间的初始过滤器。主机防火墙依据防火墙配置规则允许或拒绝入站流量。通常情况下，主机防火墙具有会话感知功能，允许控制不同的入站和出站应用程序会话。与基于网络防火墙不同的是，网络防火墙可以通过定义好的通道来监控所有进入网络区域的流量，而基于主机的防火墙只能检查直接发送到设备的流量或使用广播地址的流量。

与网络防火墙一样，主机防火墙按照“防火墙配置指南”提出的准则进行配置：以 Deny All 策略开始，Allow 规则应该只用于特定的端口和特定资产上的服务。

许多组织认为，主机应当受到保护而免受网络攻击。在这样做时，他们只关注配置基于主机的防火墙入站或“入口”规则。最近关于防范高级目标攻击（通常这些攻击是最难以防范的）的安全控制研究表明，通过在这些防火墙上部署出站或“出口”规则，也可以提高网络对网络事件的整体恢复能力[20]。这样做可有效地将恶意软件控制或隔离到受损主机，从而有效地防止信息泄露、C2 通信以及横向移动与感染。实现一个简单的出站规则，将通信限制在允许的区域和通道内的 IP 地址上，就可以避免在 2013—2014 年Dragonfly/Havex（是继 Stuxnet 之后又一强大的病毒，其目标是侵入特定的工业控制系统）活动期间导致 ICS 软件上安装了木马的后果（C2 通信、有效载荷下载、OPC 枚举等）。

2. 主机 IDS

主机 IDS（HIDS）系统和网络 IDS 的工作方式类似，它们只工作在特定的资产以及监管该资产内部的系统上。通常情况下，HIDS 的设备可以监控系统设置和配置文件、应用程序及敏感文件[21]。区别于反病毒和其他主机安全选项，这些设备工作时可以执行网络数据包检查，因此可以通过监控主机系统的网络接口来检测或防止入站威胁，从而可以直接模仿网络 IDS 的行为。于是，HIDS 可以使用“入侵检测和防御（IDS/IPS）的配置规则”提出的准则进行配置。因为 HIDS 也能检查本地文件，所以该术语有时也能用于其他基于主机的安全设备，如反病毒系统或提供重叠安全功能的主机安全实践。

与网络 IDS 一样，HIDS 设备会对所有违反策略的行为产生警报。如果系统能够主动阻止违规行为，就可以将其当作一个主机 IPS（HIPS）。

注意：

与基于网络的 IDS、IPS 系统一样，HIDS 产品需要定期进行特征更新，以便及时发现最近查明的威胁。于是，这些应用程序应包括在本章后面描述的整个补丁管理策略中。

3. 反病毒系统

反病毒系统设计的目的是检测恶意软件。它们的工作类似于 IDS（IDS 可以用来检测恶意软件），使用基于特征的检测以验证系统文件。当特征与已知病毒、木马或其他恶意软件匹配时，可疑文件通常被隔离以待进一步清除或删除。

注意：

像其他基于特征的检测系统一样，反病毒系统需要定期进行病毒库更新。

于是，反病毒系统应包括在本章后面描述的整个补丁管理策略中。

4. 应用程序白名单

应用程序白名单提供了和传统 HIDS、反病毒、黑名单技术不同的方法来保护主机安全。"黑名单"解决方案把监控对象与已知的非法对象清单作比较。这引出了两个问题：第一，由于不断发现新的威胁，必须不断更新黑名单；第二，存在没有办法来检测或阻止的攻击，如零日漏洞和已知的没有可用特征的攻击。后者是 ICS 安装遇到的一个常见问题，同时存在的一个挑战就是必须解决这些重要但脆弱的系统安全问题。相比之下，"白名单"解决方案就是创建一个列表，列表中的所有项都是合法的，并利用了很简单的逻辑：如果不在名单上，就阻止它。

AWL 的解决方案把这个逻辑用在主机上的应用程序中。这样，即使病毒或木马穿透了控制系统的边界防御，并找到了进入目标系统的路径，主机本身也会停止执行恶意软件，致使其不能继续生效。AWL 也能阻止系统上授权文件的安装，这对于防御最初可能完全在内存中运行的漏洞变得非常重要，而在将文件安装在本地之前这些漏洞很难检测到。

反病毒技术依赖于对其特征或黑名单的持续更新，这意味着随着黑名单条目数量的增加，对计算组件的需求可能也会增加。这是人们对反病毒系统不满的主要原因，也是为什么它并不总是部署在 ICS 设备上的原因。因为控制系统中的资产都应该有明确定义的端口和服务，所以 AWL 特别适合在控制系统中使用。对于依赖于遗留或不受支持的应用程序和操作系统的系统，这种方法也很可取，因为这些系统不能再修补安全漏洞。此外，也没有必要去不断下载、测试、评估及安装特征更新。相反，AWL 只需要在主机系统上的应用程序更新时进行更新和测试。ICS 供应商也喜欢这种方法，是因为在初始软件安装后，ICS 主机在调试后保持相对静态，对设备运行和性能的影响可以很容易地确定下来。

然而，AWL 运行在操作环境的最底层，因此它可以将新代码引入该主机上的所有应用程序和服务的执行路径中。这就在主机的所有功能中添加了一些延迟，可能会对那些对时间敏感的操作造成难以接受的时间延迟，因而需要进行充分的回归测试。

注意：

许多人把 AWL 认为是一种"良方"，这确实是一种准确的描述。像良方一样，根据旧的历史信息可以应对恶意攻击，AWL 能有效应对恶意软件。然而，简单地拥有一个良方还不能保护你自己免受恶意攻击；你需要使良方有效（将子弹装上枪，朝向狼射击，击中目标）。那也就是说需要理解 AWL 解决方案的约束：它是防止内存攻击、嵌入式脚本、宏和其他恶意软件的载体，还是简单地强制执行进程？理解“不是所有的威胁都是恶意攻击”也同样重要：AWL 不能也不会防止合法应用程序的滥用。例如，一个心怀不满的雇员使用工程师工作站重写控制器逻辑过程，工程师工作站上的 AWL 不会阻止该操作，是因为使用的软件已授权，这仅仅是简单的误使用。控制器上的 AWL 也不会阻止该操作，是因为逻辑是使用合法应用层协议编写的。

备注：

在撰写本书时，尚无嵌入式实时设备的 AWL 解决方案。然而，一些有趣的发展现状值得一提。作为全球半导体制造商之一，英特尔（Intel）一直在积极收购一系列涵盖不同安全等级的公司。他们收购的公司包括 Wind River（VxWorks RTOS）、McAfee（安全软件和设备，包括 SolidCore AWL）、NitroSecurity（SIEM）和 StoneSoft（NGFW）。其他专注于嵌入式设备安全的公司包括 Trustifier Kernel Security Enforcer（KSE）的制造商，该公司以一种独立于操作系统的方式来实现内核级的网络安全，以提供适合部署在嵌入式 ICS 设备上的强制访问控制的新方法[22]。2012 年 10 月，卡巴斯基实验室宣布，他们打算开始开发一种新的安全操作系统，该系统旨在支持 ICS 架构中常见的 PLC、RTU 和 IED 等嵌入式系统。

10.3.2　外部控制

当没有必要使用基于主机的安全工具时，可能需要使用外部工具。例如，某些 IDS、防火墙和其他专门用于控制系统操作的网络安全设备，可用于监视和保护这些资产。许多此类设备都支持串口及以太网接口，可以直接部署在特定的设备或设备组之前，如部署在一个特定的过程或回路中。

其他外部控制，如安全信息与事件管理系统（SIEM），可以更全面地监测控制系统，它是通过使用从其他资产（如 MTU 或 HMI）、其他信息存储（如数据记录系统）、或网络本身得到的信息来达到目的的。这些信息可用于检测存在多个系统中的风险和威胁活动。第 12 章“工业控制系统安全监控”会有更详细的阐述。

外部控制，特别是被动地监测和记录，也可以用于弥补已经受到主机防火墙、主机 IDS/IPS、反病毒和 AWL 等设备保护的资产。

10.3.3　补丁管理

将补丁管理主题放在本章末尾绝非偶然。现在应该非常清楚，及时部署软件更新不仅对维护基本 ICS 组件（服务器、工作站、设备）的运行至关重要，而且对实施安全技术（装置、设备、应用程序）以帮助保护这些组件也至关重要。就工业安全而言，风险可被视为威胁（包括行为者、载体和目标）的函数，以及它们如何利用系统漏洞造成某种形式的不良后果或影响。简单地说，只要减少上述行为者、载体和目标三个要素中的任何一个，就能降低风险。

1. 补丁作为漏洞管理的一种形式

按照传统定义，补丁管理负责通知、准备、交付、安装和验证旨在纠正发现缺陷的软件修补程序或更新。这些不足之处不仅会引起安全缺陷，还可能会影响软件可靠性和运行问题。在降低风险的情况下，补丁管理是一种通过减少漏洞来努力减少对特定目标产生的风险。其理念是，如果你可以从系统中删除漏洞，那么就没有什么威胁可以利用，也不会对你的系统或工厂操作产生任何后果。这听起来很简单，性能和有效性是系统首先考虑的重点，补丁管理则在关注这些的同时还要保证系统的安全性。那么补丁管理需要部署在所有的系统上面吗？不必要！

对于这种困境有很多方面，大概值得一本书专门讨论这个话题。表面上看这是合乎情理的，但是作为一个长期的策略，这是一个“被动”的安全方法或防御策略，而不是积极进攻的。毕竟只能对过去或者现在的“已知”的漏洞打补丁，即使在进行了新的升级后，未来也会有新的漏洞出现。

2. 不要放过任何漏洞

我们知道，ICS架构由大量的组件构成，包括服务器及工作站、网络装置和嵌入式设备。其中每一个组件都有可以执行代码的中央处理单元（Central Processing Unit，CPU）、某种本地存储形式以及操作系统。换言之，每一部件都有潜在的漏洞，必须通过打补丁的方式来维护系统的性能、有效性以及安全性。本书的书名之所以称为“工业网络安全”，是因为整个ICS建立在网络的基础之上。这意味着如果网络基础结构通过故障设备（如防火墙）中的漏洞被破坏，那么整个ICS架构将会面临危险。这使你认识到，必须将网络设备作为补丁管理程序的一部分，就像熟悉的基于Windows操作系统的服务器和工作站，以及通常运行嵌入式操作系统和专有应用程序的ICS设备一样。补丁管理程序要想有效并使风险真正的降低，就必须能够解决存在于整个架构的全部漏洞。

漏洞可以影响ICS架构中的每一部分，其中有些部分或许不能打补丁，例如Windows XP操作系统从2014年4月开始停止了更新，或者其他类似如供应商限制了系统调试后可以进行的修改。那么，还有哪些选择可以降低利用这些系统的漏洞进行威胁的风险呢？一种有效的方法是通过部署“基于区域的安全”。图10.6展示了怎样创建安全区域，且只包含那些运行中不能打补丁或者更新升级的设备，安全区域的唯一接入点是通过网络连接。

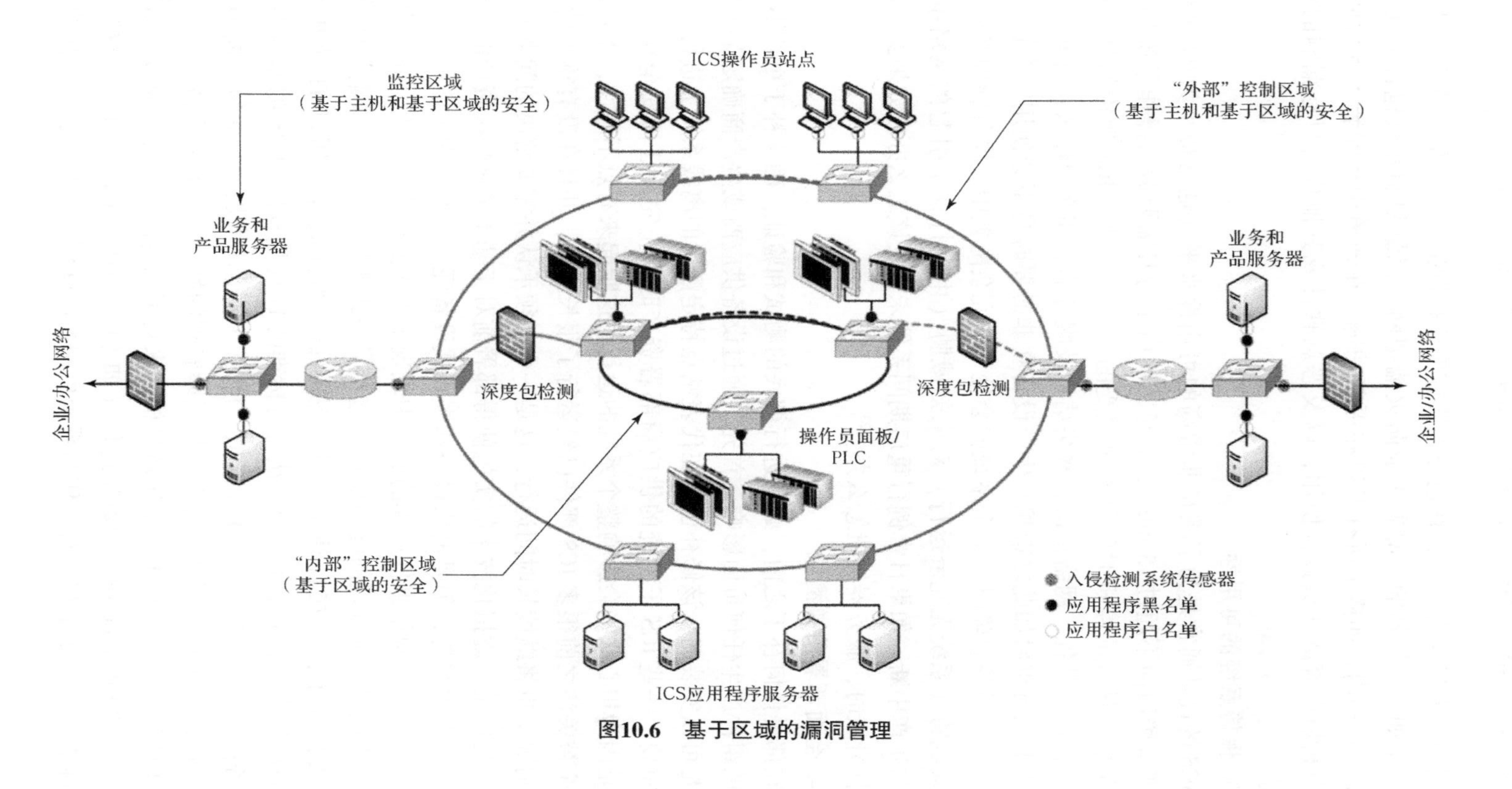

图10.6　基于区域的漏洞管理

安全通道建立起来后，在通道上实施安全控制措施而不是在单个资产上来实施。正如之前提到的，部署工业防火墙把网络流量限制在只包含被允许的“功能”范围内，如撤销所有工程和更新功能。在通道中还安装了入侵防护，以便分析所有流量并供授权使用，以及恶意软件或其他攻击目标漏洞的潜在入侵。

3. 保持系统的可用性

ICS 的设计通常是为了满足非常高的可用性水平（通常最小为 99.99% 或者每年故障时间不超过 15 min），这意味着由于每月需要激活操作系统热补丁而“重启”造成的停机时间是不可接受的。冗余设计在 ICS 架构的最底层上很常见，包括设备、网络接口、网络结构及服务器。那么为什么在有冗余组件的系统上执行重启如此之难呢？生产设备在非必要时是不会使用冗余设备的，因为当一个设备故障时，整个系统就会处于非冗余配置中。设备管理必须考虑由已知威胁（系统无冗余运行）对未知威胁（由未打补丁引起的网络事件）引起的生产中断。如果日常例行重启期间系统未恢复该怎么办？如果安装反病毒软件升级时，服务器崩溃怎么办？[23]

4. 全面部署前要测试

在部署任何补丁之前，必须进行彻底的测试和验证，确认补丁更新不会对修补的组件产生任何负面影响。首先，通过设备供应商或生产商确定某个特定补丁是可以安装的，该修补程序在代表站点特定配置的离线系统上进行测试也同样重要。一些 ICS 子系统的供应商部署资产时禁止安装任何安全软件或补丁，是因为担心这些会影响整个系统的运行。这听起来有点不理性，不过在网络安全被关注之前很多 ICS 部件已经运行了很长时间，并且在没有重大的系统升级情况下也将继续长时间运行，这是一个必须承认并需要解决的问题。

幸运的是，虚拟化技术的实施使得部署前对于基于 Windows 资产的建模和测试验证变得容易，但是网络设备和嵌入式设备呢？这些通常不能部署在虚拟环境中，并且在网络事件造成的后果中表现出更大的风险。毕竟，嵌入式设备是物理连接至控制过程的终端设备。这给设备组织留下了两个很糟糕的选择：①无法打补丁；②在打补丁之前无法测试。当你放弃使用以 IT 为中心的 Windows 环境，而是使用一个无法运行标准的 IT 应用程序和 OS 的非标准嵌入式设备占绝大部分的一个 OT 系统时，问题将会迅速增加。企业每天面临补丁管理程序这个难题，而这是否真正是风险管理的好方法仍是一个谜。

工业控制系统往往本质上区域异构，来自不同生产商的部件通过网络的商业标准（如 Ethernet/IP）和数据通信（如 OPC、SQL、OLEDB）整合在一起。这意味着，为了尽量减少对操作和系统可用性的任何负面影响，最终用户应在部署前测试所有修补程序和更新。

5. 自动化过程

无论是 SCADA 还是 DCS，集成控制系统都很复杂，自 20 世纪 80 年代其问世以来，发展迅速，导致供应商之间在如何更新其特定应用程序或系统方面几乎没有一致性。一些供应商可能提供需要重新安装整个应用程序和套件的完整包更新，而其他供应商则提供文件级更新和适当的脚本。任何补丁管理的解决方案必须能够处理这种多样性，并且能够处理从固件到类似网络设备和嵌入式设备（BPCS、SIS、PLC、RTU、IED 等）的非 Windows 组件的更新升级形式的补丁管理。这个过程必须是自动化的，以便提供合理的保证水平。自动化，不是通过“暗中”方式推送和安装补丁，而是基于关键性、重复性和冗余分组资产的过程，并允许最初在低风险资产上部署更新，然后进入可能不冗余但可能在整个体系结构中重复的中等风险资产（如 HMI）。最后，当这些关键资产在离线环境中完成兼容性测试后，对关键服务器进行修复。修补程序管理解决方案还应维护对每个资产部署了哪些更新，以及何时部署的文档。本文档应与第 9 章“建立安全区域与通道”中讨论的在每个区域内建立和维护的文档保持一致，包括资产和变更管理程序。

最后，不要忘了在进行修复或更新前对资产进行全面的备份，因为当出现检测到异常或者出现不兼容性、系统不能启动的情况时，备份将显得十分必要。如果发生意外的事件，如过程干扰，对 ICS 的性能和可靠性具有更高的要求时，终止升级也很必要。当执行嵌入式设备和装置的固件更新时，有备用设备是非常重要的，因为固件更新失败会使其无法工作，从而使其变为一块“砖头”。

10.4　足够的安全程度

理想的情况是，有足够的预算来完成大量基于网络和主机的安全控制措施，以及在现有的基础上有足够的资源来评估、测试、实施并操作。而现实中，预算太少，很多安全控制手段实际上适得其反，可能损坏 ICS 整体的有效性和性能。

当部署安全控制时其中一个要考虑的重要因素是，在它的控制下如何减小影响 ICS 与产品资产等网络事件的风险。换言之，应该通过部署控制策略来减小针对单个组织的特定风险。许多用户都在寻找一个可以部署在所有 ICS 装置上的控制“剧本”，而不管它们对特定组织的网络风险有何影响。在这些情况下，它往往不仅导致巨额预算，而且对关键基础设施和工业设施所面临的网络威胁的保护也不够有效。经过深思熟虑的安全计划将始终平衡“安全成本”和“影响成本”。

10.5 本章小结

通过识别和分隔功能组，能够定义安全区域。这些区域和互联它们的通道都应该使用多种安全工具进行保护，如基于网络或基于主机的防火墙、入侵检测和防御系统（IDS/IPS）、应用程序监控器、反病毒和应用程序白名单（AWL）。

多种多样的控制手段不仅直接使安全受益，而且还提供了有用的告警信息，设备可以收集这些信息，以便确认和建立行为基准，并在日后用于检测异常和例外（参见第 11 章“异常与威胁检测”）。区域安全度量的日志和事件在整个活动与行为检测中也都是非常有用的（参见第 12 章“工业控制系统安全监控”）。纵深防御方法不仅为威胁防御而且为早期响应、事件控制和影响控制的威胁检测提供了一种平衡方法。

参考文献

[1] North American Reliability Corporation (NERC), Standard CIP - 005 - 3a. "Cyber Security - Electronic Security Perimeter."

[2] North American Reliability Corporation (NERC), Standard CIP - 005 - 5 Table R1, "Cyber Security - Electronic Security Perimeter."

[3] International Society of Automation (ISA), Standard ANSI/ISA 62443 - 3 - 3 - 2013, Security for industrial automation and control systems: System security requirements and security levels," SR 5.1 - Network Segmentation. Approved August 12, 2013.

[4] North American Reliability Corporation (NERC), Standard CIP - 003 - 3. "Cyber Security - Electronic Security Perimeter."

[5] International Society of Automation (ISA), Standard ANSI/ISA 62443 - 3 - 3 - 2013, Security for industrial automation and control systems: System security requirements and security levels," FR 5 - Restricted Data Flow. Approved August 12, 2013.

[6] Department of Homeland Security, "Risk - Based Performance Standards Guidance: Chemical Facility Anti - Terrorism Standards," May, 2009.

[7] U. S. Nuclear Regulatory Commission, Regulatory Guide 5.71 (New Regulatory Guide), Cyber Security Programs for Nuclear Facilities, January, 2010.

[8] North American Reliability Corporation (NERC), Standard CIP - 007 - 3a, "Cyber Security - Systems Security Program Management."

[9] International Society of Automation, Standard ANSI/ISA - 99.02.01 - 2009, "Security for Industrial Automa-

tion and Control Systems: Establishing an Industrial Automation and Control Systems Security Program," Approved January 13,2009.

[10] Department of Homeland Security, Risk – Based Performance Standards Guidance, Chemical Facility Anti – Terrorism Standards, May,2009.

[11] U. S. Nuclear Regulatory Commission, Regulatory Guide 5.71 (New Regulatory Guide), Cyber Security Programs for Nuclear Facilities, January,2010.

[12] National Infrastructure Security Coordination Center, NISCC Good Practice Guide on Firewall Deployment for SCADA and Process Control Networks, British Columbia Institute of Technology (BCIT), February 15,2005.

[13] Snort. org, SNORT Users Manual 2.9.0., < http://www.snort.org/assets/156/snort_manual.pdf. >, December 2,2010 (cited: January 19,2011).

[14] Snort. < www.snort.org > (cited: December 26,2013).

[15] Open Information Security Foundation. "Suricata" < www.openinfosefoundation.org > (cited: December 26, 2013).

[16] 同[15].

[17] NitroSecurity, Inc., Network Threat and Analysis Center, Nitrosecurity.com, January,2011.

[18] Idaho National Lab (INL), "Helping utilities monitor for network security," August 30,2012 < https://inl-portal.inl.ov/portal/server.pt/community/newsroom/257/feature_story_details/1269? featurestory = DA_590746 > (cited: December 27,2013).

[19] NexDefense, Inc., "About Sophia," < http://nexdefense.com/about – sophia/ > (cited: December 26, 2013).

[20] Australian Dept. of Defense – Intelligence and Security, "Strategies to Miligate Targetd Cyber Intrusion," October 2012.

[21] 同[20].

[22] Trustifier, < www.trustifier.com > (cited: December 27,2013).

[23] "McAfee Probing Bundle That Sparked Global PC Crash," Wired, published April 22,2010, < http://www.wired.com/2010/04/mcafeebundle/ >, sited July 19,2014.

[24] Waterfall Security Solutions, Ltd. < www.waterfall – security.com > (cited: December 27,2013).

[25] K. Stouffer, J. Falco, K. Scarfone, National Institute of Standards and Technology (NIST), Special Publication 800 – 82 Reversion 1, Guide to Industrial Control Systems (ICS) Security, Section 6.11 System and Information Integrity, May,2013.

[26] 同[25].

第 11 章　异常与威胁检测

通过对区域的定义，已经获得了允许和禁止通信的清晰策略。另外，对每个区域内的操作也应很好地定义，并且操作是可以预测的。从而，这支持异常报告和异常检测两种重要的行为分析类型。

异常报告是一个自动化系统，当有行为违反一个已定义的策略时，它能够通知安全管理员。在基于区域的安全背景下，这意味着一个定义的区域已被破坏：一些用户、系统或服务，以与在区域边界及内部创建的安全策略相对立的方式与其进行了交互（参见第 9 章“建立安全区域与通道”）。如果实际情况与期望相背，那么可以将其看作潜在的威胁，并且针对该行为采取相应的行动。

异常检测是基于策略检测的结果，通过提供“无规则”的方法来识别可能的威胁行为。简单地说，当出现一些非常规的情况时，异常检测就会自动运行。在工业系统中，特别是如果一个强大的深度防御状态一直持续且区域被适当地隔离时，就可以测定正常行为，且该行为的异常变化应该降至最低。工业网络的可操作行为应该是可预知的，一旦所有的“正常”行为被界定，那么异常检测就会生效。

异常检测的有效性以对行为的基本理解为核心，了解如何衡量基准行为是执行有效异常检测策略的第一步。

两者结合起来，明确定义的策略和异常检测可以提供一个额外的功能：行为白名单。行为白名单将对合法与非法行为（策略）的认知与对预期行为的理解结合起来，从而定义什么是已知的合法行为。就像其他已知合法元素（IP 地址、应用程序、用户等）的白名单一样，可用于加强区域边界和内部防御，这种高级别的行为白名单可以用于阻止更广泛的威胁，甚至跨越区域阻止威胁。

虽然每一种方法单独使用时都是有效的，但是攻击很少以明确、直接的方式发生（参见第 8 章“风险与脆弱性评估”）。因此，为了检测更复杂的威胁，所有异常的情况都需要综合考虑，并且要考虑通过网络交换机、路由器、安全设备及其他设备（包括关键的基于 Windows 的 ICS 资产）所产生的特定的日志和事件。跨越所有系统的事件关联可用来确定更大的威胁模式，从而更清楚地识别安全事故。然而，事件关联是唯一可用的数据，需要利用上述所有检测技术生成相关安全信息的综合基准。它也需要对网络和设备进行适当监测，这将在第 12 章“工业控制系统安全监控”中详细阐述。

注意：

检测异常和高级威胁的自动化工具是一种非常有效的措施，有助于通知安全事故的分析者哪些安全事故是需要处理的。然而，没有哪种工具或方法是可以完全信任的，在安全监控和分析过程中，人的经验和洞察力也是必要的组成部分。尽管工具在出售时通常承诺自己是“盒子里的分析师”，然而即使是经过最佳调试的系统仍然会产生误报和漏报，因此需要额外的人类智能辅助完成评估。在本书出版时，某些可信公司已开始提供聚焦 ICS 的管理安全服务，并能提供 24 ×7 的安全覆盖至工业网络，当前这些网络缺少许多产品环境。

11.1　异常报告

在第 9 章（“建立安全区域与通道”）讲到，具体的策略已经通过防火墙、入侵防御系统（IPS）、应用程序监控器和其他安全设备来设置和执行。除了可能触发警报的特定防火墙或 IPS 规则，策略都可以用于评估各种行为。异常报告监视所有的行为，不像在区域边界定义的硬性策略那样做出“非黑即白”的判断，它可以通过收集大量看似良性的安全事件来检测可疑活动。

该层面的评估能够覆盖任何区域（或多个区域）的可测功能，包括网络通信模式、用户访问、运行控制等。在非常基础的层面上，当一些本不应该被允许的（基于区域边界策略）事件已经发生时，异常报告就会通知操作员。表 11.1 的第一个例子说明了这样一个概念：内部的网络通信不可能来源于无法识别的 IP 地址，该地址应该已经被默认的防火墙 Deny All 策略所阻止。

表 11.1　可疑异常的实例

异常	实施策略	探测方式	建议动作
网络流量来自不同的区域而不是来自目的 IP 地址	功能组或者区域的网络隔离	防火墙、网络监管、网络 IDS/IPS 等，使用 $Enclave_IP 变量	只警告，会对所有区域间通信创建报告

续表

异常	实施策略	探测方式	建议动作
网络流量来自外部IP地址，但是这个地址在受保护的区域中	因特网上的关键区域的隔离	日志管理/分析、SIEM等，关联!$Enclave_IP变量和地理位置数据	关键警告表示受保护的区域可能遭到入侵
访问网络的一个授权用户，其来自新的或者是不同的IP地址	用户访问控制策略	日志管理/分析、SIEM等，关联$Enclave_IP变量和用户授权活动	仅警告，用于创建非正常管理员的报告
未授权的用户实现了管理员功能	用户访问控制策略	日志管理/分析、SIEM等，关联!$Admin_users变量和应用程序活动	严重警告，预示潜在的未授权特权升级
工业网络协议在非工业区域中使用	通过协议进行功能组的网络隔离	网络监管、网络IDS/IPS、应用程序监控器、工业协议监管等，使用!$Enclave_Protocol变量	只警告，用于对非正常的协议使用创建报告
“写”功能代码在正常的业务时间之外使用	管理控制策略	应用程序监控器检测$Modbus_Administrator_Functions 识别或者认证系统认为正常的管理交接 SIEM或者其他的日志分析工具关联分析期望转移时间与管理功能	只警告，用于在非预期的管理行为上创建报告
身份或身份认证系统显示正常的管理转变			

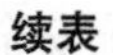

续表

异常	实施策略	探测方式	建议动作
SIEM 或其他日志分析工具将管理功能与预期轮班时间关联起来			
工业网络协议使用“写”功能代码，而这个代码来自于授权设备的非管理员用户	用户访问控制策略	应用程序监控器检测 $Modbus_Administrator_Functions 认证日志发现非管理用户 SIEM 或者是其他的日志分析工具将认证日志和控制策略、工业协议功能相关联	严重警告，用于揭示可能的内部威胁或者是破坏
身份认证日志显示为非管理员用户			
SIEM 或其他日志分析工具将身份认证日志与控制策略和工业协议功能关联起来			

另外，在表 11.1 的最后展示了异常报告一些不太常见的用途。其中两种完全不同的检测方法（应用程序监控系统和日志分析系统）可以揭示看上去正常的策略异常；存在疑问的功能代码只有被授权用户执行时才会引起关注。

异常报告的自动生成可以借助许多日志分析或者安全信息管理系统完成，这些系统被设计用来查看来自多个源的信息（典型的日志文档），并将这些信息相互关联起来（更多关于如何产生该信息的内容，参见第 12 章“工业控制系统安全监控”）。然而在没有充分理解生效策略的情况下，无法确定异常行为。随着时间的推移，异常报告也应该不断改进，这样随着流程的成熟，发生的异常就会减少，因此报告也会减少。

11.2 行为异常检测

有时，网络的预期行为中可能出现违背策略的异常。通过比较已知的“正常”值，可以发现这些异常。比较可以用多种不同的方式进行：在实时监控的基础上进行人工检测；通过审查日志进行人工检测；通过使用网络行为异常检测（NBAD）产品、日志分析、安全信息与事件管理（SIEM）工具进行自动检测；或通过把数据导出到专门的电子表格或其他统计应用程序中实现自动检测。要知道，即使在高度自动化的系统，如 SIEM，仍然需要有一定程度上的人工分析内容。自动化工具的价值在于它能够简化人工分析的过程，使用各种检测算法，纠正事件评分以及其他技术添加初始化的原始数据。要知道任何宣称毋需人类认知需要的工具，都没有“分析盒子”，无论是手动或自动执行，如果没有建立用于比较的活动基准，就无法检测异常活动。一旦为特定指标建立了基准（如网络流量、活跃用户数量等），该指标就必须被一个或多个在第 12 章“工业控制系统安全监控”中提到的方法来监测。

11.2.1 衡量基准

基准是基于运行平均值的延时运算，提供了与预期值进行比较的基础。基准不仅在比较过去和现在的行为方面非常有效，而且也可以用来衡量网络或应用程序的能力，或其他几乎任何可被长期跟踪的业务指标。不应将基准与趋势分析混淆，基准仅是一个值而已，没有更多的含义，也没有更少的。对某个指标过去和未来行为的预测分析属于趋势分析，它是一种使用已知基准预测延续性趋势的前瞻方法。

基准可以是简单的，也可以是复杂的，从对系统运行的直观理解，到对可量化数据进行的复杂统计计算。建立基准的最简单方法，是获取过去一段时间内收集到的所有数据，并计算所有可获取的指标在这段时间内的平均值。这是一种十分常见的方法，用来确定事件是否高于或低于一个固定水平。例如，在图 11.1 中，可以清楚地看到，产量高于或低于 12 个月的平均生产水平。具体的波峰与波谷可能代表从过程停滞到生产计划常规变化的任何情况。这个概念与统计过程控制/统计质量控制 $\bar{x}$ 和 R 控制图表组成的控制极限（等同于基准）和上下控制极限（Upper and Lower Control Limits，UCL/LCL）十分相似，这些控制极限常用于表示超出正常允许范围的事件。

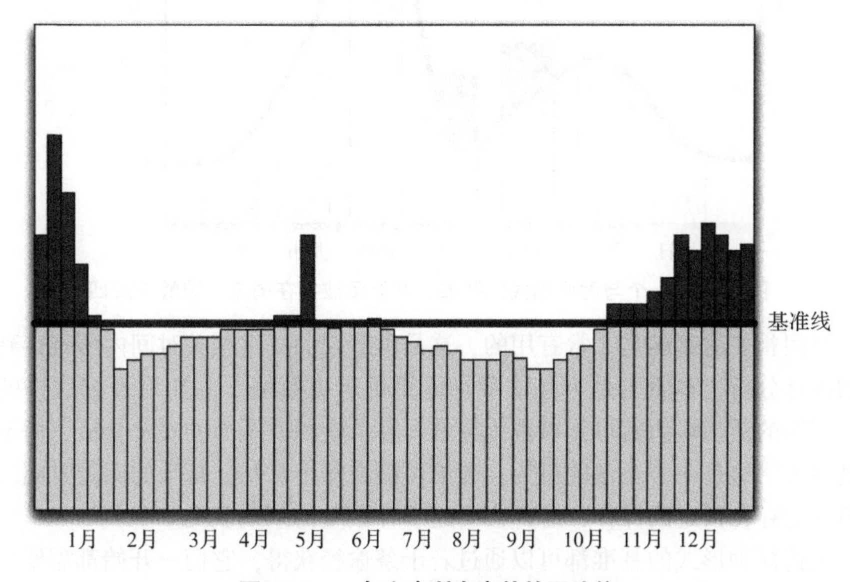

图 11.1　一年之中所有事件的平均值

这在运行管理中不一定有用，这种类型的基准在安全环境中提供的价值并不大。例如，30 天内有 59421102 个事件，平均每天有 1980703 个事件，在没有其他信息的情况下，这个信息无法告诉我们每天平均 2000000 个事件意味着什么。该年平均值是否包含周末和其他停机的时段？如果包含，那么一个工作日的实际日平均值可能明显高于此。为了达到行为分析的目的，一种更可行的方法是使用类似的计算方法，排除已知的停机时段，并且创建一个平滑且与真实运行时间关联性更强的基准。更好的方法是创建与时间相关的基准，也即在一个时间段内观测到的活动与一系列相同时间段内采集的样本数据进行比较。也就是说，如果以一周的数据来看，基准可以预示几周之内的预期行为模式。图 11.2 说明了它如何作用于使用曲线基准的平滑平均值，基准显示在周末将会出现活动下降，并预计在周四会出现高峰。请注意，需要足够的历史数据来计算与时间相关的基准。

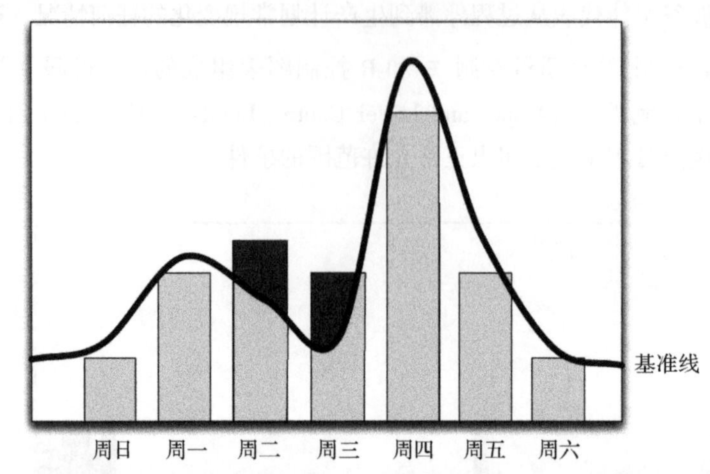

图 11.2　一个与时间相关的基准，并显示波谷在周末，波峰在周四

时间相关的基准是非常有用的，这是由于它们提供相关时间内所观察到活动的统计分析，本质上是为基准平均值提供历史数据[1]。如果没有这样的基准，周四的活动峰值就可能被视为异常，并且会触发全面的安全分析，而不是清楚地表明这是一个正常的行为。考虑可能在每个月初、每天的固定时间或者季节性地存在预定的操作，这都会引起事件数量的预期改变。

无论何种形式的基准都可以通过若干条途径获得，它们一开始都需要按照时间来收集数据，然后对其进行统计分析。虽然对所有指标的统计分析都可以手动执行，但这项工作通常由相同的用于收集指标的产品或系统来完成，如数据记录系统或 SIEM 系统（表 11.2）。

表 11.2　基准指标的测量和分析

行为	测量的指标	通过什么测量	通过什么分析
网络流量	（1）所有独立的源 IP； （2）所有独立的目的 IP； （3）所有独立的 TCP/UDP 端口； （4）流量的容量（所有流量）； （5）流量的容量（所有字节数）； （6）流量持续时间	（1）网络交换机或路由器的流量日志（即网络流量、jFlow、sFlow 等）； （2）网络探测（如 IDS/IPS、网络监管等）	（1）网络行为异常检测系统（NBAD）； （2）日志管理系统； （3）SIEM 系统

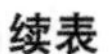

续表

行为	测量的指标	通过什么测量	通过什么分析
用户活动	(1) 所有独立的活跃用户； (2) 所有登入数； (3) 所有登出数； (4) 通过用户的登入数； (5) 通过用户的登出数； (6) 用户的活动（如配置的变化）。 注意：用户活动需要额外的关联层次，用于将多个用户名或账户与单个用户实体绑定	(1) 应用程序日志； (2) 数据库日志和事务分析； (3) 应用程序日志和会话分析； (4) 集中认证(LSAP、Active directory、IAM)	(1) 日志管理系统； (2) SIEM 系统
过程和控制行为	(1) 所有独立的功能代码； (2) 每个独立功能代码的总量； (3) 所有设置点或其他配置变化	(1) 工业协议监控器； (2) 应用程序监控器； (3) 数据历史化标签	(1) 数据记录系统； (2) SIEM 系统
事件和事故活动	(1) 所有事件数； (2) 所有关键的和严重的事件数； (3) 安全设备的事件数	安全设备（即防火墙、IPS）的日志	(1) 应用程序监控器； (2) 工业协议过滤器

11.2.2 异常检测

异常只是发生在正常定义的参数或操作边界之外的事情。许多防火墙和 IDS、IPS 设备可以直接支持异常检测，从而在区域边界存在的通道上提供额外的检测能力。总而言之，所有的行为都可以用于评估预示更大威胁的系统异常。幸运的是，确定的预期行为异常通常很容易能够识别。此外，包括 NBAD、日志管理以及 SIEM 系统在内的许多自动化系统都可以用来在多个不同源上进行异常检测。

由于无须依赖检测特征，行为异常检测非常实用，并能够识别未知的威胁和攻击。此外，虽然往往只考虑网络异常，但是随着时间的推移而收集到的所有指标都能够用于统计分析以及异常检测。

例如，非预期的网络延迟上升（可通过使用易于获得的网络指标如 TCP 错误、TCP 接收窗口大小、ping（TTL）指令的响应周期等进行测量）可能预示着工业网络风险[2]。然而在表 11.3 中可以看到，异常预示的既可能是正常、良性的行为变化，也可能是潜在的危机。换言之，在使用了异常检测技术后误报率趋于偏高。

表 11.3　可疑的异常行为实例

正常行为	反常行为	探测方式	特征
所有 Modbus 与一组源自相同的三个 HMI 工作站的 PLC 通信	第 4 个系统与 PLC 通信	（1）通过对网络流量的分析得知唯一源 IP 地址的数量增加了超过 20%； （2）防火墙、IPS 设备等的安全事件日志； （3）应用程序日志等	（1）一个新的、未授权的设备接入网络（如某管理员笔记本）； （2）某流氓 HMI 使用欺骗 IP 地址运行； （3）安装一个新系统并使其在线
每个设备有唯一的 MAC 地址和 IP 地址	两个或多个不同的 MAC 地址都映射同一个 IP 地址	（1）通过分析网络流量，每个 IP 地址对应大于 1 个 MAC 地址； （2）防火墙、IPS 设备等的安全事件日志； （3）应用程序日志等	（1）某攻击者欺骗一个 IP 地址； （2）某设备失败并被新硬件代替
控制系统区域内的进程正在长时间运行	流量增加到超过期望值	分析网络流量，以字节为单位，网络总流量增加超过 20%	（1）运行一个未授权的服务； （2）正在运行网络扫描或渗透测试； （3）正在进行转化变更； （4）开启批处理程序

续表

正常行为	反常行为	探测方式	特征
流量减少到低于期望值	通过网络流量分析，以字节为单位，流量减少超过20%	（1）服务停止运行； （2）网络设备失败或下线； （3）批处理程序完成	
在BPCS、SIS，PLC、RTU内变更控制逻辑	工业网络监控器，如SCADA IDS梯形逻辑/代码审查	（1）通过分析工业协议监控器，找到任何个体功能码变化或任何功能码的频率变化； （2）应用程序监控器； （3）SCADA IDS/IPS日志	（1）改变过程； （2）实现新过程； （3）移除旧过程； （4）破坏过程
授权用户在轮班开始时登录到公用系统	（1）未授权用户仅通过管理员正常访问一个系统； （2）授权用户在正常轮班时间之外，登录到系统； （3）授权用户登录意想不到的未知系统	（1）从来自活动目录操作系统日志中的认证日志分析中看到的任何变化； （2）ICS应用程序日志	（1）做人事变更； （2）管理员离开或缺席，同时将职责委托给另一个用户； （3）某流氓用户取得系统认证； （4）某管理员账户被攻击者获得并使用

1. 分析IT和OT指标

至此，异常检测的讨论主要集中于来自信息技术（IT）工具的安全事件。即使是工业网络监控上的专门安全产品，这些设备与IT安全设备运用了相同的模式检测并阻止可疑及“策略之外”的事件，并生成警报。

2. 异常检测工具

执行异常检测可以是从“直觉”，到使用电子表格或数学工具的人工统计分析，到专业的统计软件系统，到包含某些日志管理和SIEM系统在内的网络与安全数据分析系统的任何事情。数据记录系统使用的时间序列数据库也可以用于异常检测；尽管这些系统在网络安全的特定环境中不能检测出异常，但是经过配置可以展示安全事件历史重复数据的数据记录系统却能轻松识别预示网络攻击的危险异常。

NBAD、日志管理和 SIEM 工具主要用于与安全有关的异常检测。NBAD 系统专注于网络活动，并有可能不支持 ICS 环境中使用的工业网络协议。于是，日志管理或 SIEM 系统可能更适合工业网络中的异常检测。例如，图 11.3 显示了一个可视化表示的管理员用户身份认证行为异常（图 11.3（b））以及没有任何提示的相同数据（图 11.3（a））；安全工具已经做了必要的统计分析，显示管理员登录增加了 184%，从而引起了安全分析人员的注意。

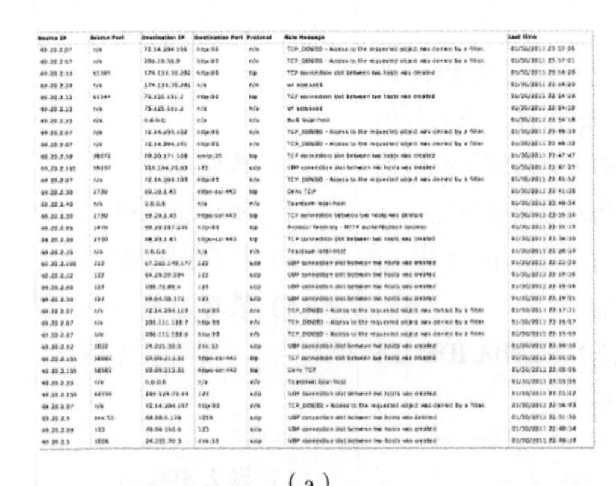

（a）

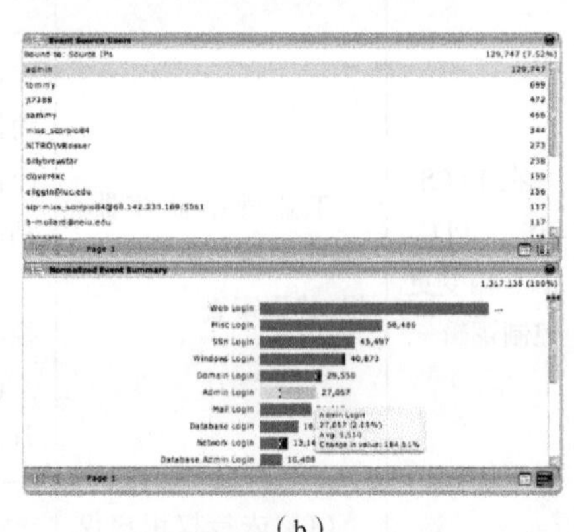

（b）

图 11.3　使用 SIEM 系统进行管理员登录的异常

如表 11.3 所示，需要使用日志管理或者 SIEM 系统从安全区域的边界和内部使用的系统中收集随时间变化的相关数据，以及来自网络交换机和路由器的相关网络流量数据。

提示：

当选择用于工业网络异常检测的分析工具时，请考虑用于分析的最大相关时间框架，并确保系统能够在足够长的时间内自动进行异常检测。许多系统，如日志管理和 SIEM 系统，并不是专门为异常检测而设计的，并且在可以评估多少信息和/或评估多长时间方面可能存在限制。

为了确保工具可用，需要检查特定过程的运行生命周期，并使用与时间相关的基准来确定这些过程的正常活动。如果一个过程需要 3h，异常检测就需要对 $n \times 3\text{h}$ 的过程数据进行分析，其中 n 代表采样操作的数量。n 越大，基准就越准确，从而使异常检测更准确。

提示：

有些 ICS 网络监控和入侵检测系统，可以对正常和可接受的网络行为进行自动建模，并在某些网络设备执行偏离预期操作的活动时生成警报。为了进行充分的基于行为的检测，这些系统应该首先分析网络通信并生成行为基线

(一个有价值的蓝图)，可以定义通信模式、协议、消息类型、消息字段和受监控过程正常的字段值。蓝图通过“审查”能检查出网络和系统的错误配置(如流氓设备)、意外的通信以及网络中传输的非正常字段值。连续的监控能够检测任何时间运行网络设备中意外的活动，或正常带宽以外的异常。

这种类型的持续监视，对于向附加的安全分析工具（如 SIEM 或异常行为分析系统）报告观察到的网络通信（根据网络中设备通常使用的通信模式、协议和协议消息类型）也很有用。它们能够在更长的时间内执行更深入的分析。

11.3　行为白名单

在用于主机恶意软件防御的访问控制和应用程序白名单（AWL）环境中，白名单非常好理解。然而在控制系统环境中，白名单的概念却具有多种角色，在访问、通信、过程、策略和运行方面都是明确定义的。使用这些系统的受控特性和在第 9 章“建立安全区域与通道”定义的基于区域的策略，能够为包括用户、资产、应用程序在内的多种网络和安全指标定义白名单。

白名单可以通过防火墙或 IPS 上的 *Deny*! *Whitelist* 策略执行，或者通过将全网监测、异常报告与动态安全控制相结合而在网络中使用。例如，如果一个异常能够被区域内的策略识别，那么就可以运行特定脚本以便加固该区域的边界防御。

11.3.1　用户白名单

了解用户的活动，尤其是管理用户，对于检测网络攻击是很有用的，这对于内部（如心怀不满的雇员，或非预期的参与者如控制系统工程师，或分包商/供应商）或外部的攻击者都是一样的。将关键功能锁定于管理员，然后严格遵循用户认证和访问控制的最佳实践，这意味着对关键系统的攻击一定来自管理员账户。在现实中，由于管理账户可用于恶意用途（参见第 8 章“风险与脆弱性评估”)，它们可以被劫持，或用于升级其他流氓账户，以启用未经授权的用户管理员权限。

注意：

需要指出，术语“管理员”不是指 Windows 管理员账户，而是代表一个特殊的 Windows 组或建立包含对于特定应用程序“提升”的特权用户组织化的单元。一些 ICS 供应商实现了这个概念，并且使创建独立于 Windows 管理员角色外的应用程序管理员角色非常便利。

许多 ICS 应用程序是在网络安全不是优先事项时开发和委托使用的。应用程序可能需要管理权限才能正确执行，甚至可能需要从管理员交互式账户中执行。这些问题不仅代表了前面讨论的独特问题，而且也代表了第 7 章“工业控制系统攻击”，原因是如果这些应用程序或服务可以利用，则产生的有效载荷的访问级别通常与受影响的组件处于同一级别，而在这种情况下是管理员。

提示：

了解在一个给定设施内部安装的 ICS 应用软件很重要，不仅是说应用程序编码库内部潜在的脆弱性，而且实现或配置上的脆弱性也容易被利用。用户通常不可能评估他们的 ICS 供应商的软件编码实践。美国国土安全部（DHS）开发了“工业控制系统网络安全采购语言”[3] 指南，该指南提供了有用的文本，可添加到技术规范和采购文件中，以暴露和理解 ICS 组件中许多隐藏或潜在的弱点。

幸运的是，已经识别和记录了授权用户（参见第 9 章“建立安全区域与通道”），于是我们可以把用户活动登记在白名单上。与任何白名单一样，需要建立已知用户的列表，然后与受监视的活动进行比较。在这种情况下，目录服务或身份识别和访问管理系统可以识别授权用户，如轻量级目录访问协议（Lightweight Directory Access Protocol，LDAP）、微软的活动目录（Active Directory）或其他来自 IBM、甲骨文和 Sun 的商业 IAM 系统。

与异常报告类似，首先需要定义白名单，然后与被监控的活动进行比较。如果有已建立策略以外的异常发生，白名单将成为一个明确的指示器。在存在用户白名单的情况下，所有已知的用户账户可作为所有登录活动的检测过滤器。如果用户在名单上，那么一切正常；如果用户不在名单上，就会认为其是非法账户，并且生成警报发送给安全人员。这将立即标记所有流氓账户、默认账户或其他违反身份验证策略的行为。在 2011 年初，安全研究员发现 PLC 内部的硬编码凭证，然后使用这些凭证获得对 PLC 的 shell 访问权[4]。

注意：

在隐藏账户和其他硬编码后门身份验证的情况下，正常连接也会标记为异常，因为这些账户很可能不会出现在白名单上。从而会产生过多误报的警报。然而，这也会引起人们对系统中存在的利用默认身份验证账户的注意，以便对这些账户进行更密切的监控。例如，WinCC 身份验证（在 Stuxnet 活动中用作一种传播机制）可以与基线分析一起进行监控。如果默认的账户被新的恶意软件使用，而这些恶意软件是利用从 Stuxnet 学到的知识开发出来的，那么仍然可以通过异常检测来检测威胁。

11.3.2 资产白名单

既可借助于合适的自动化且“友好的”网络扫描工具（参见第 8 章“风

险与脆弱性评估”)，也可手动生成已知资产清单。一旦生成网络资产清单，已知的授权设备均能用于记录合法网络设备的白名单。

不同于只允许已知合法的设备进入区域的基于边界的安全策略，网络资产白名单适用于区域内的所有设备。如果一个欺骗性的地址或恶意设备出现在区域内，它仍然能被异常报告根据已知合法设备的清单检测出来，并采取进一步行动。

“跑腿网络”（sneaker net）（可用于任何使用物理媒体在计算机之间传输数据的情况，而不是使用电子网络）是使用资产白名单的典型案例，它可以在一个安全区域内携带文件（文档、数据库、应用程序）跨越边界防御直接连接到受保护的网络。这可能是良性的（一位员工，带 iPhone 手机进入支持 Wi－Fi 的控制系统)，也可能是蓄意破坏的工具。无论哪种方式，设备的 IP 地址将被交换机、路由器、网络监控器或安全设备检测出来，并最终在集中管理的日志或事件中发现，如图 11.4 所示。就此，只要根据已定义的白名单进行简单的比较，就能识别出未授权的设备。不过，这也隐含着一个重大的风险，如果移动设备（如智能手机）也可以直接连接到 3G 或 4G 蜂窝网络，就能够绕过所有电子安全边界（ESP）的防御措施，并使区域暴露在攻击之下。

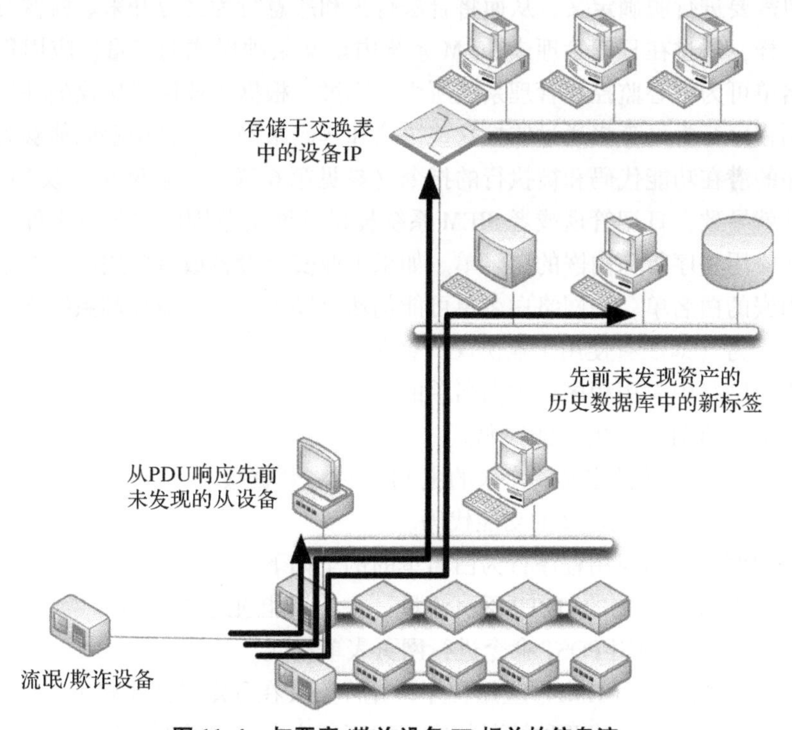

图 11.4　与恶意/欺诈设备 IP 相关的信息流

提示：

一种阻止引入安全 ICS 区域内的未授权或外部设备的简单和有效的方法是禁用区域内部网络交换机上的动态硬件地址（如介质访问控制地址）。默认的交换机配置允许在交换机内动态创建 MAC 表，允许任何新发现的设备开始转发和接收流量。禁用此功能不仅可以保护区域不受有意和恶意的参与者伤害，而且还可以防止无意的内部人员意外地连接了未授权在区域内使用的设备，也正如区域的安全目标所定义的那样（参见第 9 章“建立安全区域与通道”）。

白名单本身就需要生成和应用到中心管理系统中，最有可能是一个日志管理系统或一个能够在整个网络上查看设备参数的 SIEM 系统。根据具体使用的监控产品，白名单的建立也许会借助于已定义的系统变量（很像防火墙和 IDS/IPS 设备上区域变量的产生，第 10 章“实现工业网络安全与访问控制”阐述了这个问题）、可配置的数据字典或手动脚本的检测标识等。

11.3.3　应用程序行为白名单

应用程序本身可以使用 AWL 产品的主机记录在白名单上，而且，白名单也可以记录网络中应用程序的行为。如同资产白名单列表一样，应用程序行为白名单需要进行明确定义，从而将合法行为和恶意行为区分开来。就像资产白名单一样，通过在日记管理或 SIEM 系统内定义某种形式的变量，应用程序行为白名单可为中心监控和管理系统所用。不过，根据工业网络协议的性质，许多应用程序行为可直接通过监控这些协议和解码来确定，其中解码能够确定应用程序的潜在功能代码和被执行的指令（参见第 6 章“工业网络协议”）为目的。这就导致在日记管理或者 SIEM 系统提供的网络范围的白名单之外，还存在工业应用程序行为内嵌的白名单。如果工业安全设备或者应用程序监控器使用了内嵌的白名单，则网络白名单可能仍然有助于评估工业控制系统之外的应用程序行为（即没有使用工业协议的企业应用程序和 ICS 应用程序）。

工业网络中应用程序行为白名单的例子如下：

（1）仅允许只读的功能代码。

（2）仅允许从预定义资产来的主 PDU 或者数据报。

（3）仅允许明确定义的功能代码。

企业网络中的应用程序行为白名单的例子如下：

（1）只允许编码的 HTTP 网页流量，并且只能通过端口 443。

（2）只允许利用 POST 命令进行网页表单提交。

（3）人机界面（HMI）应用程序只允许安装在预定义的主机上。

一些交叉使用上述两种情况的应用程序行为白名单的例子如下：

（1）只在特定区域、特定资产之间，甚至在一天的特定时间里允许写入命令。

（2）在监控网络中的 HMI 应用程序只允许在授权协议上使用读功能。

换言之，不像 AWL 那样，只允许执行某些授权的应用程序，应用程序行为白名单只允许应用程序在网络上以明确定义的方式执行。

例如，安装在基于 Windows HMI 上的 AWL 系统。AWL 允许执行 HMI 应用程序和必要的操作系统服务最小集合，网络服务需要打开 Modbus 网络套接字，从而使 HMI 可以与一组 RTU 和 PLC 进行通信。然而 AWL 并不控制如何使用 HMI 应用程序，以及何种命令和控制可以在 RTU 和 PLC 上执行。尽管被 AWL 保护，但 HMI 仍然能够被心怀不满的员工利用，如关闭关键系统、随意地改变设定值或以其他方式破坏系统运行。基于网络的应用程序行为白名单着眼于 HMI 应用程序如何使用，并且将其与预定义的授权命令白名单相比较，需要注意，此处是指已知合法的 Modbus 功能代码的名单。没有明确定义的功能在此时即被自动阻止，或者虽被允许，但系统会生成警报以通知违反策略的管理员。

工业协议或应用程序监视工具应具备对工业协议及其功能的基本认识，使行为白名单能在设备内部直接生成。对于网络范围内的行为白名单，其变量或数据字典都需要进行定义。在应用程序行为白名单里的常用变量中也包含了相同的应用程序功能代码——工业协议使用的具体命令被理想化地组织到明确的分类中（读、写、系统命令及同步等）。

注意：

很明显，在主机级的应用程序行为白名单和在网络级的深度数据包检查之间存在着很大的相似性。技术需求应用程序或协议知识都提供了对附加层保护的机制，超出了从允许哪些内容或哪些人执行命令到哪些命令可以被执行。这些技术应该根据特定区域内部期望的目标安全级进行合理的部署。

1. 有益的白名单示例

很多白名单都可以通过第 9 章“建立安全区域与通道”中定义的功能组导出得到。表 11.4 列出了一些常见的白名单，以及执行和实施它们的方法。

表 11.4　行为白名单例子

白名单	构建元素	执行元素	违规提示
通过 IP 授权的设备	（1）网络监控器或者探针（如一个网络 IDS）； （2）网络扫描	（1）防火墙； （2）网络监控器； （3）网络 IDS/IPS	正在运行恶意设备

续表

白名单	构建元素	执行元素	违规提示
通过端口授权的应用程序	（1）脆弱性评估结果； （2）本地服务扫描； （3）端口扫描	（1）防火墙； （2）网络IDS/IPS； （3）应用程序流量监控器	正在运行恶意应用程序
通过内容授权的应用程序	应用程序监控器	应用程序正在使用违规策略	
授权的功能代码/命令	（1）工业网络监控器，如ICS、IDS； （2）梯形逻辑、代码审查	（1）应用程序监控器； （2）工业协议监控器	过程操作超出策略
授权的用户	（1）目录服务； （2）IAM	（1）访问控制； （2）应用程序日志分析； （3）应用程序监管	正被使用恶意账户

2. 智能列表

术语“智能列表”于英国伦敦举行的SANS研究机构“2010欧洲SCADA与过程控制峰会”中首次提出。“智能列表”将行为白名单的概念与一定的演绎智能相结合。黑名单阻止破坏性行为，白名单只允许合法行为，而智能列表则借助后者动态地定义前者。

例如，如果关键资产使用AWL阻止恶意代码的执行，那么当未授权的应用程序试图运行时，AWL软件将自动产生警报。目前，可以确定的是，对此特定资产而言，该应用程序并非已知的合法程序，但其或许正被应用于其他地方，只是无意间访问了该资产。对其他白名单使用关联分析可以很快确定该应用程序是否对其他资产合法。如果合法，“智能列表”可能仅会发出一个信息提醒。不过，如果该应用程序没有在系统内部的其他地方定义为合法应用，智能列表就会推断出其恶意性质，在系统中将其定义为恶意的应用程序，并积极通过启动脚本或其他主动补救机制在可能产生破坏的地方阻拦该应用程序。

因此，“智能列表”结合了已知的白名单和演绎逻辑，动态地调整黑名单安全机制（如防火墙和IPS设备），从而阻止新出现的威胁。该过程如图11.5所示。首先，在识别到违背既定策略的行为时会产生警报；其次，该警报的性质会根据对其他系统范围内的行为进行再次检查而确定；最后，做出决策——如果确实存在危害，脚本或其他自动服务可动态更新防火墙、IDS 或 IPS 以及其他自动防御服务，从而阻止该危害性活动的产生。如果不存在危害性行为，则会产生警示或者忽略该行为。

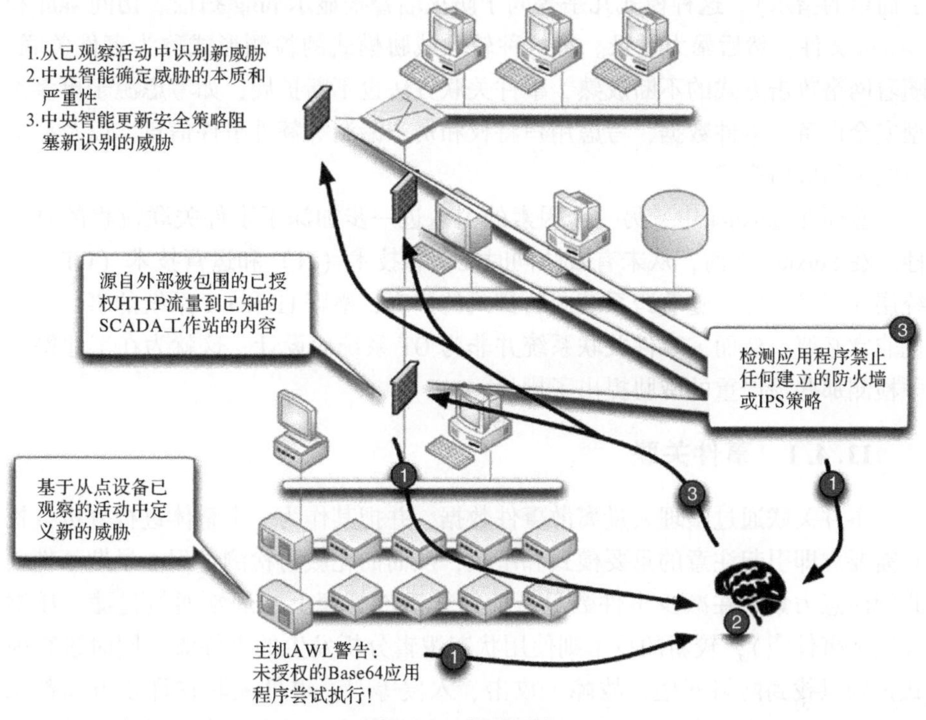

图 11.5　智能列表

智能列表是一个比较新的概念，它通过自动适应外部和内部攻击的方式为区域防御带来很大益处。当与总体安全管理工具（参见第 12 章“工业控制系统安全监控”）一同使用时，智能列表由于要求对复杂的事件关联而格外引人注目。虽然，目前尚未确定供应商将采纳这项技术在安全分析和信息管理领域将得到多大范围的应用，也不确定 ICS 提供商是否支持这种方法，但是该项技术现在已经可以通过使用任意数量的日志管理或 SIEM 工具来手动实施。

11.4　威胁检测

到目前为止讨论过的检测技术（安全设备和应用程序日志、网络连接、异常报告或异常检测所产生的警报，以及违反白名单的行为）在单独使用时都会提供有价值的、可以指明违反特定策略的事件的数据点。然而，即使是简单的攻击也会包括多个步骤。对于事故（相较于离散事件）的检测，将多个事件一起考虑并以更大的方式搜索是非常必要的。例如，许多攻击者以使用扫描开始，接着是枚举，然后针对枚举的账户尝试进行认证（提升本地特权、创建持续访问，同时隐藏痕迹，以及覆盖痕迹为目前描述的众多安全控制留下了简单的指示）。这种模式几乎等同于防火墙警报显示 ping 扫描、访问 sam 和 system 文件，然后暴力登录。将这种较大威胁模式的检测形式称为事件关联。随着网络攻击方式的不断成熟，事件关联方法也不断扩展，如考虑源于更多类型安全设备的事件数据，考虑用户特权和资产漏洞等额外事件信息，以及搜索更复杂的威胁模式。

然而在 Stuxnet 中，另一个因素的引入进一步加深了事件关联流程的复杂性。在 Stuxnet 之前，从未有威胁同时在信息技术（IT）和运营技术（OT）系统层面引发事件。随着跨系统威胁模式的演变，横跨 IT 和 OT 系统的事件关联也非常必要。然而，事件关联系统并非为 OT 系统而设计，这就为在工业网络中检测那些最严重的威胁提出了挑战。

11.4.1 事件关联

事件关联通过整理大量离散事件数据，并把其作为一个整体进行分析，找到需要立即引起注意的重要模式和事故，从而简化威胁检测过程。早期事件关联把注意力集中在减少事件数量从而简化事件管理上（通常通过过滤、压缩或归纳事件[5]），较新的技术则使用状态逻辑分析发生的事件流，同时进行模式识别以找到网络问题、故障、攻击、入侵等[6]。事件关联在许多方面都很有用，如通过多种方式为人工的安全评估提供便利：从各种各样的来源获取更适合人类理解的大量事件数据，自动检测已知威胁模式的明确特征，从而让检测网络攻击和破坏事件变得容易，以及通过事件标准化简化对未知威胁模式的人工探测。图 11.6 描述了事件相关联的过程。

首先，将事件与一组已知威胁模式或“关联规则”进行对比。如果发现匹配项，（通常情况下）就会在一个内存驻留的状态树中创建一条记录；如果发现模式中的其他序列，规则就会持续进行，直到确定完全匹配。例如，如果一个日志符合规则的第一个条件，新的记录就会出现在状态树中，表明规则的第一个条件已经满足。随着越来越多的日志需要进行评估，已存在树枝的后续条件就可能被匹配，树枝也就会从这一点开始延展。一个日志可满足多个规则的多个条件，从而创建一个庞大而复杂的状态树。即使是简单的“暴力破解”规则，也会创建数个唯一的分支。请看如下规则：

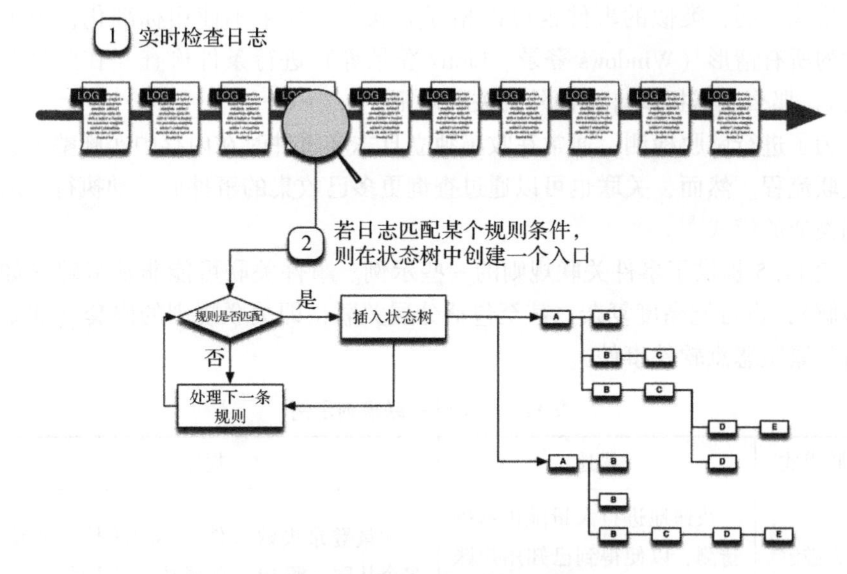

图 11.6　事件关联过程

```
If [5 consecutive failed logins] from [the same source IP] to [the
same destination IP] within [5 minutes]
```

这个例子将为从任意 IP 地址到其他任意 IP 地址的第一次登录失败事件“A”创建一个分支。下一个匹配的登录事件“B”将会延伸初始的分支，同时也产生一个新的分支（使用新的计时器）。

```
A + B
B
```

第三个匹配的登录事件“C”将延伸开始的两个分支，同时创建第三个。

```
A + B + C
B + C
C
```

这将无限地持续下去，直到满足所有条件，或直至一个分支的计时器到期。如果一个分支完成（即满足所有条件），就会触发规则。

需要注意的是，事件来自许多不同类型的信息源，如防火墙、交换机、认证服务器等，因此在对它们进行有效关联之前，必须将其标准化到一个共同的事件分类中。标准化把活动归类成一个共同的框架，这样即便原始的日志或者事件格式不同，类似的事件也可以相互关联[7]。如果不使用标准化，为了对事件的所有情形（Windows 登录、Linux 登录等）进行条件检查（在此是登录失败），那么还需提供许多额外的关联规则。

为了进行威胁检测，通常在收集独立日志和事件时在内存中实施整个事件的关联流程。然而，关联也可以通过查询更多已收集的事件而手动执行，从而找到类似的模式[8]。

表 11.5 提供了事件关联规则的一些示例。事件关联可能非常基础（如暴力破解），也可能高度复杂，甚至包括分层关联，即关联规则的嵌套（如暴力破解后紧跟恶意软件事件）。

表 11.5 事件关联规则示例

威胁模式	描述	规则
暴力破解	快速地进行大量随机密码猜测，以便得到已知用户账户的密码	大量登录失败事件，伴随的是一个或者多个从同一源 IP 来的成功登录事件
出站的垃圾邮件	垃圾邮件机器人（旨在从感染的计算机发送垃圾的恶意软件）发送大量垃圾邮件到外部地址	大量从一个内部 IP 地址来的出站 SMTP 事件，每一个目的地都是一个唯一的邮件地址
HTTP 命令和控制	在 HTTP 中隐藏的信道，用来作为恶意软件的命令和控制通道	HTTP 流量来自不是 HTTP 服务器的服务器
隐蔽的僵尸网络、命令和控制	恶意软件的分布式网络，在防火墙和 IPS 策略允许的应用程序上建立隐蔽的信道	大量来自 $ControlSystem_Zone01_Devices 到！$ControlSystem_Zone_01_Devices 的流量，并且内容包含 Base64 编码

1. 数据增强

数据增强是指追加或使用从其他源获取的相关信息来增强已收集的数据。例如，在应用程序日志中发现一个用户名，用户名可以在中心 IAM 系统（或 ICS 应用程序，如果部署了应用程序安全）中被引用，以获得用户的实际姓名、部门角色、权限等。附加信息利用这些背景“丰富”了原始日志。同样，一个 IP 地址可以用来增强日志文件，其引用了 IP 地址信誉服务器去查看是否有已知的威胁活动与该 IP 地址相关，或引用地理定位服务确定该 IP 地址的国家、州和邮政编码（参见 12.7 节“其他背景信息”以获得更多的背景信息案例）。

注意：

本章描述的许多高级安全控制措施利用外部威胁智能数据。记住在可信控制区域和非可信企业与公共区域（如互联网）之间的网络连接上遵循严格的安全策略十分重要。这能够让本地资产请求远程信息的合适位置所定位，包括在“非军事区”（DMZ）框架中创建专用的“安全区域”。

数据增强主要以两种方式发生：其一是在日志收集时进行查找，并附加相关环境信息；其二是在被 SIEM 或者日志管理系统审查时进行查找。尽管二者都能提供相关的环境信息，但也有各自的优点和缺点。在收集时，额外的数据提供了最准确的环境信息表征，并防止可能引起网络环境变化的误表征。例如，如果通过动态主机配置协议（DHCP）获取 IP 地址，那么与特定日志关联的 IP 在收集和分析时可能是不一样的。然而，虽然这种类型的补充更准确，但是由于增加了大量存储信息而加重了分析平台的负担。此外，确保原始日志文件的一致性也十分重要，这就要求系统补充之前对原始文件进行备份。

另一种方法是在分析时提供环境信息，以准确性为代价消除这些额外要求。虽然没有硬性规定具体的产品怎样去补充它收集到的数据，但是传统的日志管理平台趋向于在分析时去补充数据，而 SIEM 平台趋向于在收集时去补充数据，可能是因为 SIEM 平台往往在解析和分析之前就已经备份了日志数据，从而最大限度地减少了这种补充类型带来的额外负担。

2. 标准化

事件标准化是一个分类系统，它根据预定义方式把事件归类，如由 MITRE 公司提供的通用事件表达框架[9]。由于缺乏通用的日志格式，标准化是关联方法中一个必要的步骤[10]。考虑登录行为，表 11.6 提供了对来自多种源的认证登录的比较。

表 11.6　通过多种日志格式描述的一般登录事件①

日志源	日志内容	描述
Juniper 防火墙	<18> Dec 17 15：45：57 10.14.93.7 ns5xp：NetScreen device_id s5xp system - warning - 00515：Admin User jdoe has logged on via Telnet from 10.14.98.55：39073（2002 - 12 - 17 15：50：53）	成功登录
Cisco 路由器	<57> Dec 25 00：04：32：%SEC_LOGIN - 5 - LOGIN_SUCCESS：Login Success [user：jdoe] [Source：10.4.2.11] [localport：23] at 20：55：40 UTC Fri Feb 28 2006	成功登录

续表

日志源	日志内容	描述
Redhat Linux	<122> Mar 4 09：23：15 localhost sshd［27577］：Accepted password for jdoe from ：：ffff：192. 168. 138. 35 port 2895 ssh2	成功登录
Windows	<13> Fri Mar 17 14：29：38 2006 680 Security SYSTEM User Failure Audit ENTERPRISE Account Logon Logon attempt by：MICROSOFT_AUTHENTICATION_PACKAGE_V1_0 Logon account：JDOE Source Workstation：ENTERPRISE Error Code：0xC000006A 4574	成功登录
① A. Chuvakin，Content aware SIEM. http：//www. sans. org/security - resources/idfaq/vlan. php，February，2000（cited：January 19，2011）.		

注意：

在2006年，安全软件公司ArcSight（2010年被Hewlett - Packard公司收购）就洞察到需要提高在如何记录和传输事件数据方面设备的互操作性。现在的问题是每个供应商都有他们唯一的报告事件信息的格式，而这些事件信息往往缺少和其他系统集成这些事件时必需的信息。这种新的格式称为通用事件格式（Common Event Format，CEF），并定义了一种审计日志记录语法，审计日志记录由标准头和格式化为键值对的变量表达式组成。CEF允许安全和非安全设备供应商结构化他们的系统日志事件数据，使其更容易解析[11]。

尽管表11.6中的每个例子都是一次登录，但是描述消息的方式却大相径庭：没有诸如事件标准化的补充措施，搜索"登录"的关联规则需要明确定义各种已知的登录格式。相比之下，事件标准化提供了必要的分类，这样规则就可以使用"登录"的概念并成功地与各类登录匹配。这种抽象水平可能对特定威胁模式的检测来说过于宽泛，因此最标准的分类体系使用图11.7所示的分层分类结构。

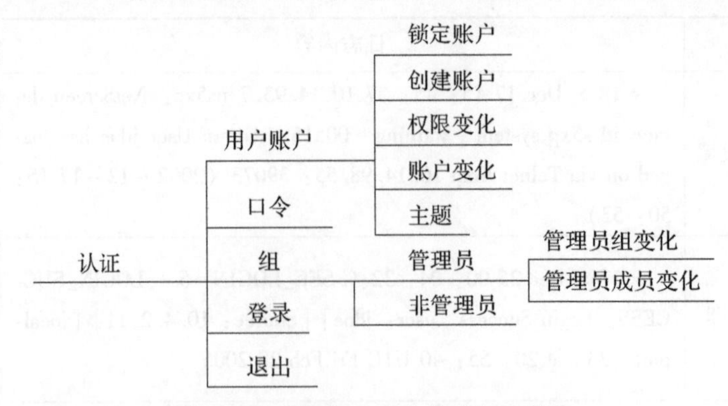

图11.7　分层标准化分类的部分描述

3. 跨数据源关联

跨数据源关联是指将关联扩展到多个数据源，从而使多个不同系统（如防火墙和 IPS）的一般事件能够进行标准化并关联到一起。随着关联系统的不断成熟，单一数据源关联的可用性越来越小。跨数据源关联也保持了重要的威胁检测能力。能够被关联起来的信息类型越多，威胁检测的有效性就越高，误报也就越少，如表 11.7 所示。

表 11.7　单一数据源与跨数据源关联的对比

单一数据源关联的例子	跨数据源关联的例子
在多个登录失败之后伴随着一个或者多个成功登录	关键资产管理用户的多次失败登录事件，并且之后伴随着一个或多个成功登录
所有到关键资产的成功登录	由终端用户或在正常值班时间之外的管理用户进行的所有到关键资产的成功登录
HTTP 流量来自一个不是 HTTP 服务器的服务器	HTTP 流量来自一个位于美国境外的 IP 地址，非 HTTP 服务器的服务器

随着越来越多的系统被监控（参见第 12 章“工业控制系统安全监控”），拓展跨数据源关联的潜力也在相应地增加，理想状况就是所有监测信息都能进行标准化和关联。

4. 分层关联

分层关联只是在一个关联规则中嵌套另一个关联规则。例如，一个暴力破解尝试，可能表示一个网络事故。不过，如果它只是一个网络攻击，就无须进一步确定它的类型和意图。通过在其他的规则中使用关联规则，可以生成能够确定更多具体攻击场景的额外规则，如表 11.8 所示。

表 11.8　分层关联的例子

描述	规则
暴力破解	从同一个源 IP 发起许多的失败登录事件，其后伴随着一个或更多的成功登录事件
暴力恶意软件注入	从同一个源 IP 发起许多的失败登录事件，其后伴随着一个或更多的成功登录事件，其后又是一个恶意软件事件

续表

描述	规则
内部传播后的暴力破解	从同一个源IP发起许多的失败登录事件，其后伴随着一个或更多的成功登录事件，并跟随着一个来自同一源IP的网络扫描
使用已知密码的内部暴力枚举	从同一个源IP发起许多的失败登录事件，并且每一个都有唯一的用户名，只是不同的密码

在表11.8的第三个例子中，通过使用恶意软件事件作为规则的一般条件，说明了在关联中标准化的使用。第四个例子说明了以威胁检测为目的内容检查的价值，而威胁检测则是通过向关联引擎公开应用程序认证参数来实现的。

11.4.2 IT和OT系统之间的关联

到目前为止，仅讨论了关联在运行标准企业系统和协议的IT网络环境中的应用。然而，也应该对运营技术系统进行分析，这就需要将OT网络中的指标与IT网络中的事件相关联。两个系统类型以及每个系统中使用的信息收集模型的不一致带来了更多的挑战。使用广泛的可用工具对IT系统的性能和安全性进行深度监控，而主要针对过程的效率和性能对OT系统进行检测，通过包含数据记录系统、表格和统计模型应用程序等在内的更有限的工具来实现(参见第12章“工业控制系统安全监控”)。

然而，即便是IT网络中的良性行为也可能影响系统运行，在IT和OT系统中威胁确实存在。通过关联IT条件和OT条件，可以得到应对潜在网络事故的恰当方法[12]。例如，表11.9显示了几个IT系统影响OT系统的实例。

表11.9 IT和OT系统的关联①

事故	IT事件	OT事件	条件
网络不稳定	延迟增加，通过TCP错误、TCP接收窗口的减少、增加的往返TTL等进行度量	效率降低，通过对历史数据比较进行度量	运行过程中网络条件的表现 蓄意的网络破坏
操作改变	没有检测到事件	运行设置点的变化，或其他过程的变化	良性的过程调整 未检测到网络破坏

续表

事故	IT 事件	OT 事件	条件
网络破坏	使用事件关联检测威胁或者事故，以确定是否对IT系统成功地进行了渗透	运行设置点的变化，或其他过程的变化	良性的过程调整 未检测到网络破坏
目标事故	检测威胁或者事故，其直接针对连接到IT系统的工业SCADA或DCS系统	运行设置点的异常变化，预期之外的PLC代码写操作等	潜在的“Stuxnet”级别的网络事故或者破坏
①B. Singer, Correlating Risk Events and Process Trends. Proceedings of the SCADA Security Scientific Symposium (S4). Kenexis Security Corporation and Digital Bond Press., 2010.			

要充分地提升已建立在大多数IT SIEM产品中的自动化关联性能，OT数据必须首先收集到SIEM中，然后使用常见的威胁分类对其指标进行标准化。

注意：

收集、解译以及从不同系统关联数据的能力，对于有效的安全监控解决方案是至关重要的。构成网络架构的设备一定能够与具有接收事件数据相同能力的系统通信。这些概念对于OT网络来说具有进步性。这也是为什么许多ICS服务器、工作站以及嵌入式设备不支持这种功能的主要原因。通常ICS供应商限制能安装在他们资产上的附加组件，从而既保持手动操作的连续性和可用性，也为了接下来数年服务这些系统的长期支持需要。在本书出版时，已有一些公司提供“SCADA SIEM”或相似工具包。随着SCADA和ICS系统不断融合众多主流安全特征，支持工业系统的商业化监控和分析工具的能力将会持续提高。许多商业安全分析系统缺少必需的环境来理解正在从工业系统收集的数据，限制了其分析的价值。随着更多安全解决方案公司合作伙伴和ICS供应商一起共同交付集成化的OT安全解决方案，这种趋势将会发生改变。

11.5　本章小结

随着区域安全措施的部署，与安全相关活动的蓝图也开始形成。通过度量这些活动并对其进行分析，就能够检测到违背安全策略的异常。此外，也可以识别异常活动，以便于进一步调查。

这需要明确定义的策略，也需要通过适当的信息分析工具配置这些策略，以保证其实施。正如区域的边界防御一样，谨慎创建的变量定义了允许的资产、用户、应用程序和可用于检测安全风险与威胁的行为。如果通过观测网络内的活动，可以动态地确定这些名单，那么已知有益策略的“白名单”就成了“智能列表”，它可以通过动态的防火墙配置或IPS规则创建来加强边界防御。

各种威胁检测技术的共同使用，使得借助事件关联系统可以进一步分析该事件的信息，以找到更大规模的、能够更好地指示严重威胁和事故的模式。由于Stuxnet蠕虫和尝试通过附在IT网络和服务上去破坏工业网络系统的其他复杂的安全威胁接踵而至，广泛应用于IT网络安全的事件关联，开始“跨越鸿沟”进入了OT网络。

计量指标、基准分析、白名单都依赖于丰富的相关安全信息。这些安全信息来自哪里？第12章“工业控制系统安全监控”将阐述监控的对象和途径，从而获取必要的基础数据，以完成“态势感知”，并有效地保护工业网络。

参考文献

[1] F. Salo, Anomaly Detection Systems: Context Sensitive Analytics. NitroSecurity, Inc. Portsmouth, NH, December 2009.

[2] B. Singer, Correlating Risk Events and Process Trends. Proceedings of the SCADA Security Scientific Symposium(S4). Kenexis Security Corporation and Digital Bond Press, Sunrise, FL, 2010.

[3] U. S. Dept. of Homeland Security, "Cyber Security Procurement Language for Industrial Control Systems," September 2009.

[4] D. Beresford, "Exploiting Siemens Simatic S7 PLCs," July 8, 2011. Prepared for Black Hat USA 2011.

[5] R. Kay, QuickStudy: event correlation. Computerworld. com < http://www. computerworld. com/s /article/83396 /Event_Correlation? taxonomyId = 016 >, July 28, 2003(cited: February 13, 2011).

[6] Softpanorama, Event correlation technologies. < http://www. softpanorama. org/Admin/Event_correlation/ >, January 10, 2002(cited: February 13, 2011).

[7] The MITRE Corporation, About CEE(common event expression). <http://cee. mitre. org/ about. html >, May 27, 2010(cited: February 13, 2011).

[8] M. Leland, Zero – day correlation: building a taxonomy. NitroSecurity, Inc. < http://www. youtube. com /watch? v = Xtd0aXeLn1Y >, May 6, 2009(cited: February 13, 2011).

[9] The MITRE Corporation, About CEE(common event expression). <http://cee. mitre. org/ about. html >, May 27, 2010(cited: February 13, 2011).

[10] A. Chuvakin, Content aware SIEM. < http://www. sans. org/security – resources/idfaq/vlan. php >, February 2000(cited: January 19, 2011).

[11] ArcSight, "Common Event Format," Revision 16, July 22, 2010.

[12] B. Singer, Correlating risk events and process trends. Proceedings of the SCADA Security Scientific Symposium(S4). Kenexis Security Corporation and Digital Bond Press, 2010, Sunrise, FL.

第12章 工业控制系统安全监控

信息分析首先需要进行一定量的信息收集，从而有大量数据来进行评估。与网络安全相关的信息收集需要了解监控的内容及方式。

然而，有太多的信息可能与网络安全相关，并且由于存在大量的未知威胁和漏洞，一些目前看似无关的信息可能在某个新威胁发现后就变为相关信息。更严重的是，那些看似相关的数据已经铺天盖地了，有时仅一天时间就含有数百万甚至数十亿的事件，而在实际的网络攻击期间，事件发生率甚至更高[1]。因此，有必要评估哪些事件、资产、应用、用户和行为应该受到监控，以及可以为信息收集增加背景信息的额外相关系统，如威胁数据库、用户信息、脆弱性评估结果等。

一个额外的挑战来自已被合理保护的工业网络的隔离性质：在多个分离的区域部署单个监视和信息管理系统违背这些区域的安全目的，并引入潜在风险。选择既有区域的监控方法时应该考虑这些区域的分隔特性，而且对监控过程中产生的数据也需要进行相应的管理。尽管完全集中的信息管理也有优势，但其所产生的信息可能是敏感的，并且可能要将“需要知道”的信息透露给安全分析师。于是，集中化的监控和管理应被合适的安全控制措施所覆盖，并且一些区域需要完全分离，这是以放弃集中式管理的效率为代价的，以便使对敏感信息的分析、管理和报告能够在本地进行，从而可以保持绝对的职责分离，如在重重保护下的关键系统和安全性较低的监控系统。

为了应对网络监控区域产生的海量日志和事件数据，以及高度分布和隔离的区域，信息管理的最佳实践——包括短期和长期的信息存储——必须严格遵循。无论是为了方便威胁检测流程，还是满足相关合规性要求，这都是必需的，如北美电力可靠性公司的关键基础设施保护标准（NERC CIP）、NRC Title 10 CFR 73.54、化工设施反恐怖标准（CFATS）等（参见第13章“标准规约”）。

12.1 监控对象的选择

一般而言，监控对象就是监控所有的事件。然而，那些由监控得到的信息必须受到管理。每一个数据点都会产生日志记录，或者是安全警告。资产、用户、应用程序以及把它们互联的网络都需要进行监控。由于存在如此大量受监控的资产、用户、应用程序和网络，甚至一个中等规模的企业每秒产生的监控信息总量也是令人震惊的[2]。尽管存在一些可以自动化处理安全事件和信息管理的产品，但是待分析的信息量很快就超过了这些工具分析和存储的能力。于是，安全监控需要一些规划和筹备，以便确保在获得所有必要信息的同时，避免让信息分析工具过载并发生潜在的损坏。

一种方法是按照区域对监控进行分隔。正如将功能组分离成区域有助于降低风险那样，这会有助于减少由该区域产生的信息载荷；换言之，区域中只有有限的资产和活动，因此日志和事件也相应减少了很多。

还有更加复杂的问题，当保护工业网络时，运营技术（OT）的活动和指标也必须考虑在内——还有从其他潜在的源产生的新型数据类型：新的资产，如远程终端单元（RTU）、可编程逻辑控制器（PLC）、智能电子设备（IED）以及其他的工业资产；人机界面（HMI）和数据记录系统等应用程序；现场总线协议和智能电网等网络。

提示：

当考虑网络监控和信息管理时，针对 IT 和 OT 网络所产生的数据载荷进行基准检测是很有帮助的。IT 网络需要确定哪些设备需要监控。这意味着要了解有什么服务器、工作站、防火墙、路由器、代理服务器等（几乎所有的 IT 设备都能产生某种日志）是很重要的——确定关键资产的过程在第 2 章“工业网络概述”中已有描述，第 9 章“建立安全区域与通道”在这里也有助于理解。一旦确定什么设备需要被监控，就应当计算这些设备所产生的事件载荷。一种方法是用包含正常和高峰活动的时间段来衡量事件载荷，并按照时间段（以秒为单位）来划分所有的事件，以确定网络每秒的平均事件载荷（Event Per Second，EPS）。另一种方法是使用“最坏情况”计算，它仅基于高峰事件概率，从而使该类计算产生较高的 EPS 指标[3]。

在 OT 网络中的大多数资产，主要是嵌入式设备类型构成了多数的网络攻击资产，如 PLC、RTU 以及 IED，由于它们完全不会产生事件或者日志，无法进行测量。不过，它们会产生信息，这些信息可以通过查看来自控制设备的历史数据或使用专业的工业协议监控器得到。确定要监控哪些资产，并使用数据记录系统确定从这些资产收集到的信息量。这些信息需要被标准化和集中化，要么通过 SIEM 或者类似的产品自动地执行，要么通过耗费时间和精力手动完成，因此需要很谨慎地去限制供安全评估使用的历史数据的量。一部分历史化的标签（特别是与认证相关的系统标签，涉及设置点或运行变化、停止和故障过程的关键报警标签等）都是明显的选择，而其他标签则鲜与安全性相关。这一步是安全事件“合理化”的一种有效形式，与提高运行效率的 ICS 事件系统执行过程相似。

一旦获得初始基准，加上 10% 的增长，再加上 10% 的余量（根据实际情况而变化）。当规划 IT 网络规模时，因为这种情况可能发生在扩展攻击期间，也可能是成功的破坏以及随之而来的恶意软件感染的结果[4]，所以也需要很谨慎地计划“高峰期平均值”，这个值表示在之后时期内的最高流量率（也就是说，高峰值变成平均值）。偶尔的高峰期平均值可能发生在 OT 系统异常事件期间，如设备启动或关闭，或在系统打补丁以及系统迁移或升级期间，OT 系统可能会报告不同的条件，但不太可能报告更多的条件，除非明显地修改了历史化的进程。

那么究竟什么才真正需要进行监控呢？以下指南有助于确定哪些系统应该进行监控。

12.1.1　安全事件

安全事件是指由安全和基础设施产品所产生的事件：网络或基于主机的防火墙、反病毒系统、入侵检测和防御系统、应用程序监控器等。在理想情况下，由安全设备产生的所有事件应该都是具有相关性的，这些设备也因此用于混合监控。实际上，误报会淡化安全事件的相关性。

注意：

“误报”一词常被误用。由于安全日志和事件的来源繁多，并且通常会迅速产生大量信息，误报往往涉及那些看似与安全数据毫无关联的信息。当一个良性行为与入侵防御系统（IPS）的检测特征匹配时，警报就会生成，这就是一个误报。同样，如果反病毒系统错误地认为文件被感染，也会出现误报。误报会生成需要评估的额外数据点，并会潜移默化地影响对真正事故的检测，因此误报使安全分析变得更加困难。

可以通过错误检测特征的调整减少或消除误报：应定期检查流程，以确保检测设备能够尽可能有效地运行。然而，尽管误报常导致大量不必要的或不相关的数据，但并不是所有的无关数据都是误报。由于这个普遍的误解，许多安全分析员甚至安全厂商都企图通过过度地调整设备以消除大量发生的警报。过度调整的问题是：尽管这会使日常运行中的事故更易于管理，却可能带来漏报，也就是说，可能不能为真正的威胁创建报警，或者因必要条件的过度调整而未能触发关联规则（参见第11章“异常与威胁检测”）。需要记住的是，事件关联特征是用于检测已知威胁模式的特征匹配规则，对较小的、看似无关事件的消除可以避免对较大模式的检测。类似地，当新模式被安全研究人员发现时，目前看似无关的事件数据就可能出现关联（图12.1）。

		预测类别	
		负	正
实际类别	负	正确（负） 正确的-不识别	错误（正） 不正确的-识别
	正	错误（负） 不正确的-不识别	正确（正） 正确的-识别

图12.1　用于事件分类的“混淆矩阵”

为确保准确的威胁检测和关联分析，所有合法产生的事件都应短期保留以进行即时分析（即在线保存），并且为法律和合规性目的进行长期保存（即离线保存），而不管它们在收集时看起来多么无关。只有真正的误报（由于错误的特征匹配产生的事件）才应该通过调整或筛选进行消除。

当考虑工业网络中安全事件的相关性时，要顾及事件的来源及其与被监控的具体区域的相关性。例如，所有的区域都应该至少有一个边界安全设备，如防火墙或IPS，但也可能有多个基于主机的安全设备能够生成事件，如防病毒、应用程序白名单、入侵检测和防御系统（HIDS/HIPS）、防火墙或其他安全设备（参见第9章“建立安全区域与通道”）。一个实例是使用工业协议的工业安全装置，它使用应用程序监控器来加强对工业协议的监管。

以下日志为一个区域提供了比通用安全事件更加具体的数据，Tofino工业安全设备提供了有关未授权使用工业协议（Modbus/TCP）功能代码（6＝“写一次注册”）的详细信息，下面是源自Tofino工业安全设备的实例。

```
May 20 09:25:50 169.254.2.2 Apr 14 19:47:32 00:50:C2:B3:23:56
CEF:1 |Tofino Security Inc |Tofino SA |02.0.00 |300008 |Tofino
Modbus /
TCP Enforcer:Function Code List Check |6.0 |msg = Function code 6
is not in permitted function code list TofinoMode = OPERATIONAL
smac = 9c:eb:02:a6:22 src = 192.168.1.126 spt = 32500
dmac = 00:00:bc:cf:6b:08 dst = 192.168.1.17 dpt = 502 proto = TCP
TofinoEthType = 800 TofinoTTL = 64 TofinoPhysIn = eth0
```

相比之下，虽然通用的 Snort IDS 可能会产生系统日志以识别是否违反边界策略，如下面的 Windows 更新尝试，但是不能提供工业网络中的应用程序代码环境（参见第 6 章“工业网络协议”）。

```
Jan 01 00:00:00 [69.20.59.59] snort:[1:2002948:6] ET POLICY
External Windows Update in Progress [ ** ] [Classification:Potential
Corporate Privacy Violation] [Priority:1] {TCP} 10.1.10.33:1665
 -> 192.168.25.35:80
```

在试运行任何将产生安全事件的设备之前，“调整”或验证正常流量而不触发事件是常常容易忽略的一步。图 12.2 展示了 Tofino 安全设备运行以后查找完整规则集的方式。请注意，只有最后一条规则（如箭头所示）通过对源自 ICS 主机区域并以 ICS 控制区域为目的地的 Modbus/TCP（502/TCP）流量执行深度数据包检测，实际上在通道上执行隔离。还有许多其他类型的有效流量生成来支持功能，如 Windows 操作系统中使用的网络邻居及 IT 和 OT 网络设备中典型的邻居交换机/路由器，这些流量通常发送到广播和多播地址。这种有效流量，若不能合适地用规则集中的“drop - no log”条目处理，则在工业网络安全内部的安全事件方面可能会产生“误报”。需要考虑的流量主要如下：

（1）Windows NetBios 流量：域名解析服务（137/UDP）和数据报服务（138/ UDP）。

（2）多播 DNS（5353/ UDP）。

（3）链路层多播域名解析（5355/ UDP）。

（4）通用即插即用（1900/ UDP 和 2869/TCP）。

（5）Web 服务发现协议（3702/ UDP）。

（6）Cisco 发现协议。

（7）链路层发现协议。

（8）ICMP 协议（IP 协议 1）。

（9）IGMP 协议（IP 协议 2）。

（10）IPv6。

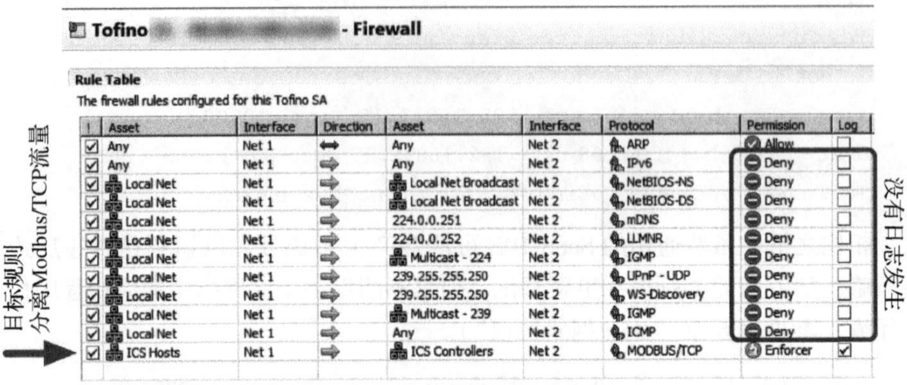

Tofino - Firewall

Rule Table

The firewall rules configured for this Tofino SA

!	Asset	Interface	Direction	Asset	Interface	Protocol	Permission	Log
☑	Any	Net 1	⟷	Any	Net 2	ARP	Allow	☐
☑	Any	Net 1	⇨	Any	Net 2	IPv6	Deny	☐
☑	Local Net	Net 1	⇨	Local Net Broadcast	Net 2	NetBIOS-NS	Deny	☐
☑	Local Net	Net 1	⇨	Local Net Broadcast	Net 2	NetBIOS-DS	Deny	☐
☑	Local Net	Net 1	⇨	224.0.0.251	Net 2	mDNS	Deny	☐
☑	Local Net	Net 1	⇨	224.0.0.252	Net 2	LLMNR	Deny	☐
☑	Local Net	Net 1	⇨	Multicast - 224	Net 2	IGMP	Deny	☐
☑	Local Net	Net 1	⇨	239.255.255.250	Net 2	UPnP - UDP	Deny	☐
☑	Local Net	Net 1	⇨	239.255.255.250	Net 2	WS-Discovery	Deny	☐
☑	Local Net	Net 1	⇨	Multicast - 239	Net 2	IGMP	Deny	☐
☑	Local Net	Net 1	⇨	Any	Net 2	ICMP	Deny	☐
☑	ICS Hosts	Net 1	⇨	ICS Controllers	Net 2	MODBUS/TCP	Enforcer	☑

图 12.2　调优工业网络安全设备

12.1.2　资产

资产（存在于网络中的物理设备）同样也提供安全数据，这些数据通常以日志的形式存在。资产可以产生多个层次上跟踪活动的日志：操作系统可以产生包括系统日志、应用程序日志以及文件系统日志在内的多个日志。

系统日志有利于跟踪设备和服务的运行状态以及补丁的安装时间。日志也有助于确定资产的健康状况，以及被支持的端口和服务的运行状态。它们还可以帮助追踪那些用户（或应用程序）已授权给资产，从而满足合规性要求。下面展示的是来自 Redhat Linux 系统日志的独立记录，它们显示了一个成功的用户登录和一个 Windows 验证失败。

```
<345 > Mar 17 11:23:15 localhost sshd[27577]:Accepted password for knapp from ::ffff:10.1.1.1 port 2895 ssh2
<345 > Fri Mar 17 11:23:15 2011 680 Security SYSTEM User Failure Audit ENTERPRISE Account Logon attempt by:
MICROSOFT _ AUTHENTICATION _ PACKAGE _ V1 _0  Logon account: KNAPP Source Workstation: ENTERPRISE Error Code: 0xC000006A 4574
```

尽管系统日志在各类系统中广为应用，但是也使用一些其他的事件日志系统——其中最引人注目的是 Windows 管理规范（Windows Management Instrumentation，WMI）框架。WMI 以一种结构化的数据格式产生可审计的事件，而这种结构化的数据格式可用于脚本（自动化）及其他 Windows 操作系统功能[5]。系统日志受到广泛支持，致使 WMI 事件经常使用 Windows 系统日志代理，如 Snare for Windows 将 WMI 事件输出为系统日志。当严格禁止使用 Windows 事件收集功能在关键资产上安装代理时，可能要在 Windows 主机间配置日志。

以下是在 Windows 服务器上创建新进程时生成的 WMI 事件。

```
Computer Name:WIN-0Z6H21NLQ05
Event Code:4688
Type:Audit Success(4)
User Name:
Category:Process Creation
Log File Name:Security
String[%1]:S-1-5-19
String[%2]:LOCAL SERVICE
String[%3]:NT AUTHORITY
String[%4]:0x3e5
String[%5]:0xc008
String[%6]:C:\Windows\System32\RacAgent.exe
String[%7]:%%1936
String[%8]:0xc5e4
Message:A new process has been created.Subject:Security ID:S-1-5-19 Account Name:LOCAL SERVICE Account Domain:NT AUTHORITY Logon ID:0x3e5 Process Information:New Process ID:0xc008 New Process Name:C:\Windows\System32\RacAgent.exe Token Elevation Type:TokenElevationTypeDefault(1)Creator Process ID:0xc5e4 Token Elevation Type indicates the type of token that was assigned to the new process in accordance with User Account Control policy.Type 1 is a full token with no privileges removed or groups disabled.A full token is only used if User Account Control is disabled or if the user is the built-in Administrator account or a service account.Type 2 is an elevated token with no privileges removed or groups disabled.An elevated token is used when User Account Control is enabled and the user chooses to start the program using Run as administrator.An elevated token is also used when an application is configured to always require administrative privilege or to always require maximum privilege,and the user is a member of the Administrators
```

```
group.Type 3 is a limited token with administrative privileges removed
and administrative groups disabled.The limited token is used when User
Account Control is enabled,the application does not require adminis-
trative privilege,and the user does not choose to start the program u-
sing Run as administrator.
```

当使用 Snare 等 WMI 代理收集信息时，相同的事件看起来可能是这样的。

```
<12345 > Fri Mar 17 11:23:15 2011 | |WIN - 0Z6H21NLQ05 | |4688 | |Audit
Success(4) | | | |Process Creation | |Security | |S - 1 - 5 - 19 | |LOCAL SERVICE |
|NT AUTHORITY | |0x3e5 | |0xc008 | |C: \Windows \ System32 \RacAgent.exe | |% %
1936 | |0xc5e4
```

应用程序日志（详细参见 12.1.4 节“应用程序”）提供了应用程序的具体细节，如登录 HMI 的行为、配置改变以及应用程序作用机制的详细描述。这些应用程序日志在安全关联的许多 ICS 应用程序中是一种重要的组件，因为这些应用程序通常利用一个简单的 Windows 登录认证账号，同时通过本地应用程序账号和安全设置管理单个用户行为。

文件系统日志通常跟踪文件的创建、修改或删除，记录访问权限或组的所有权修改以及其他类似的细节。文件系统日志包含在 Windows 中，并使用 WMI 中的 Windows 文件保护（Windows File Protection，WFP），是一个“基于 Windows 操作系统的管理数据和操作的基础设施”[6]。Unix 和 Linux 系统的文件监控是通过使用 auditd 来执行的，也有商业化的文件完整性监控（File Integrity Monitoring，FIM）产品可以使用，如 Tripwire（www. tripwire. com）和 nCircle（www. ncircle. com）。这些日志在确保存储在资产上的重要文件的完整性方面具有极大的价值，如配置文件（确保该资产的配置仍在策略之内）以及资产自身的日志文件（确保记录的活动是合法的，并没有被隐藏的非法行为所篡改）。

12.1.3 配置

配置监控是指为监控变化迹象而进行基准配置的过程[7]，只是配置管理的一小部分。基本的配置监控通过将主机配置文件监控（建立基准）、系统和应用程序日志监控（寻找变化动作）以及 FIM（以确保配置不会改变）相结合，在基本层面上加以实现。虽然这并不能提供真正的配置管理，但确实能在已建立的配置发生改变时提供指示，从而提供有价值的安全资源。

完整的配置管理系统提供额外的关键功能，通常至少部分地映射到 NIST SP 800－53 “配置管理” 章节中概述的安全控制条款，该条款中共提供了 9 个配置管理控制[8]。

（1）配置管理策略和步骤：建立一个正式的、文档化的配置管理策略。

（2）基准配置：识别和记录资产配置的所有方面以创建一个安全模板，并且接下来的所有配置都以该模板为度量标准。

（3）修改控制：监控所有的变化，并根据已建立的基准与变化进行比较。

（4）安全影响分析：对变化进行评估，以确定和测试它们如何影响资产安全。

（5）对变化的访问限制：将配置变化严格限制在管理用户范围内。

（6）配置设置：对安全配置设置和变化情况的识别、监控和控制。

（7）最低功能：所有基准配置的限制，目的是提供尽可能少的功能，以消除不必要的端口和服务。

（8）信息服务（Information Service，IS）组件（资产）的清单：建立资产清单以确定属于配置管理控制的所有资产，并检测可能不符合基线配置准则的恶意或未知的设备。

（9）制订配置管理计划：围绕一个已经创建的配置管理策略去分配角色和责任，以确保配置管理要求得到支持。

配置管理工具还可以提供自动配置控制，从而在大型网络中进行资产的批量配置，确保为提高台式机管理效率提供合适的基准配置。出于安全监控的目的，监控和评估配置文件本身就是一个问题。这是因为攻击者往往为了获得更高级别的访问而尝试提升用户权限，或是通过改变安全设备的配置渗透到更深的安全区域之中——二者都可使用适当的配置管理控制被检测出来。

于是，通过与事件关联系统等其他活动（如事件关联系统）相结合，使用变化事件可以使配置管理生成的日志对于所有威胁检测都成为有用的组件。例如，首先是端口扫描，其次是对数据库的注入尝试，最后改变数据库服务器的配置预示着这是一个定向的渗透尝试。由于配置和变更管理是大多数工业安全法规中的常见要求（参见第 13 章 “标准规约”），改变日志对合规性和管理也非常有利（某些情况下是强制性的）。

提示：

ICS 内部的配置管理问题在于大部分关键配置信息保留在嵌入式设备中，

常常使用专门操作或使用非标准通信协议关闭操作系统。这些设备（PLC、RTU、IED、SIS等）代表真实的连接到协议下的物理过程的端点，使其有关ICS操作完整性最关键的组件配置更详细（控制逻辑、硬件配置、固件等）。尽管一些可用的IT产品（如Tripwire、Solarwinds以及What'sUpGold）提供服务器、工作站以及网络设备、专用产品的配置和变更管理，如PAS的Cyber Integrity™和Lockheed Martin的工业防御自动化系统管理器，不仅提供识别和跟踪配置变更必需的数据库组件，而且提供了一个从ICS组件中提取配置数据的系统扩展库和设备连接器。

12.1.4 应用程序

应用程序运行在操作系统的最高层，并执行特定的功能。对应用程序日志的监控可以提供与这些功能相关的活动记录，而使用专门的应用程序监控产品或应用程序内容防火墙直接对应用程序进行监控，则可以提供所有的应用程序活动的详细记录。应用程序日志包括应用程序何时执行或终止、谁登录到应用程序（当实现了应用层安全性）、用户一旦登录将执行什么特定的动作。包含在应用程序日志中的信息是一个摘要，并存在于所有的记录中。下面提供了一个由Apache Web服务器产生的应用程序日志记录。

```
Jan 01 00:00:00 [69.20.32.12] 93.80.237.221 -- [24/
Feb/2011:01:56:33 -0000] "GET/spambot/spambotmostseendownload.
php HTTP/1.0" 500 71224 "http://yandex.ru/yandsearch? text =video.
krymtel.net" "Mozilla/4.0(compatible;MSIE 6.0;Windows NT 5.1;
MRA 4.6(build 01425))"
```

这里显示了来自ICS的说明本地访问级别更改的相应应用程序日志条目。

```
Jan 01 00:00:00 ICSSERVER1 HMI1 LEVEL Security Level Admin
Jan 01 00:00:00 ICSSERVER1 HMI1 LEVEL Security Level Oper
```

可以使用应用程序监控系统对应用程序活动进行更详细的统计。例如，由于恶意软件可以通过HTTP下载，并且会如上面的例子那样在日志文件中标明，在会话中对应用程序的内容进行监控就能够发现从看似正常的网站上下载的嵌入文件中的恶意软件，如图12.3所示。

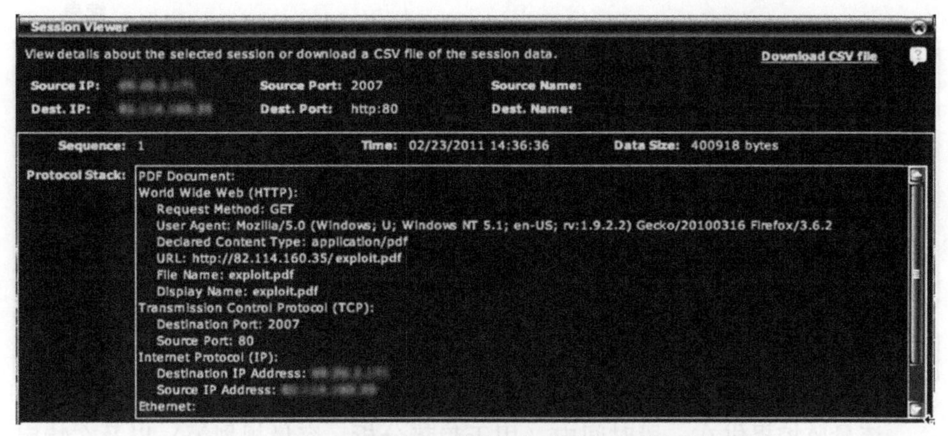

图 12.3　来自应用程序监控器的应用程序会话的详细信息

12.1.5　网络

网络流量是对从一个源到一个或更多目的地的网络通信的记录。流量通常由交换机和路由器等网络基础设施设备进行跟踪。尽管许多厂商也支持 sFlow 标准（表 12.1），但流量收集功能通常是网络设备制造商专有的（如思科支持 NetFlow，Juniper 支持 J – Flow）。

表 12.1　网络流量详细信息

流量详细信息	它表示什么	安全结果
SNMP 接口特征（在 IF – MIB 中的特征）	关于流量的大小（字节、数据包等），以及错误、延迟、丢弃、物理地址（MAC 地址）等	SNMP 详细信息会提供异常协议运行的指示，这表明有威胁存在 对工业网络密切相关的是，接口错误、延迟等的出现会直接危害工业协议的正确使用（参见第 6 章“工业网络协议”）
流量开始时间	网络通信开始及结束时间	安全事件通信关联的基本要素
流量结束时间	开始和结束时间戳也表示网络通信的持续时间	
字节/数据包的数量	表示网络流量的大小，表示有多少数据正在传送	对于异常网络访问的检测，大文件传输很有用，因为会在信息偷窃时发生（即检索大数据库的查询结果、下载敏感的文件等）

续表

流量详细信息	它表示什么	安全结果
源和目的 IP 地址	表示网络通信的起始位置和终止位置	相关日志和安全事件相关性的基本要素（会跟踪 IP 地址的详细信息）
源和目的端口	在无 IP 的工业网络中，即便在专有的工业网络协议中会继续通信，流量也会在 MI 或 PLC 的 IP 地址处终止	IP 地址会用来确认资产的交换机或路由器物理接口，甚至是资产的地理位置（通过使用地理定位服务）

流量监控提供在一段时间内（用于趋势分析、容量规划等）以及在特定时间点上（用于影响分析、安全评估等）网络使用情况的概述，并且对于多种功能都是有益的，包括[9]：

（1）网络诊断和故障管理。

（2）网络流量管理或拥塞管理。

（3）应用程序管理，包括性能管理和应用程序的使用评估。

（4）应用程序和网络使用的多种目的统计。

（5）网络安全管理，包括检测未经授权的设备、流量等。

网络流量分析提供了通过追踪相关通信找出安全事故源头所需要的信息，因此它对安全分析是非常有用的。例如，恶意软件已经突破了网络的边界防御，并正试图感染邻接机器，因此，如果一个应用程序白名单代理在资产上检测到该恶意软件，那么了解该恶意软件来自何处就显得极其重要。尝试把恶意软件和网络流量相关联，就有可能追查到恶意软件的源，也可以提供可能传播的路径（即病毒还能蔓延到什么地方）。

对于工业网络安全，网络流量分析还提供了网络性能的指示，网络性能可能负面影响处理的质量和效率，因此这很重要，如表 12.1 所示。例如，延迟的增加可能会导致某些工业协议出错，并中止工业处理过程[10]。

注意：

与 ICS 供应商一起验证网络流功能可以在工业网络上启用，而不会对网络及其连接设备的性能和完整性产生负面影响，这一点很重要。许多工业协议包含实时的扩展（参见第 6 章“工业网络协议”），当可用的转发能力改变时关注交换的性能问题。网络供应商（如思科）强调这个特殊的网络流量报告的“简化”能力。在对推荐或合格的网络拓扑和操作参数做修改之前通常要咨询 ICS 供应商。

12.1.6　用户身份认证

多数合规性规则都需要针对用户权限、访问凭据、角色和行为的具体控制，用户监控也是合规性管理的一个重要组成部分，因此，监视用户及其活动，是描述网络上发生的事情以及责任归属的理想方法。系统上执行的更多需求必须满足需求合规性，如《美国联邦法规》第 21 卷第 11 部分以及“FDA 监管行业”中常见的类似标准，如制药、食品和饮料。

然而“用户”一词是含糊的：有用户账户名称、计算机账户名称、域名、主机名，当然还有用户的真正身份。尽管合规性管理中最常要求的是最后一个（参见第 13 章“标准规约”），数字系统中提供的却通常是前面几个。在系统认证中，要求有主机名的机器提供用户名和密码，而它可能只是指定域中许多台主机中的一台而已。然后，这个应用程序可能又由另一个后台系统进行认证（如数据库），它有自己的名称且使用另一套标准验证应用程序。而更为复杂的是，同样的人可能需要通过几个不同机器上的系统进行验证，并且在每一个系统中都使用各自的用户名。正如前面所讨论的，尽管每个用户拥有一个唯一的“应用程序”账户用于 ICS 应用程序内部认证和授权，ICS 用户还是可能利用一个“通用的” Windows 多人共享账户。

于是，有必要将用户标准化为统一的身份，就像有必要把事件标准化到统一的分类一样。这可以通过监控各类源（网络、主机和应用程序日志）的活动，提取所有可能存在的用户身份，以及关联日志中预先设置的线索来实现。例如，如果一个用户在 Windows 机器上进行认证，将启动一个应用程序并在其上进行认证，然后这个应用程序又会去某个后端系统进行认证，这就可以跟踪该行为的源头并得到原始的用户名以及发生的时间；因为它们来自相同的物理控制台并有明确的连续性，所以我们可以假设，三个认证都来自相同的用户。

随着系统变得更加复杂和分散，用户数量不断增加，并且每一个用户都有特定的角色和权限，用户体系就会变得越来越庞大，此时就需要一个自动化的身份管理机制。

作为用户身份的目录和仓库，通用目录可以简化这个过程，如微软活动目录（Microsoft Active Directory）和轻量级目录访问协议（LDAP）。不过，对于每个应用程序内部本地化相对于通过目录服务集中管理的操作者来说，仍然存在一些独特的证书集合。而困难之处在于缺乏通用的日志格式，并且在不同系统之间缺乏相应的通用身份。因此，用户监控需要从各种网络和应用程序日志中提取用户的信息，并对身份信息进行标准化。John Doe 可能使用用户名 j. doe 登录到 Windows 的域，他的 E – mail 地址是 jdoe@ company. com，以 johnnyd 登录到企业内部网络或 CMS 中等。为了如实地监控用户行为，就需要将 j. doe、jdoe 和 johnnyd 识别为同一个身份。

有些商业化的身份识别和访问管理（IAM）系统（有时也称为身份认证管理系统）可以为该过程提供便利。市场上可以买到的 IAM 系统包括 Novell（前者 Novell 作为与 Attachmate 合并后的一部分）、Oracle 的身份管理（先于 Oracle Sun 微系统获取，涵盖合法的 Sun 身份管理）以及 IBM 的 Tivoli 的身份管理器。诸如 Securonix 身份匹配（Securonix Identity Matcher）等第三方身份解决方案，通过挖掘其他 IAM 的身份信息并且将所有信息标准化为一个通用身份，提供了集中化目录和 IAM 功能[11]。更复杂的 SIEM 和日志管理系统也可以提供与身份相关的功能来提供用户身份的标准化。无论使用何种方法，借助一个可以提供身份认证源的集中 IAM，管理和控制对多系统的认证，如图 12.4 所示。

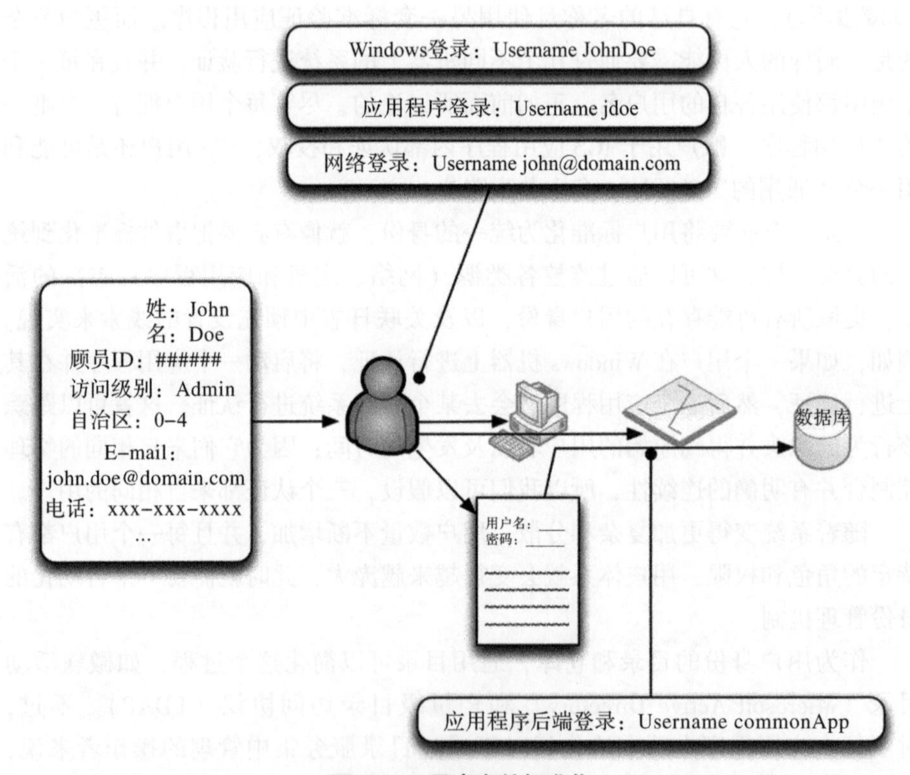

图 12.4　用户身份标准化

一旦已获得必要的身份背景信息，就可以在信息和事件管理流程中用来交叉引用日志和事件并返回到用户。例如，在图 12.5 中 SIEM 的仪表面板显示了网络和事件的详细信息都与其来源用户相关联。

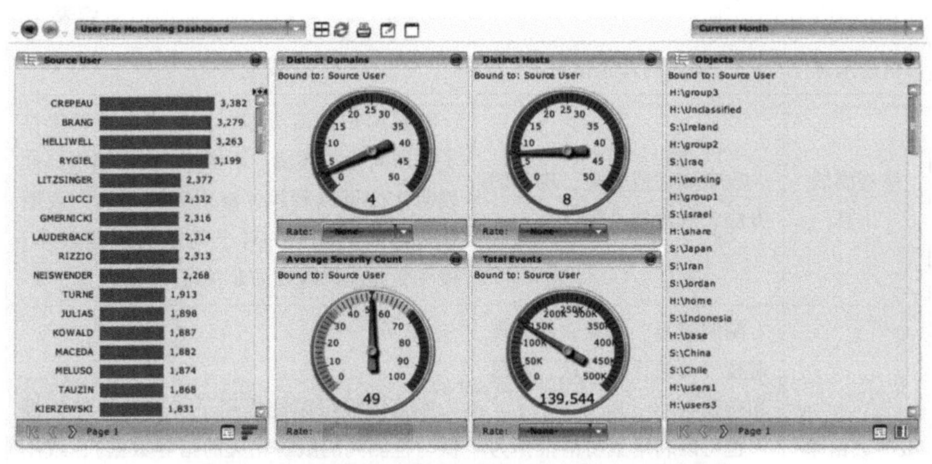

图 12.5 由 SIEM 显示的文件访问与用户活动的关联

12.1.7 其他背景信息

用户身份只是背景信息的一个例子，有很多额外的信息可用来提供背景信息。这些信息（如漏洞参考、IP 声望名单和威胁目录等）会使用额外有价值的背景信息补充监控日志和事件。表 12.2 提供了背景信息的示例。

表 12.2 背景信息源及其相关性

信息来源	提供的背景信息	安全含义
目录服务（如活动目录）	用户身份信息、资产身份信息和访问权限	提供已知的用户、资产和角色的库，用于安全威胁的分析、检测以及合规性
身份认证管理系统	详细的用户身份信息、用户名和账户别名、访问权限及认证活动的审计跟踪	基于权限和策略将访问用户和活动相关联。当用来增强安全事件时，提供明确的活动审计追踪与合规性检查所需要的权限
漏洞扫描器	资产的详细信息，包括操作系统、应用（端口和服务）、补丁级别、识别的漏洞以及相关的已知漏洞	基于漏洞目标衡量安全事件（如果针对 Linux 工作站，那么 Windows 病毒就不用考虑）
		还为异常报告、事件关联和其他功能提供了有用的资产细节

续表

信息来源	提供的背景信息	安全含义
渗透测试工具	攻击成功或失败、攻击的方法、规避技术等	与漏洞扫描器类似，渗透测试工具提供了攻击向量的环境。不像 VA 扫描结果那样表明什么可以利用，渗透测试工具则表明什么已经利用——对于确定的规避技术、检测变异代码等方面非常有用
威胁数据库/CERT	漏洞修复、恶意软件、规避技术等的详细信息、来源和建议； 也可以利用威胁情报作为"监视列表"，为"哪些威胁可以进行比较"提供交叉引用，从而强调或另外调用特定类别、严重程度的威胁	威胁情报可以纯粹用于咨询功能（如提供与检测到的威胁相关的指导数据），或用于分析功能（如结合漏洞扫描数据对已检测到的威胁进行严重性估算赋权）

背景信息始终是有益的，特定的事件或事件组具有越多可获得的背景信息，就越容易评估特定的安全和业务策略。被监视到的日志和事件往往缺少用户名等最具相关性的细节（图 12.6）[12]，因此这点尤为正确。

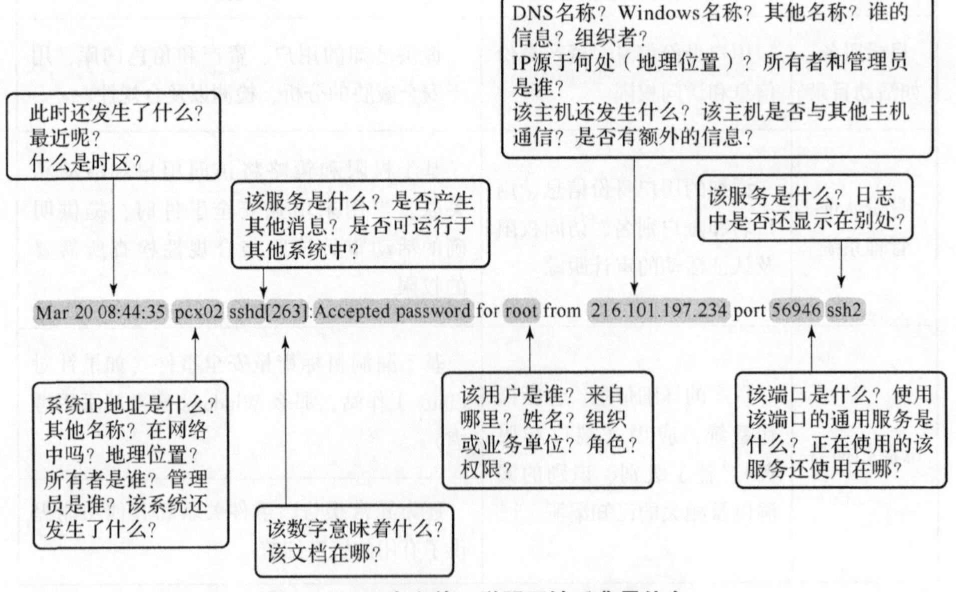

图 12.6　日志文件，说明了缺乏背景信息

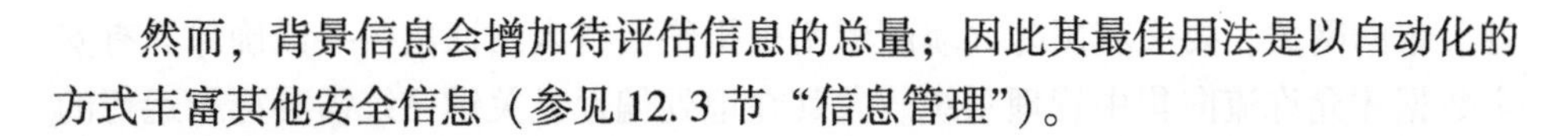

然而，背景信息会增加待评估信息的总量；因此其最佳用法是以自动化的方式丰富其他安全信息（参见 12.3 节“信息管理”）。

12.1.8　行为

行为并不直接进行监控。相反，它是随着时间的推移而对任何监控指标进行的分析（从日志、网络流量或其他来源获得）。其结果有助于区分大多数预期与未预料到的活动，这对较大范畴的安全功能非常有用，包括基于异常的威胁检测以及基于阈值的警告。行为在安全事件关联中也是一个有用的条件（参见第 11 章“异常与威胁检测”）。

行为分析经常由安全日志和事件监视工具所提供，如日志管理系统、SIEM 和网络行为异常检测（NBAD）系统。如果用于安全信息收集和监控的系统不提供行为分析，那么可能需要引入外部工具，如电子表格或者统计程序。

12.2　安全区域的有效监控

了解监控对象仅仅是第一步：实际上仍然需要监控所有的用户、网络、应用、资产和其他活动。监控对象的讨论主要集中在日志上，日志文件描述了已发生的活动，并且普遍存在也易于理解。然而，日志文件不总是可用的，在某些情况下它们可能无法提供足够的细节，因此，监控通常采用多种方法相结合的方式进行，方法如下：

（1）日志收集和分析。

（2）直接监控或网络检查。

（3）通过切向（或间接相关）系统进行推断监控。

除了在由运行中的资产和网络设备产生的纯粹的日志收集环境，还需要某些专业工具来监控各种网络系统。此外，通过任何手段得到的监控结果都需要处理；尽管可以手动进行日志和事件的审查（被大多数合规性规则允许），但还是建议使用可用的自动化工具。

然而，监控系统的集中式分析与依赖功能隔离建立的安全模型是对立的。也就是说，工业网络应划分为功能区域，而集中监控则要求日志和事件数据保留在功能组中——限制了其对全局态势感知的价值——或者在区域之间共享——潜在地把区域安全日志置于风险之中。在第一种情况下，日志和事件是不允许跨越区域边界的；它们仅可能由区域内的本地系统收集、保存和分析。在第二种情况下，需要特别关注跨越区域边界的日志和事件数据的传输，以防止引入新的入站攻击向量。一种常用的方法是实行特殊的安全控制——要么使用数据二极管、单向网关，要么利用防火墙配置明确拒绝所有入站通信——以确保只有安全数据才允许流向集中管理系统。尤其在地处偏远且关键系统需要可靠运行的工业网络中，可以使用混合的方法：提供本地安全事件和日志收集与管理，使区域可以完全独立地运行，同时把安全数据推送到某个中心位置，以实现更完整的跨区域的态势感知。

12.2.1 日志收集

日志收集是指收集各种各样的源所产生的日志。往往是简单地把日志输出到日志聚集点，如网络存储设备或专用的日志管理系统。导入日志是很简单的，如把系统日志导向聚集点的 IP 地址。在某些情况下（如 Windows 的 WMI），事件存储在本地数据库之中，而不是作为日志文件存储。这些事件必须能直接（通过 Windows 认证和查询事件数据库）或间接（通过软件代理，如 Snare，它会检索本地的事件，然后通过标准的系统日志进行传输）获得。

12.2.2 直接监控

直接监控是指使用探针或其他设备直接检查网络流量或主机。直接监控对于不能产生日志的受监控系统尤为有效（在有很多工业网络资产的情况下，如 RTU、PLC 及 IED）。可以故意修改日志文件以隐藏恶意活动的证据，因此它也有助于验证日志报告的活动。常见的监控设备包括防火墙、入侵检测系统（IDS）、数据库行为监控器（Database Activity Monito，DAM）、应用程序监控器和网络探针。上述均有可供购买的商业化软件或设备，或通过开源途径获取，如 Snort（IDS/IPS）、Wireshark（用于网络嗅探和流量分析）、Kismet（无线嗅探器）。

一般情况下，网络监控设备生成自己的日志，然后将这些日志与其他的日志一起进行分析。日志在生成时与受监控的系统彼此间没有直接交互，因此网络监控设备有时也称为“被动记录”设备。数据库活动监控，如在网络上监控数据库活动——经常在 span 端口或者网络分接器上进行。DAM 对网络数据包进行解码，然后提取相关的 SQL 事务以产生日志。没有必要激活数据库本身的日志功能，从而不会影响数据库服务器的性能。

在工业网络中，同样可以监控在网络上使用的工业协议，并给这些不支持日志的工业控制资产提供“被动记录”。许多工业协议都是实时运行的，极易受到网络延迟的影响，因此在这些网络中被动监控尤为重要。这也是难以在设备上部署日志代理的原因之一（它会使资产测试策略变得很复杂），从而使被动地记录网络日志成为理想的解决方案。当部署基于网络的监控解决方案时需要考虑任何工业网络冗余的特殊要求。

在某些情况下，设备可能会使用专有的日志格式或经过特殊处理的事件流协议。例如，被大多数思科 IPS 产品所使用的思科安全设备事件交换协议（Security Device Event Exchange Protocol，SDEE），需要用户名、密码以供安全设备进行认证，从而使该事件可以按需检索，或通过订阅模式进行“推送”。尽管最终的结果都相同，但理解系统日志并非绝对无处不在是十分重要的。

12.2.3　推断监控

推断监控是指通过对某个系统的监控推断出其他系统的信息。例如，许多应用程序连接到一个数据库；即使应用程序本身不产生日志，或由应用程序监控器直接监控亦是如此，以监控数据库代替监控应用程序本身也能提供有关应用程序运行机制的有价值信息。

注意：

基于网络的监控不可避免的问题是：“有可能监视加密的网络流量吗?”许多工业网络规范和指南建议实施对控制数据的加密……那么，如何通过网络探针来监控这些数据呢？这里有几种选择，每个都有优缺点。第一种是监控加密点和流量来源之间的敏感网络连接。也就是说，在外部使用基于网络的加密设备对网络流量进行加密，如 Certes Networks 公司（是一家解决高智能网络多层加密安全方案的美国网络安全公司）的加密设备（Certes Networks Enforcement Point，CEP），并立即在资产和加密设备之间进行网络探查。第二种是使用基于专用网络的解码设备，如 Netronome 公司（软件定义网络数据层面处理方案提供商）的 SSL 检测器。为了破坏加密，这些设备使用恶意的基于硬件的中间人攻击，并出于安全考虑从对网络内容进行分析。第三种是完全不监视加密流量，而是监控应该被加密但是却没有加密的数据实例（如工业协议功能代码），从产生的异常警报来看，有敏感流量未被加密。

确定需要哪些工具，应该从区域边界和内部安全控制开始（参见第 9 章“建立安全区域与通道”），并确定哪些工具能或不能实施完备的监控。如果可以，由绝对的边界聚集日志开始（最不关键的区域和互联网之间的边界，通常是业务企业局域网）到集中日志聚合工具（参见 12.2.4 节“信息收集和管理工具”）。然后，开始从保护最关键区域的设备处聚集日志，直到启用所有可用的监控，或日志聚合能力已趋于饱和。在这里，如果有其他的关键资产没有有效地监控，就有必要提高日志聚合系统的性能。

提示：

提高性能并不总是意味着购买更大、更昂贵的聚合设备。分布式也是一种选择：可以把每个区域的日志聚集在本地（或类似的区域组内），然后汇总各区域子集到一个中心聚集设备，以便于集中日志分析和产生报告。虽然类型事件的减少将降低威胁检测的有效性，并且集中系统会产生的报告也不是很全面，但是所有必要的监控和日志收集将在各自的区域内保持完整，并可在需要时能够访问。

这个概念特别适用于工业网络，因为它允许创建本地“仪表盘”，在那里可以显示附近资产的相关事件，并由驻留在运营或工厂环境中的“第一响应者”快速响应，同时提供将这些事件导出到具有更多资产的更广泛视图的上层聚合器的能力，并且可以更多地关注通常在安全操作中心执行的事件关联和威胁分析。

如果所有日志都已收集，但是仍有重要的资产没有得到充分监控，可能还需要增加额外的网络监控工具来弥补这种情况。如图 12.7 所示。

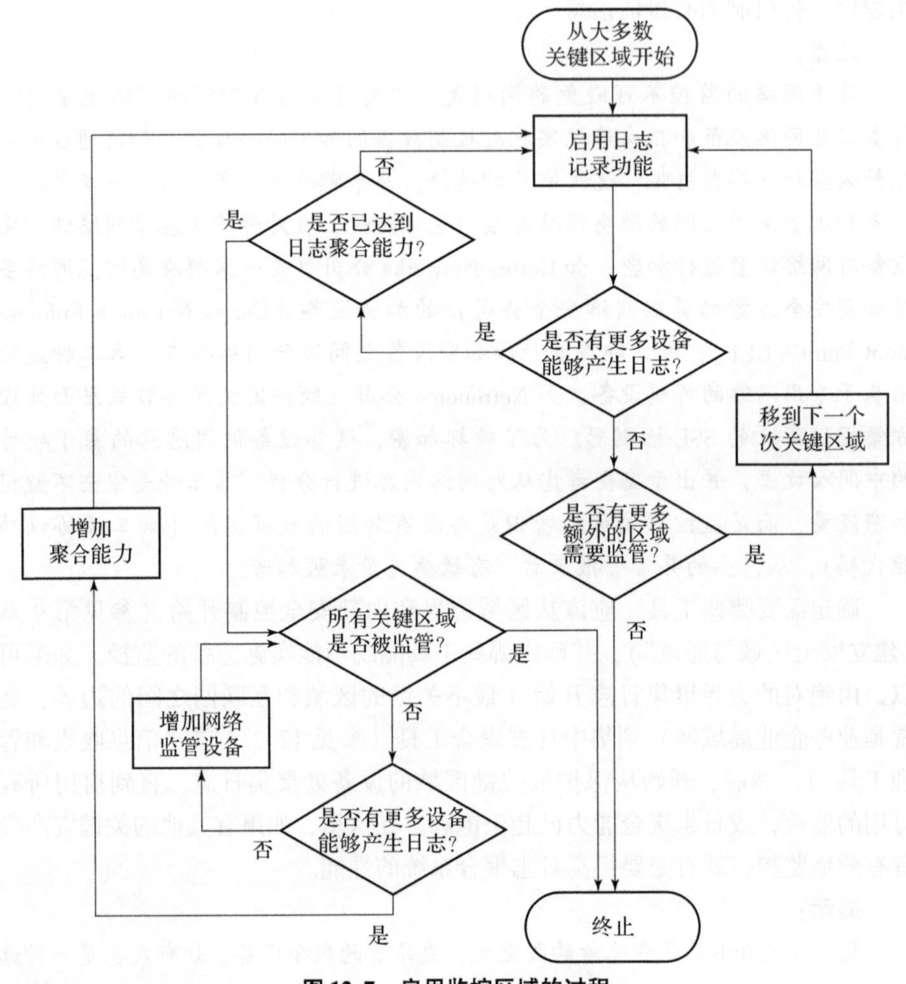

图 12.7 启用监控区域的过程

注意:

记住，在聚集日志时仍然有必要重视所有既定的边界安全区域。如果需要跨区域收集日志（它们会在区域之间转移，因此有助于检测威胁），确保将区域边界配置为只允许日志单向转移，否则区域边界将会遭到破坏。在大多数情况下，简单地为特定服务（如syslog，端口514）创建一个明确的状态源（日志生产设备）和目标（日志聚合设备）的策略，即足以执行一个受限的单向日志传输。对于关键区域，可能需要使用数据二极管或单向网关进行物理隔离，从而保证所有的日志传输都是单向的，这样恶意流量就无法从日志设施进入安全区域。

额外的监控工具可能包括任何资产或网络监控设备，包括基于主机的安全代理，或类似于入侵监测系统的外部系统、应用程序监控器或工业协议过滤器。因为基于网络的监控工具通常很简洁，所以往往便于部署，并且如果将监控接口配置为间歇或镜像的，将不会引发延迟。

12.2.4 信息收集和管理工具

“日志收集设施”通常是指日志管理系统或安全信息与事件管理（SIEM）系统。这些工具从非常简单到非常复杂，包含免费、开源和商业化的多种选择。例如，系统日志聚合和日志搜索、商业化的记录管理系统、开源安全信息管理（Open Source Security Information Management，OSSIM）系统及商业化的安全信息和事件管理系统。

1. 系统日志聚集和日志搜索

系统日志可以让日志文件在网络上传输。通过将所支持资产的所有系统日志输出到共同的网络文件系统，就可以建立一个非常简单并且免费的日志聚合系统。虽然价格低廉（基本上是免费的），但是该方案在分析收集日志方面仅能提供很少的价值，且需要使用开源日志搜索工具或IT搜索工具等额外的工具、商业记录管理系统或SIEM。此外，如果日志的收集以合规性和安全监控为目的，还必须采取额外的措施以便符合日志保留的要求。这些要求包括不可否认性和监管链，从而确保文件没有被修改或被未经授权的用户访问。虽然这些可以在没有采购商业系统的情况下实现，但是需要IT管理者付出额外努力。

2. 日志管理系统

日志管理系统为日志的收集、分析和报告提供了商业解决方案。日志管理系统提供了一个配置界面来管理日志的收集和存储选项，通常允许管理员通过独立日志源去配置日志保留参数。在收集时，日志管理系统还提供必要的抗否认性以确保日志文件的完备性，如日志的哈希值“特征”可以作为校验值进行文件验证。一旦收集完成，就可以对日志进行分析和搜索，并且使用预设的报告模板呈现与特定目的或功能相关的日志数据，如生成针对特定的一个或多个合规性控制的日志详情的合规性报告，如图 12.8 所示。

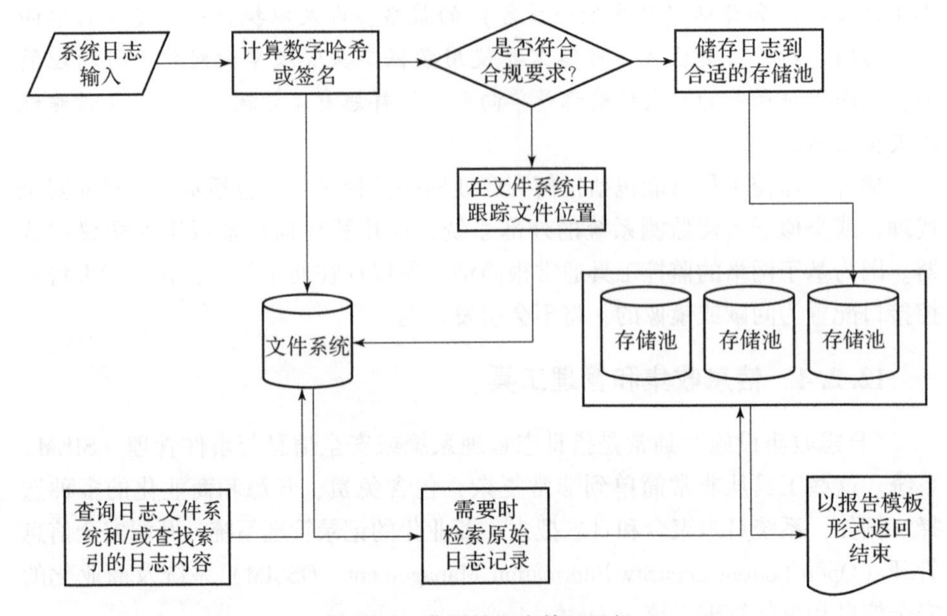

图 12.8　典型的日志管理运行

3. 安全信息与事件管理系统

安全信息与事件管理系统（SIEM），以附加的具体分析和上下文功能来扩展日志管理系统的性能。根据 Gartner 安全分析人员的报告，与众不同的是，SIEM 将日志管理及其合规性报告质量或传统的安全信息系统（Security Information Management，SIM）与安全事件管理（Security Event Manager，SEM）的实时监控和事故管理能力相结合[13]。此外，SIEM 必须支持“来自异构数据源的数据捕获，包括网络设备、安全设备、安全程序和服务器”[14]，从而使 SIEM 成为一个能够提供跨区域边界和内部的态势感知的理想平台。

有很多 SIEM 产品，包括开源项目（Alien Vault 公司的 OSSIM 项目），以及几个商业化的 SIEM（Hewlett – Packard 公司的 ArcSight，IBM 公司的 QRadar 和 LogRhythm，Macfee 公司的 Enterprise Security Manager 和 Splunk Enterprise），它们在多个市场存在竞争，并提供了多种增值功能和专业化服务。

由于 SIEM 从设计开始就是用来支持实时监控和分析功能，当它在进行收集时会解析日志文件的内容，并对解析后的信息进行某种形式的结构化存储，如数据库或专门的二维文件存储系统。通过解析通用值，它们更适合用于分析，从而可以支持 SIEM 的实时化目标，如图 12.9 所示。解析出的数据可以用于进行分析，同时一种更加传统的日志管理框架对日志计算哈希值并出于合规性要求对其进行保存。由于原始日志文件可用于规则分析，日志文件和被解析的事件数据之间的逻辑连接也会保留在数据存储之中。

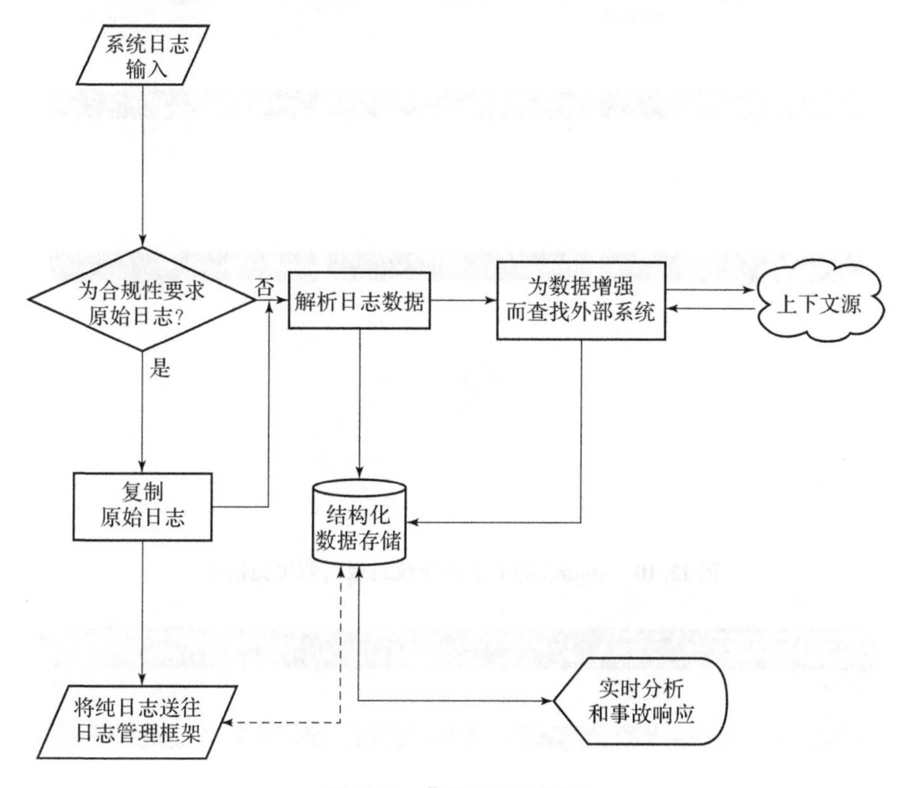

图 12.9　典型 SIEM 操作

SIEM 平台经常用于安全运营中心（Security Operations Center，SOC），从而为安全人员提供可用于探测和响应安全考虑的情报。通常情况下，SIEM 提供可视化的仪表面板，把大量不同的数据简化成一种对人可读的形式。图 12.10 说明了如何在 Splunk 中创建自定义仪表板来显示与 ICS 相关的安全事件。图 12.11 显示了如何扩展仪表板以提供更多与工业协议安全事件相关的应用层事件信息（如使用无效的功能代码）。

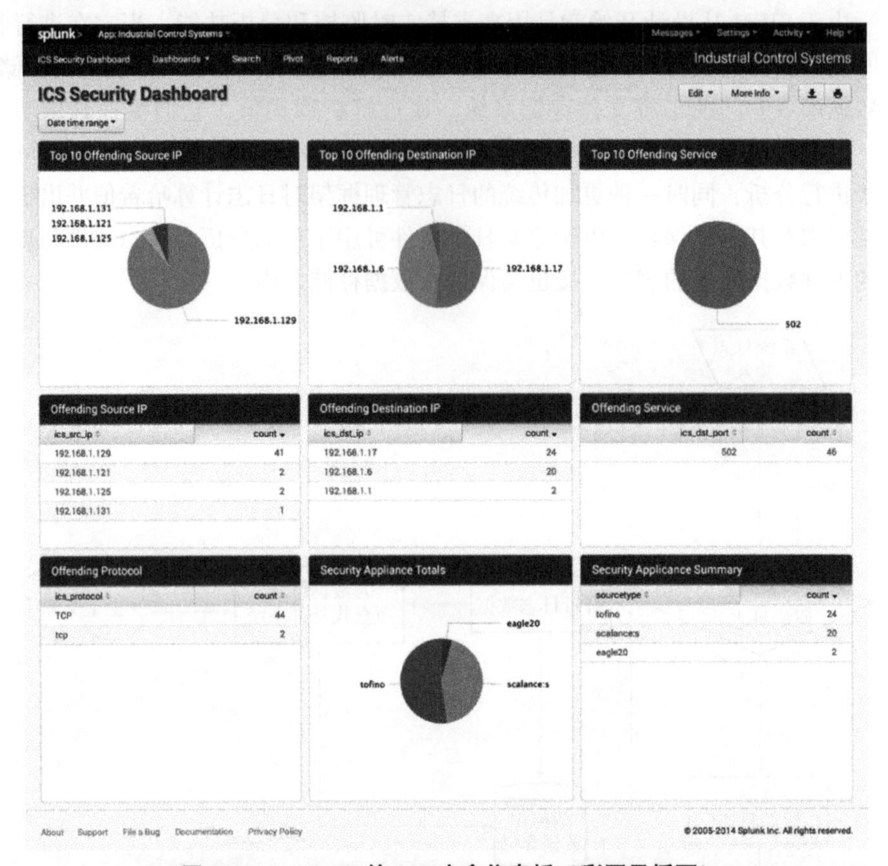

图 12.10　Splunk 的 ICS 安全仪表板（彩图见插页）

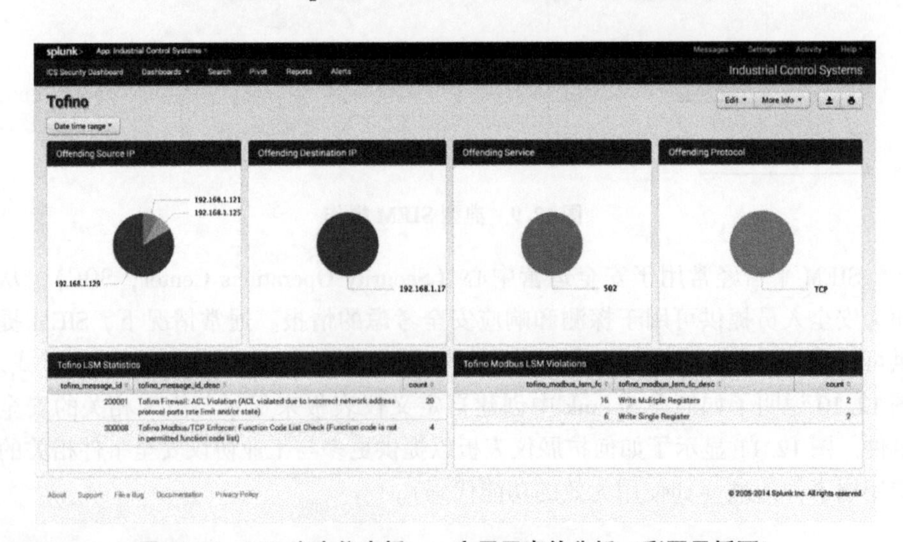

图 12.11　ICS 安全仪表板——应用层事件分析（彩图见插页）

注意：

日志管理和SIEM平台随着信息安全需求与调整合规性规则的紧密联系而融合在一起。许多传统的日志管理供应商现在也提供SIEM功能，而传统的SIEM厂商也提供日志管理功能。

4. 数据记录系统

数据记录系统并不是安全监控产品，不过它们确实能够实施监控活动（参见第4章“工业控制系统及其运行机制”），并在以下两个方面为安全监控解决方案提供有益的补充：

（1）提供控制系统资产的可见度，它们对于一般的网络监控工具是不可见的。

（2）提供过程的效率和可靠性数据，这在安全性分析中很有用。

大多数安全监控工具都是为企业网络的使用而设计的，通常仅限于基于IP网络的TCP和UDP，因此对于大部分使用串行连接或其他非路由协议的工业产品来说都是不可见的。不过，许多工业协议都可以在以太网IP上运行使用TCP和UDP传输，因此这些流程易受企业网络活动的影响。通过使用数据记录系统提供的运行数据，SIEM的安全分析功能也可以对其生效，于是使源自IT环境而目标是OT系统的威胁能够进入（如Stuxnet和Dragonfly），从而可以让安全分析人员更加容易对其进行检测和跟踪。此外，通过把IT网络指标暴露给运行流程，也能够检测到那些可能影响工业自动化系统性能和可靠性的活动，如增加的网络流量活动、提高延迟或其他可能影响工业网络协议正常运行的指标（参见第6章“工业网络协议”）。

12.2.5　跨安全边界的监控

如上述中提到的，有时需要通过定义通道监控跨越安全区域边界的系统。这需要能够将监控设备产生的事件和安全日志转移到中心管理控制台的区域边界安全策略。数据二极管是理想选择，因为它们驱动信息流单向传送，从而远离安全区域并且流向中心管理系统。如果使用防火墙，那么日志和事件所提供的所有“洞”都代表潜在的攻击向量；因此在配置中必须通过IP（第3层）、端口（第4层）以及优先的应用层内容（第7层），明确地限制从起始源到目的管理系统的通信，并且禁止返回的通信路径。理想情况下，这种通信是加密的，而信息传输可能本身就是敏感的。

12.3　信息管理

安全监控的下一步就是利用已收集到的相关安全信息。对这些信息的正确分析可以为检测事故提供必要的态势感知，这些事故可能影响工业网络的安全性和可靠性。

理想情况下，SIEM 或者日志管理将会自动地执行许多潜在的检测功能——包括标准化、数据增强和关联（参见第 11 章“异常与威胁检测”）——经过处理，为安全分析提供以下几种类型的信息：

（1）通过监控相关系统和服务获得原始日志和事件的详细信息，并标准化到一个通用的分类。

（2）由这些原始事件（可能包含相关外部全局威胁情报源）衍生出更大的“事件”或更复杂的安全威胁。

（3）与已观察到的内容（原始事件）和衍生的内容（关联事件）相关的必要背景。

通常情况下，SIEM 通过仪表面板或控制台对可用信息进行高层次展示，图 12.12 显示了开源安全信息管理平台（Open Source Security Information Management，OSSIM）的仪表面板。获得这些信息后，就可以进行自动和手动的信息交互。通过对信息的直接查询，可以成功地对明确的问题进行直接回答；并可以将结果制成报告，以满足特定的业务、策略或合规性目标；也可以主动或被动地向安全或运行人员提示事故；还可以用来进一步调查已经发生的事故。

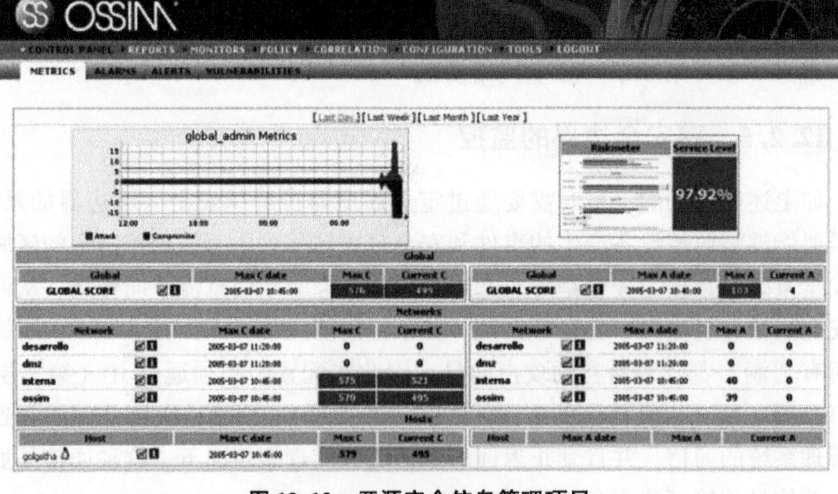

图 12.12　开源安全信息管理项目

12.3.1　查询

查询是指对一个集中数据存储信息的请求。有时这就是一个使用结构化查询语言（Structured Query Language，SQL）进行的真正数据库查询，或一个纯文本请求，从而使没有数据库管理技能的用户能够轻松访问信息（虽然这些请求在内部使用 SQL 查询，但是对用户是透明的）。常见的初始查询的例子包括以下内容：

（1）最热门的 10 个会话（总的网络带宽使用）。

（2）热门会话（独特的连接或流动）。

（3）热门事件（频率）。

（4）热门事件（严重性）。

（5）时效性热门事件。

（6）使用的热门应用程序。

（7）开放的端口。

这些请求可以是针对部分或所有数据存储中的可用数据（参见 12.4.3 节“数据可用性”）。通过提供附加条件或者筛选器，可以实现集中查询，这些查询可以提供与具体情况更为相关的结果。例如：

（1）在非业务时段内的前 10 个会话。

（2）使用特定的工业网络协议的热门会话。

（3）通用类型的所有事件（如用户账户更改）。

（4）目标是特定资产的所有事件（如特定区域内的关键资产）。

（5）特定资产使用的所有端口和服务。

（6）在多个区域中使用的热门应用程序。

查询结果可以以多种方式返回：某种大小的文本文件，图形用户界面或仪表面板，预先定制模板的执行报告，甚至通过文本或电子邮件传递警报等。图 12.13 显示以特定的事件类型所筛选的用户活动，在这个例子中，管理账户根据 NERC 合规性要求更改其行为。

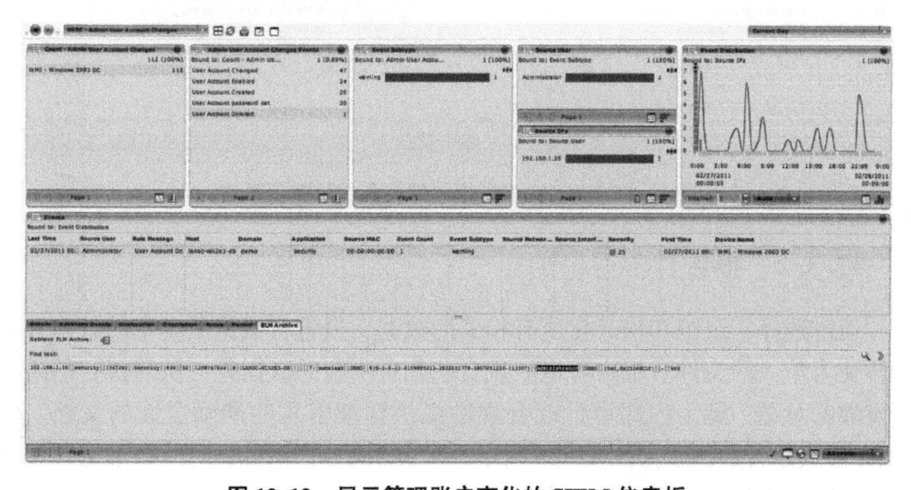

图 12.13　显示管理账户变化的 SIEM 仪表板

SIEM 最典型的功能是通过关联事件找到更大的事故（参见第 11 章“异常与威胁检测”），包括定义相关规则并通过仪表面板展示结果。图 12.14 展示了一个支持逻辑条件的图形化事件关联编辑器（如“if A and B，then C”），图 12.15 展示了一个事故查询的结果：选定的事故（HTTP 命令和控制垃圾邮件机器人）由 4 个离散事件生成。

图 12.14　创建相关事件规则的图形界面

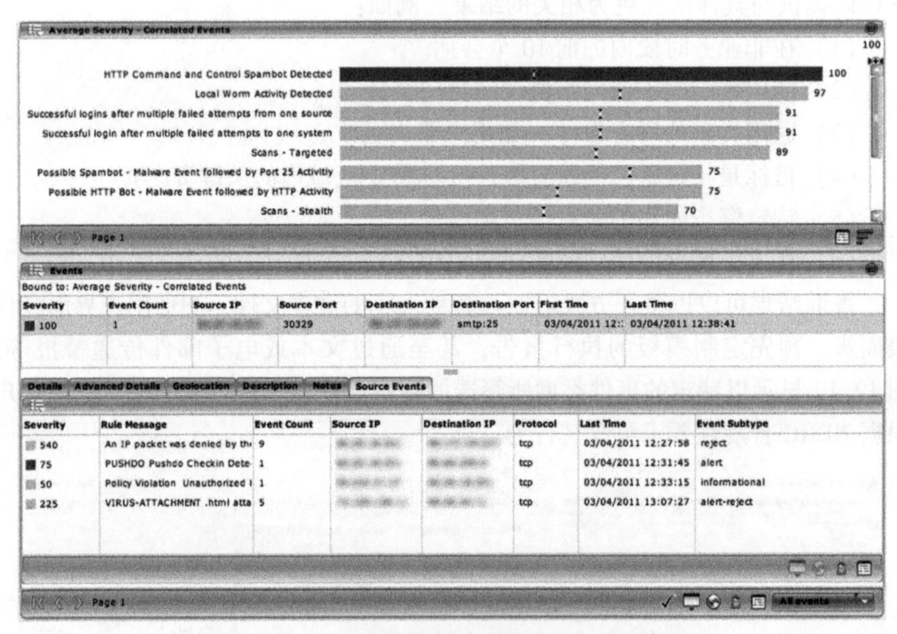

图 12.15　SIEM 仪表板的相关事件及其源事件

12.3.2　报告

通过选择、组织和格式化所有相关的数据，报告将数据从丰富的日志和事件转变为单一的文件。报告可以展现目前几乎所有的数据集：从对执行的高级别事故的总结，到为内部审计或合规性提供详细信息的准确全面的文档。由 SIEM 生成报告的例子如图 12.16 所示，它提供了关于 OSIsoft PI 数据记录系统认证失败和点的变化活动的一个概览。

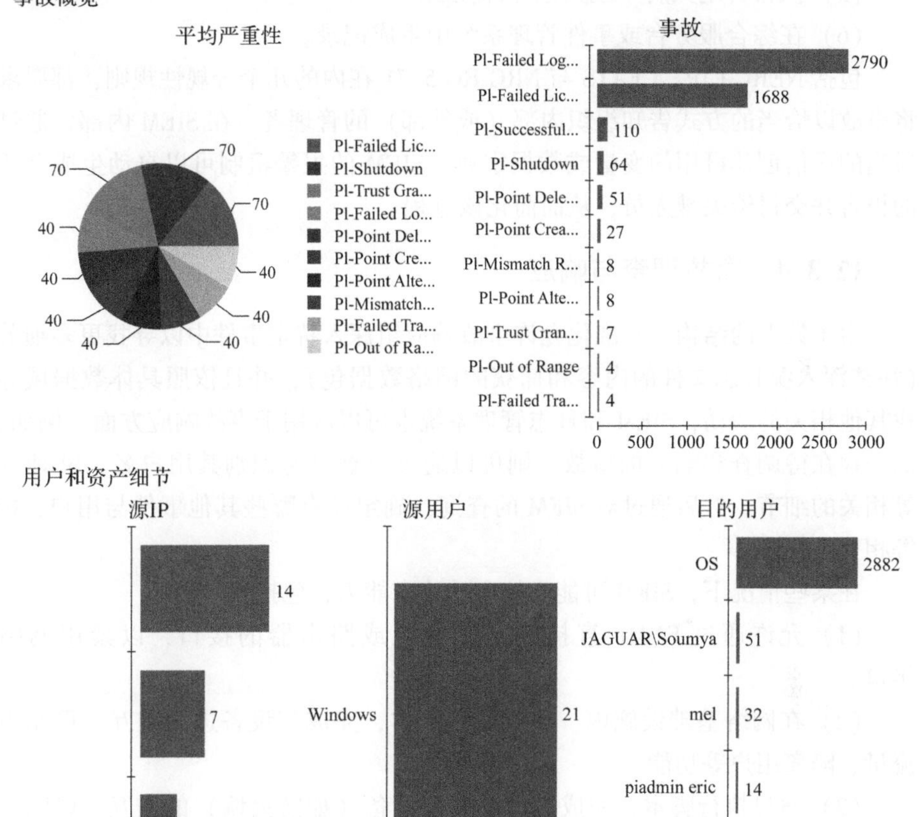

图 12.16 显示工业活动的 SIEM 报告（彩图见插页）

12.3.3 警报

警报是 SIEM 中对观察到的条件所做出的积极响应。警报可以通过控制台或仪表面板实现可视化的通知，也可以直接与安全管理员通信（使用电子邮件、网页、文本信息等），甚至执行自定义脚本。商业化 SIEM 常用的警报机制包括以下内容：

（1）可视化指示器（如红、橙、黄、绿）。

（2）直接提醒用户或用户组。

（3）详细报告的生成、传递并交付给用户或用户组。

（4）用于审计控制的警报活动内部日志。

（5）执行自定义脚本或其他外部控制。

（6）在综合服务台或事件管理系统中生成记录。

包括 NERC CIP、CFATS 与 NRC RG 5.71 在内的几个合规性规则，都要求将事故以恰当的方式告知组织内部（或外部）的管理者。在 SIEM 内部，通过适当的通信创建可用的变量或数据字典，SIEM 的报警机制可以自动生成合适的报告并交付给关键人员，从而简化该过程。

12.3.4 事故调查与响应

由于数据的结构和标准化允许事故响应组深入特定事件中以寻找更多细节(往往深入源日志文件的内容和捕获的网络数据包)，并且依照具体数据域寻找其他相关的活动，SIEM 和日志管理系统也可以应用于事故响应方面。例如，如果存在待调查和响应的事故，则可以通过检查迅速识别其用户名、IP 地址等相关的细节。然后通过对 SIEM 的查询，确定还有哪些其他事件与用户、IP 等相互关联。

在某些情况下，SIEM 可能支持主动响应能力，包括：

（1）允许通过 SNMP 直接控制交换机或路由器的接口，以禁用网络接口。

（2）在网络基础设施内，通过执行脚本，完成与设备进行交互、再路由流量、隔离用户等功能。

（3）通过执行脚本，完成与边界安全设备（如防火墙）的交互，以阻止被鉴定为恶意的后续流量。

（4）通过执行脚本，完成与目录或 IAM 系统的交互，改变或禁用用户账户中观察到的恶意行为。

可以手动或自动支持这些响应，或同时支持两者。

注意：

虽然自动响应功能可以提高效率，但是它们应该限制于非关键区域和（或）区域边界，并且所有的自动响应在实施之前都应该慎重考虑和测试。误报可能会引发此类响应，并且导致工业运行的失败，从而引发潜在的严重后果。

12.4　日志存储和保留

安全监控、日志的收集和增强，将产生大量以日志文件形式存在的数据，这些数据必须存储下来，以便满足审计与合规性的要求（在使用直接监控代替日志收集的情况下，监控设备仍然会产生日志，这些日志必须保留下来）。从而带来了一些挑战，包括如何确保存储文件的完整性（合规性的共同要求），如何且在哪里存储这些文件，以及如何为分析这些文件进行准备。

12.4.1　抗否认性

抗否认性指的是确保日志文件不被篡改，从而使原始日志文件可以毋庸置疑地作为证据在法律范畴内使用。抗否认性可以通过多种途径实现，包括收集校验后的数字签名日志文件，使用受保护的存储介质，或使用第三方的文件完整性监控（FIM）系统。

通常在日志文件的收集阶段对其使用哈希算法进行数字签名。计算结果可以验证文件，以确保它们没有被篡改：如果该文件以任何方式被修改了，会计算一个不同的哈希值，从而使日志文件的完整性检查失败；如果验证能够匹配，那么日志就认为没有篡改过。

使用适当的存储设施同样可以确保抗否认性。例如，驱动器的写功能可以阻止额外的保存，因此通过一次写入多次读取（Write Once Read Many，WORM）的驱动器，原始日志可以访问但是不可以修改。许多受管理的存储区域网络（SAN）系统还提供了不同级别的认证、加密以及其他安全防护。

在 12.1.2 节“资产”中讨论过，FIM 可以作为整体的安全监控设施的一部分进行使用。FIM 监视日志存储设施的任何变化或调整，为其提供了额外的完整性验证措施。

12.4.2　数据保留和存储

上述的安全监控工具都要求进行安全信息的收集和储存。一个中小型企业收集的信息约为 20000EPS，于是信息量通常在 8h 内就会轻而易举地超过 170GB[15]。值得强调的是工业网络内部产生的事件只是这个数量的一小部分，当适当地被调整时将呈现易于控制的信息存储量。

数据保留是指长期存储的信息量，以容量（以字节为单位收集的日志的大小）和时间（几个月或几年的日志存储）来度量。日志保留时间是由合规性规则所定义的，因此日志保留时间长短非常重要，如 NERC CIP 要求保留日志的时间从90天至3年，而时间长短取决于日志的性质[16]。通过确定合规性需要哪些日志以及这些日志必须保留的时间，就可以计算所需要的总的物理存储空间。应考虑下面的因素：

（1）识别入站日志的数量。

（2）确定日志文件的平均大小。

（3）确定日志所需要的保留时间。

（4）确定正在使用的日志管理或SIEM平台所支持的文件压缩比。

表12.3说明了在7年的保留期中，日志收集率与总日志存储要求的映射情况，结果是存储要求从几个TB上升到数百TB甚至是PB级。

表12.3　与时间相关的日志存储要求

每秒日志量	每天日志量/10亿	每年日志量/10亿	每个事件的平均字节	按年的保留时期	原始日志大小/TB	压缩字节比/TB 5：1	压缩字节比/TB 10：1
100000	8.64	3154	508	7	10199	2040	1020
50000	4.32	1577	508	7	5100	1020	510
25000	2.16	788	508	7	2550	510	255
10000	0.86	315	508	7	1020	204	102
5000	0.43	158	508	7	510	102	51
1000	0.09	32	508	7	102	21	11
500	0.04	16	508	7	51	11	6

根据组织的性质，可能存在为多个标准或规则保留审计跟踪的需求，这些需求常常对数据保留有不同的强制要求。例如，在NERC CIP中，还需要根据日志的性质以及是否发生事故来确定保留要求的变化。所有这些都会带来更大的、长期的存储需求。

提示：

因为事件的发生率可能有所不同（尤其是在安全事故期间），所以应确保有足够的可存储空间来容纳事件活动高峰时的信息。

12.4.3　数据可用性

数据可用性不同于数据保留，是指可供分析访问的数据。总数据的可用性决定了目前在容量（字节和事件的总数）或时间层面有多少信息可以分析

（也称为“活着”或“在线”的数据）。数据保留会对 SIEM 检测“低而慢”的攻击能力产生影响（蓄意在较长时间段内发生以规避检测），同时也影响执行趋势分析和异常检测的能力（通过定义一系列数据；参见第 11 章“异常与威胁检测”）。

提示：

为了满足合规性标准，可能需要生成过去三年区域内所有来源于外部网络流量的列表。为了成功查询，三年的网络流量数据需要即时地为 SIEM 所用。如果对 SIEM 的数据可用性不足（如可能只能保留一年的活动数据），应采用以下解决方案：通过存档旧数据集，将信息保存在与 SIEM 的数据可用性匹配的存储空间中；先通过查询活动数据集，得到部分结果；然后恢复以前的备份或归档，就可以运行另外两个查询，从而产生每一年的部分结果集。这些结果可以进行组合以获得所需的三年报告。应注意，这种查询需要分析人员的额外努力。此外，在一些传统的 SIEM 上，归档和检索过程可能会干扰或中断新日志的收集直到过程完成为止。

不像数据保留那样会受到可用的数据存储容量的限制（硬盘驱动器的空间），数据的可用性取决于 SIEM 用于分析的结构化数据。根据数据存储的性质，系统所有数据的可用性可能会限制在几天、几个月或几年。通常情况下，数据库存在以下限制。

（1）总列数（索引或字段）。

（2）总行数（谨慎的记录或事件）。

（3）新的信息插入率（即收集率）。

（4）查询结果的请求率（即检索率）。

根据信息安全监控后面的业务和安全驱动器，有必要把监管和分析划分或分发到区域之中，以满足其性能要求。一些决定何时进行数据可用性计算的因素如下：

（1）合规性标准所要求的数据分析时间总长度。

（2）基于事件评估的时段内收集数据的估计量。

（3）组织的事故响应要求：某些政府或其他关键设施可能需要数据的快速检索来完成快速反应。

（4）供分析的信息被保存的粒度（即有很多或较少的指标）。

12.5　本章小结

随着区域安全措施的部署，与安全相关的活动蓝图也开始形成。通过度量这些活动并对其进行分析，就可以检测出违背安全策略的异常。此外，异常活动也可以识别出来以便于进一步的调查。

这就需要明确定义的策略，也需要通过适当的信息分析工具配置这些策略。正如区域的边界防御一样，谨慎创建的变量定义了允许的资产、用户、应用程序和可用于检测安全风险与威胁的行为。如果通过观测网络内的活动，可以动态地确定这些名单，那么已知有益策略的“白名单”就成了“智能列表”，它可以通过动态地创建防火墙配置或IPS规则，以便加强边界防御。

各种威胁检测技术的共同使用，使得借助事件相关性系统可以进一步分析该事件的信息，以便找到更大规模的、能够更好地指示严重威胁和事故的模式。由于Stuxnet蠕虫和尝试通过附在IT网络和服务上去破坏工业网络系统的其他复杂的安全威胁接踵而至，广泛应用于IT网络安全的事件关联，开始“跨越鸿沟”进入了OT网络。

度量指标、基准分析、白名单都依赖于丰富的相关安全信息。这些安全信息来自哪里？网络、资产、主机、应用、协议、用户和一切被记录或监视的事情都有助于建立实现“态势感知”和有效保护工业网络所需的数据基础。

参考文献

[1] J. M. Butler. Benchmarking Security Information Event Management (SIEM). The SANS Institute Analytics Program, February, 2009.

[2] 同[1].

[3] 同[1].

[4] 同[1].

[5] Microsoft. Windows Management Instrumentation. < http://msdn.microsoft.com/en-us/library/aa394582(v=VS.85).aspx >, January 6, 2011 (cited: March 3, 2011).

[6] 同[5].

[7] National Institute of Standards and Technology, Special Publication 800-53 Revision 3. Recommended Security Controls for Federal Information Systems and Organizations, August, 2009.

[8] 同[7].

[9] Flow.org. Traffic Monitoring using sFlow. < http://www.sflow.org/sFlowOverview.pdf >, 2003 (cited: March 3, 2011).

[10] B. Singer, Kenexis Security Corporation, in: D. Peterson (Ed.), Proceedings of the SCADA Security Scientific Symposium, 2: Correlating Risk Events and Process Trends to Improve Reliability, Digital Bond Press, 2010.

[11] Securonix, Inc., Securonix Indentity Matcher: Overview. < http://www.securonix.com/identity.htm >, 2003 (cited: March 3, 2011).

[12] A. Chuvakin, Content Aware SIEM. < http://www.sans.org/security-resources/idfaq/vlan.php > February, 2000 (cited: January 19, 2011).

[13] K. M. Kavanagh, M. Nicolett, O. Rochford, "Magic quadrant for security information and event management," Gartner Document ID Number: G00261641, June 25, 2014.

[14] 同[13].

[15] J. M. Butler, Benchmarking Security Information Event Management (SIEM). The SANS Institute Analytics Program, February, 2009.

[16] North American Electric Reliability Corporation. NERC CIP Reliability Standards, version 4. < http://www.nerc.com/page.php? cid = 2|20 > February 3, 2011 (cited: March 3, 2011).

第 13 章　标准规约

政府部门与工业界已推行了许多网络安全标准，这些标准涵盖范围很广，从“最佳实践”的建议到强制执行的严厉处罚措施。这些标准大多数是通常的信息安全文档；不过，聚集工业控制系统，与工业相关的文档数量正在不断增加。在美国，常用的标准有北美电力可靠性公司（NERC）的关键基础设施保护（CIP）可靠性标准、美国国土安全部的化工设施反恐怖标准（CFATS）、核监管委员会（NRC）的核设施安全规约，以及由 NIST 发布在 800－82 特刊上的通用工业控制系统安全建议。在欧洲，包括 EU M/490 和 SGCG 在内的标准与指南，为现代电力提供指导，并为欧盟网络与信息安全机构（ENISA）提供许多出版物。包括 ISO/IEC 27000 系列标准在内的全球标准，其中的 ISO－27002：2013“信息安全控制代码实践”被广泛采用。

可以这样说，与工业安全最相关的标准是 ISA 62443（前身是 ISA 99），它是国际自动化协会（International Society of Automation，ISA）的产品。ISA 62443 关注工业自动化与控制系统安全，并且适合使用这些系统的任何组织或工业部门。ISA 62443 也公开支持国际标准 IEC 62443，并且经过修订与重组后可以为国际标准化组织（International Organization for Standardization，ISO）所接受，即 ISO 62443。

无论你工作中使用的是哪种标准，重要的是要记住，标准是为大多数且有时是不同的用户而设计的，因此在工业架构中使用这些标准时应该更加小心谨慎。在经过这些标准的目标用户审查可以作为一般用途之后，这些指南为特定的网络安全控制提供建议或需求。不过，即使当目标用户是工业控制系统的供应商、集成商与终端用户时，这种情况与 ISA 62443 类似，一种标准也没有办法解决不同公司或设施中错综复杂和差别细微的处理过程。没有两个网络是相同的，从一个站点到另一站点之间的授权日期、系统更新/迁移、一般生命周期支持等问题，即使同一公司的相同处理过程也存在微妙差别。因此，每一种建议都应该仔细考虑工业网络环境自身的一些特质。

本章试图将通用标准中的特定控制参考映射至本书（参见表 13.1）所涉及的相关主题与讨论之中。请注意，在许多例子中，策略和步骤可能就是正确答案；不过，这些在本书任何细节中并没有涉及。你可能意识到，将之写进第13章后，本书大部分侧重于技术方面。这并不是向人们表明过程不如技术重要；只是说明除了此处讨论的内容，还有许多其他安全控制需要考虑。类似地说明，本书不打算关注于任一个标准的细节，是因为仅对这些规约中的某一种努力保持合规性，其挑战与复杂性就足以占满整本书篇幅。在专业术语和方法学方面的轻微变化，因此如果遵循多个标准将可能会是一场噩梦。不过，对某些要遵从特定标准的人而言通常是有用的，可以同时利用其他标准的正式和非正式文本，以便得到额外的见解，而这些是原始文档中所没有的。在不同标准与其特定需求进行映射时，标准之间的"人行横道"可能是有用的资产。

表13.1 规约和指南与网络安全控制之间的映射举例

需求示例	建议	参考章节
(1) 建立电子安全边界（NERC CIP）； (2) 建立系统边界（CFATS）； (3) 建立安全通道（ISA-62443）； (4) 网络分段（ISO/IEC 27002：2005）； (5) 敏感系统隔离（ISO/IEC 27002：2005）； (6) 网络安全控制（CFATS）； (7) 访问控制列表（CFATS）； (8) 网络连接控制（ISO/IEC 27002：2005）； (9) 网络路由控制（ISO/IEC 27002：2005）； (10) 信息流增强（NRC）； (11) 网络架构控制/社团网络与控制网络间的防火墙（NIST 800-82）； (12) 安全控制、入侵检测与防御（NIST 800-82）； (13) 网络访问控制（NRC）； (14) 信息流增强（NRC）	(1) 在第2层（VLAN）或第3层（子网）实现网络分段。如果由于工业控制系统需求原因，致使不支持网络分段，则可以在交换机处进行流量过滤，以便控制流量； (2) 增加网络安全，以控制各网络段间的流量，包括： ①NAC； ②ACL； ③防火墙； ④NGFW； ⑤IPS； ⑥应用层过滤； ⑦UTM	(1) 第5章"工业网络设计与架构"； (2) 第9章"建立安全区域与通道"； (3) 第10章"实现工业网络安全与访问控制"

续表

需求示例	建议	参考章节
（1）电子访问控制（NERC CIP）； （2）外部连接用户证明（ISO/IEC 27002：2005）； （3）口令需求（NRC）； （4）口令管理（CFATS）； （5）单一账户（CFATS）； （6）用户注册（ISO/IEC 27002：2005）； （7）访问增强（NRC）； （8）用户身份认证（NRC）	（1）访问所有保密网络区域及其包含的所有数据时要求认证； （2）对所有用户账户保持最低特权与职责分离； （3）对所有用户账户保持强口令管理； （4）监控所有用户活动，对不合适数据访问给予指示； （5）实现身份识别和访问管理（IAM）工具，以便管理用户账户，以及确保强认证与授权实践	（1）第 10 章“实现工业网络安全与访问控制”； （2）第 12 章“工业控制系统安全监控”
（1）监管电子访问（NERC CIP） （2）网络监管（CFATS）	通过监控网络流，以便验证网络分段的有效性，以及确保网络配置与实现安全控制达到预想的功能。其包括以下用途： （1）网络管理； （2）网络行为异常检测； （3）日志管理系统； （4）安全信息与事件管理系统	（1）第 11 章“异常与威胁检测”； （2）第 12 章“工业控制系统安全监控”
拒绝服务保护（NRC）	（1）确保在正确的位置正确分区，且保证工业系统不会暴露给互联网； （2）在外部边界（如在业务网络与互联网之间）实现防拒绝服务技术； （3）验证关键网络、安全与工业控制系统构件是鲁棒的（如在流量异常和洪泛时测试其弹性）	（1）第 10 章“实现工业网络安全与访问控制”； （2）第 8 章“风险与脆弱性评估”

续表

需求示例	建议	参考章节
远程诊断与配置端口保护（ISO/IEC 27002：2005）	保持受保护网络区域的所有外部连接与远程通信，并且控制进、出该区域的访问	（1）第 5 章“工业网络设计与架构”； （2）第 9 章“建立安全区域与通道”； （3）第 10 章“实现工业网络安全与访问控制”
（1）改变控制与配置管理（NERC CIP. NRC）； （2）改变管理（ISO/IEC 27002：2005）； （3）改变文件系统与操作系统许可（NRC）	（1）这也许是工业网络安全中最难的挑战，打补丁是维持强的安全态势的基础； （2）对于一个好的补丁管理，最重要的组成是知识：保持最新漏洞与威胁的通告，并且要保持补丁管理过程的灵活性，以便有足够能力应对打补丁需求； （3）自动化的解决方案可以减轻这种负担（如利用 WSUS 进行 Windows 系统与安全补丁管理）	（1）第 10 章“实现工业网络安全与访问控制”； （2）第 12 章“工业控制系统安全监控”
网络资产识别（CFATS）	（1）通过全过程的资产管理工具使用实现访问管理； （2）首选集成资产管理能力，实现类似 SIEM 的安全监控工具	（1）第 8 章“风险与脆弱性评估”； （2）第 11 章“异常与威胁检测”； （3）第 12 章“工业控制系统安全监控”

续表

需求示例	建议	参考章节
（1）恶意软件阻止（NERC CIP）； （2）网络安全控制（CFATS）； （3）反恶意代码控制（ISO/IEC 27002：2005）； （4）主机入侵检测系统（NRC）； （5）恶意代码检测（NIST 800－82）； （6）反病毒； （7）恶意软件防护	（1）应该同时使用基于主机与基于网络的安全控制，以便保护反恶意软件。由于恶意软件经常变化，建议采取多层防御，并且要好好管理所有反恶意软件，同时保持当前任何必要的补丁及其更新； （2）主机网络安全控制包括： ①节点安全加固，以便使恶意软件能够利用的设备漏洞最小化； ②利用反病毒、应用程序白名单和主机入侵检测系统，阻止恶意软件起作用。 （3）网络； （4）网络安全控制包括： ①将网络分段，以便当恶意软件运行时传播范围最小化； ②利用 IPS 实现网络流量检测（DPI），以便阻止网络中已知漏洞和恶意软件的传播	（1）第 5 章“工业网络设计与架构”； （2）第 9 章“建立安全区域与通道”； （3）第 10 章“实现工业网络安全与访问控制”
（1）事故报告（CFATS，NERC CIP）； （2）审计日志（ISO/IEC 27002：2005）； （3）报告信息安全事件（ISO/IEC 27002：2005）； （4）证据收集（ISO/IEC 27002：2005）； （5）记录保留与处理（NRC）	当事故报告主要是一个程序时，好的日志管理或 SIEM 解决方案有助于事故周围的证据与活动审计，并且以严格的、不可复制的方式将这些记录（在该案例中是事件日志）存储起来	第 12 章“工业控制系统安全监控”

续表

需求示例	建议	参考章节
(1) 监管电子访问（NERC CIP）； (2) 安全状态监管（NERC CIP）； (3) 网络监管（CFATS）； (4) 监管系统使用（ISO/IEC 27002：2005）； (5) 安全警报与建议（NRC）； (6) 持续监管与评估（NRC）	好的日志管理或 SIEM 解决方案除了收集安全事件，还收集来自网络中的数据，提供持续监管解决方案以便支持不同标准的需要。大多数解决方案也包含专门标准报告模板，以进一步减轻合规方面的压力	第12章“工业控制系统安全监控”

还有一些标准规约完全不适用于工业网络，但是可供工业网络操作员使用，以帮助强化安全（参见第9章“建立安全区域与通道”）和监管（参见第12章“工业控制系统安全监控”）网络上的产品。这些标准包括国际通用标准和多种联邦信息处理标准（Federal Information Processing Standard，FIPS），其中包括 FIPS 140－2 加密模块的安全要求。

13.1 通用标准规约

如第2章“工业网络概述”所述，工业网络对一些国家与国际规范标准组织来说是至关重要的。在美国和加拿大，NERC 因 NERC CIP 的可靠性标准而广为人知，它在很大程度上规范了北美主干电力系统的安全性。NERC 在联邦能源监管委员会（FERC）的保护下独立运作，FERC 用来规范洲际间的天然气、石油与电力传输，同时也为液化天然气终端、洲际间天然气管道的建造提供建议，并为水电站工程颁发执照。美国能源部（DoE）和国土安全部（DHS）也发布了一些安全建议与要求，包括化工设施反恐怖标准（CFATS）、联邦信息安全管理条例（FISMA）和国土安全第7号总统令，这些都参考了美国国家标准与技术研究院（NIST）发布的一些特刊，尤其是 SP 800－53“针对联邦信息系统与组织的安全控制建议”与 SP 800－82“工业控制系统（ICS）安全指南”。国际标准协会针对工业自动化控制系统安全的标准（ISA 62443），提供了应用于工业控制网络的安全建议。针对网络安全，ISO 也发布了 ISO－27033 标准，并且为制造系统专门工业标准提供了建议。

13.1.1 NERC CIP

只要讨论关键基础设施安全，就不能不提及北美电力可靠性公司的关键基础设施保护可靠性标准（NERC CIP）。NERC CIP 标准虽然只是在北美主干电力系统上强制实施，但是该标准不仅在技术上很可靠、符合其他标准，而且在提高电力行业安全与可靠性方面也发挥着重要作用[1]。另外，由于电力设备的关键基础设施——特别是采用了分布式控制系统的发电厂、变电站和控制设施等——使用通用工业网络资产和协议，从而使得标准与更多的工业网络运营商关联起来。

13.1.2 CFATS

面向化工设施反恐怖标准（CFATS）的基于风险的性能标准（Risk－Based Performance Standard，RBPS），概述了确保化工设施网络系统安全的多项控制。特别是 RBPS 规程 8（“网络”），概述了针对以下项目的控制：①安全策略；②访问控制；③人员安全；④意识与培训；⑤监控与事故响应；⑥灾难恢复与业务连续性；⑦系统开发与获取；⑧配置管理；⑨审计。

网络规程 8.2.1 还特别要求系统边界是可识别的，并通过使用支持区域安全模型的边界控制来确保系统安全。规程 8.2 包括边界防御、访问控制（包括密码管理）、限制外部连接以及“最低优先级”访问规则[2]。

规程 8.3（人员安全）要求建立特殊人员的访问控制，主要是为了职责分离。通过唯一用户账号、访问控制列表和其他方法强化访问控制[3]。

规程 8.5 涵盖了针对监管资产安全（主要是补丁管理与反恶意软件）、网络活动、日志收集与警报以及事故响应的安全措施。而规程 8.8 则涵盖了持续评估的架构、资产和配置，以确保安全控制保持合规性[4]。

需要特别注意的是：RBPS 6.10（针对存在潜在危险的化工品的网络安全），RBPS 7（破坏），RBPS 14（特殊威胁、漏洞和风险）以及 RBPS 15（报告）——这些都包含有 RBPS 8 网络安全建议中所没有的网络安全控制。RBPS 6.10 指出，作为被攻击目标的订货与送货系统应该根据 RBPS 8 进行防护[5]。RBPS 7 指出，网络系统是破坏活动的目标，正因为如此，控制措施应该针对破坏行为实施“制止、检测、迟滞以及响应”[6]。RBPS 14 要求对于特定的威胁、漏洞以及风险的处理方法到位，并且推出一个强有力的脆弱性评估计划[7]，而 RBPS 15 则要求当事故发生时应及时通告[8]。

13.1.3　ISO/IEC 27002

ISO/IEC 27002：2013 是由国际标准组织（ISO）、国际电工委员会（IEC）和美国国家标准学会（American National Standards Institute，ANSI）共同发布的国际标准，它是 ISO/IEC 27000 系列标准的一部分。图 13.1 说明了 ISO 27000 系列标准所属的组织，ISO 27002 先前是作为 ISO 17799 发布的，后来才改名，它概述了根据 ISO 27001 指南梗概而实现的几百种潜在安全控制。尽管 ISO/IEC 27002 针对工业网络的特定保护提供的指导较少，但是它能够直接对应到许多其他国家的安全标准，如澳大利亚、新西兰、巴西、智利、捷克共和国、丹麦、爱沙尼亚、日本、立陶宛、挪威、波兰、秘鲁、南非、西班牙、瑞典、土耳其、英国、乌拉圭、俄罗斯以及中国，因此这是一个非常有用的标准[9]。

除了纯粹的技术安全控制，与 NERC CIP 和 CFATS 一样，ISO/IEC 27002 侧重于风险评估与安全策略。2013 年修订版包含 114 项安全控制，讨论涉及资产管理与配置管理控制、网络通信分离与安全控制、关于访问控制的特定主机安全控制及反恶意软件保护。其中，与安全事故管理相关的控制尤其重要，在本书谈及的第一个标准中，特别指出通过异常检测预测出可能对安全造成的破坏。特别是 ISO/IEC 提及的“失效或者其他异常系统行为可以反映出安全攻击或者事实上的安全破坏”[11]。

2013 年，ISO/IEC 公布了能源部分的专门技术报告 TR27019：2013。该文档扩展了 NERC CIP 的需求，包括电力分配及煤气和供热的存储与分配。报告包含 42 节专门增加的部分和 ISO/IEC 27002 当前内容之外的一些建议，其中包括针对工业系统的（潜在不安全）遗留系统、数据通信、恶意软件防护与补丁管理进行的安全控制。

13.1.4　NRC 规约 5.71

2010 年出版的 NRC 规约 5.71（RG 5.71），提供了与美国联邦法规（Code of Federal Regulation，CFR）73.54 中第 10 条相一致的安全建议。它由网络安全通用要求组成，包括计划、建立和实施网络安全项目的特殊要求。RG 5.71 特别地使用了五区域网络隔离模型，其中区域 0 与区域 1（5 个区域中最为重要的区域）要求单向通信。单向通信网关，如数据二极管，在防止信息回传的同时允许与外部进行通信，它为安全区域与外部监控系统之间的信息传输提供了一个非常理想的安全方式。

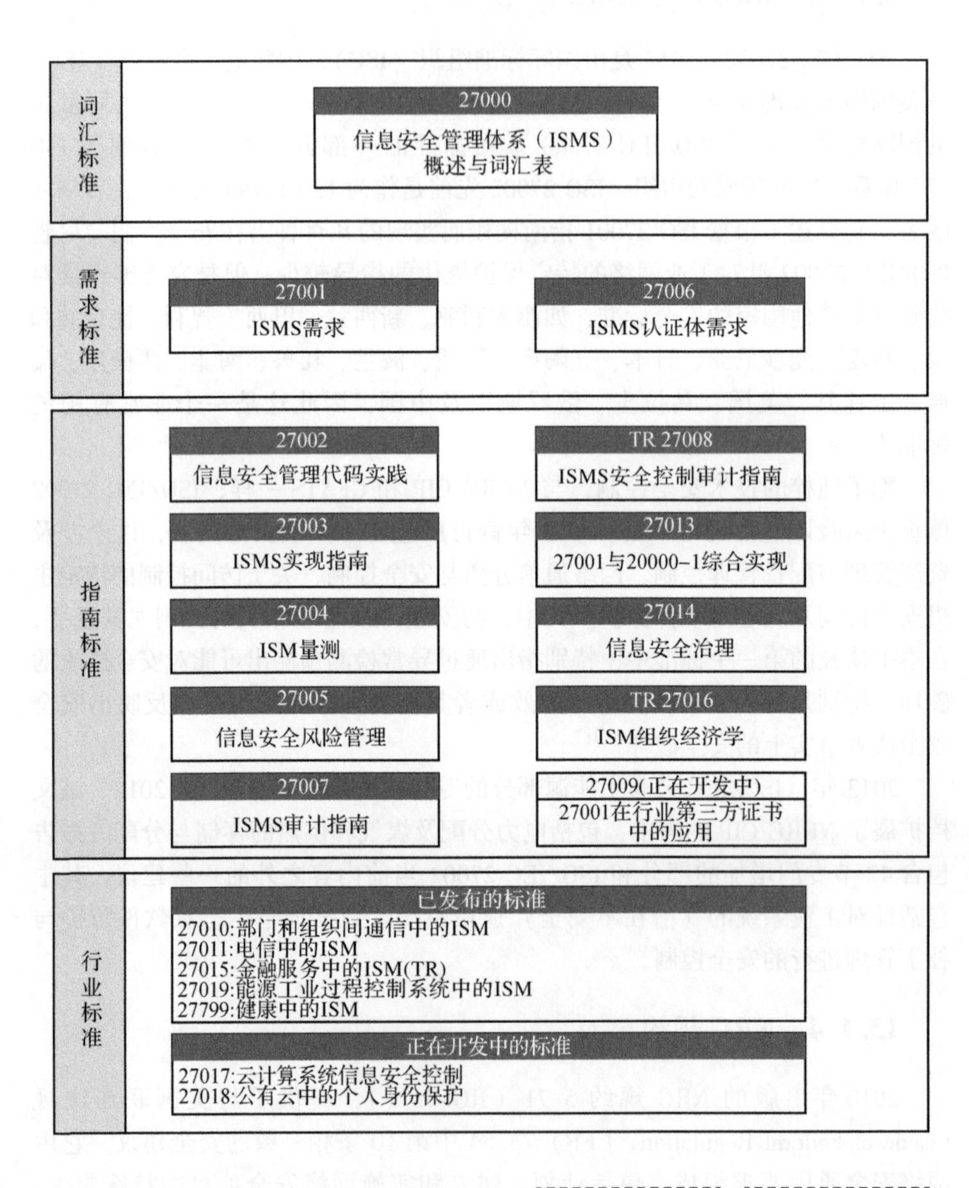

图 13.1　ISO 27000 组织结构[10]

RG 5.71 中的许多建议在本质上是通用的，同时也包含了3个附加条款，并为每个附加条款都提供了已定义好的安全计划模板（附录A）、技术安全控制（附录B）与管理控制[12]。

13.1.5 NIST SP 800-82

美国国家标准与技术研究院（NIST）于2013年5月发布了“工业控制系统（ICS）安全指南”的最新修订版本，用来改进控制系统的安全性，它包括针对安全、管理、操作以及技术控制方面的建议。版本2目前处于草案形式（公示期于2014年7月18日结束），主要还是一个建议，而不是支持合规性与强制实施的严格规约。不过，它所阐述的控制很好理解，并且与NIST的附加建议很好地对应，如SP 800-53（“联邦信息系统与组织的安全控制建议”）和SP 800-92（“计算机安全日志管理指南”）中所提出的[13]。

13.2 ISA/IEC-62443

实际上，ISA 62443是一系列标准，分为4组，解决安全工业自动化与控制系统（Industrial Automation and Control System，IACS）实现所急需的较宽范围的一些主题。该标准起源于标准与实践委员会（SP99）开发的ISA 99，目前编排为IEC 62443。编写该标准之时，在ISA 62443框架下产出的几个文档已经出版，并被IEC所采纳，而其他文档仍停留在起始时的不同阶段。由于时机原因，尽管在本书最终出版时我们尽力编排，但是不能保证可以提供参考，不过，可以直接访问ISA.org网站来参考一些文档。通过每个标准的文档编号可以识别出标准（62443）、组编号和文档编号（如ISA 62443-1的文档编号为“1”，属于ISA 62443标准的组“1”）。图13.2列举了ISA 62443系列标准的组织结构。

13.2.1 ISA 62443组1：“普遍性”

ISA 62443组1（ISA 62443-1-x）关注术语标准化与参考一致性、规则及模型，目标是建立基本原则的基线，其他组可以参考之。此时，ISA积极开发了4个文档，包括一个主要的词汇表（62443-1-2）和一个工业自动化与控制系统安全生命周期的定义（62443-1-4）。其中，特别有意义的是62443-1-3，它定义了一致性规则，这对于工业自动化与控制系统安全实践的合规性符合方面特别有价值。这些规则对于网络安全信息分析平台、异常报告及其他有用的安全监管工具也特别有价值（参见第12章“工业控制系统安全监控”）。

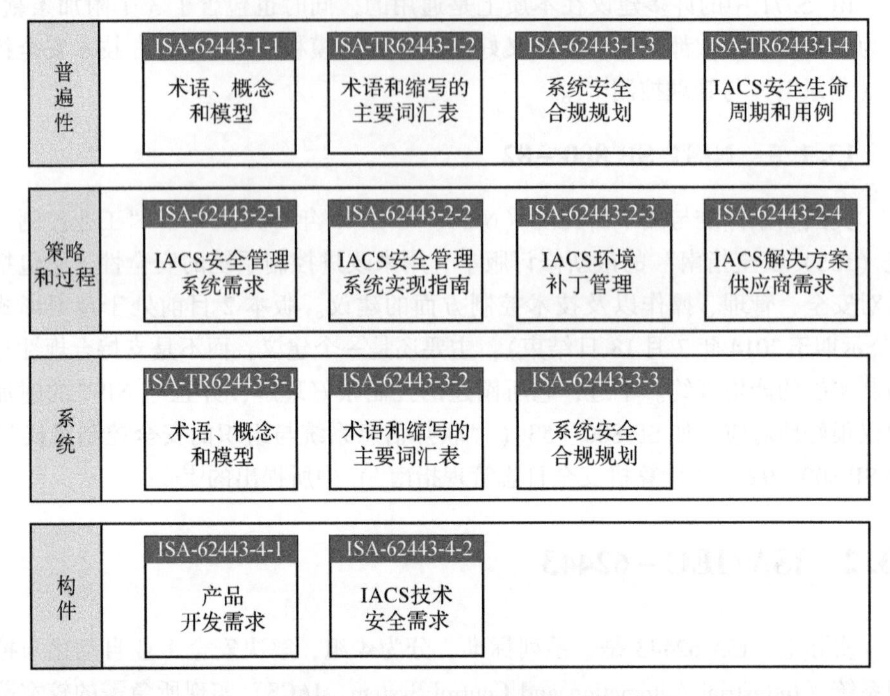

图 13.2　ISA 62443 组织结构[14]

13.2.2　ISA 62443 组 2：“策略和过程”

ISA 62443 组 2（ISA 62443 -2 -x）关注创建有效工业自动化与控制系统安全计划所必需的政策与过程。组 2 包括 62443 -2 -1，是该标准系列中首个出版的标准之一，详述了工业自动化与控制系统安全管理系统的需求必要性。62443 -2 -3 解决了工业架构中的补丁管理问题（参见第 8 章“风险与脆弱性评估”）。62443 -2 -4 改编自欧洲处理自动化用户协会（Process Automation User's Association，WIB）最初开发的指南文档“供应商之过程控制域安全需求”，为工业自动化与控制系统供应商认证提供需求。

13.2.3　ISA 62443 组 3：“系统”

ISA 62443 组 3（ISA 62443 -3 -x）关注网络安全技术，包含的文档覆盖可用的技术、评估与设计方法，以及安全需求和确保级别。在 62443 -3 中可以找到关于网络区域与通道的相关信息和指南（62443 -1 -1 中定义的参考模型除外），以及 ISA 关于风险评估的方法（这些主题在第 8 章“风险与脆弱性评估”、第 9 章“建立安全区域与通道”和第 10 章“实现工业网络安全与访问控制”中也会涉及)。62443 -3 -3 表示应用于工业自动化与控制系统的安全控制目录，与 ISO 27002“信息安全管理安全技术代码实践”和 NIST 800 -53“联邦信息系统与组织安全与隐私控制”中的方式非常类似。该文档分为 7 个基础需求，每个基础需求含有多个系统需求。然后，每个系统需求包含零个或多个强化需求（Enhancement Requirement，ER），安全需求的等级由表 13.2 中所描述的安全等级决定。

表 13.2 ISA 62443 安全等级[15]

安全等级	描述
1	阻止通过窃听或故意暴露的方式发现未授权信息
2	阻止使用只需少量资源、一般技巧与较低诱因的简单方法主动搜索，从而发现未授权信息
3	阻止使用需要适量资源、工业自动化与控制系统专业技能与适度诱因的高级方法主动搜索，从而发现未授权信息
4	阻止使用需要扩展资源、工业自动化与控制系统专业技能与较高诱因的高级方法主动搜索，从而发现未授权信息

13.2.4 ISA 62443 组 4：“构件”

ISA 62443 组 4（ISA 62443 -4 -x）关注构件安全开发，包含关于建立工业自动化与控制系统构件安全开发生命周期（Secure Development Lifecycle，SDLC）的详细需求，包括构件设计、计划、代码开发和审查、脆弱性评估及构件级别测试等指南。62443 -4 支持构件“鲁棒性”测试与验证，以便确保构件在工业自动化与控制系统中使用时，不会因过分脆弱而导致普通网络偏差、异常与过量。62443 -4 与 ISA 安全合规协会（ISA Security Compliance Insitute，ISCI）的 ISA 安全程序保持一致，ISA 安全程序提供了与 62443 -4 所定义标准相一致的三种不同级别的安全证书。它包括工业控制系统（安全开发生命周期确保）、嵌入式设备（嵌入式设备安全确保）与系统（系统安全确保）供应商产品开发。设备证书包含使用诸如 Wurldtech（一家通用电气公司）Achilles 测试平台、Codenomicon 的防御 X 测试平台和 FFRI 的 Raven 工业控制系统测试平台之类的 ISCI 验证测试工具进行广泛的鲁棒性测试。测试结果及由62443－4定义的证书，建立了与第9章“建立安全区域与通道”中所描述的特殊“能力”安全等级，需要工业控制系统构件能力与在自动化项目生命周期早期建立的设计“目标”保持一致。

13.3　建立工业网络安全到合规的映射

再者，全球发布了许多安全规约、指南与建议。大多数都适用于工业网络；其中有些是要求强制实施的，有些则不是；有些是区域性的；有些适用于所有工业网络，还有一些（如NERC CIP）则只适用于特定的工业领域。大多数标准规约都侧重于通用安全方法（包括物理安全、安全策略发展与计划以及培训等），尽管如此，它们每一个对网络安全都有特定的控制与方法。

提示：

许多强制性的合规性规约（如NERC CIP）都提出，当一个要求不可能满足时需要使用“补偿控制”。当使用附加的合规性标准作为指导时，可能会发现备用的“补偿控制”。因此，即使合规性标准对某些特定组织来说不适用，但是其中的建议还是非常有用的。

这些网络安全方法尽管存在着差异，但也会有交叠，在这些交叠中有的交叠性较弱，有的则较强。现在，由统一合规管理框架（Unified Compliance Framework，UCF）等组织发起的，将所有可用控制标准化到通用“合规性分类”项目之中，其中已有近500个授权文档对应到了一个由上千个独立控制组成的通用框架中[16]。这种对应关系的优势是显而易见的，包括如下：

（1）有利于推动多套合规性控制组织的合规工作。例如，核能源设施必须遵循工业规约，如NRC CFR 73.54中的第10条、NRC RG 5.71、NEI 08/09的要求，同时也需要遵循一些商业规约，如Sarbanes Oxley法案（SOX法案）。了解这些规约中有哪些特定控制是通用的，可以防止重复，并显著地降低收集、保持、存储以及归档所需合规性信息带来的开销。

（2）有利于通过一个考虑周全的控制清单来促进特定安全控制的实施，在这个清单中的控制必须在所有相关的标准规约中实施。

写作本章的目的就是将工业网络安全与合规性要求对应起来；然而，由于大多数规约的扩展性以及特定合规性控制文档具有一定的可变性，这里只涵盖了一部分通用控制的样本。

13.4 管理 ICS 评估的工业最佳实践

出版的7个文档讨论了测试与评估 IT 架构的不同方法。当识别了理解工业网络特质的文档时，文档数量将会大大减少，并且可以为安全、准确、可靠地实施这些评估提供任何指导。表13.3提供了许多与工业安全评估相关的已发布文档的一个列表。

表13.3 管理 ICS 评估的工业最佳实践

发布组织	描述
美国石油组织和全国石化炼油协会	石油和石化工业安全脆弱性评估方法
英国国家基础设施保护中心	工业控制系统网络安全评估——一个有用的实践指南
美国国土安全部	可用于测试漏洞利用能力（首先黑客，也即渗透测试）
西班牙安全和开放研究所	开源安全测试方法手册
美国国家安全局	评估与提高工业控制系统安全态势的架构

13.4.1 美国国土安全部和英国国家基础设施保护中心

美国国土安全部于2010年11月合作编写了一个指南文档[17]，而英国国家基础设施保护中心（Centre for the Protection of National Infrastructure，CPNI）在2011年4月也发布一个“有用的实践指导”[18]。该指南内容广泛，并且为测试过程提供了丰富的文档化的评估方法或过程流程图。测试过程覆盖范围广泛，能够形成任意组织内的方法基础。

该指南讨论了工业网络相关的特点，并且解决了评估工业环境与传统 IT 架构之间的差异性。特别是描述了“评估”与“渗透测试”之间的差异性，以及从特殊训练中得到的目标应该如何用于驱动整个过程。该指南也提供了可选方法的列表，能够用于解决可能存在的专门需求或约束，包括：

（1）实验室评估。

（2）构件测试。

（3）功能审查。

（4）配置审查。

（5）风险评估。

13.4.2 美国国家安全局

2010 年 8 月，美国国家安全局（National Security Agency，NSA）发布了其框架[19]。依据其中的许多文档来看，该框架自然是很宽泛的，特别针对工业系统提供了管理安全评估的高级方法。通过帮助评估威胁和了解产生的影响或结果，来辅助工业控制系统风险评估时，该文档提供的指南非常有用。

该框架提供了关于系统特征活动有价值的信息，这些在文档中定义为“网络联通性评估”。在理解正在谋划的完备系统时，这是重要的第一步，并且作为早期活动可以用于任何方法学。该文档也提供了关于损失估计，以及采取何种计算规则以便帮助识别整个系统操作架构与结果中的重要服务，而这些服务在执行预先设计的操作时会失效。

首先通过识别授权用户的角色和责任，该框架提供了威胁评估的指南。“攻击难度”提供了量测网络事件发生“相似度”的一种更加量化的方法，在介绍该概念的同时，也介绍了针对这些用户的潜在攻击向量。为了解决评估过程中发现的弱点，该框架也支持其他提供防御优先级步骤的评审。

13.4.3 美国石油组织和全国石化炼油协会

美国石油组织（American Petroleum Institute，API）和全国石化炼油协会（National Petrochemical and Refiners Association，NPRA）在 2003 年 5 月发布了其文档，是最早的安全指南材料发布者之一。该文档第 2 版于 2004 年 10 月发布[20]。它不包含工业系统的任何专门参考，不过就称为安全脆弱性评估的整个安全分析而言，它提供了最容易理解的方法。虽然该文档是专门针对工业领域的，但是它提供的例子和相关过程也可应用于相对广泛的过程及工业部门。它从风险角度讨论了安全脆弱性评估的概念，包括“资产吸引力”概念，该概念是指对于给定目标，潜在攻击者隐含的攻击动机。然后，该因素与其他通用风险组件（威胁、脆弱性、结果）相结合，提供了一个可筛选的风险表，能够用于理解工业领域之间的风险差异性。

样表和清单是该方法的一部分，不包括在任意其他文档审查之中。该文档提供了几个真实世界的评估，涉及石油提炼、石油管道、传输及卡车与火车配送系统。

13.4.4 西班牙安全和开放方法研究所

安全与开放方法研究所是一家开放团体及非营利组织，在2001年1月首次发布了开源安全测试方法手册V1.0。当前的V3.0于2010年发布[21]。该手册实质上是一般性的，不包括针对工业网络的任何专门参考。用于该方法中的术语与其他工业控制系统相关的文档是不一致的，那么，为什么还要将该方法纳入本书中呢？

该文档提供了有价值的参考信息，作为特定组织特殊需求的定制化服务，这种方法是有用的。在更多传统的“定性”方法基础上，该文档可以对利用“定量”方法与规则进行安全评估提供帮助。该方法中涉及的一个领域是其他文件中没有涉及的，重点是“人的安全测试”，以及可用于评估业务人员在整体评估框架中参与程度的程序，其范围超出了简单的社会工程措施。该方法对分析信任度以及利用信任度识别和纠正安全弱点进行了有价值的讨论。

开源安全测试方法手册提供了关于合规性的广泛选择，不仅包括基于标准的需求，而且包括这些国家内的地区与法律需求列表。

13.5 CC标准与FIPS标准

不像其他标准，CC标准与FIPS标准旨在认证安全产品，而不是安全策略与过程。信息技术安全评价通用准则（“通用准则”或“CC标准”）是一个国际框架，被澳大利亚、新西兰、加拿大、法国、德国、日本、挪威、西班牙、英国以及美国所承认[22]。FIPS标准是由NIST在联邦信息处理标准刊物或FIPS PUB中定义的。尽管只有几种FIPS标准，但是140－2标准是用来验证信息加密的，它与信息安全产品最为相关。

13.5.1 CC标准

CC标准框架定义了功能与保证要求，安全供货商可以用其测试，以便验证待检产品的安全性[23]。通过CC标准测试设施的认证，就可以为产品提供一种高层次的保证，能保证特定安全控制已在产品中合适地定义和实现。

认证之前要求评估是可扩展的，主要如下：

（1）保护配置文件（Protection Profiles，PP）。

（2）安全目标（Security Target，ST）。

（3）安全功能需求（Security Functional Requirement，SFR）。

（4）安全保证需求（Security Assurance Requirement，SAR）。

（5）评估保证级别（Evaluation Assurance Level，EAL）。

安全目标定义了在认证过程中评估的内容，在评估过程中提供必要的指导，并在评估结束时清楚地表明已经评估过的内容[24]。

安全目标被转化为更具体的 SFR，其提供了不同 ST 评估所需的具体要求。SFR 提供规则化的术语与需求集合，设计成不同产品的不同安全目标，可以使用通用测试与控制进行评估，以便提供一种精确的比较。

当需要为一个特定产品类型或分类建立通用需求时，通常由标准组织来做，这些可以用来生成一个通用的 PP，这在提供清楚的评估说明方面与安全目标很相似，但是特定目标在配置文件内的预定义方面是不同的[25]。例如，有一个入侵检测与防御系统的 CC 标准保护配置文件，如果该配置定义了特定的安全目标，那么 IDS 或 IPS 就必须满足该目标以得到认证。

在已定义的 CC 标准中最通用的可能是评估保证级别（EAL）。EAL 用来度量发展（ADV）、指导文档（AGD）、生命周期支持（ALC）、安全目标评估（ASE）、测试（ATE）以及脆弱性评估（AVA）[26]。它有 7 个安全保证级别：EAL 1 ~ EAL 7。每一个都意味着对于这些组件的一个更全面的需求集合以及更具扩展性的评估。例如，只是比较一个评估需求（AVA，脆弱性评估），CC EAL 1 提供了基本层面的保证，使用有限的安全目标与一个脆弱性评估，该脆弱性评估只包含通用域中一个潜在漏洞的搜索[27]。相反，EAL 3 要求“脆弱性分析……证实了对具备基本攻击潜力的渗透攻击者的阻止”[28]，而 EAL 4 则要求“脆弱性分析……证实了对具备增强基本攻击潜力的渗透攻击者的阻止”（即以一个更全面的脆弱性保证级别来应对更复杂的攻击配置）[29]。认证保证范围最广泛的是 EAL 7，其要求“开发者测试结果的完全独立确认，并且一个独立漏洞分析证实了对带有高攻击潜力的渗透攻击者的阻挡”[30]。

EAL 层次不是测量评估中的产品安全等级，而是度量产品安全测试的程度，理解这点很重要。因此，高级别的 EAL 不一定表示拥有更安全的系统，而是评估特定安全目标，指出系统的功能需求。当比较测试相同目标的类似系统时，高级别的 EAL 表明的是哪些目标进行了更彻底的测试与评估，因此，高级别 EAL 在适当性与系统安全功能方面能够提供额外的保证。

13.5.2 FIPS 140 -2

联邦信息处理标准刊物（Federal Information Processing Standards Publication，FIPS PUB）140 -2 建立了使用在网络资产或系统内的“加密模块”需

求。有4个级别的FIPS验证，从级别1到级别4，像CC标准的EAL一样表明了增强的全面保证。对于FIPS 140-2，确保体现在加密完整性上：基本上是如何阻挡加密边界的渗透[31]。FIPS 140-2涵盖了对称与非对称密钥、安全哈希标准、随机数生成器以及消息认证的实现与使用[32]。特定验证级别代表增加了更严格的控制，以预防对加密边界信息的物理访问。例如，FIPS 140-2级别2要求数据物理上不能访问，即使是通过可移除的光驱或者系统内存的直接访问；级别3提供更严格的物理控制来预防访问与篡改，即使是通过通风孔；级别4甚至能够适应环境失效以保护加密数据在失效时或失效后被修复[33]。

注意：

FIPS 140-2定义了安全确保“级别”，基于特定的局部需求，允许使用的最合适解决方案，从1到4分别进行编号，第1级代表安全需求的最低级，第4级代表最高级。这些安全等级与ISA 62443定义的不一样，因此，当与不同的标准一起工作时，是不可替换使用的。

13.6 本章小结

理解标准规约与规范如何影响网络或系统的安全性，在工业网络安全计划与实施的所有阶段都会有所帮助。例如，特定合规性控制可能决定特定产品或服务的使用，以改进安全性和配置特定安全产品。

当然，安全产品本身也是受规约监管的。CC标准为评估产品功能与保证提供了一种手段，有利于相似产品的比较，而像FIPS 140-2一样的FIPS标准，可以进一步验证产品所用的特定安全功能（这个例子中是加密）。

参考文献

[1] M. Asante, NERC, Harder questions on CIP compliance update: ask the expert, 2010 SCADA and Process Control Summit, The SANS Institute, March 29, 2010.

[2] Department of Homeland Security, Risk-Based Performance Standards Guidance; Chemical Facility Anti-Terrorism Standards, May 2009.

[3]同[2].

[4]同[2].

[5]同[2].

[6]同[2].

[7]同[2].

[8]同[2].

[9]International Standards Organization/International Electrotechnical Commission(ISO/IEC),About ISO. http://www. iso. org/iso/about. htm(cited:March 21,2011).

[10]"Information technology – Security techniques – Information security management systems – Overview and vocabulary," ISO/IEC 27000:2014,3rd Edition,January 15,2014.

[11]International Standards Organization/International Electrotechnical Commission (ISO/IEC), International ISO/IEC Standard 27002:2005 (E), Information Technology—Security Techniques—Code of Practice for Information Security Management,first edition 2005 – 06 – 15.

[12]U. S. Nuclear Regulatory Commission, Regulatory Guide 5. 71 (New Regulatory Guide) Cyber Security Programs for Nuclear Facilities,January 2010.

[13]K. Stouffer,J. Falco,K. Scarfone,National Institute of Standards and Technology,Special Publication 800 – 82(Final Public Draft),Guide to Industrial Control Systems(ICS)Security,September 2008.

[14]ISA99 Committee on Industrial Automation and Control Systems Security, <http://isa99. isa. org>, sited July 21,2014.

[15]"Security for industrial automation and control systems:System security requirements and security levels," ISA 62443 – 3 – 3:2013.

[16]The Unified Compliance Framework,What is the UCF? <http://www. unifiedcompliance . com/what_is_ucf>. (cited:March 21,2011).

[17]"Cyber Security Assessments of Industrial Control Systems," U. S. Dept. of Homeland Security, November 2010.

[18]"Cyber Security Assessments of Industrial Control Systems – A Good Practice Guide," Centre for the Protection of National Infrastructure,April 2011.

[19]"A Framework for Assessing and Improving the Security Posture of Industrial Control Systems(ICS)," National Security Agency,August 2010.

[20]"Security Vulnerability Assessment Methodology for the Petroleum and Petrochemical Industries," API SVA – 2004,American Petroleum Institute / National Petroleum Refiners Association,2nd Edition,October 2004.

[21]"Open – Source Security Testing Methodology Manual," Version 3. 0,Institute for Security and Open Methodologies,2010.

[22]The Common Criteria Working Group,Common Criteria for Information Technology Security Evaluation,Part 1:Introduction and General Model,Version 3. 1,Revision 3 Final,July 2009.

[23]同[22].

[24]同[22].

[25]同[22].

[26]The Common Criteria Working Group,Common Criteria for Information Technology Security Evaluation,Part 3:Security Assurance Components,Version 3. 1,Revision 3 Final,July 2009.

[27]同[26].

[28]同[26].

[29]同[26].

[30]同[26].

[31] National Institute of Standards and Technology, Information Technology Laboratory, Federal Information Processing Standards Publication 140 – 2, Security Requirements for Cryptographic Modules, May 25, 2001.

[32]同[31].

[33]同[31].

附录 A 协议资源

第 6 章在一个较高层次上对工业网络协议进行了描述，充分理解这些协议的运行机理，有利于开展工业网络评估和安全方面的工作。以下组织提供了 5 种主流工业网络协议（Modbus、DNP3、OPC、CIP 和 PROFIBUS/PROFINET）深入详细的文档和支持。

A. 1 Modbus 组织

Modbus 组织是由自由用户和自动化设备制造商组成的一个团体，管理 Modbus 协议的开发与使用。其网站（http：//www. modbus. org）包含关于 Modbus 协议及用于开发、集成与测试等技术资源方面的信息，也包括 Modbus 提供者和利用 Modbus 工业设备的目录。

A. 2 DNP3 用户群

DNP 用户群是一家负责维护和推广分布式网络协议的非营利组织。其网站（http：//www. dnp. org）提供了有关 DNP3 的使用和优越性方面的文档，以及一些技术文档和一致性测试，也包含会员目录和一致性测试产品列表。

A. 3 OPC 基金会

OPC 基金会是一家维护 OPC 协议公开说明的组织，致力于过程数据的标准化和保证互操作性。其网站（http：//www. opcfoundation. org）包含 OPC Classic、OPCUA 和 OPC XI（. NET）最新的资源，提供白皮书、样品代码、技术说明书和软件开发包，也包含会员目录和产品列表，以及技术支持、在线研讨（webinar）和其他资源。

A.4 通用工业协议/开放设备供应商协会

开放设备供应商协会（ODVA）是由自动化公司组成的一个国际性组织，负责管理利用CIP协议对DeviceNet、Ethernet/IP、CompoNet和ControlNet协议进行开发。ODVA网站（http：//www. odva. org）提供技术说明书、一致性测试策略、培训和其他资源，也包括其会员与产品目录。

A.5 PROFIBUS和PROFINET国际组织

PROFIBUS和PROFINET国际组织（PI）负责PROFIBUS与PROFINET工业协议。PI网站（http：//www. profibus. com）提供协议说明书、课件、白皮书、技术说明书、书籍、安装帮助、测试、认证和软件工具。

附录 B　标准化组织

关于监管标准与合规控制，在第 13 章中介绍了有限的部分，不过还有许多额外的控制标准由北美电力可靠性公司（NERC）、美国核监管委员会（NRC）、美国国土安全部（DHS）、国际标准化协会（ISA）和国际标准化组织/国际电工委员会（ISO/IEC）授权或推荐。以下组织提供了有用的资源，包括可以访问合规标准文档的最近版本。

B.1　北美电力可靠性公司

北美电力可靠性公司（NERC）由联邦能源管理委员会（FERC）分配任务，保证北美大功率电力系统的可靠性。NERC 强制执行几个可靠性标准，包括关键基础设施保护（NERC CIP）的可靠性标准。除了这些标准，NERC 还发布了信息、评估和大功率电力系统可靠性的发展趋势，以及事件发生的可靠性研究。

NERC CIP 标准由 9 个标准文档组成，所有这些文档都可以从北美电力可靠性公司的网站上获取（http：//www. nerc. com/pa/Stand/Pages/CIPStandards. aspx）。

B.2　美国核监管委员会

美国核监管委员会（NRC）负责放射性材料的安全，包括核能产生器和放射性的医疗应用。NRC 负责发布信息安全的标准和指南，以及关于核材料和产品、核废料和其他关注的一般信息和指南。

B.2.1　NRC Title 10 CFR 73. 54

联邦规约代码的 NRC Title 10 Part 73. 54 部分规定了用于会员核设施的"数字计算机和通信系统与网络的保护"。许多关于 CFR 73. 54 的信息可从美国核监管委员会的网站上获取（http：//www. nrc. rov/reading - rm/doc - collections/cfr/part073/ part073 - 0054. html）。

B. 2. 2 NRC RG 5. 71

美国核监管委员会的监管指南 5. 71 提供了如何保护数字计算机、通信系统与网络的指导方针。需要注意的是，RG 5. 71 不是一个监管标准，而是一个如何适应标准的指南，它是联邦规约代码的 Title10 Part 73. 54。关于 RG 5. 71 的可用信息可以从美国核监管委员会网站上获取（http：//pbadupws. nrc. gov/docs/ML0903/ML090340159. pdf）。

B. 3 美国国土安全部

美国国土安全部（DHS）的任务是保护美国免遭各种威胁的攻击，包括（但不限于）反恐怖和网络安全。网络安全与反恐怖关注的交叉领域体现在化工设施的防护上，而这一切由化工设施反恐怖标准监管。CFATS 包括范围较广的网络安全，可以由一组基于风险的性能标准进行度量。

B. 3. 1 化工设施反恐怖标准

化工设施反恐怖标准由美国国土安全部发布，主要包括网络安全所关注的许多化工制造、配送和使用领域。许多关于化工设施反恐怖标准的信息可以从美国国土安全部的网站上获取（http：//www. dhs. gov/risk – chemical – facility – anti – terrorism – standards – cfats）。

B. 3. 2 基于风险的性能标准

美国国土安全部也为 CFATS 以基于风险的性能标准的形式发布了建议，这些标准为了与化工设施反恐怖标准保持一致性提供指南。更多关于 CFATS RBPS 标准的信息可以从美国国土安全网站上获取（http：//www. dhs. gov/xlibrary/ assets/chemsec_cfats_riskbased _performance_standards. pdf）。

B. 4 国际标准化协会

国际标准化协会（ISA）和美国国家标准化组织（ANSI）起初在 ISA – 99 的保护之下，已经开发了一套解决工业控制系统网络安全的标准，不过后来重新命名为 ISA – 62443。这个命名变化是由于 ISA 为了与国际电工委员会的编排一致，并顺应了全球 IEC – 62443 标准。在本书出版之时，这套标准包含 13 个标准。

关于 ISA－99/IEC－62443 的额外信息，包括当前正在开发的标准“草稿”，可以从网站获取（http：//isa99. isa. org）。

B.5 国际标准化组织和国际电工委员会

国际标准化组织（ISO）和国际电工委员会（IEC）为“信息技术——安全技术——信息安全管理实施代码”制定了 ISO/IEC 27002 标准。不过 ISO/IEC 27002：2005 标准没有专门针对 SCADA 或工业过程控制网络，它为工业网络安全的实现提供了有益的基础，并且也被各种国际标准和指南大量参考引用。

关于 ISO/IEC 27002 标准的更多信息可以从国际标准化组织的网站上获取（http：// www. iso. org/iso/home/store/catalogue_ics/catalogue_detail_ics. htm?csnumber＝54533）。

在 2013 年技术报告 TR 27019 中，基于 27002 标准，ISO 也提供了用于能源领域工业控制系统的指导原则，并扩展 27000 系列至工业控制系统及 IT 信息系统之中。

关于 ISO/IECTR 27019 的更多信息可以在 ISO 网站上获取（http：// www. iso. org/iso/home/ store/ catalogue_tc/catalogue_detail. htm? csnumber＝43759）。

附录 C　NIST 安全指南

国家标准和技术研究所（NIST），特刊 800 系列（NIST SP 800）根据实验室研究的信息技术成果，提出了最佳安全实践和指南。NIST 提供了超过 100 份专门文档，并为许多工业和使用案例提供了专门的信息安全指南。

几个 NIST SP 800 文档列表如下，其解决了与工业网络安全紧密相关的信息与系统安全的概念。完整的 SP 800 文档索引，包括此处已提及的部分，都能够在其网站上获取（http：//csrc. nist. gov/publications/PubsSPs. html）。

（1）SP 800 –12，计算机安全介绍：NIST 手册。

（2）SP 800 –30，信息技术系统风险管理指南。

（3）SP 800 –36，选择信息技术安全产品指南。

（4）SP 800 –37，联邦信息系统风险管理应用指南。

（5）SP 800 –39，管理信息安全风险：组织、任务和信息系统视角。

（6）SP 800 –40，创立一个补丁和脆弱性管理计划。

（7）SP 800 –41，防火墙和防火墙策略指南。

（8）SP 800 –46，企业遥控工作与远程访问安全指南。

（9）SP 800 –47，互联信息技术系统安全指南。

（10）SP 800 –48，传统的 IEEE 802. 11 无线网络安全防护指南。

（11）SP 800 –50，建立信息技术安全感知和训练程序。

（12）SP 800 –53A，联邦信息系统安全控制评估指南：建立有效的安全评估计划。

（13）SP 800 –60，信息与信息系统安全类别映射类型指南。

（14）SP 800 –61，计算机安全事件处理指南。

（15）SP 800 –64，系统开发生命周期内的安全考虑。

（16）SP 800 –77，IPsec VPN 指南。

（17）SP 800 –82，工业控制系统安全指南。

（18）SP 800 –86，将司法技术集成至事件响应中指南。

（19）SP 800 –92，计算机安全日志管理指南。

（20）SP 800 –94，入侵检测和防御系统（IDPS）指南。

（21）SP 800－95，安全的 Web 服务指南。

（22）SP 800－97，建立无线鲁棒的安全网络。

（23）SP 800－113，SSL VPNs 指南。

（24）SP 800－114，遥控工作与远程访问的外部设备安全防护用户指南。

（25）SP 800－115，信息安全测试与评估技术指南。

（26）SP 800－117，安全内容自动化协议（Security Content Automation Protocol，SCAP）采纳与使用指南。

（27）SP 800－118，企业口令管理指南。

（28）SP 800－120，在无线网络访问认证中使用可扩展身份验证协议（Extensible Authentication Protocol，EAP）方法的建议。

（29）SP 800－124，企业移动设备安全管理指南。

（30）SP 800－125，完全虚拟化技术安全指南。

（31）SP 800－125A，系统管理程序部署安全建议。

（32）SP 800－126，安全内容自动化协议（SCAP）技术说明书。

（33）SP 800－127，WiMAX 无线通信安全防护。

（34）SP 800－128，信息系统安全焦点配置管理指南。

（35）SP 800－137，联邦信息系统和组织信息安全持续监管。

（36）SP 800－150，网络空间威胁信息共享指南。

（37）SP 800－153，无线局域网（WLAN）安全防护指南。

（38）SP 800－160，系统安全工程：一种构建可信系统的集成方法。

（39）SP 800－161，联邦信息系统与组织供应链风险管理实践。

（40）SP 800－162，基于属性访问控制（Attribute Based Access Control，ABAC）定义与考虑指南。

（41）SP 800－167，应用程序白名单指南。

附录D 术语表

活动目录（Active Directory，AD）：微软的活动目录是一个针对网络设备与用户管理的集中式目录框架，包括用户身份管理与认证服务。活动目录、域及认证服务一起使用轻量级目录访问协议（LDAP）。

高级持续性威胁（Advanced Persistent Threat，APT）：一类渗入网络的网络威胁，其靠规避与传播技术而持续性存在。APT通常用来建立并维护外部命令与控制通道，攻击者利用该通道可以持续窃取数据。

反病毒（Anti-Virus，AV）：反病毒系统为发现由恶意软件带来感染而检查网络或文件内容。基于签名的AV通过比较文件内容与定义好的签名库而发挥作用；如果发现匹配，则文件通常隔离以便防止感染，此时有能够清除文件的选项。

应用程序监控器/应用程序数据监控器（Application Monitor/Application Data Monitor）：一种应用程序内容监视系统，其功能类似入侵检测系统，不过仅深度检测数据包的一部分而不是整个数据包。因此，可以在OSI模型的所有层检查应用程序的内容，从低层协议到应用文档、附件等。应用程序监视对检测感染恶意内容（恶意软件）的工业网络协议是有用的。

应用程序白名单（Application Whitelisting，AW）：计划控制的允许运行可执行文件（应用程序）的白名单列表。AW系统常用工作模式是，首先建立允许应用程序的“白名单列表”，其次指出任何企图执行的代码将要求与列表进行对比，如果应用程序不在许可之列，将会阻止其执行。AW通常运行于主机操作系统内核的低层。

资产（Asset）：工业网络内的任意设备。

攻击面（Attack Surface）：系统或资产的攻击面是指系统或资产所暴露部分的集合。大的攻击面是指有许多攻击目标暴露的区域，小的攻击面是指攻击目标相对暴露较少。

攻击向量（Attack Vector）：攻击发生的可能方向，通常是指能够被攻击者在攻击的任意阶段进行利用的特殊漏洞。

auditd：Linux审计系统的审计组件，负责将审计事件写入磁盘。Linux审计系统是监视文件访问和文件完整性的有用工具。

反向通道（Backchannel）：通常是指隐藏或运行于“背景”中的、避免被检测到的通信信道，不过也用来指发生的与原发射器反向而隐藏或转换通信，也即恶意软件隐藏于双向通信的返回流量中。

黑名单（Blacklisting，参见“白名单”）：定义已知的恶意行为、内容、代码等的技术。黑名单常用于威胁检测，将网络流量、文件、用户或一些其他可量化指标与一个相关黑名单进行对比。例如，入侵防御系统（IPS）将网络数据包的内容与包含已知恶意软件、攻击迹象和其他威胁的黑名单进行比较，从而阻塞违规流量（如数据包在黑名单中匹配上一个签名）。

域名系统（Domain Name System，DNS）：因特网上作为域名和IP地址相互映射的一个分布式数据库，能够使用户更方便的访问互联网，而不用去记住能够被机器直接读取的IP数串。通过主机名，最终得到该主机名对应的IP地址的过程叫做域名解析（或主机名解析）。DNS协议运行在UDP协议之上，使用端口号53。在RFC文档中RFC 2181对DNS有规范说明，RFC 2136对DNS的动态更新进行说明，RFC 2308对DNS查询的反向缓存进行说明。

化工设施反恐怖标准（Chemical Facility Anti - Terrorism Standard，CFATS）：由美国国土安全部建立，用于保护潜在危险化工品的制造、存储和分配。

化学信息技术中心（Chemical Information Technology Center，ChemITC）：通过致力于解决特定技术问题的战略计划和网络团体，ChemITC致力于推动信息技术的使用，以简化流程、改善决策并支持各公司的业务目标。

补偿控制（Compensating Controls）：针对某些环节的不足或缺陷而采取的控制措施，目的是要排除损失、错误和舞弊，把风险水平限制在一定的范围内。补偿控制这一概念常用于监管标准或监管方针范畴，是指使用某一替代方法，而非标准或方针明确提出的其他方法。

控制中心（Control Center）：管理控制系统的操作中心，通常包含SCADA与提供工业/自动化处理交互的HMI系统。

关联事件（Correlated Event）：是由事件相关系统检测的，具有高度模式匹配的两个或较多规则日志或事件的组成。例如，一个有注入企图的网络扫描事件（由防火墙报告）和一个开放端口（由IPS报告）结合，从而关联在一起，形成一个较大事故；在本例中，有一个试图的搜索和攻击。关联事件可能非常简单也可能非常复杂，可以用来检测一系列更广泛、更复杂的攻击迹象。

关键网络资产（Critical Cyber Asset，CCA）：本身负责执行关键功能，或直接影响其他资产执行关键功能的资产。该术语主要用在关键基础设施保护的 NERC 可靠性标准中。

关键数字资产（Critical Digital Asset，CDA）：与数字化相关的资产，它自身负责执行关键功能，或直接影响资产执行关键功能。该术语着重用在 NRC 规则与指南文档中。也参见**关键网络资产**。

关键基础设施（Critical Infrastructure）："对国家具有重要意义的物理或虚拟的系统及资产的总和，其瘫痪或被摧毁将对国家和社会造成严重的影响。"在美国，根据国土安全第 7 号总统令的定义，关键基础设施是指：农业和食品；银行和金融；化工；商业设施；关键制造；大坝；国防工业基础；供水和水处理系统；能源服务；能源；政府设施；信息技术；国家纪念碑和标志物；核反应堆；原材料和废品；邮政和航运；公众健康和健康护理；电信；以及交通运输系统。

网络资产（Cyber Asset）：与数字化相联系的资产；也即与可路由网络相连接的资产，即主机。该术语用在 NERC 可能性标准中，定义为：在控制系统中的任何与可路由网络相连接的资产；在控制系统外部的任何与可路由网络相连接的资产；任何通过拨号（上网）可访问的资产[1]。

数据二极管（Data Diode）：一种"单向"数据通信设备，通常由一个物理层的单向限制器组成。仅使用光纤"发送/接收"对的一半，在物理层会增强单向通信，而对网络防火墙恰当的配置可在逻辑上强制网络层的单向通信。

数据库行为监控器（Database Activity Monitor，DAM）：监控数据库交易，包括 SQL、DML 以及其他数据库命令与查询。DAM 可以基于网络也可以基于主机。基于网络的 DAM 通过解码并解释网络数据来监控数据库交易，而基于主机的 DAM 直接从数据库服务器提供系统级审计。DAM 可用来发现恶意企图（如 SQL 注入攻击）、欺骗（如操作存储的数据）和/或作为登录没有或不能产生审计日志系统的数据访问手段。

数据库监控器（Database Monitor）：参见数据库行为监控器。

深度数据包检测（Deep Packet Inspection，DPI）：检测网络数据包一直到 OSI 模型的应用层（第 7 层）的处理过程。也即过去的数据链接、网络或会话头要一直检查到数据包的有效载荷。深度包检测被大多数入侵检测与防御系统（IDS/IPS）、较新的防火墙与其他安全设备所使用。

分布式控制系统（Distributed Control System，DCS）：以分布式方式部署与控制，这样不同分布式控制系统或处理可以被单独控制。也可以参见**工业控制系统**。

电子安全边界（Electronic Security Perimeter，ESP）：安全区域，如控

制系统，是与不太信任网络（如业务网络）之间的分界点。ESP 通常包括防火墙、IDS、IPS、工业协议过滤器、应用程序监控器与类似保护分界点的安全设备等。

飞地（Enclave）：由资产、系统和/或服务构成的逻辑组，用于定义与包含一个（或更多）功能组。飞地表示能够用于分离某种功能的网络“区域”，从而更有效地保护它们。

枚举（Enumeration）：在网络中有效识别设备和用户身份的过程；特别是在网络攻击过程的初始阶段。它允许攻击者识别有效的系统和/或账户，然后作为利用或攻陷的目标。

Ethernet/IP：用于工业控制系统的，支持通用工业协议（Common Industrial Protocol，CIP）的实时以太网协议。

事件（Event）：任何感兴趣的数据点，特别是由安全设备产生的警告，由系统和应用程序产生的日志和网络监视器产生的警告等。

文件传输协议（File Transfer Protocol，FTP）：FTP 是一种在网络中进行文件传输的标准协议。作为网络通信中的基础工具，FTP 允许用户通过客户端软件与服务器进行交互，实现文件上传、下载和其他文件操作。FTP 工作在 OSI 模型的应用层，通常使用 TCP 作为其传输协议，以确保数据传输的可靠性和顺序性。

Finger：用来提供关于用户具体信息的网络工具。

功能代码（Function Code）：针对命令与控制在工业网络协议中使用的多种数值标识。例如，功能代码可以代表一个从主设备到从设备的请求，如请求读一个寄存器值、写一个寄存器值、重启设备等。

HIDS（Host IDS）：主机入侵检测系统，通过运行在特定主机中的软件代理检测入侵企图。HIDS 通过检测数据包和与定义好的模式或“签名”进行内容匹配来检测入侵，指示恶意内容并且产生一个警告。

HIPS（Host IPS）：主机入侵防御系统，通过运行在特定主机中的软件代理检测与阻止入侵企图。与 HIDS 类似，HIPS 通过检测数据包和与定义好的模式或“签名”进行内容匹配来检测入侵，指示恶意内容。与 HIDS 不同是，除了被动告警和日志动作，HIPS 通过丢弃入侵数据包、重置 TCP/IP 连接或其他动作，能够执行主动的阻止行为。

人机界面（Human Machine Interface，HMI）：处理工业控制系统的用户接口。HMI 可以有效地将通信或者从 PLC、RTU 或其他工业资产中传过来的数据转换为适合人类阅读的接口，系统操作员可以用来管理与监控处理。

国土安全第 7 号总统指令（Homeland Security Presidential Directive Seven,

HSPD-7)：定义了美国境内18种关键基础设施，也包含对其安全负责的监督权威。

主机（Host）：连接到网络的计算机，也即网络资产。该术语与资产不同的是主机通常是指通过TCP/IP协议栈连接到可路由网络的计算机，即大多数计算机运行现代操作系统和/或专门网络服务器与设备，而资产是指更为广泛的通过数字连接的设备，一个网络资产指的是连接到路由网络的任意设备[2]。

超文本传输协议（HyperText Transfer Protocol，HTTP）：HTTP是互联网上应用最广泛的一种网络协议。所有的WWW文件都必须遵守该标准。设计HTTP最初目的是为了提供一种发布和接收HTML页面的方法。1960年美国人Ted Nelson设计了一种通过计算机处理文本信息的方法，并称之为超文本（hypertext），这成为HTTP超文本传输协议标准架构的发展根基。Ted Nelson组织协调万维网协会（World Wide Web Consortium）和互联网工程工作小组（Internet Engineering Task Force）共同合作研究，最终发布了一系列RFC，其中著名的RFC 2616定义了HTTP 1.1。

工业自动化控制系统（Industrial Automation Control System，IACS）：参见工业控制系统。

身份识别和访问管理（Identity Access Management，IAM）：包括管理用户身份和用户账户的过程两点，也即网络中的相关用户访问和认证活动，以及设计能集中和自动处理这些功能的一类产品。

入侵检测系统（Intrusion Detection System，IDS）：IDS执行深度数据包检查和模式匹配，将网络数据包与恶意软件或其他恶意活动的已知“签名”进行比较，以检测可能的网络入侵。入侵检测系统通过在线/分接/跨接端口监控网络，并向网络操作员提供安全警报或事件，从而实现被动操作。

工业控制系统（Industrial Control System，ICS）：用来操作或自动化处理的系统、设备、网络以及控制。参见**分布式控制系统**。

智能电子设备（Intelligent Electronic Device，IED）：电子组件，如整流器、电子控制等，拥有微处理器并能够通信，通常使用现场总线、实时以太网或其他协议数字通信。

控制中心间通信协议（Inter Control Center Protocol，ICCP）：为两个或更多控制中心之间进行广域双向通信而设计的一种实时工业网络协议。ICCP由国际电工委员会（IEC）出版的、国际上公认的标准——IEC 60870-6。ICCP也指远动应用服务元素-2或TASE.2。

国际电工委员会（International Electrotechnical Commission，IEC）：国际标准组织，开发标准的目的是在技术开发者、供应商和用户之间提供一致性，并共同遵从。

国际标准化协会（International Society of Automation，ISA）：ISA 是国际标准化组织（International Standardization Organization，ISO）的前身，成立于 1926 年。

国际标准组织/ISO（International Standards Organization）：ISO 是世界上最大的非政府性标准化专门机构，1946 年成立于瑞士日内瓦，在国际标准化中占主导地位。ISO 是由 160 多个国家参加的标准组织网络，开发和出版的标准所覆盖的主题范围广泛。

入侵防御系统（Intrusion Prevention System，IPS）：执行与 IDS 同样的检测功能，增加的功能能够阻塞流量。通过丢弃入侵数据包或强制重启正在运行的 TCP/IP 会话，流量能够被阻塞掉。IPS 以串联的方式进行工作，因而可以引入延迟。

轻量级目录访问协议（Lightweight Directory Access Protocol，LDAP）：在 IETF RFC 4510 范围内出版的一个标准，它定义了一个标准过程，用来访问和使用基于网络的目录。LDAP 用于不同目录和身份访问管理（IAM）系统。

日志（Log）：记录由各种设备所产生的活动或事件的文件，设备包括计算机操作系统、应用程序、网络交换机与路由器以及虚拟的任何计算设备。对日志而言，没有一个标准来规范其通用格式或结构。

日志管理（Log Management）：收集和存储事件的过程，目的是进行日志分析和数据诊断，以及合规性和问责需要。日志管理常常涉及日志收集，一定程度上的标准化或分类，以及短期存储（为了分析）和长期存储（为了合规）。

日志管理系统（Log Management System）：使日志管理简化或自动化的系统或应用。参见日志管理。

主站（Master Station）：在工业协议通信会话中涉及的控制资产或主机。主站通常负责计时、同步以及工业网络协议的指挥与控制方面。

Metasploit：用于渗透测试的商业化的攻击包。

Modbus：由 Modicon 公司开发的总线协议，用于工业控制资产之间的相互通信。Modbus 是一种灵活的主/从指挥控制协议，有多种版本可供选择，包括 Modbus ASCII、ModbusRTU、ModbusTCP/IP 和 Modbus Plus。

Modbus ASCII：Modbus 变体版本，使用 ASCII 字符而不是二进制数据表示。

Modbus Plus：Modbus 的扩展版本，以更高的速度运行，并保留了施耐德电气的优势。

Modbus RTU：Modbus 的变体版本，使用二进制数据表示。

Modbus TCP：Modbus 的变体版本，运行在 TCP/IP 之上。

核能研究所（Nuclear Energy Institute，NEI）：由美国核公用事业公司管理的专门组织。

NERC CIP：北美电力可靠性公司用于关键基础设施保护的可靠性标准。

网络访问控制（Network Access Control，NAC）：提供网络访问控制手段，使用类似 802.1X（端口网络访问控制）的技术，要求为网络端口的可用性进行授权，或者使用其他的访问控制方法。

网络白名单（Network Whitelisting）：参见"白名单"。

网络入侵检测系统（Network IDS，NIDS）：通过网络接口卡检测入侵企图，既可串联也可通过 SPAN（Switched Port Analyzer）或 TAP（Test Access Point）端口连接到网络中。

网络入侵防御系统（Network IPS，NIPS）：通过使用两个或多个网络接口卡来支持入站和出站网络流量的网络连接设备检测和阻止入侵企图，并采用可选的旁路接口，以保持网络的可靠性。

国家标准与技术研究所（National Institute of Standards and Technology，NIST）：美国商务部的一个非监管机构，任务是通过科学、技术和标准的进步促进变革。NIST 提供大量关于信息技术安全的研究文档和建议（NIST SP 800 系列）。

Nmap：也就是 Network Mapper，是 Linux 下的网络扫描和嗅探工具包。

北美电力可靠性公司（North American Electric Reliability Corporation，NERC）：一个开发与强制执行可靠性标准，并监控北美大容量电网行为的组织。

核监管委员会（Nuclear Regulatory Commission，NRC）：由总统指定的五人委员会，负责放射性物质的安全使用，包括但不限于核能、核燃料、放射性废物管理和医疗用途的放射性物质。

开放过程通信（Open Process Communications，OPC）：OPC 是用于工业自动化的一种通信标准。设备制造商（特别是 PLC）如果遵从这一标准，则将实时数据提供给 OPC Server，上位机软件（称为 OPC Client）直接访问 OPC Server 就可以获取到设备数据，从而实现对不同设备的差异透明化。

开源安全信息管理（Open Source Security Information Management，OSSIM）：开源安全信息管理项目，其源代码是由 Alien Vault 发布的，依据的是 GNU 通用公共许可证 GPL-2。

分站（Outstation）：DNP3 从站或远程设备。该术语也更常用为一个远程 SCADA 系统，特别是通过广域网与中心 SCADA 系统互联的设备。

渗透测试（Pen test）：通过试图渗透网络的安全防线来确定其风险的方法。渗透测试将脆弱性评估技术与规避技术及其他攻击方法相结合，模拟一个“真实的攻击”。

过程控制系统（Process Control System，PCS）：参见工业控制系统。

Profibus：国际化、开放式的，不依赖于设备生产商的现场总线标准，由 IEC 标准 61158/IEC 61784 - 1 定义。

Profinet：实时运行在以太网上的 Profibus 实现。

可编程逻辑控制器（Programmable Logic Controller，PLC）：使用与可编程逻辑结合的输入和输出继电器的工业设备，目的是建立一个自动化的控制回路。PLC 通常使用梯形逻辑读取输入，与定义好的设置点进行比值，然后（潜在地）写入输出。

极光项目（Project Aurora）：演示网络攻击如何导致发电机爆炸的研究项目。

基于风险的性能标准（Risk Based Performance Standards，RBPS）：建议满足由化工设施反恐怖标准（CFATS）要求的、由国土安全部（DHS）编写的安全控制标准。

红网（Red Network）：与安全缺乏的“黑网”相对的可信任网络，在讨论关键网络中单向通信时，通常只允许流量由红网流向黑网，允许源于关键资产的监控数据的收集和为安全性较低的 SCADA 系统所利用。在其他用例中，如数据完整性和防止欺诈行为，流量仅允许从黑网流向红网，以阻止访问已被存储的分类数据。

远程终端单元（Remote Terminal Unit，RTU）：将远程通信能力与可编程逻辑相结合的设备，能够在远程位置进行过程控制。

SCADA - IDS：设计用于 SCADA 和 ICS 网络中的 IDS 系统。SCADA - IDS 设备支持模式匹配用于控制系统中的特殊协议和服务，如 Modbus、ICCP、DNP3 及其他。SCADA - IDS 是被动式的，没有引入任何风险来控制系统的可靠性，因此适合部署在控制系统中。

SCADA - IPS：设计用于 SCADA 和 ICS 网络中的 IPS 系统。SCADA - IPS 设备支持模式匹配用于控制系统中的特殊协议和服务，如 Modbus、ICCP、DNP3 及其他。SCADA - IPS 是主动式的且能够阻止流量或将流量列入黑名单，使得其最适合用在控制系统周边。由于担心虚假威胁干扰正常的控制系统运行，SCADA - IPS 通常不部署在控制系统中。

安全信息与事件管理（Security Information and Event Management，SIEM）：将安全信息管理（SIM 或日志管理）和安全事件管理（SEM）结

合起来，为管理网络威胁和所有关联信息与上下文，提供常见的集中式系统。

SERCOS Ⅲ：SERCOS（Serial Real Time Communication Specification）是一种用于数字伺服和传动系统的现场总线接口和数据交换协议，能够实现工业控制计算机与数字伺服系统、传感器和可编程控制器 I/O 口之间的实时数据通信。1995 年，SERCOS 接口协议被批准为 IEC 1491 系统接口国际标准。它也是目前用于数字伺服和传动系统数据通信的唯一国际标准，在各种数控机械设备中获得广泛应用。

设置值（Set Points）：是一个定义值，表示可编程逻辑可据以运行的目标指标。例如，设置值可定义高温范围或容器的最佳压力等。通过将设置值与感官输入进行比较，可以建立自动控制。例如，如果熔炉中的温度达到最高温度上限的设置值，就会减少流向燃烧器的燃料。

态势感知（Situational Awareness）：在 NIST 和其他单位使用，为了识别和响应基于网络的攻击，态势感知用来标明网络中一种预期的状态。该术语由军事指挥控制过程衍生而来，为了保持环境安全，感知、理解威胁，做出决策并采取行动。通过网络和安全监控（感知）、警告通知（理解）、安全威胁分析（决策制定）和纠正（采取行动）来达到网络安全中的态势感知。

智能列表（Smart-Listing）：与类似 SIEM 的集中智能系统一起，同时使用白名单和黑名单技术，以便动态适应通用黑名单而响应观测到的安全事件的活动。也参见**白名单**和**黑名单**。

Stuxnet：针对工业控制系统的高级网络攻击，由多个用来传递恶意软件的零日漏洞攻击组成，恶意软件锁定并传染特定的工业控制以破坏自动化进程。Stuxnet 通常被认为是第一个专门针对工业网络的攻击武器。

监视控制与数据采集（Supervisory Control and Data Acquisition，SCADA）系统：与工业控制系统进行通信的系统和网络，为了监管需要向运营者提供数据及过程管理的控制能力。

技术可行性/技术可行性异常（Technical Feasibility/Technical Feasibility Exception，TFE）：在 NERC CIP 可靠性标准与其他合规控制中使用，表示一个需要的控制可以恰当实现。而一个需要的控制在技术上不可行时，则技术可行性异常要被归档。在大多数情况下，TFE 必须为如何在控制认为不可行的地方使用补偿控制提供细节。

远动应用服务元素-1（Telecontrol Application Service Element-1，TASE.1）：ICCP 协议最初使用的通信标准。参见远动应用服务元素-2。

远动应用服务元素 –2（Telecontrol Application Service Element –2，TASE. 2）：ICCP 协议。参见控制中心间通信协议。

传输控制协议（Transmission Control Protocol，TCP）：TCP 是一种面向连接的、可靠的、基于字节流的传输层通信协议，由 IETF 的 RFC 793 定义。

单向网关（Unidirectional Gateway）：只允许在一个方向上通信的网络网关设备，如数据二极管。参见数据二极管。

用户数据报协议（User Datagram Protocol，UDP）：UDP 是在一组互连网络环境中提供分组交换通信的数据报模式。该协议假定使用 IP 作为底层协议，按照 OSI 模型工作在传输层。UDP 为应用程序提供一种以最少协议机制向其他程序发送消息的过程。该协议是面向业务的，不保证传递质量和重复保护。

用户白名单（User Whitelisting）：建立已知合法用户标识或账户的“白名单”，为了检测或防止冒牌（或非法）用户行为。参见应用程序白名单。

脆弱性或漏洞（Vulnerability）：系统中的弱点，攻击者利用它破坏系统，获得非授权访问，执行任意代码或以其他方式利用该系统。

脆弱性评估（Vulnerability Assessment，VA）：扫描网络发现主机或资产及探测那些主机确认漏洞的过程。脆弱性评估能够使用脆弱性评估扫描器进行自动化处理，通常检查一个主机，确认其操作系统的版本和所有运行的应用程序，然后与已知软件漏洞的知识库进行比较，确定应该打何种补丁。

白名单（Whitelists）：预先定义“已知好的”条目列表：用户、网络地址、应用程序等，常常为了基于异常安全的考虑，任何条目没有明确定义为“已知好的”条目，都将导致采取补救操作（如警告、阻止等）。白名单是相对黑名单而言的，黑名单定义为“已知坏的”条目。

白名单策略（Whitelisting）：为了评估是否允许或阻止而将一个条目与已认可的条目列表进行比较的动作。通常是指在设置应用程序白名单上下文中，通过将所有应用程序与一个已授权的应用程序白名单进行比较，阻止未授权的应用程序在主机上运行。

WirelessHART：是第一个开放式的可互操作无线通信标准，用于满足流程工业对于实时工厂应用中可靠、稳定和安全的无线通信的关键需求。

区（zone）：含有类似功能和/或重要性资产的逻辑边界或区域，目的是促进公用系统和服务的安全性。参见飞地。

参考文献

[1] North American Reliability Corporation. Standard CIP - 002 - 4 - Cyber Security - Critical Cyber Asset Identification. < http://www.nerc.com/files/CIP - 002 - 4.pdf >, February 3, 2011 (cited: March 3, 2011).

[2] 同上.

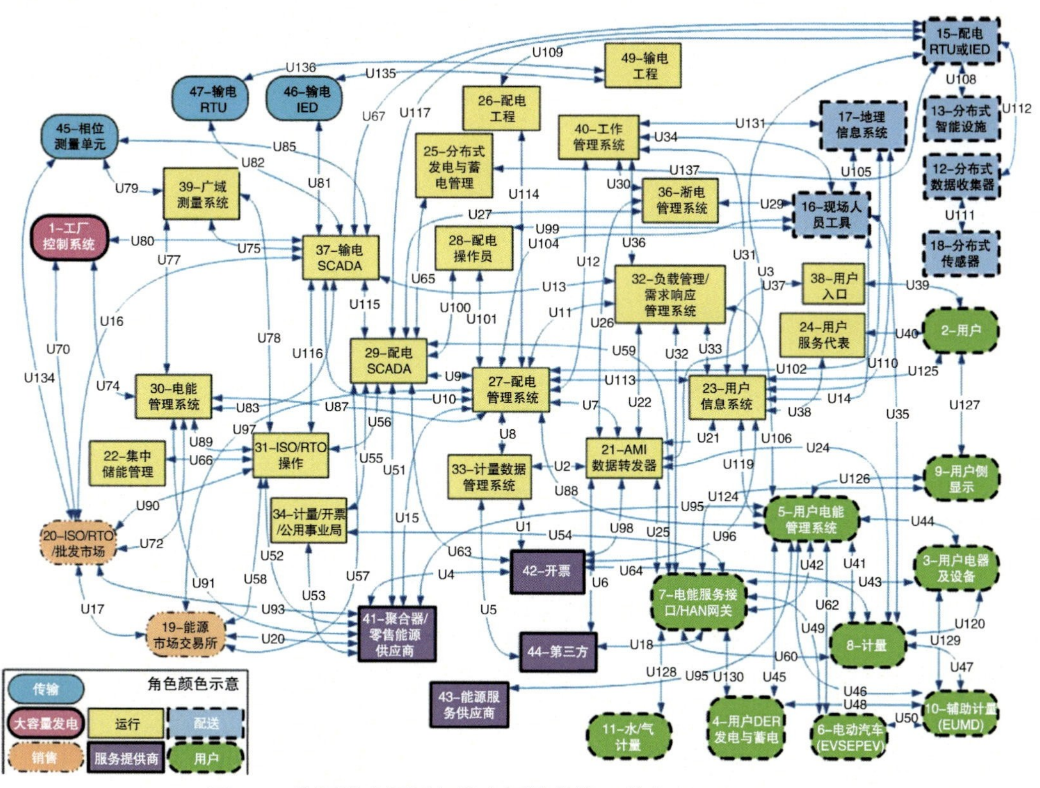

图 2.8 将区域应用于智能电网的挑战（摘自 NISTIR 7628）

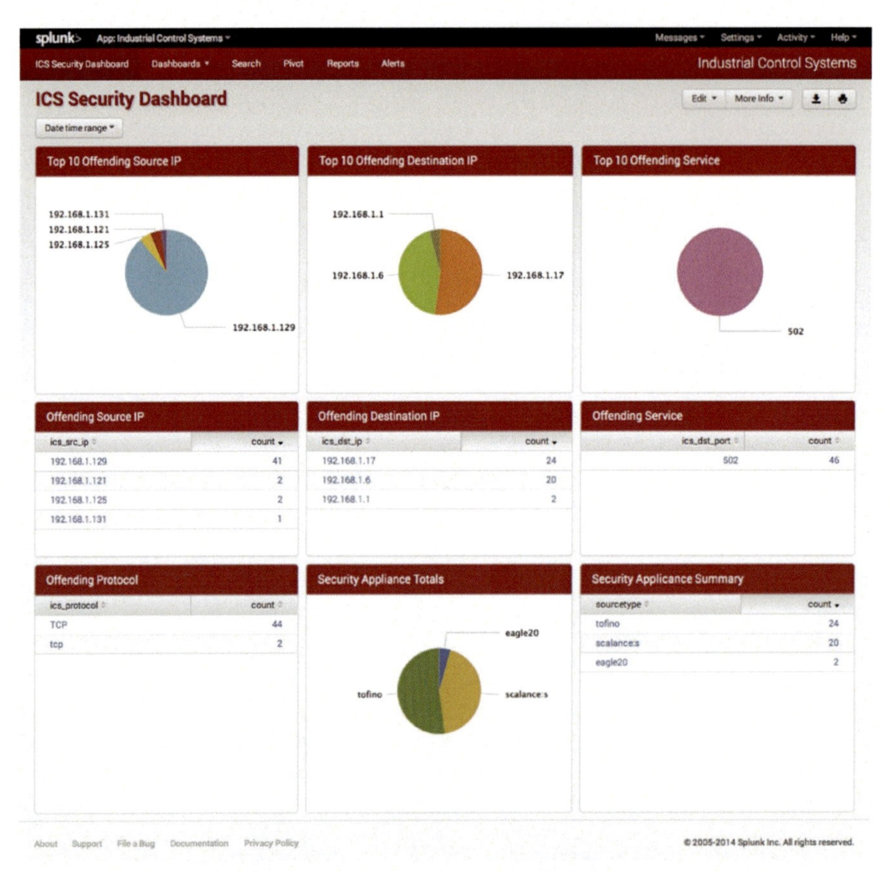

图 12.10 Splunk 的 ICS 安全仪表板

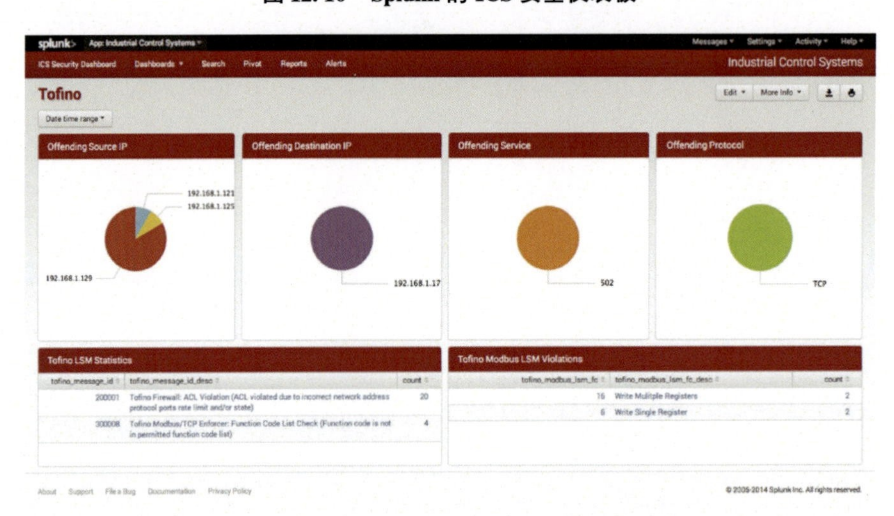

图 12.11 ICS 安全仪表板——应用层事件分析

工业事故
产生的报告：Mar 4,2011 1:57 PM
时区：Greenwich Mean Time:Dublin,Edinburgh,Lisbon,
London GMT+00:00
报告时段：2011/01/01 00:00:00 to 2011/04/01 00:00:00
设备数：49

事故概览

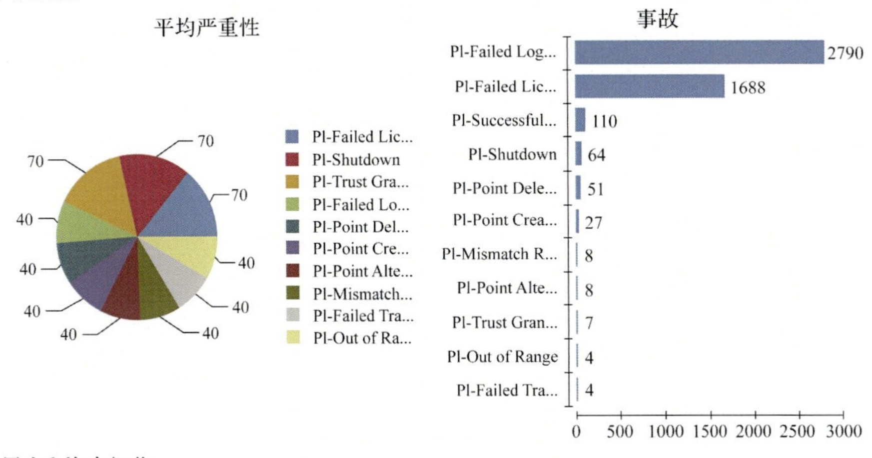

用户和资产细节

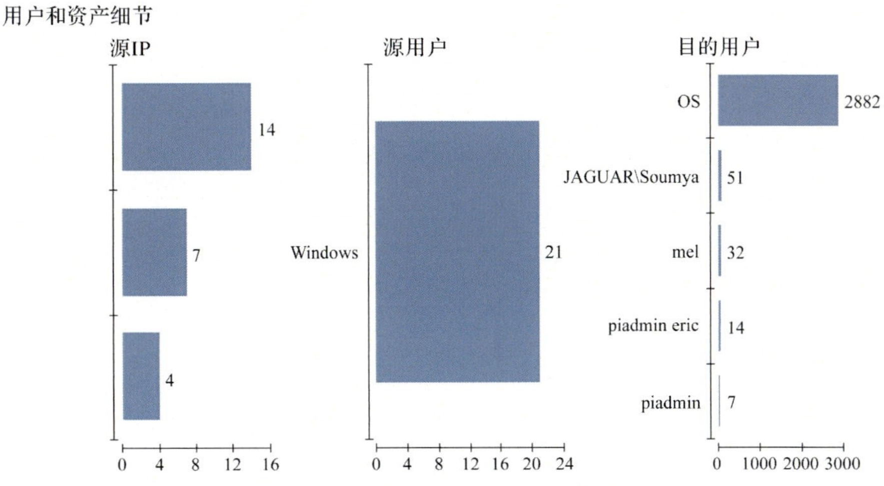

图 12.16 显示工业活动的 SIEM 报告